Fundamentals of Organic Chemistry

NEW 유기화학

김민식 / 김만수 / 신판우

머 리 말

19세기에 접어들면서 원자나 분자의 개념이 확립되고, 화학체계가 구축되면서 유기화학은 무기화학과 함께 자동차의 양 수레바퀴와 같이 크게 발전하였다.

유기화학은 유기화합물의 구조, 그 물리적 및 화학적 성질의 규명을 비롯하여 반응, 유기합성, 생체성분의 구조 및 기능, 생명현상의 해명에 이르기까지 광범위한 학문분야이다.

따라서 유기화학은 화학전공학생들 이외에도 생물학, 의학 및 약학, 농학, 식품학, 수산학, 영약학, 가정학계열의 학생들에게는 매우 중요하고도 기초적인 학문이다.

본 교재는 이러한 Life Science와 관련한 각 분야에 있어서 기초적이고 중요한 유기화학을 다루고 있다. 기본적인 원리나 개념 및 화학반응기구를 이해하므로서 보다 복잡한 반응계에서의 응용이 가능하다는 것을 기대하면서 서술하였다.

내용을 간추려 보면 제 1 장에서는 공유결합으로 이루어진 유기화합물을 이해하기 위하여 원자·분자·결합 등에 대하여 기술하였고, 제 2 장에서는 유기화합물을 구성하는 기본골격인 "알칸", "알켄", "알킨" 및 방향족화합물의 명명법, 물리화학적 성질, 반응성, 합성법에 대해 해설했다.

제 3 장에서는 이러한 기본골격에 치환된 작용기의 화학을 상세하게 기술하였다. 내용으로는 유기화학반응론의 중심으로서 유기화학반응은 관능기의 성질에 따라 특징이 다르며, 화학구조의 차이는 유기화합물의 물리적 성질을 좌우하고 생체 내에서의 복잡한 기능을 조절하고 있다.

제 4 장에서는 우리 인간생활과 밀접한 관련이 있는 유기화합물의 일부를 기술하고 있다. 생체를 구성하고 있는 중요한 성분인 탄수화물·지방질·단백질·핵산 등의 고분자화합물과 그 단량체(單量體), 그리고 여러가지 생리활성을 나타내는 테르페노이드, 페노릭스, 알칼로이드 등에 대하여 기술하고 있다. 특히 입체화학이나 식물성분의 생체내에 있어서의 생성경로(생합성경로)에 대해서도 기술하였다.

제 5 장에서는 천연유기화합물에 관하여 추출에서 단리(單離) 및 구조결정까지의 기본적인 기법을 일부 소개하고 있다. 즉 생체나 그 가운데 기관 등의 복잡한 계통으로부터 생리적 활성물질 또는 고유의 특성을 갖는 물질을 정제 및 단리하는 부분과 단리되는 화합물에 관하여 주로 기기를 사용한 스펙트럼분석에 의한 구조해석에 관하여 다루었다.

최근에 새로운 분리방법의 개발과 분석기기류의 괄목할 만한 발전으로 인하여 초미량의 성분이나 구조결정이 속속 보고되고 있는데 본 책자에서도 그 일부에 대해서 기술하였다.

그리고 각 장마다 뒷부분에 내용의 이해도를 확인하기 위하여 연습문제를 출제하였으며 가급적 쉬운 문장으로 서술하려고 노력하였다.

그러나 많은 부분에서 미흡한 점이 있으리라 사료되는 바 계속 補正版을 내어 補完해 나아갈 것을 다짐하는 바이다.

先輩諸賢께 많은 지도편달과 후원, 그리고 독자들에게는 많은 이해와 이용을 부탁드린다.

을미년 가을에

차 례

1. 有機化學의 基本概念

1-1 서 론 ………… 13
1-2 유기화합물의 결합 ………… 14
1-3 원자의 구조 ………… 15
1-3-1 원자의 모형 / 15
1-3-2 전자배치 / 15
1-3-3 최외각전자 / 17
1-3-4 원자궤도 / 18
1-4 화학결합 ………… 21
1-4-1 이온결합 / 21
1-4-2 공유결합과 분자궤도 / 21
1-4-3 전기음성도 / 23
1-4-4 메탄의 구조와 혼성궤도 / 24
1-4-5 구조상의 표시방법 / 28
1-5 탄소와 공유결합 ………… 29
1-5-1 탄소-탄소 단일결합 / 30
1-5-2 다중공유결합 / 31
1-5-3 이성질현상 / 33
1-5-4 구조식을 쓰는 법 / 34
1-5-5 구조식의 약식화(略式化) / 37
1-5-6 정사면체의 탄소(메탄의 결합) / 39
1-5-7 분자골격에 따른 분류 / 39
1-5-8 작용기에 따른 분류 / 41
[연습문제 1] ………… 44

2. 有機化合物의 基本骨格

2-1 유기화합물의 분류 ·· 47
2-2 탄화수소의 분류 ·· 48
2-3 알칸 (Alkane) ／ 49
2-3-1 알칸의 명명법 ／ 50
2-3-2 알칸의 물리적 성질 ／ 55
2-3-3 알칸의 반응 ／ 55
2-3-4 알칸의 제조법 ／ 58
2-3-5 알칸의 입체구조 ／ 61
2-3-6 고리모양 알칸 ／ 64
2-3-7 고리모양 알칸의 변형과 형태 ／ 66
[보충문제] ·· 68
2-4 알켄 (Alkene) ·· 69
2-4-1 알켄의 명명법 ／ 69
2-4-2 알켄의 물리적 성질 ／ 72
2-4-3 알켄의 이성질체 ／ 72
2-4-4 알켄의 반응 ／ 73
2-4-5 알켄의 합성 ／ 79
2-4-6 디엔 (diene) 과 폴리엔 (polyene) ／ 82
2-5 알킨 (Alkyne) ·· 85
2-5-1 알킨의 명명법 ／ 86
2-5-2 알킨의 반응 ／ 86
2-5-3 알킨의 합성 ／ 88
[보충문제] ·· 89
2-6 방향족 화합물 ／ 90
2-6-1 벤젠 (Benzene) ／ 90
2-6-2 방향족화합물의 명명법 ／ 92

2-6-3 벤젠 이외의 방향족화합물 / 94

2-6-4 벤젠의 반응 / 95

2-6-5 치환기의 배향성(配向性) / 98

2-6-6 방향족 화합물의 반응 / 101

[보충문제] 103

[연습문제 2] 104

3. 作用基(官能基)의 化學

3-1 수산기 (OH) 109

3-1-1 알코올 및 페놀의 구조 / 110

3-1-2 알코올 및 페놀의 명명법 / 110

3-1-3 알코올 및 페놀의 물리적 성질 / 113

3-1-4 알코올과 페놀의 차이점 / 114

3-1-5 알코올의 반응 / 115

3-1-6 알코올의 합성 / 118

3-1-7 페놀의 반응과 합성 / 121

3-2 에 테 르 123

3-2-1 에테르의 명명법 / 123

3-2-2 에테르의 물리적 성질 / 124

3-2-3 에테르의 반응 / 125

3-2-4 에테르의 합성 / 126

3-2-5 고리모양 에테르 / 127

3-3 할로겐기 130

3-3-1 할로겐화물의 구조 및 명명법 / 130

3-3-2 할로겐화물의 물리적 성질 / 131

3-3-3 할로겐화물의 반응 / 132

3-3-4 할로겐화물의 합성 / 134

3-3-5 할로겐화물의 이용 / 136

3-4 카르보닐기 ························ 139
3-4-1 알데히드와 케톤의 구조 및 명명법 / 139
3-4-2 카르보닐화합물의 물리적 성질 / 140
3-4-3 카르보닐화합물의 반응 / 141
3-4-4 합성 메틸렌의 반응 / 145
3-4-5 알데히드의 특성 반응 / 147
3-4-6 알데히드 및 케톤의 합성 / 148
[보충문제] ························ 150
3-5 카르복시기와 그 유도체 ························ 152
3-5-1 카르복시산의 명명법 / 152
3-5-2 카르복시산의 구조와 물리적 성질 / 154
3-5-3 카르복시산의 산성도 / 155
3-5-4 카르복시산의 반응 / 156
3-5-5 카르복시산의 합성 / 159
3-5-6 카르복시산의 유도체 / 160
[보충문제] ························ 170
3-6 아미노기 ························ 170
3-6-1 아민의 구조와 명명법 / 170
3-6-2 아민의 성질 / 172
3-6-3 아민의 염기성도 / 172
3-6-4 아민의 반응 / 174
3-6-5 아민의 합성 / 177
[연습문제 3] ························ 179

4. 주변의 天然有機化合物

4-1 탄수화물 ························ 185
4-1-1 단 당 류 / 188
4-1-2 이 당 류 / 198

4-1-3 다 당 류 / 199

4-1-4 광학 분할 / 202

4-2 지 질 ·· 206

4-3 아미노산과 단백질 ·· 211

4-4 핵 산 ·· 218

4-5 비 타 민 ·· 221

4-5-1 지용성비타민 / 221

4-5-2 수용성비타민 / 222

4-6 천연물의 생합성 ·· 224

4-6-1 서 론 / 224

4-6-2 천연물의 분류 / 225

4-6-3 아세테이트로부터의 지방산의 생합성 / 226

4-6-4 아세테이트로부터 유도된 기타의 천연물들 / 229

4-6-5 테 르 펜 / 230

4-6-6 스테로이드 / 235

4-6-7 탄수화물로부터 유도된 천연물 / 236

4-6-8 시키미산 / 238

4-6-9 아미노산으로부터 유도된 천연물들 / 240

[연습문제 4] ·· 244

5. 分光學과 그 構造

5-1 서론(緖論) ·· 249

5-2 이론(理論) ·· 249

5-3 적외선분광학 ·· 251

5-4 可視 및 紫外線分光法 ·· 254

5-5 核磁氣共鳴 分光法(NMR) ·· 257

5-5-1 이론(理論) / 257

5-5-2 NMR 스팩트럼측정 / 258
5-5-3 화학적 이동과 피이크 면적 / 259
5-5-4 스핀-스핀 갈라짐 / 262
5-5-5 ^{13}C NMR 분광법 / 266
5-6 質量分光法 …… 268
[연습문제 5] …… 271
부록 I 국제원자량표(^{12}C =12) …… 275
부록 II 이온과 기의 이름 …… 276
부록 III 유기화합물 명명법 개요 …… 287
부록 IV 생화합물 명명법 …… 293
찾아보기 …… 301

1. 有機化學의 基本概念

1-1 서 론
1-2 유기화합물의 결합
1-3 원자의 구조
1-4 화학결합
1-5 탄소와 공유결합

1.

有機化學의 基本概念

1-1 서　　론

우리는 일상생활에서 많은 종류의 화학물질에 접하고 있다. 예를 들면 면직류나 견직류 등 섬유제품의 의복을 착용하고, 전분이나 단백질을 포함한 식품을 섭취하며, 기타 의약품·염료·고무·석유·가스 등 천연산물을 널리 이용하고 있다. 이러한 물질은 주로 탄소원자를 포함한 화합물로 구성되어 있는 것이 특징이다.

19세기 중반까지는 탄소원자를 포함한 화합물은 동물 및 식물, 즉 생물체를 거쳐야만 생성되는 물질로 생각했었다. 그래서 이러한 것을 **유기화합물**(organic compound)이라 하였다. 예를 들면 전분은 식물체안에서 광합성작용에 의하여 형성되고, 6개의 탄소원자로 이루어진 글루코오스를 기본단위로 하는 유기화합물이며, 단백질은 약 20종의 아미노산으로 이루어진 유기화합물이다.

한편 광물계로부터 얻어지는 물질은 **무기화합물**(inorganic compound)이라고 하며, 처음에는 무기화합물로부터 유기화합물이 형성되는 것은 불가능한 것으로 믿고 있었다. 그러나 1828년 독일의 뵐러(F. Wöhler, 1800~1882년)는 무기화합물인 시안산암모늄을 가열하므로써 유기화합물인 요소(urea)를 인공적으로 만들어냈다. 이것은 생명력을 빌리지 않고 무기화합물로부터 유기화합물을 합성한 최초의 예로 유명하다.

$$\underset{\text{ammonium cyanate}}{NH_4OCN} \xrightarrow[\text{가 열}]{} \underset{\text{urea}}{NH_2-\overset{\overset{\displaystyle O}{\|}}{C}-NH_2}$$

그후 뵐러(Wöhler)의 제자인 콜베(H. Kolbe, 1818년~1887년)는 탄소에

염소를 반응시켜 4염화탄소를 만들어 내고 다음에 trichloroacetic acid 을 거쳐 acetic acid 을 합성하는데 성공하였다.

$$C + 2Cl_2 \xrightarrow{H_2O} CCl_4 \xrightarrow{H_2O} CCl_3COOH \xrightarrow{Na\text{-}Hg} CH_3COOH$$

그 후 유기화합물은 생물체로부터 얻어질 뿐만 아니라, 인공적으로도 합성되어 현재는 많은 종류의 의약품·합성섬유·플라스틱제품·염료·농약 등 광범위한 분야에서 대량 제조되고 있다. 이러한 제품은 우리가 에너지원으로 이용하는 석탄에 포함된 탄소화합물을 원료로 하고 있다.

따라서 유기화합물은 탄소원자를 포함한 화합물로 정의되며, 유기화학은 탄소화합물의 화학을 취급하는 학문이다. 즉 유기화학에서는 유기화합물의 순수분리 ·구조·화학적 및 물리적 성질의 규명·반응·합성 등을 탐구한다. 그러나 시안화나트륨(NaCN) 및 탄산칼륨(K_2CO_3) 등은 탄소원자가 포함되어 있어도 유기화합물에 포함시키지 않는다.

또한 유기화학은 생화학과 밀접한 관계가 있다. 예를들면 생체 내에서의 구성성분의 합성 또는 분해반응, 에너지 대사, 영양소의 소화 등은 많은 효소(이것도 단백질이다)에 의하여 특수하게 조절되는 반응이다.

더욱이 인류를 비롯한 생물의 진화에 관해서도 생명의 기원이라고 하는 근본적인 사실에 대한 해명에는 유기화학의 수단이 필수적이다. 즉 생명의 근원은 화학적인 진화와 화학반응의 집적에 의한 것이라고 말할 수 있다. 1953년 밀러(S.L. Miller)가 메탄(CH_4), 물(H_2O), 암모니아(NH_3), 수소(H_2)를 주성분으로 하여 원시적인 대기모델에 방전을 하고 여러가지 아미노산을 얻은 것도, 오파린(A.I. Oparin)이 코아셀베이트를 발견한 것과 에우에후지오(江上不二夫)가 머리그래눌의 생성을 발견한 것도 유기화합물과 생명과의 관계에 대한 연구라고 해도 좋을 것이다.

이상에서 기술한 바와 같이 유기화학은 기초적인 학문인 동시에 우리 인간의 생활과 밀접한 관련성이 있는 과학이다. 유기화학을 배우고 연구하며,이것을 응용하여 인간의 건강한 생활을 향상시킨다고 하는 의의는 매우 크다.

1-2 유기화합물의 결합

유기화합물은 탄소원자 외에 수소·산소·질소·유황·할로겐원소 등 극히 소수의 원소로 구성되어 있음에도 불구하고, 오늘날에는 250만개 또는 300만개라고 하는 막대한 수의 화합물이 알려지고 있다. 이것은 탄소원자의 결합에 특징이 있기 때문이며, 탄소는 전자를 공유함으로써 탄소원자 상호간의 결합을 무한히 연결할 수 있고, 또한 입체적인 3차원구조의 분자를 만들 수 있기 때문이다.

1-3 원자의 구조

화합물의 구조 및 반응성을 이해하기 위하여 우선 원자의 구조를 파악하는 것이 필요하다.

1-3-1 원자의 모형

수소원자·헬륨원자·탄소원자 등의 원자는 중심에 정(+)의 전기량 즉 양전하를 띤 원자핵(atomic nucleus)과 그 주위를 회전하는 부(−)의 전기량 즉 음전하를 띤 전자(electron)로 되어 있다. 또한 원자핵은 양전하를 띤 양성자(proton)와 전기적으로 중성인 중성자(neutron)를 포함하고 있다.

양성자의 수는 원소의 종류에 따라 다르고 양성자수를 그 원소의 원자번호로 정하여 통상 Z* 로 나타낸다. 일반적으로 전자수는 양성자수와 같고, 전하량의 절대값은 동일한데 이것을 **중성원자**라고 부른다. 또 양성자수가 전자수보다 많은 경우는 **양이온**(cation)이라고 하며, 반대로 전자가 많을 경우에는 **음이온**(anion)이라고 한다.

1-3-2 전자 배치

원자핵의 둘레를 회전하고 있는 음전하를 띤 전자(e^-)의 행동이 원자와 원자간의 결합의 변화, 즉 화학변화에 영향을 준다. 다시 말하면 원자간의 결합을 형성하거나 절단하는 것 등이 전자이며 화학반응을 일으킨다.

1913년에 덴마크의 보어(N. Bohr)는 하나의 원자모델을 제창하였다. 즉 전자가 원자핵과 쿠울롱의 힘 ** 으로 균형을 유지한 상태로 원궤도를 그리며 운동한다는 모델을 고안해냈다.

이 공모양의 궤도를 전자각(electron shell)이라고 부르는데 이때 전자는 에너지준위의 차이에 따라서 각각 다른 전자각을 회전한다. 중앙의 원자핵에 가장 가깝고 위치에너지가 가장 낮은 것이 K각이고 순차적으로 L각, M각, N각……의 순이다. (그림 1-1)

---

* 원자의 질량수 A = Z + N (N : 중성자 수)

** **쿠울롱의 힘** : 음·양전하가 서로 당기는 힘(引力)과 반발하는 힘(斥力).

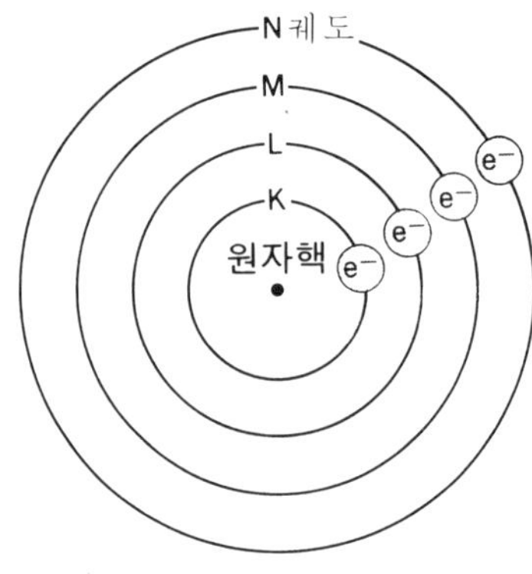

그림 1-1　보어 (N. Bohr)의 원자모델에 의한 전자배치

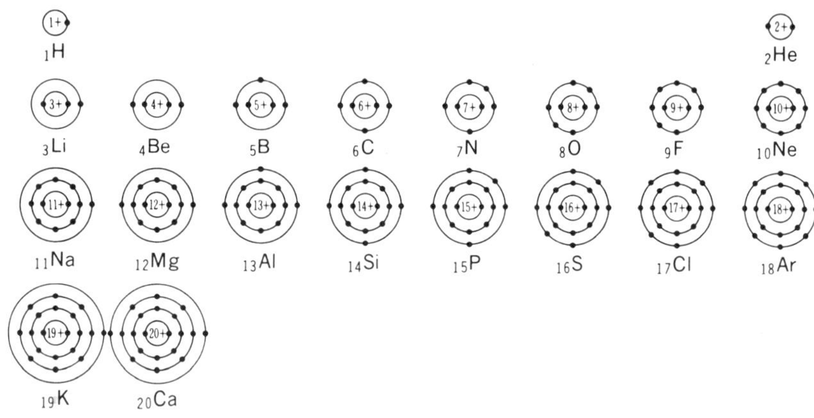

그림 1-2　N. Bohr의 전자모델에 의한 전자배치

원자번호 Z =1인 수소는 반경이 가장 작은 K각에 1개의 전자를 가지고, Z =2의 헬륨은 2개의 전자가 수소와 같은 K각에 존재한다. Z = 3의 리튬은 K각에 2개와 L각에 1개의 전자를 배치한다. K각은 2개의 전자로 충만되고, L각에는 전자가 8개까지 들어갈 수 있으며, Z = 10인 네온은 L각에 전자가 충만된다.

주기율표(periodic table)의 제 3주기 원자는 Z =11인 나트륨으로부터 Z =18인 아르곤까지 M각에 전자가 들어갈 수 있으며(그림 1-2) 각 전자 궤도(제 n번째의 궤도)에 들어 가는 전자의 최대수는 $2n^2$개이다(표 1-1).

표 1-1 원자의 전자각 및 전자수

원자 번호 (Z)	원소 기호	에너지 준위	전자궤도 K (n=1) 1s	L (n=2) 2s 2p	M (n=3) 3s 3p 3d	N (n=4) 4s 4p 4d 4f
1	H		1			
2	He		2			
3	Li		2	1		
4	Be		2	2		
5	B		2	2 1		
6	C		2	2 2		
7	N		2	2 3		
8	O		2	2 4		
9	F		2	2 5		
10	Ne		2	2 6		
11	Na		2	2 6	1	
12	Mg		2	2 6	2	
13	Al		2	2 6	2 1	
14	Si		2	2 6	2 2	
15	P		2	2 6	2 3	
16	S		2	2 6	2 4	
17	Cl		2	2 6	2 5	
18	Ar		2	2 6	2 6	
19	K		2	2 6	2 6	1
20	Ca		2	2 6	2 6	2
21	Sc		2	2 6	2 6 1	2
22	Ti		2	2 6	2 6 2	2

1-3-3 최외각전자

어느 원자에서나 최외각에 있는 전자는 다른 전자에 비하여 원자핵으로부터 멀리 결합되어 있기 때문에 위치에너지가 높고 보다 불안정하며, 반응성이 풍부하다. 이러한 전자를 **최외각전자** 또는 **원자가전자**(valence electron)라고 하는데 대체로 원자결합에 관여하고 있으며 그림 1-2를 그림 1-3과 같이 간편하게 나타낼 수 있다.

헬륨・네온・아르곤…… 등과 같이 궤도의 최외각이 전자로 충만되어 있는 원자는 반응성이 없으므로 **불활성기체**(inert gas)라고 한다.

H·							He:
Li·	Be:	·Ḃ·	·Ċ·	·N:	:O:	:F:	:Ne:
Na·	Mg:	·Al·	·Si·	·P:	:S:	:Cl:	:Ar:

그림 1-3 최외각전자의 표시방법

1-3-4 원자 궤도

보어의 이론은 수소원자에 한해서는 선(線)스펙트럼과 전자각의 에너지와의 관계가 잘 일치한다. 그러나 다른 원자에 적용시킨 결과 모순이 생겼다. 즉 전자에는 입자성과 파동성의 양면이 있다는 것이 1924년 드 브로이(L. De Broyile)에 의하여 제창된 후 샤르딩거(E. Schrödinger, 1926년)는 원자핵 주위에 있어서의 전자운동을 방정식으로 나타내었다.

이 방정식을 **파동방정식**(wave equation)이라고 하며 이 파동함수에 의하면 원자에 있어서의 전자운동을 잘 설명할 수 있게 되었다.

이 파동함수는 전자의 어느 특정한 위치에 존재하는 확률을 나타내는데 전자의 존재 확률이 높은 곳을 **전자궤도**(electron orbital)라고 한다. 이 확률의 크기를 점의 밀도에 따라서 나타내면 구름과 같이 보이는데 이것을 **전자구름**(electron cloud)이라고 한다.

파동방정식은 전자에서 원자핵으로부터의 거리를 규정하는 주양자수 n(1, 2, …… n)과, s,p,d,f, …… 궤도라고 하는 형태가 서로 다른 궤도를 만들어내는 방위(方位)양자수 l (0, 1, 2, …… $n-1$) 및 자기(磁氣)양자수 m ($-l$, $-l+1$, ……, $l+1$, l)이라고 하는 3개 양자수를 가지고 있다. 또한 이 3개 양자수로 결정되는 하나의 전자궤도에는 전자가 2개까지 밖에 들어가지 못한다고 하는 파울리의 **배타의 원리**(Pauli's exclusion principle)가 있고, 전자의 자전방향을 나타내는 스핀양자수 s ($\frac{1}{2}$ $-\frac{1}{2}$;⇩ ⇧로 표시)가 있다.

표 1-2 양자수와 궤도

전자각	n	1	m	궤도형	궤도수		궤도명	전자수	
K	1	0	0	s	1		1s	2	
L	2	0	0	s	1	4	2s	2	8
		1	−1, 0, 1	p	3		2p	6	
M	3	0	0	s	1	9	3s	2	18
	:	1	−1, 0, 1	p	3		3p	6	
		2	−2, −1, 0, 1, 2	d	5		3d	10	
N	4	0	0	s	1	16	4s	2	32
		1	−1, 0, 1	p	3		4p	6	
		2	−2, −1, 0, 1, 2	d	5		4d	10	
		3	−3, −2, −1, 0, 1, 2, 3	f	7		4f	14	

즉 각 전자궤도는 반대방향의 스핀(spin, ⓓ ⓤ)을 갖는 2개의 전자까지 들어갈 수 있다. 이러한 4종의 양자수의 조합에 의하여 전자궤도와 그에 들어오는 전자수가 정해진다(표 1-2).

이 원자궤도는 전자가 가지는 에너지의 단계를 나타내는 것으로 이것을 **에너지준위**(energy level)라고 한다(그림 1-4).

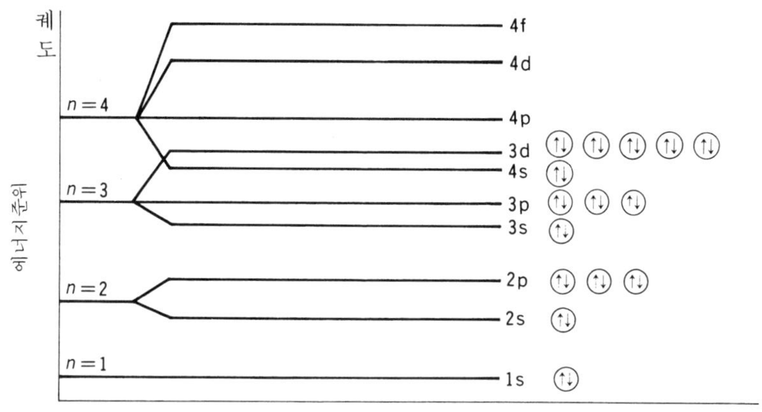

그림 1-4 에너지 준위

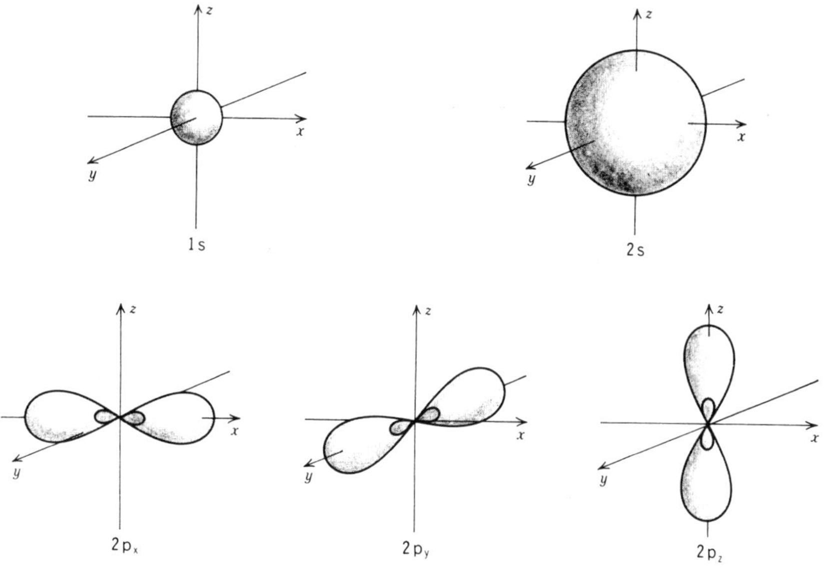

그림 1-5 s궤도와 p궤도

주양자수 $n=1$에서는 궤도가 $l=0$ 하나뿐이며, 원자핵을 중심으로 공모양(救狀)의 전자분포를 이루고 있는 것을 **1s 궤도**라고 부른다.

일반적으로 $l=0$의 궤도는 공모양이며 **s 궤도**(s orbital)라고 한다. 또한 $n=2$의 에너지준위에 있어서는 $n^2=4$종류의 궤도가 존재하고 전자는 $2n^2=8$개가 분포된다.

$l=0$의 궤도는 2s 궤도라 하고, 다른 3종류의 궤도는 $l=1$의 경우로 **2p 궤도**(2 p orbital)라고 한다. 2p 궤도는 에너지 준위가 같은 3개의 궤도 $(2p_x)$, $(2p_y)$, $(2p_z)$로 나누어져 각각 2개씩의 전자를 갖는다. 이러한 3종류의 궤도는 원자핵을 중심으로 아령형을 이루고 있으며, 서로 직교하는 궤도를 그리고 있다(그림 1-5).

주양자수 $n=3$의 에너지준위에서는 $l=0$의 3s 궤도와, $l=1$에서는 2p궤도와 같은 모양을 하지만 약간 큰 3개의 3p궤도, 다시 $l=2$에서는 5종류의 d궤도(d orbital)를 가지고 있으므로, 합계 $n^2=3^2=9$종류의 궤도에 18개의 전자가 존재한다. 이와 같은 방법으로 더욱 많은 전자를 갖는 원자에서는 궤도가 순차적으로 증대된다.

주기율표와 전자배치를 비교해보면 수소원자(H : Z=1)는 다음과 같이 표현된다(그림 1-6).

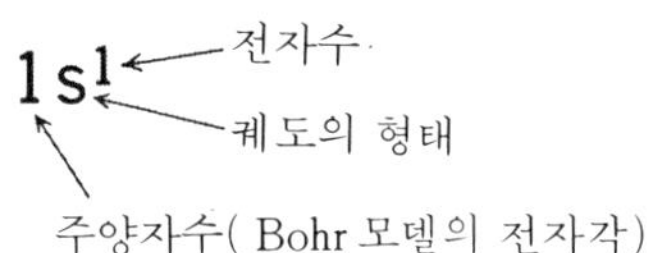

그림 1-6 수소원자의 전자배치 표시

다음의 헬륨(He; Z=2)은 $(1s)^2$가 되고 이어서 리튬(Li; Z=3)은 $(1s)^2(2s)^1$, 베릴륨(Be : Z=4)은 $(1s)^2(2s)^2$, 붕소 (B : Z=5)는 $(1s)^2(2s)^2(2p_x)^1$이 된다. 탄소(C : Z=6)의 6번째 전자는 붕소와는 다른 2p궤도로 들어가 $(1s)^2(2s)^2(2p_x)^1(2p_y)^1$이 된다. 이것은 부(−)로 대전하고 있는 전자가 동일한 같은 궤도에 2개 들어가는 것 보다는 쌍을 이루지 않고 다른 궤도로 들어가는 편이 안정하기 때문이다.

주기율표 제2주기의 마지막 네온(Ne : Z=10)은 $(1s)^2(2s)^2(2p_x)^2(2p_y)^2(2p_z)^2$, 즉 $(1s)^2(2s)^2(2p)^6$ 로도 나타내게 된다. 이와같이 $n=2$의 궤도가 모두 전자로 충만되므로 Ne는 매우 안정한 형태를 이루고 있다(표 1-1).

1-4 화학결합

화합물은 원자들의 결합에 의하여 형성된다. 이 결합방식에는 전자의 주고 받음으로 생긴 이온에 의한 결합과 전자를 공유함으로써 이루어지는 결합이 있으며, 배위결합, 금속결합 및 수소결합도 있다.

1-4-1 이온결합

앞에서 설명한 바와 같이 He, Ne 등의 불활성기체(inert gases)는 대단히 안정한 성질을 가지고 있으며, 다른 원자도 이와 같은 전자배치를 하려고 하는 경향이 있다.

예를 들면, Li〈$(1s)^2(2s)^1$〉은 용이하게 1개의 최외각전자를 잃고 이온 상태가 되어 (Li^+)〈$(1s)^2$〉 즉 He과 같은 전자배치가 된다. 플루오르〈F: $(1s)^2(2s)^2(2p_x)^2(2p_y)^2(2p_x)^1$)〉는 1개의 전자를 받아 F^-이온 $(1s)^2(2s)^2(2p_x)^2(2p_y)^2(2p_z)^2$가 되며 Ne과 같은 전자배치를 취한다. 이와 같이 안정한 전자배치를 취하려고 하기때문에 원자간에 전자의 주고 받음이 일어나고 원자간에 새로운 결합이 형성되는 것을 **이온결합**(ionic bond)이라고 한다.

Li와 F로 생성되는 플루오르화리튬(LiF)의 전자배치를 나타내면 다음과 같다. 흑점은 그 원자의 최외각 전자의 수와 그 상태를 나타낸다.

$$\mathrm{Li\cdot} \quad + \quad \mathrm{\cdot\ddot{\underset{..}{F}}:} \longrightarrow \mathrm{Li^+} \quad + \quad \mathrm{:\ddot{\underset{..}{F}}:^-}$$

$$\mathrm{Li\,(1s)^2(2s)^1 + F\,(1s)^2(2s)^2(2p)^5 \longrightarrow Li^+(1s)^2 + F^-(1s)^2(2s)^2(2p)^6}$$

이온결합은 일반적으로 양·음 양이온의 정전기 인력에 의하여 결합이 이루어진다.

1-4-2 공유결합과 분자궤도

전자의 이동에 의하여 안정한 전자배치를 이루는 이온결합과는 달리 원자는 서로 전자를 공유함으로써 불활성기체와 같은 안정한 전자배치를 취할 수 있게 된다. 이 방식은 1916년에 코셀(W. Kossel)과 루이스(G.N. Lewis)에 의하여 제안된 것으로 **공유결합**(Covalent Bond)이라고 부른다.

예를 들면 수소가스(H_2)는 그림 1-7에서 보는 바와 같이 2개의 수소원자로 되며 각 수소원자가 서로 1개의 전자를 내놓고 2개의 전자를 공유함으로써 안정한 전자배치를 취한다. 염소가스(Cl_2), 질소가스(N_2) 등의 기체도 같은 공유결합을 하고 있다. 염소원자는 7개의 원자가 전자를 가지며 그중 1개를 다른 염소원자와 쌍을 이루므로써 각 원자가 최외각에 8개의 전자를 갖는 안정된 **옥테트**(octet, 八偶子)로 되어 염소분자를 형성한다.

octet

:C̈l· + ·C̈l: ⟶ :C̈l:C̈l:

수소 (H_2) 나 염소 (Cl_2) 분자는 1쌍의 공유전자쌍을 갖는다. 이 결합을 **단일결합**(single bond)이라고 부르는데, 질소 (N_2)의 경우는 질소원자가 각각 3개의 전자를 내놓고 세쌍의 공유전자쌍을 갖고 안정화되기 때문에 **삼중결합**(triple bond)이 된다(그림 1-7).

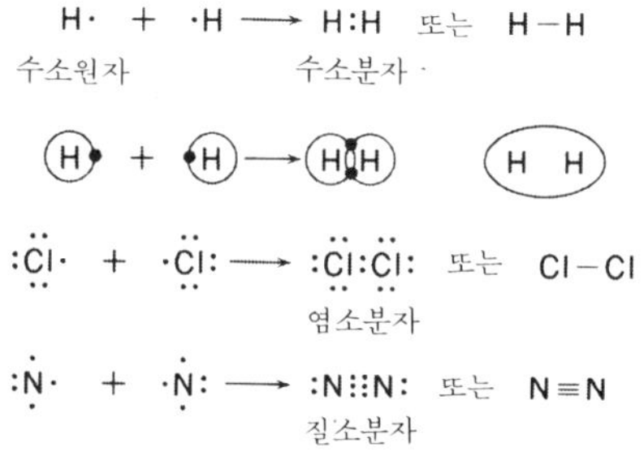

H· + ·H ⟶ H:H 또는 H−H

수소원자　수소분자

(H·) + (·H) ⟶ (H:H)　(H H)

:C̈l· + ·C̈l: ⟶ :C̈l:C̈l: 또는 Cl−Cl

염소분자

:Ṅ· + ·Ṅ: ⟶ :N⋮⋮N: 또는 N≡N

질소분자

그림 1-7 삼중결합의 표현

일반적으로는 전자가 충만되지 않은 궤도끼리 서로 겹친다. 예를 들면 물분자 (H_2O) 는 산소원자 1개와 수소원자 2개로 되어 있다. 즉 O는 $(1s)^2 (2s)^2 (2p_x)^2 (2p_y)^1 (2p_z)^1$ 의 전자배치를 가지며, 2개의 p궤도에는 아직도 전자가 1개씩 들어갈 수 있는 여분이 있다. 이 p_y, p_z 궤도의 전자와 수소 2개의 1s 전자가 각각 전자를 공유하여 전자쌍을 만들고 서로의 궤도를 충만하므로써 H_2O 가 형성된다(그림 1-8).

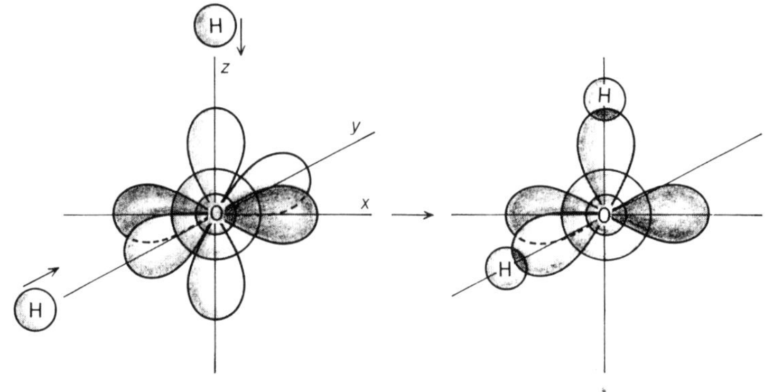

그림 1-8 물분자의 형성

1-4-3 전기 음성도

원자가 다른 원자와 결합하는 경우 전자를 잃고 +전하(陽電荷)를 갖는 경향이 있는 원자와 전자를 다른원자로부터 얻고 −전하를 갖는 경향이 있는 원자가 있다. 전자를 **전기적 양성원자**라 하고 Li, Na, Ca 등의 금속원소가 이에 속한다. 후자를 **전기적 음성원자**라고 하며 F, Cl, Br 등의 할로겐원소, O, S 등이 이에 속한다.

폴링(L. Pauling. 1932)은 이 전기적 음성의 대소를 숫자로 표시하고 **전기 음성도**(electronegativity)라고 하였다.

표 1-3에서 같이 전기음성도는 주기율표의 가로축방향(같은 주기)에서는 좌로부터 우로 갈수록 증대하고 세로축방향(같은 원소)에서는 아래로 갈수록 감소하는 경향이 있다. 표의 우측 상부에 있는 F, O, Cl, N 등의 원소는 전기음성도가 크고, 알칼리금속과 알칼리토금속 중에서 좌측 하부에 위치하는 금속원소는 전기음성도가 작다.

표 1-3 원자의 전기음성도 (L. Pauling)

H 2.1						
Li 1.0	Be 1.5	B 2.0	C 2.5	N 3.0	O 3.5	F 4.0
Na 0.9	Mg 1.2	Al 1.5	Si 1.8	P 2.1	S 2.5	Cl 3.0
K 0.8	Ca 1.0	Sc 1.3	Ge 1.8	As 2.0	Se 2.4	Br 2.8
Rb 0.8	Sr 1.0	Y 1.2	Sn 1.8	Sb 1.9	Te 2.1	I 2.5

화학결합을 구성하고 있는 2개 원자간의 전기음성도 차이가 1.7이상일 경우 그 결합은 보통 이온결합이고 그보다 작은 경우는 공유결합이다.

예를 들면 염화나트륨(NaCl)에서는 차이가 2.1이며 실제로 이온성을 나타낸다. 염화수소(HCl)에서는 차이가 0.9로 공유결합이다. 그러나 차이가 1.9인 플루오르화수소(HF)는 공유결합이고, 1.6인 요오드화나트륨(NaI)은 이온결합이라는 예외도 있다.

실제로 이온결합과 공유결합을 확실히 구별하기는 매우 어렵다. H_2와 O_2는 결합전자의 음성도가 동일하므로 공유전자는 양 원자핵에 균등하게 분포되고 있다. 그러나 HF 또는 HCl에서는 전기음성도가 대단히 큰 F 또는 Cl에 H의 결합전자가 끌려가서 분포된다. 즉 전자는 균등분배가 아니고 F 또는 Cl 등의 할로겐 원자가 다소 음전하를 많이 띄고 수소원자는 전자부족이 되어 양전하를 띈다. 이것을 각각 $\delta -$, $\delta +$라는 기호로 표시한다.

$$\overset{\delta+}{H}:\overset{\cdot\cdot\ \delta-}{\underset{\cdot\cdot}{F}}: \qquad \overset{\delta+}{H}:\overset{\cdot\cdot\ \delta-}{\underset{\cdot\cdot}{Cl}}: \qquad \overset{\delta+}{H}:\overset{\delta-}{\underset{\cdot\cdot}{\overset{\cdot\cdot}{O}}}:\overset{\delta+}{H}$$

이와 같이 2개 원자간의 공유결합이 전기음성도의 차이에 따라 공유전자쌍이 한쪽 원자로 치중하여 존재하는 결합을 **극성결합**(polar bond)이라고 한다. 또한 위에 기술한 예와 같이 양전하의 중심과 음전하의 중심이 떨어져 존재하는 전하배치를 **쌍극자**(dipole)라고 한다.

이러한 분자는 쌍극자 모멘트(dipole moment)를 갖는다고 한다.

1-4-4 메탄의 구조와 혼성궤도

가장 간단한 탄소화합물인 메탄(CH_4)의 구조는 정사면체의 중심에 탄소원자가 존재하고 4개의 꼭지점에 수소원자가 결합되어 있다. (그림 1-9)

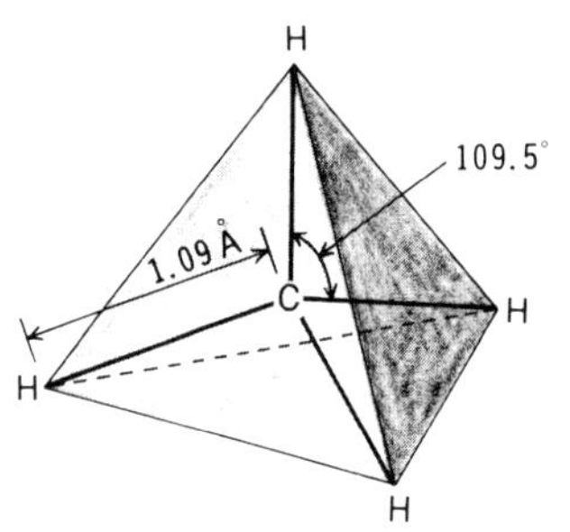

그림 1-9 methane(CH_4)의 구조

수소 4개의 화학반응성은 모두 동등하고 C-H 결합거리는 1.09Å, H-C-H 결합각은 109.5°로 모두 같다.

여기에서 탄소의 전자궤도를 생각해 보자. 가장 안정한 상태의 전자배치는 $(1s)^2(2s)^2(2p_x)^1(2p_y)^1$으로 표시된다. 2개의 p궤도가 절반밖에 충만되지 않고 있어서 탄소의 결합수는 2개(2가)라고 생각된다. 그러나 메탄은 실제로는 균등한 4개(4가)의 결합수를 가지고 있다. 이 차이를 설명하기 위하여 새로이 파동함수를 이용한 궤도이론이 고안되어 실험사실과 일치한다는 것이 나타났다.

즉 C에 에너지를 공급하면 2s궤도에 있는 전자쌍으로부터 1개의 전자가 여기(勵起)되어 에너지준위가 높고 비어 있는 $2P_z$ 궤도에 옮겨진다. 다음에 1개의 2s궤도와 3개의 2p궤도가 궤도를 혼성하고 동일 에너지 수준을 유지하면서 동일형의 새로운 안정된 4개의 궤도를 형성한다. 이것을 **혼성궤도**(hybrid orbital)라고 하는데 여기에서 형성된 궤도를 **sp^3 혼성궤도**라고 한다(그림 1-10).

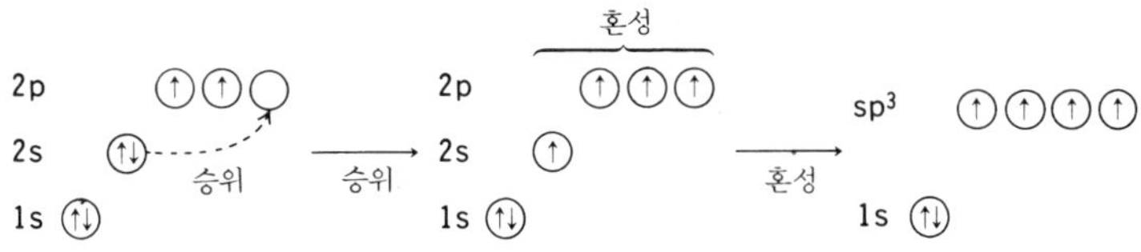

그림 1-10 sp^3 혼성궤도의 형성

sp^3 혼성궤도의 전자밀도는 그림 1-11과 같은 비대칭의 아령형이며 4개의 궤도는 각각 1개씩의 전자를 가지고 있다. 큰 궤도가 결합에 관여하는데 4개의 수소원자(1 s 궤도)와 궤도를 중첩시키므로써 메탄분자(CH_4)가 생성된다. 이 구조에서 4개의 결합수는 모두 같음을 알 수 있다.

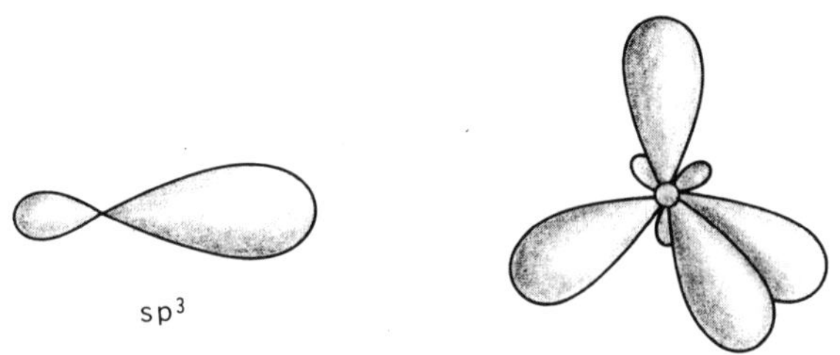

그림 1-11 sp^3 혼성궤도의 전자밀도와 메탄분자의 궤도

1개의 탄소원자의 sp^3 혼성궤도는 다른 원소의 sp^3 궤도와 중첩되어 C−C 결합을 형성한다. 이 결합을 **σ결합**(σ bond)이라고 한다.

나머지 6개의 sp^3 궤도가 각각 수소원자의 1 s 궤도와 중첩되어 σ 결합을 형성하면 에탄분자(CH_3-CH_3)가 구성된다. 이 σ 결합은 C−C 결합을 축으로 하여 회전한다(그림 1-12).

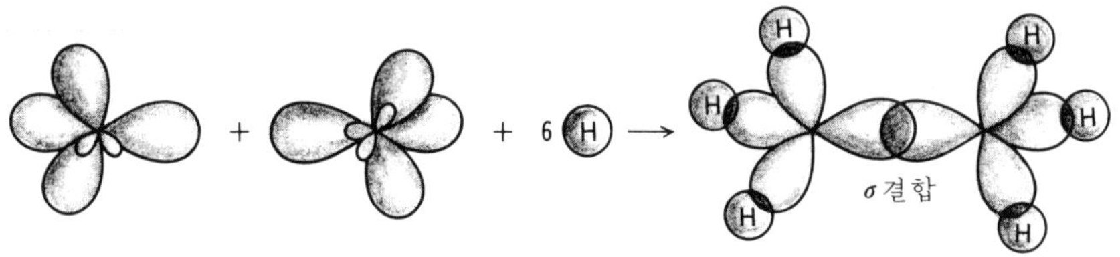

그림 1-12 ethane(CH_3-CH_3)의 결합(σ 결합의 형성)

sp^3 혼성궤도외에 또다른 C−C 결합을 형성하는 혼성궤도가 있다. 예를 들면 에틸렌분자($CH_2=CH_2$)는 평면구조로써 에탄과 다르게 탄소-탄소결

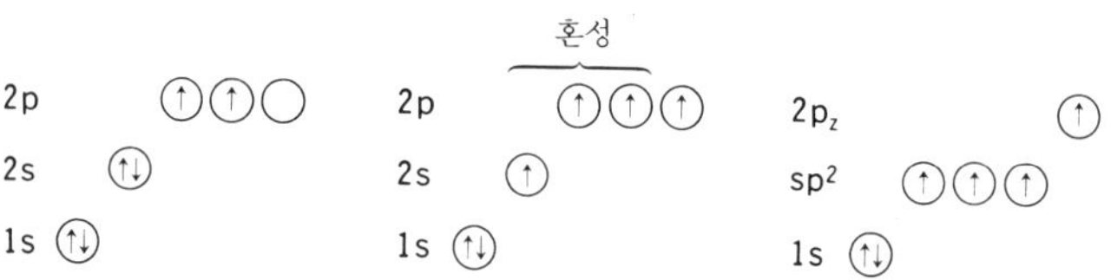

그림 1-13 sp^2 혼성궤도의 형성

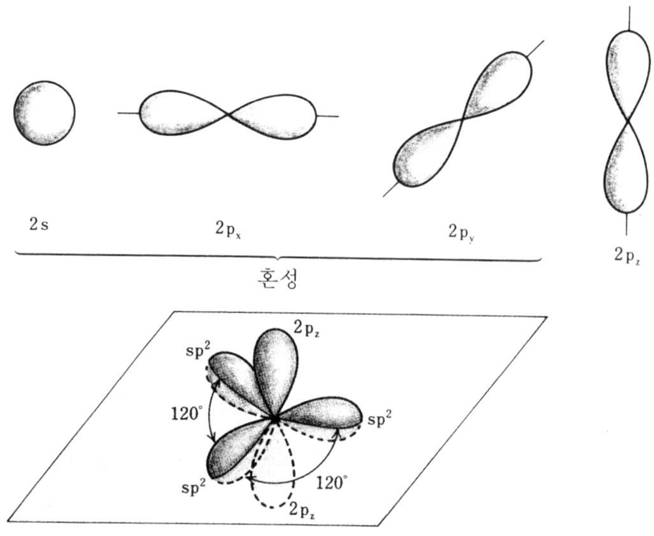

그림 1-14 sp^2 혼성궤도의 전자밀도

합축은 회전되지 않는다. 탄소의 2s궤도의 1개의 전자가 2p궤도로 승격한 후 2s궤도 및 2p궤도가 혼성하여 새로운 준위의 sp^2궤도를 이룬다(그림 1-13).

그 결과 3개의 등가인 sp^2궤도는 서로 멀리 떨어진 형태 즉 동일 평면내에 120°의 각을 이루고 있어서 정삼각형의 모서리를 향하는 것과 같다. 혼성에 참가하지 않은 1개의 $2p_z$궤도는 이 sp^2궤도의 평면에 대하여 수직방향으로 나와 있다(그림 1-14).

에틸렌의 결합은 2개의 sp^2혼성탄소가 그 혼성궤도의 1개를 서로 중첩시켜 σ 결합을 이룬다. 나머지 4개의 sp^2궤도는 각각 H의 s궤도와 σ 결합을 형성한다.

sp^2궤도면에 수직으로 혼성궤도를 형성하지 않은 2Pz궤도는 서로 측면끼리 중첩되어 새로운 결합을 형성한다. 이 결합을 **π 결합**(π bond)이라고 한다.

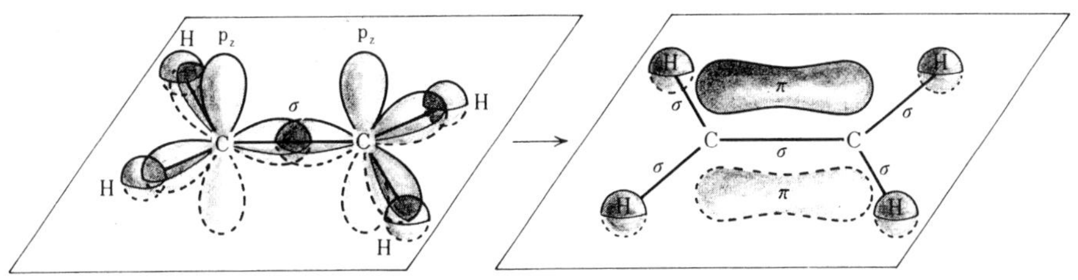

그림 1-15 ethylene($CH_2 = CH_2$)의 결합(σ 결합 및 π 결합의 형성)

그림 1-15에서는 에틸렌이 평면구조를 이루고 있음을 나타내고 있고, π 결합의 전자운은 평면의 상하로 분포한다. 이 σ 결합과 π 결합을 갖는 C－C 결합을 **C＝C 이중결합** (carbon - carbon double bond)이라고 한다.

다음에는 3번째의 혼성궤도를 갖는 결합에 대하여 설명하기로 한다. 이 화합물의 예로서 아세틸렌($CH \equiv CH$)이 있다. 이 분자는 H－C－C－H와 같이 원자가 일직선상으로 나란히 하고 있다.

그림 1-16과 같이 탄소원자의 1개의 2s전자가 승격한 뒤 2s궤도와 1개의 2p궤도가 혼성하여 새로운 sp혼성궤도를 이룬다. 2개의 sp궤도는 서로 180°의 각도, 즉 일직선상에서 반대방향으로 나오고 있다. 나머지 $2p_y$, $2p_z$궤도는 서로 직교하고 또 sp궤도에 대해서도 직각이다(그림 1-17).

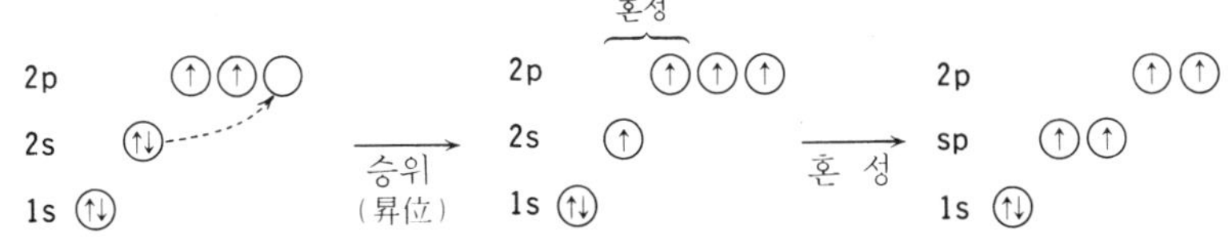

그림 1-16 sp혼성궤도의 형성

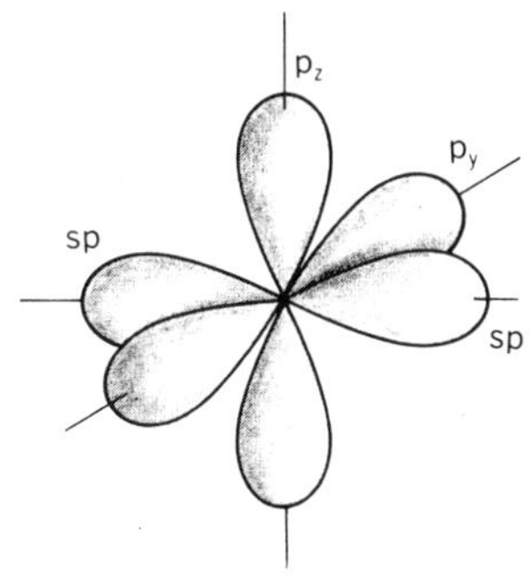

그림 1-17 sp 혼성궤도의 전자밀도

아세틸렌의 결합은 2개의 sp 혼성탄소가 그 혼성궤도를 중첩하여 σ 결합을 형성한다. 나머지 sp 궤도는 이 σ 결합의 반대방향으로 향하여 각각 H의 s궤도와 σ 결합을 이룬다. 남은 $2p_y$, $2p_z$ 궤도는 각각 이웃에 있는 $2p_y$, $2p_z$ 궤도와 측면끼리 중첩하여 2개의 π 결합을 형성한다. 그 결과 탄소-탄소간은 1개의 σ 결합과 2개의 π 결합으로 이루어지고 직선구조의 3중결합을 가지게 된다(그림 1-18).

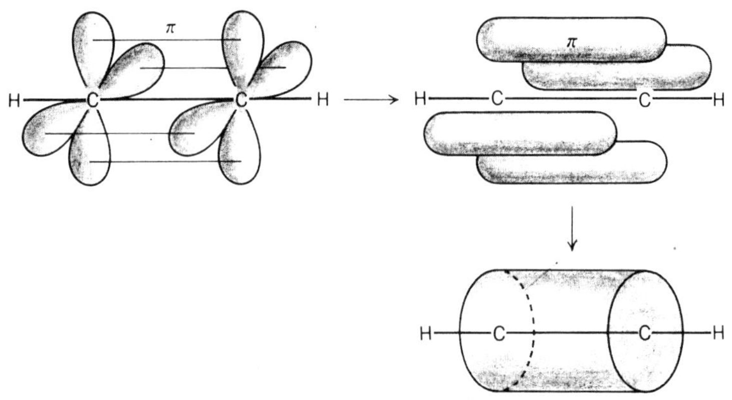

그림 1-18 acetylene ($CH \equiv CH$)의 결합(σ 결합과 2개의 π 결합체의 형성)

1-4-5 구조상의 표시방법

앞에서 설명한바와 같이 탄소원자는 sp^3, sp^2, sp 혼성궤도에 의하여 각각 단일결합, 2중결합, 3중결합을 형성한다. 이러한 구조식을 표시하는 방법이 몇가지 있다.

공유결합은 각 원자가 서로 전자를 내놓고 결합되므로 전자를 점으로 표시하고, 최외각이 옥테트(H의 경우에는 2개)가 되도록 배치하는 표시방법이다. 또 다른 방법은 공유결합을 표시하는 전자쌍(:)을 1개의 실선(—)으로 표시하는 방법이다. 따라서 단일결합은 1개의 실선으로, 그리고 2중결합은 2개의 실선으로 표시한다. 더욱 간략하게 하기위하여 원자간의 단결합을 생략하는 표시방법이 보편적으로 사용되고 있으므로, 복잡한 구조식을 나타내는 경우에도 간편하다.

이상의 표시방법은 2차원으로 그려진 것이지만, 실제의 분자는 3차원 구조이다. 그것을 보다 입체적으로 표시하는 것이 연구되고 있다. 표 1-4에는 3종의 탄화수소의 C — C 결합을 각각 표시하였다.

(1) 결합이 평면상에 있을때는 실선으로 표시(—),

(2) 결합이 평면으로부터 앞쪽에 나올 때는 쐐기모양의 실선(➡),

(3) 결합이 평면의 뒤쪽으로 나올 때는 쐐기모양의 점선(┈)으로 표시하면 공간적인 위치관계를 잘 알 수 있다.

표 1-4 유기화합물의 표시방법

구 분	전자배치	실선으로 결합 표 시 방 법	간 략 화 표시방법	3차원구조식
ethane	H : C : C : H (각 C에 H 위아래)	H-C-C-H (각 C에 H 위아래)	CH_3CH_3	H-C-C-H (쐐기 H)
ethylene	H₂C : : CH₂ 전자점 배치	$H_2C=CH_2$ (H\ /H C=C H/ \H)	$CH_2=CH_2$	C=C (쐐기 H)
acetylene	H : C : : : C : H	H-C≡C-H	CH≡CH	H-C≡C-H

표 1-5 중요한 작용기

구 분	CH_3-CH_3	$CH_2=CH_2$	CH≡CH
혼성궤도	sp^3	sp^2	sp
결합각	109.5°	120°	180°
C-C결합의 길이	1.544 Å	1.334 Å	1.204 Å

(주) $Å = 10^{-10}m = 10^{-1}nm$

1-5 탄소와 공유결합

이제 탄소와 탄소의 결합에 대하여 생각해보자. 탄소원자를 ·Ċ̣· 로 나타내는데 C는 원자핵과 첫번째 전자(電子)껍질의 전자를 나타내고 점은 원자가전자(原子價電子)를 나타낸다.

4개의 원자가전자가 있으므로 탄소의 원자가껍질에는 전자가 반이 채워져 있다(또는 반이 비워져 있다).

탄소원자(炭素原子)는 원자가전자를 모두 잃어서 C^{+4}가 되거나 4개의 전자를 얻어서 C^{-4}로 되지 않는다. 주기율표(週期律表)의 중앙에 위치해 있으므로 탄소는 강한 전기양성도 강한 전기음성도 아니다. 대신에 탄소는 다른 원자와 전자를 공유함으로써 공유결합(共有結合)을 형성한다. 예를 들면 탄소는 1개의 원자가전자가 있는 수소원자 4개와 전자쌍을 공유함으로써 결합하며 이 때 만들어진 물질은 **메탄**(methane)이다. 탄소는 4개의 염소원자도 이와 같은 방법으로 결합하여 **사염화탄소**(carbon tetrachloride)로 된다.

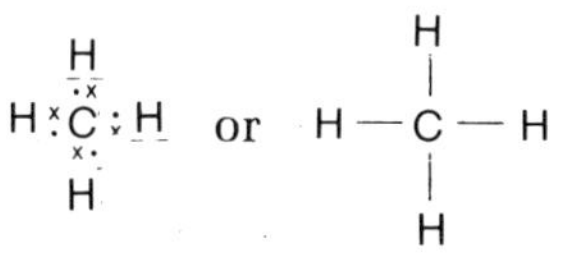

methane

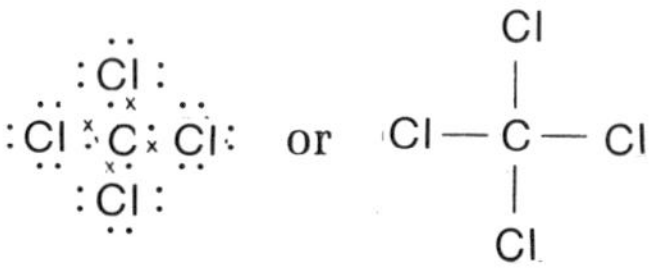

carbon tetrachloride

원자들은 전자쌍을 공유함으로써 그들의 원자가껍질을 채우게 된다. 위의 두 가지 예에서 보는 바와 같이 탄소는 그 주위에 8개의 원자가전자를 가지게 된다. 메탄의 수소원자는 첫번째 원자가껍질이 2개의 전자로 채워지고 사염화탄소의 염소원자는 3번째 원자가껍질이 8개의 전자로 채워진다. 이와 같은 방법으로 모든 원자가껍질은 채워지고 화합물은 대단히 안전하다.

이 공유전자쌍을 **공유결합**(共有結合, covalent bond)이라 한다. 왜냐하면 원자들이 원자핵에 상호인력에 의하여 서로 결합되어 있기 때문이다. 단일결합은 위의 메탄과 사염화탄소의 두번째 식에서 보는 바와 같이 흔히 선으로 나타낸다.

예제 chloromethane (염화메틸) CH_3Cl 의 구조식을 쓰라.

[풀이]

```
     H
     |
H — C — Cl
     |
     H
```

[문제] dichloromethane (염화메틸렌) CH_2Cl_2 와 trichroromethane (클로로포름) $CHCl_3$ 의 구조식을 쓰라.

1-5-1 탄소-탄소 단일결합

화학자들이 수백만의 유기화합물을 합성할 수 있게 하는 탄소원자의 독특한 성질은 다른 원자뿐만 아니라 다른 탄소원자와 전자를 공유할 수 있는 무한한 능력이다. 예를 들면 2개의 탄소원자가 서로 결합되고 이 2개의 탄소원자에 다른 원자가 결합될 수 있다. 에탄과 헥사클로로에탄은 각각의 탄소에 3개의 수소원자와 3개의 염소원자가 결합되어 있다.

```
  H H                 H   H
  ‥ ‥                 |   |
H:C:C:H     또는   H — C — C — H
  ‥ ‥                 |   |
  H H                 H   H
```

ethane

```
   ‥     ‥
  :Cl:  :Cl:                Cl   Cl
 ‥ ‥     ‥  ‥               |    |
:Cl:C  :  C:Cl:    또는   Cl — C — C — Cl
 ‥ ‥     ‥  ‥               |    |
  :Cl:  :Cl:                Cl   Cl
   ‥     ‥
```

hexachloroethane

이들은 2개의 탄소원자가 서로 결합되어 있지만 이들 화합물의 화학적 성질은 각각 메탄과 사염화탄소와 유사하다.

에탄의 탄소—탄소결합은 수소분자의 수소—수소결합과 마찬가지로 2개의 동일한 탄소원자가 동등하게 전자를 공유하는 완전한 공유결합이다. 수소분자와 마찬가지로 탄소—탄소결합을 끊어서 **메틸라디칼**(methyl radical)이라 부르는 2개의 CH_3 조각으로 만들려면 열이 필요하다. **라디칼**(radical)은 홀수의 비공유전자를 가진 조각이다.

$$\underset{\text{ethane}}{\mathrm{H_3C : CH_3}} \xrightarrow{\text{가열}} \underset{\text{methyl radical}}{2\,\mathrm{H_3C\cdot}}$$

그러나 에탄분자의 탄소—탄소결합을 끊는데 필요한 열은 수소분자의 수소-수소결합을 끊는데 필요한 열보다 적다. 즉, 에탄 1 mol 당 88 kcal (또는 368 kJ)의 열이 필요하다. 에탄의 탄소-탄소결합(1.54 Å)은 수소-수소결합(0.74 Å)보다 길며 다소 약하다.

위의 식에서 보는 바와 같이 가열함으로써 탄소-탄소결합을 끊는 것은 원유의 "열분해(cracking)" 과정의 첫 단계이며 이것은 가솔린의 제조에 있어서 중요한 공업적 방법이다.

탄소원자들간에 결합할 수 있는 탄소원자의 수는 거의 제한이 없으며 어떤 분자는 100개 또는 그 이상의 탄소-탄소결합으로 이루어져 있다. 어떤 원소가 같은 원소와 결합하여 사슬을 형성하는 능력을 카테나화 혹은 **연쇄화**(連鎖化, catenation)라 한다. 탄소원자는 연속적인 사슬형뿐만 아니라 가지달린 사슬형과 고리형 등 매우 다양하게 결합되어 있으며 곧 이들을 보게 될 것이다.

1-5-2 다중공유결합

원자는 그들의 원자가껍질을 채우기 위해서 2쌍 이상의 전자쌍을 공유하는 수가 있다. 이산화탄소(CO_2)가 그 예이다. 탄소원자에는 4개의 원자가전자가 있으며 산소원자에는 6개의 원자가전자가 있다. 각 원자에서 원자가껍질을 8개의 전자로 채우는 식은 다음과 같다.

$$\mathrm{\ddot{O}::C::\ddot{O}} \quad \text{또는} \quad \mathrm{\ddot{O}=C=\ddot{O}} \quad \text{또는} \quad \mathrm{O=C=O}$$

(1) (2) (3)

(1)에서 점은 탄소의 전자를 나타내며 ×는 산소의 전자를 나타낸다. (2)는 결합과 산소의 비공유전자쌍을 나타내며, (3)은 공유결합만을 나타낸 것이다. 각 원자가 8개의 원자가전자로 둘러싸여 있음을 아래 그림에서 고리로 나타내었다.

O ∷ C ∷ O O ∷ C ∷ O O ∷ C ∷ O

2개의 전자쌍이 탄소와 산소사이에 공유되어 있다. 그래서 이 결합을 **이중결합**(double bond)이라 한다. 각 산소원자는 2쌍의 결합에 관여하지 않는 전자(nonbonding electron), 즉 **비공유전자쌍**(unshared electron pair)을 가지고 있다.

시안화수소 HCN는 삼중결합(三重結合)을 가진 화합물의 예이며 이것은 3개의 전자쌍을 공유하고 있다.

[문제] 시안화수소의 각 원자가 원자가껍질을 어떻게 채우는지를 고리로 표시하라.

[문제] 다음의 이산화탄소의 전자배치가 만약 틀렸다면 틀린부분을 지적하라.

a. :O :::C ::: O: b. :Ö:C̈:Ö: (with additional dot pairs below each atom) c. :Ö:C ::: O: (with an additional dot pair below the first O)

[문제] 포름알데히드의 분자식은 H_2CO이다. 원자가전자가 어떻게 배치되어 있는지를 식으로 나타내라.

탄소전자는 단일결합은 물론 이중결합 또는 삼중결합으로 서로 결합할 수 있다. 한 분자에 2개의 탄소를 가진 **탄화수소**(hydrocarbons; 탄소와 수소로만 이루어진 화합물)에는 에탄, 에틸렌, 아세틸렌의 3가지가 있다.

```
   H  H          H         H
   |  |           \       /
H—C—C—H            C=C          H—C≡C—H
   |  |           /       \
   H  H          H         H
  ethane        ethylene        acetylene
```

이들은 각각 탄소-탄소 단일결합, 이중결합 그리고 삼중결합으로 되어 있는 것이 다르다. 나중에 알게 되었지만 이들 화합물의 화학반응성은 서로 상당히 다른데 그 까닭은 탄소원자간의 결합의 종류가 서로 다르기 때문이다.

예제 1개의 탄소-탄소 이중결합을 가진 C_3H_6의 구조식을 쓰라.

[풀이] 우선 1개의 이중결합을 가진 3개의 탄소를 그린다.

$$C = C - C$$

그리고 각 탄소가 8개의 전자(또는 4개의 결합)를 가지도록 수소를 붙인다.

```
    H   H   H
    |   |   |
H - C = C - C - H
            |
            H
```

[문제] 1개의 탄소-탄소 이중결합을 갖는 C_4H_8의 구조식을 적어도 3가지 적어 보라.

1-5-3 이성질현상

어떤 물질의 **분자식**(分子式, molecular formula)은 분자에 들어 있는 원자의 수와 종류만을 알려주지만 **구조식**(構造式, structural formula)은 원자들이 어떻게 배열되어 있나를 알려준다. 예를 들면 H_2O는 물의 분자식이다. 이것으로 물분자는 2개의 수소원자와 1개의 산소원자로 되어 있다는 사실만을 알 수 있다. 그러나 구조식 H-O-H로 그 이상의 것을 알 수 있다. 즉 수소는 수소와 결합된 것이 아니고 산소와 결합되어 있다는 것을 알 수 있다.

앞절에서 보았듯이 같은 원자가 그들의 원자가를 만족시키면서 여러 방법으로 배치가 가능하다는 것을 알았다. 이러한 형태의 분자들을 **이성질체**(異性質體, isomer)라 한다(이 말은 그리이스어의 *isos*(= equal)와 *meros* (= part)에서 유래되었다).

구조이성질체(構造異性質體, structural isomer)는 분자식이 같고 구조식이 서로 다른 물질이다. 이제 특수한 이성질체의 쌍에 대해 생각하여 보자.

분자식이 C_2H_6O이고 서로 다른 두 화학적 물질이 있다.

하나는 78.5℃에서 끓는 무색의 액체이며 다른 하나는 상온에서 무색의 기체이고 끓는 점이 −23.6℃이다. 이 두 물질의 분자는 원자가 서로 다르게 배열되어 있고 한 물질은 액체이고 다른 한 물질은 기체라고 설명할 수 밖에 없다.

분자식이 C_2H_6O이고 탄소의 원자가(4), 산소의 원자가(2), 수소의 원자가(1)을 만족하는 가능한 구조식은 2개뿐이다. 이것은 다음과 같다.

```
    H   H                      H         H
    |   |                      |         |
H — C   C   O — H     또는   H--C    O    C — H
    |   |                      |         |
    H   H                      H         H
```

첫번째 식은 2개의 탄소가 단일공유결합(單一共有結合)에 의하여 연결되어 있고 두번째 식은 각 탄소가 산소에 연결되어 있다. 그런데 2가지 배열 중 어느쪽이 액체이고 어느쪽이 기체인지 하는 문제가 남아 있다.

이 문제를 해결하는 방법은 여러 가지가 있다. 여기서는 간단한 화학실험으로 해결하여 보자. 액체인 C_2H_6O (에틸알코올 또는 에탄올)은 금속나트륨과 반응하여 수소기체를 발생하고 새로운 화합물인 C_2H_5ONa 으로 된다. 반면에 기체인 C_2H_6O (디메틸에테르)는 금속나트륨과 반응하지 않는다. 이 실험결과의 가장 적절한 해석은 에틸알코올의 한 수소원자가 다른 5개의 수소와 다른 구조식으로 표시되는 것이다. 산소에 붙어 있는 수소가 나트륨으로 치환(置換)될 수 있는 것 같다. 그러나 디메틸에테르는 6개의 수소가 모두 탄소에 붙어 있고 나트륨에 의해서 치환되지 않는다. 여기서 각 구조식과 연결시킬 수 있다.

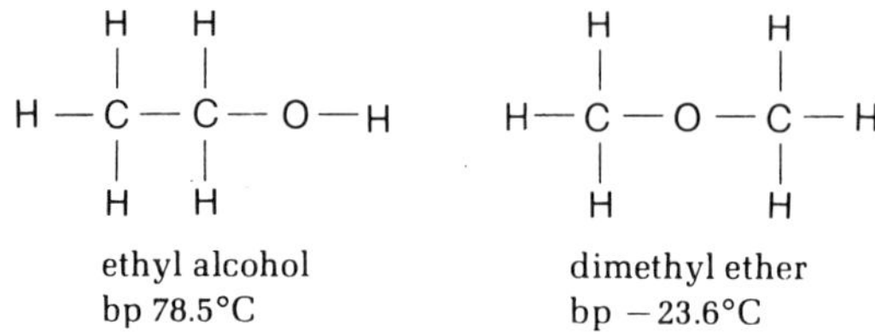

에틸알코올과 디메틸에테르는 서로 구조이성질체이다. 이들은 분자식이 서로 같고 구조식만 서로 다르다. 이런 형태의 이성질체는 분자구조가 서로 다르기 때문에 물리적, 화학적 성질이 서로 다르다.

[문제] C_3H_8O 의 가능한 이성질체의 구조식을 모두 쓰라(이성질체는 모두 3개이다).

1-5-4 구조식을 쓰는 법

유기화학을 공부하는 동안 구조식을 쓰게 될 것이다. 구조식을 어떻게 쓰는지에 대해서 약간의 힌트가 있다면 아마 도움이 될 것이다. 다른 이성질체의 경우를 살펴보자. 분자식이 C_5H_{12} 인 물질의 모든 가능한 구조식을 생각하여 보자. 우선 5개의 탄소를 **연쇄사슬** (continuous chain)로 적는 것부터 시작하자.

이 사슬의 맨 끝의 두 탄소는 1개의 원자가를 사용하였고 중간에 위치한 3개의 탄소는 2개의 원자가를 사용하였다. 다라서 맨 끝의 두 탄소는 수소와 결합할 수 있는 원자가(原子價)가 3개 있고 중간에 위치한 3개의 탄소는 수소와 결합할 수 있는 원자가가 2개 있다. 따라서 구조식(構造式)은 다음과 같다(*n*은 *normal*을 나타낸다).

```
     H   H   H   H   H
     |   |   |   |   |
 H — C — C — C — C — C — H
     |   |   |   |   |
     H   H   H   H   H
```

n-pentane, bp 36°C

다른 이성질체(異性質體)의 구조식을 알기 위해서는 **가지사슬**(branched chain)을 고려해야 한다. 예를 들면 가장 긴 사슬을 4개의 탄소로 줄이고 5번째 탄소를 중간탄소에 연결시킨다.

```
C — C — C — C
    |
    C
```

이제 각 탄소가 4개의 원자가(原子價)를 가지게 하기 위해서 수소를 첨가시킨다면 3개의 탄소에는 3개의 수소가 붙어 있고 다른 탄소들은 수소를 하나 또는 둘 가지고 있다.

```
     H   H   H   H
     |   |   |   |
 H — C — C — C — C — H
     |   |   |   |
     H   |   H   H
     H — C — H
         |
         H
```

isopentane or 2-methylbutane, bp 28°C

또 4개의 탄소사슬을 고정시켜 놓고 5번째 탄소를 다른 방법으로 연결하여 보자. 아래 사슬들을 생각하여 보라.

```
C — C — C — C     C — C — C — C     C — C — C — C
|                             |             |
C                             C             C
```

이들 중 새로운 것이 있는가? 없다! 처음 두 구조는 연쇄적인 탄소사슬이고 정확하게 *n*-pentane의 구조이다. 그리고 3번째 구조는 이미 그린 이소펜탄의 구조와 같다. 즉, 4개의 탄소사슬의 2번째 탄소에 가지가 붙은 구조이다(왼쪽에서 세어보지 말고 오른쪽에서 세어보라).

```
      C
      |
  C — C — C
      |
      C
```

여기에 수소를 첨가시키면 가운데 탄소는 단 1개의 수소도 첨가되지 않는다는 것을 알 수 있다.

```
          H
          |
        H—C—H
          |
     H    |    H
     |    |    |
   H—C— C —C—H
     |    |    |
     H    |    H
          |
        H—C—H
          |
          H
```

neopentane or 2,2-dimethyl-propane, bp 10°C

따라서 분자식 C_5H_{12}인 물질의 3가지 구조식을 쓸 수 있고 이들은 서로 화학적 성질이 다르다는 사실을 알 수 있다. 이들은 n-pentane, iso-pentane, neo-pentane으로 불린다.

[문제] 다음 구조식은 C_5H_{12}의 이성질체 중 어느 것에 해당하는가?

```
  H         H               H               H   H   H
  |         |               |               |   |   |
H—C—H     H—C—H           H—C—H           H—C———C———C—H
  |   H     |                 |               |   |   |
  |   |     |            H    |    H          H   |   H
H—C—C———————C—H          |    |    |              |   H
  |   |     |          H—C—C—C—H               |   |
  H   H     H            |    |    |            H—C———C—H
                         H    H    |              |   |
                            H—C—H                 H   H
                              |
                              H
```

1-5-5 구조식의 약식화(略式化)

이제까지 쓴 구조식은 다소 불편하다. 지면을 너무 많이 차지하고 또 이들은 쓰기에 너무 귀찮다. 그래서 이들을 줄여서 쓰는데 물론 구조식의 구실을 제대로 하여야 한다. 예를 들면 에틸알코올의 구조식을 다음과 같이 줄여서 쓸 수 있다.

$$\begin{array}{c} \text{H}\ \ \text{H} \\ |\ \ \ | \\ \text{H—C—C—O—H} \\ |\ \ \ | \\ \text{H}\ \ \text{H} \end{array} \longrightarrow CH_3—CH_2—OH \text{ 또는 } CH_3CH_2OH$$

이들 식은 모두 2개의 탄소가 서로 연결되어 있고 한 탄소에는 3개의 수소가 붙어 있고 다른 탄소에는 2개의 수소와 OH(히드록시)가 붙어 있다. 이들 식은 모두 아래에 표시되는 디메틸에테르의 식과는 완전히 다르다.

$$\begin{array}{c} \text{H}\qquad\ \text{H} \\ |\qquad\ \ | \\ \text{H—C—O—C—H} \\ |\qquad\ \ | \\ \text{H}\qquad\ \text{H} \end{array} \longrightarrow CH_3—O—CH_3 \text{ 또는 } CH_3OCH_3$$

3가지 pentane의 구조식도 이와 유사한 방법으로 줄여 쓸 수 있다.

$CH_3—CH_2—CH_2—CH_2—CH_3$

n-pentane

$$\begin{array}{c} CH_3 \\ | \\ CH_3—C—CH_3 \\ | \\ CH_3 \end{array}$$

neopentane

$$\begin{array}{l} CH_3—CH_2—CH—CH_3 \\ \qquad\qquad\quad\ \ | \\ \qquad\qquad\quad CH_3 \end{array}$$

isopentane

때로는 이들 식은 더 줄여 쓸 수 있다. 예를 들면 다음과 같다.

$CH_3(CH_2)_3CH_3$	$(CH_3)_2CHCH_2CH_3$	$(CH_3)_4C$
n-pentane	isopentane	neopentane

예제 다음 물질의 모든 결합을 나타내는 구조식을 쓰라.

a. $CH_3CCl_2CH_3$ b. $(CH_3)_2C(CH_2CH_3)_2$

[풀이]

```
     H   Cl  H                           H
     |   |   |                           |
  H--C---C---C--H                     H--C--H
     |   |   |                  H   H    |    H   H
     H   Cl  H                  |   |    |    |   |
                             H--C---C----C----C---C--H
                                |   |    |    |   |
                                H   H    |    H   H
                                      H--C--H
                                         |
                                         H
```

[문제] 다음 물질의 모든 결합을 나타내는 구조식을 쓰라.

a. $(CH_3)_2CHCH_2OH$ b. $CCl_2 = CCl_2$

구조식을 완전히 줄여 쓴다면 탄소골격만을 선으로 나타내서 쓸 수 있다.

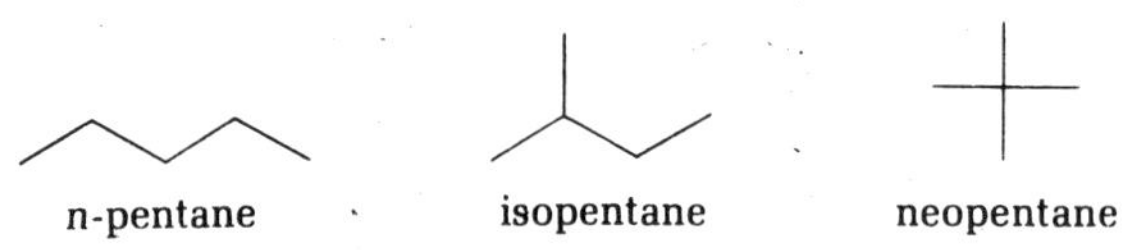

각 선분은 끝에 탄소원자 1개를 가진 것으로 이해된다. 수소는 생략되었지만 4에서 어떤 점에서 뻗어 나가는 선분의 수를 뺌으로써 각 탄소에 붙은 수소의 수를 즉각 알 수 있다. 다중결합(多重結合)은 다중선분으로 표시된다. 예를 들어 5개의 탄소원자의 사슬을 가진 화합물에서 두번째와 세번째 탄소원자 사이에 이중결합(二重結合)을 가지는 탄화수소(즉, $CH_3CH = CHCH_2CH_3$)는 다음과 같이 표시된다.

```
     H           H   H
     |           |   |
  H--C--C==C-----C---C--H
     |  |  |     |   |
     H  H  H     H   H
```

예제 식 $CH_2=C(CH_3)\ CH_2CH_3$ 에 대한 구조식을 쓰라.

$$\begin{array}{c} CH_2 \\ \| \\ CH_3-C-CH_2-CH_3 \end{array} \quad 또는 \quad \begin{array}{ccccccccc} & & & H & & H & & & \\ & & & & \diagdown\diagup & & & & \\ & & H & & C & & H & H & \\ & & | & & \| & & | & | & \\ H & - & C & - & C & - & C - & C & -H \\ & & | & & & & | & | & \\ & & H & & & & H & H & \end{array}$$

[문제] 식 $(CH_3)_2CHCH(CH_3)_2$ 에 대한 선분구조식을 쓰라.

이제까지 원자들이 중성인 분자만 고려하였다. 그러나 어떤 화합물은 1개 또는 그 이상의 원자가 양성 또는 음성의 전하를 띄고 있다. 이들의 전하량은 화학반응에 영향을 미치며 이들 전하량의 위치를 아는 것은 매우 중요하다.

1-5-6 정사면체의 탄소(메탄의 결합)

이제 탄소원자가 4개의 수소원자와 결합하여 메탄으로 되는 경우를 살펴보자. 이 과정을 그림 1-9에 나타내었다. 탄소원자는 각 수소원자와 σ 결합에 의해 결합되어 있다. 이 결합은 탄소의 sp^3 궤도함수와 수소의 1s 궤도함수의 중첩에 의해서 결합된 것이다. 4개의 σ 결합은 탄소원자 핵으로부터 정사면체의 꼭지점으로 향하고 있다.

이렇게 함으로써 한 결합의 전자쌍은 다른 결합의 전자쌍과의 반발력을 최소한으로 줄일 수 있다. 각 H－C－H의 **結合角**(bond angle)은 109.5°로 모두 같다. 요약해서 메탄은 4개의 sp^3-s 의 C－H 시그마결합을 형성하여 탄소원자로부터 정4면체의 4개의 꼭지점으로 향하고 있다.

1-5-7 분자골격에 따른 분류

유기화학물 구조의 탄소골격에는 크게 나누어서 3가지가 있다.

(a) 사슬화합물 아시클릭(acyclic)이라 함은 고리가 없다는 뜻이다. 사슬형유기분자는 탄소원자의 사슬을 가지지만 고리는 없다. 이제까지 보아왔듯이 이 사슬에는 가지가 없을 수도 있고 있을 수도 있다.

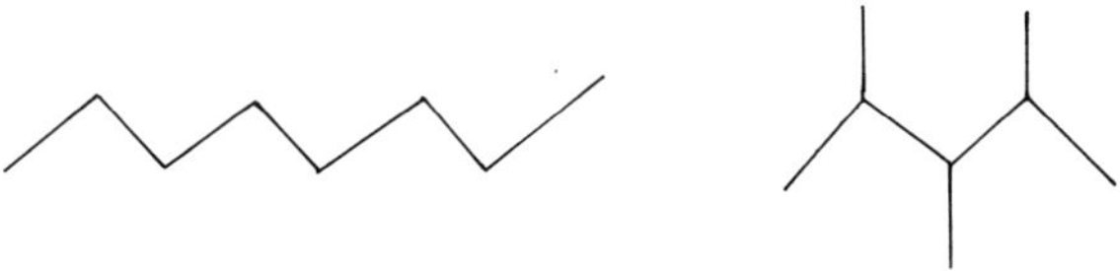

펜탄은 가지가 없는 탄소사슬을 가진 사슬화합물의 한 예이며 한편 이소펜탄과 네오펜탄은 역시 사슬화합물이긴 하지만 가지가 있는 탄소골격을 가지고 있다. 이 장에서 구조식이 표시되어 있는 에틸알코올, 디메틸에테르, 에탄, 에틸렌, 아세틸렌 메탄, 사염화탄소는 모두 사슬형유기화합물이다.

OH

$CH_3(CH_2)_5CH_3$

geraniol (장미기름) heptane (석유)

(b) **탄소고리화합물** 탄소고리화합물은 탄소원자로 된 고리를 가지고 있다. 가능한 가장 작은 탄소고리는 3개의 탄소원자를 가지고 있지만, 고리들은 크기와 모양이 다양하다. 또한 고리에는 탄소사슬이 붙어 있을 수 있고 다중결합(多重結合)을 가질 수도 있다. 1개 이상의 탄소고리를 가진 많은 화합물들이 알려져 있다. 5원자와 6원자로 된 고리가 자연에서 가장 흔하지만 더 작거나 큰 고리들도 알려져 있다.

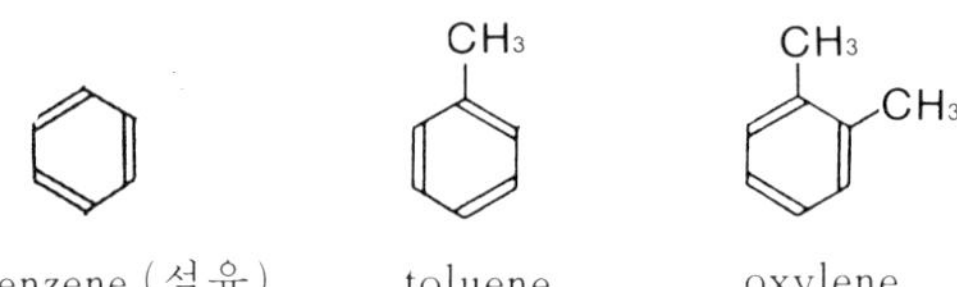

benzene (석유) toluene oxylene

(c) **헤테로고리화합물** 헤테로고리화합물은 세번째에 해당하는데 아마도 유기화합물의 분자골격 중에서 가장 종류가 많다. 헤테로고리화합물에서 고리는 탄소 이외의 원자, 즉 헤테로원자를 적어도 1개 이상 가지고 있어야 한다.

가장 흔한 헤테로원자는 산소, 질소, 황이지만 다른 원소들을 가진 헤테로고리도 많이 알려져 있다. 헤테로원자가 하나 이상일 수도 있는데 이 경우 그들은 서로 같을 수도 있고 다를 수도 있다. 헤테로고리는 여러 가지 크기를 가질 수 있으며 다중결합을 가질 수도 있고 탄소사슬이나 탄소고리가 붙어 있을 수도 있다. 요약하면 매우 다양한 구조를 가질 수 있다는 것이다.

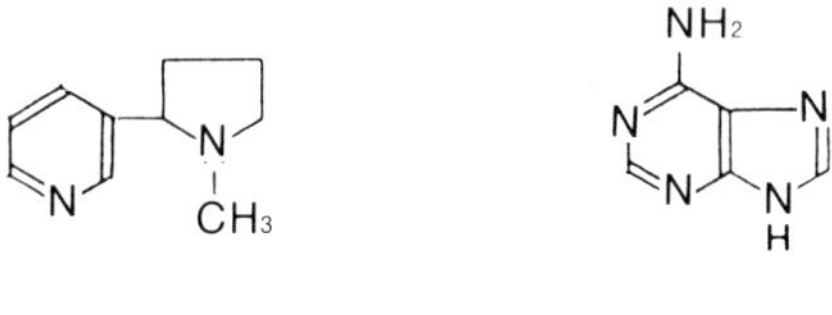

nicotine adenine

1-5-8 작용기에 따른 분류

어떤 원자단들은 그들이 붙어 있는 특정한 분자골격에 어느 정도만 의존하는 화학적 성질을 가지고 있다. 이들 원자단들이 어떤 분자에 들어 있던지 상관없이 그 화학적 성질이 비슷할 때 이들 원자단을 **작용기**(作用基, functional group)라고 부른다. **히드록시기**(− OH)는 작용기의 한 예인데 이 기만을 가진 화합물을 **알코올** (alcohol) 이라 부른다. 대부분의 유기화학반응에서 어떤 화학변화는 작용기에서 일어나고 분자의 나머지 부분은 원래의 구조를 유지한다. 예를 들면 에틸알코올과 나트륨의 반응에서 히드록시기의 수소가 나트륨에 의해 치환(置換)된다.

$$2CH_3CH_2OH + 2Na \longrightarrow 2\,CH_3CH_2O^-Na^+ + H_2$$

ethyl alc　sodium　　sodium ethoxide　　hydrogen

다른 원자들(2개의 탄소, 5개의 수소, 그리고 수소)은 초기 물질(에틸알코올)이 가졌던 배열을 생성물(에톡시화나트륨)에서도 그대로 가지고 있다.

이렇게 화학반응을 통해서 구조식의 대부분이 그대로 유지되는 것은 유기화학 공부를 간편하게 해준다. 따라서 여러 작용기의 화학적 성질에 관심을 집중할 필요가 있다. 개개의 화합물을 배울 필요가 없이 화합물의 분류(알코올류와 같은)들을 연구하면 된다.

예제 이소프로필알코올 $CH_3\underset{\displaystyle OH}{\underset{|}{C}}HCH_3$ 과 나트륨의 반응에서 생성물을 예측하라.

$$2CH_3\underset{\displaystyle OH}{\underset{|}{C}}H \cdot CH_3 + 2Na \longrightarrow 2CH_3\cdot\underset{\displaystyle ONa^+}{\underset{|}{C}}H\cdot CH_3 + H_2$$

생성물에서 OH 기의 H 만이 Na 에 의하여 치환되었다. 생성물의 산소는 3-탄소사슬의 중간탄소에 그대로 붙어있다.

[문제] 금속나트륨과 다음과의 반응에서 생기는 생성물의 구조식을 쓰라.

a. $CH_3CH_2CH_2OH$　　b. $CH_3CH(OH)CH_2CH_3$

표 1-6 중요한 작용기

	구 조	화합물의 분류	예
A. 분자골격의 한부분인 작용기	$>C=C<$	alkene	$CH_2=CH_2$
	$-C\equiv C-$	alkyne	$CH\equiv CH$
B. 산소를 가진 작용기	$-\overset{\vert}{\underset{\vert}{C}}-OH$	alcohol	CH_3CH_2OH
1. 1개의 탄소-탄소결합을 가진 것	$-\overset{\vert}{\underset{\vert}{C}}-O-\overset{\vert}{\underset{\vert}{C}}-$	ether	$CH_3CH_2OCH_2CH_3$
2. 2개의 탄소-산소결합을 가진 것	$-\overset{O}{\overset{\Vert}{C}}-H$	aldehyde	$CH_2=O$
	$-\overset{\vert}{\underset{\vert}{C}}-\overset{O}{\overset{\Vert}{C}}-\overset{\vert}{\underset{\vert}{C}}-$	ketone	$CH_3\overset{O}{\overset{\Vert}{C}}CH_3$
3. 3개의 탄소-산소결합을 가진 것*	$-\overset{O}{\overset{\Vert}{C}}-OH$	carboxylic acid	$CH_3\overset{O}{\overset{\Vert}{C}}-OH$
	$-\overset{O}{\overset{\Vert}{C}}-O-\overset{\vert}{\underset{\vert}{C}}-$	ester	$CH_3\overset{O}{\overset{\Vert}{C}}-OCH_2CH_3$
C. 질소를 포함한 작용기 †	$-\overset{\vert}{\underset{\vert}{C}}-NH_2$	primary amine	$CH_3CH_2NH_2$
	$-C\equiv N$	cyanide or nitrile	$CH_2=CH-C\equiv N$
D. 산소와 질소를 가진 작용기	$-\overset{O}{\overset{\Vert}{C}}-NH_2$	primary amide	$H_2N-\underset{O}{\underset{\Vert}{C}}-NH_2$
E. 황을 가진 작용기‡	$-\overset{\vert}{\underset{\vert}{C}}-SH$	thiol(또는 mercaptan)	CH_3SH
	$-\overset{\vert}{\underset{\vert}{C}}-S-\overset{\vert}{\underset{\vert}{C}}-$	thioether(또는 sulfide)	$(CH_2=CHCH_2)_2S$

*몇 가지 작용기 속에 존재하는 C=O기를 **카르보닐基**라 한다. 산 속에 있는 $-\underset{O}{\underset{\Vert}{C}}-$OH는 **카르복실基**(카르보닐기와 히드록시기가 결합된 것)이라 한다.

† $-NH_2$기는 **아미노基**라 한다.

‡ 티올이나 황화물은 알코올이나 에테르에 유사한 황의 화합물이다.

앞으로 공부할 몇가지 주요한 작용기들이 각 부류의 전형적인 화합물들과 함께 표에 나열되어 있다.

앞으로 이들 화합물의 부류들을 장을 바꾸어 자세히 설명하겠지만 지금 그들의 이름과 구조에 익숙해지는 것도 좋다고 생각된다. 특정한 작용기가 그 화학적 성질을 자세히 설명하기도 전에 언급되었는데 그것이 무엇인지 잊어버렸으면 표 1-6을 참조하면 된다.

연습문제 1

1. 다음 원자들의 원자가전자수는 각각 몇 개인가? 원소기호가 내부 전자껍질을 나타낸다고 가정하고 점을 사용하여 원자가전자를 표시하라.
   a. 탄소　b. 불소　c. 규소　d. 붕소
   e. 황　f. 인
2. 소금(염화나트륨)의 수용액에 질산은 용액을 넣으면 즉시 백색 침전이 생성된다. 그러나 사염화탄소에 질산은 용액을 넣으면 침전이 생성되지 않는다. 이 사실로 미루어 보아서 이 두 염소화합물의 결합의 형태를 설명하라.
3. 단일 결합은 선으로 비공유전자쌍은 점을 사용하여 다음 화합물의 구조식을 쓰라.
   a. CH_3Cl　b. C_3H_8　c. C_2H_5F　d. CH_3NH_2
4. 다음 분자식을 가지는 모든 이성질체에 대한 구조식을 쓰라.
   a. C_3H_8　b. C_3H_7Cl　c. $C_2H_4Cl_2$　d. $C_3H_5Br_2$
   e. C_4H_9F　f. $C_2H_2Cl_2$　g. C_3H_6　h. $C_4H_{10}O$
5. C_6H_{14}의 이성질체의 5개의 구조식을 적어라. 체계적으로 생각하여 보라.
6. 다음 각각의 간략한 구조식에 대해 모든 결합을 나타내는 구조식을 쓰라.
   a. $CH_3(CH_2)_4CH_3$　b. $(CH_3)_3CCH_3$　c. $(CH_3)_2CHOH$
   d. $(CH_3CH_2)_2S$　e. CH_2ClCH_2OH　f. $(CH_3)_2NCH_2CH_3$
7. 다음의 간략한 구조에 해당하는 구조식을 적어 각 탄소에 붙은 수소의 정확한 수를 나타내라.

   a. 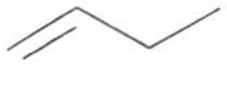　b. 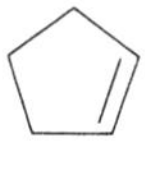　c. 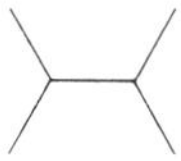　d.

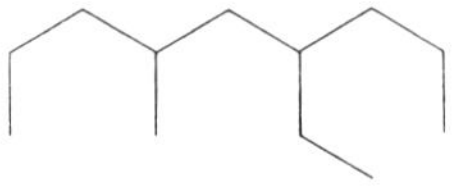

   e. 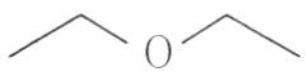 O　f. 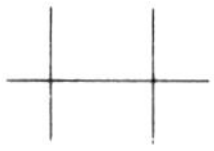　g. 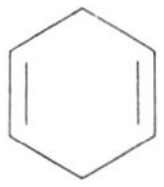
8. 다음 화합물들을 화학반응이 비슷할 것이라고 기대되는 것끼리 묶으라.
   a. CH_3OH　b. CH_3OCH_3　c. $CH_2(OH)CH(OH)CH_2(OH)$
   d. C_5H_{12}　e. C_4H_9OH　f. C_8H_{18}
   g. C_3H_7OH　h. $(CH_3CH_2)_2O$　i. $CH_3OCH_2CH_2OCH_3$

2. 有機化合物의 基本骨格

2-1 유기화합물의 분류

2-2 탄화수소의 분류

2-3 Alkane

2-4 Alkene

2-5 Alkyne

2-6 방향족 화합물

2.

有機化合物의 基本骨格

유기화합물은 탄소의 공유결합에 의하여 생기는 화합물이다. 탄소원자는 다른 탄소원자와 공유결합 하는 성질로 인하여 탄소를 골격으로 한 무한히 긴 사슬모양의 화합물과 가지가 있는 화합물을 생성할 수 있다. 또한 앞에서도 기술한 바와 같이 탄소-탄소간의 결합에는 **단일결합, 이중결합, 삼중결합** 등의 결합방법이 있다.

탄소원자의 이러한 특징 때문에 현재 250만종 이상의 유기화합물이 있는 것으로 알려지고 있으며, 또한 새로운 화합물이 나날이 추가되고 있다. 이러한 막대한 수의 유기화합물을 취급하기 위해서 동물이나 식물의 분류처럼 유기화합물도 계통적으로 분류할 필요가 있다.

유기화합물을 그 구조상의 특징에 따라 분류하고 이들의 화학적성질이나 물리적성질을 밝히면서 공통성과 상이성을 탐구한다는 것은 유기화학을 연구하는데 있어 매우 중요한 것이다.

2-1 유기화합물의 분류

유기화합물에는 탄소와 수소만으로 이루어진 화합물을 탄화수소(hydrocarbon)라고 하며, 유기화합물의 기본골격이 되고 있다. 한편, 탄소와 수소 이외에 산소, 질소 등의 원자를 포함하는 화합물이 있고 기본골격에 치환된 원자단, 즉 작용기(functional group : 作用基)로서의 독특한 반응성을 나타낸다. 이것은 다음 제 3 장에서 자세히 설명하기로 한다. 표 2-1은 유기화합물의 구조상 특징에 따른 분류를 나타내고 있다.

2-2 탄화수소의 분류

탄화수소는 그 명칭에서와 같이 탄소와 수소, 2종류의 원자만으로 구성되어 있으며, 지방족탄화수소(aliphatic hydrocarbon)와 방향족탄화수소(aromatic hydrocarbon)로 대별된다.

표 2-1 유기화합물의 분류

분 류	구조식의 예	일반식(간략식)
탄화수소	CH_3-CH_3, $CH_2=CH_2$, $CH=CH$	R－H
	⌬	Ar－H
alcohol	CH_3CH_2OH	R－OH
phenol	⌬－OH	Ar－OH
ether	$CH_3-O-CH_2CH_3$	R－O－R′
aldehyde	CH_3CHO	$R-\overset{O}{\overset{\Vert}{C}}-H$
ketone	$CH_3\overset{O}{\overset{\Vert}{C}}CH_3$	$R-\overset{O}{\overset{\Vert}{C}}-R'$
carboxylic acid	CH_3COOH	$R-\overset{O}{\overset{\Vert}{C}}-OH$
ester	$CH_3COOC_2H_5$	$R-\overset{O}{\overset{\Vert}{C}}-OR'$
amine	CH_3NH_2	$R-N<^{R'}_{R''}$
amid	CH_3CONH_2	$R-\overset{O}{\overset{\Vert}{C}}-N<^{R'}_{R''}$
halide	CH_3Cl	R－X

● R,R′,R″(수소 또는 알킬기)는 Ar(아릴기)로 치환된다.
X(halogen)는 F, Cl, Br, I를 나타낸다.

표 2-2 탄화수소의 분류

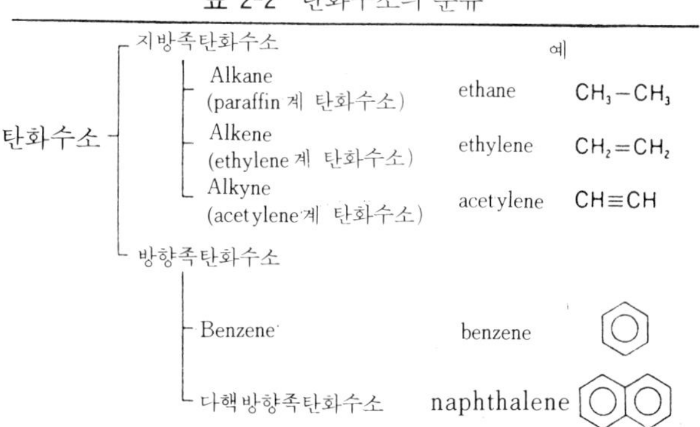

지방족탄화수소는 다시 3개 분야로 세분된다. 단일결합만으로 이루어진 알칸(alkane), 2중결합을 포함한 알켄(alkene), 그리고 3중결합을 갖는 알킨(alkyne)이다.

방향족탄화수소에는 벤젠고리를 갖는 화합물과 벤젠고리 몇개가 연결되어 있는 여러고리방향족탄화수소(polynuclear aromatic hydrocarbon)가 있다.

2-3 알 칸(Alkane)

알칸류는 모두 단일결합(C−C, C−H)으로 이루어졌으며, 탄소원자는 sp^3 혼성궤도이다. 사슬모양(鎖狀) 알칸의 분자식은 일반식 C_nH_{2n+2}로 나타내며, 그 중에서 분자량이 가장 작은(n=1) 것은 메탄(CH_4)이다. 그리고, 에탄(C_2H_6)·프로판(C_3H_8)·부탄(C_4H_{10})과 같이 CH_2의 단위가 증가함에 따라서 기체로부터 액체·고체로 물리적 성질도 변화된다(표 2-3).

표 2-3 주요사슬모양 알칸(C_nH_{2n+2})

명 칭	분자식	구 조 식	비점(b.p.) (℃)	융점(m.p.) (℃)	밀 도 (g/mℓ, 20℃)	이성질체수
methane	CH_4	CH_4	−161.5			1
ethane	C_2H_6	CH_3CH_3	−88.6			1
propane	C_3H_8	$CH_3CH_2CH_3$	−42.1			1
butane	C_4H_{10}	$CH_3(CH_2)_2CH_3$	−0.5	−138.4		2
pentane	C_5H_{12}	$CH_3(CH_2)_3CH_3$	36.1	−129.7	0.626	3
hexane	C_6H_{14}	$CH_3(CH_2)_4CH_3$	68.7	−95.3	0.659	5
heptane	C_7H_{16}	$CH_3(CH_2)_5CH_3$	98.4	−90.6	0.684	9
octane	C_8H_{18}	$CH_3(CH_2)_6CH_3$	125.7	−56.8	0.703	18
nonane	C_9H_{20}	$CH_3(CH_2)_7CH_3$	150.8	−53.5	0.718	35
decane	$C_{10}H_{22}$	$CH_3(CH_2)_8CH_3$	174.1	−29.7	0.730	75
undecane	$C_{11}H_{24}$	$CH_3(CH_2)_9CH_3$	195.9	−25.6	0.741	
dodecane	$C_{12}H_{26}$	$CH_3(CH_2)_{10}CH_3$	216.3	−9.6	0.751	
……	…	………	………	………	………	
eicosane	$C_{20}H_{42}$	$CH_3(CH_2)_{18}CH_3$	149.5(1)*	36.8	0.778(36℃)	366.319
triacontane	$C_{30}H_{62}$	$CH_3(CH_2)_{28}CH_3$	258.5(3)	65.8	0.768(90℃)	
tetracontane	$C_{40}H_{82}$	$CH_3(CH_2)_{38}CH_3$	150.0(10^{-5})	81.0	0.779(84℃)	

* ( ) 안은 감압하 mm Hg

탄소수가 4개인 알칸, 즉 부탄은 같은 분자식을 갖는 2종의 구조식이 있으며, 실제로 표 2-4에서 보는 바와 같이 n-부탄과 이소부탄이 존재한다. 이와 같이 동일한 분자식을 가지면서 상이한 구조식을 가지고 서로 다른 성질을 나타내는 화합물을 **이성질체**(isomer)라고 하며, 이 현상을 **이성질현상**(isomerism)이라고 한다.

표 2-4에 주요 사슬 알칸의 이성체를 나타내고 있는데 이 이성체의 수는 펜탄(C_5H_{12})에서는 3종이 존재하고 헥산(C_6H_{14})에서는 5종이 있으며 데칸($C_{10}H_{22}$)에서는 75종이 있고 $C_{40}H_{82}$에서는 6.25×10^{13}종이라는 천문학적 숫자에 이른다.

표 2-4 알칸류의 이성체와 그 성질

탄소수	명 칭	구 조 식	비점(b.p) (℃)	융점(m.p) (℃)	밀 도 (g／mℓ, 20℃)
C_4	n-butane	$CH_3CH_2CH_2CH_3$	−0.5	−138.4	0.622
	isobutane	$(CH_3)_2CHCH_3$	−11.7	−159.6	0.604
C_5	n-pentane	$CH_3CH_2CH_2CH_2CH_3$	36.1	−129.7	0.626
	isopentane	$(CH_3)_2CHCH_2CH_3$	27.9	−159.9	0.620
	neopentane	$CH_3-C(CH_3)_2-CH_3$	9.5	−16.6	0.591
C_6	n-hexane	$CH_3CH_2CH_2CH_2CH_2CH_3$	68.7	−95.3	0.659
	3-methylpentane	$CH_3CH_2CH(CH_3)CH_2CH_3$	63.3		0.664
	isohexane	$(CH_3)_2CHCH_2CH_2CH_3$	60.3	−153.7	0.653
	2,3-dimethylbutane	$CH_3CH(CH_3)-CH(CH_3)CH_3$	58.0	−128.5	0.662
	neohexane	$CH_3-C(CH_3)_2-CH_2CH_3$	49.7	−99.9	0.649

2-3-1 알칸의 명명법

막대한 수의 유기화합물을 크게 분류하는 방법을 기술하였는데 개개의 화합물을 구별하기 위해서 각 화합물에 명칭을 붙이지 않으면 안된다.

화학자들은 화합물을 계통적으로 명명하는 방법을 생각하여 왔다. 그것은 **IUPAC**(International Union of Pure and Applied Chemistry)라는 순수 및 응용화학의 국제연맹에서 고안하여 공식화한 규칙으로 **IUPAC 방식**(IUPAC System)이라는 명명법이다.

알칸의 명명법은 이 규약의 기본이며, 사슬모양알칸은 명명법의 기초가 된다. 사슬모양알칸의 명칭은 표 2-3에 표시하며, 탄소원자를 5개 이상 갖는 알칸은 희랍어의 수사(數詞)에 따라서 명칭이 붙여지고 있다. 또한, 가지가 있는 알칸 즉, 모체(母體)가 되는 사슬모양알칸에 가지가 결합된 알칸도 있다. 이 가지가 있는 부분을 **치환기**(置換基 : substituent)라고 한다. 다음의 예는 헵탄사슬에 메틸기 (CH_3)와 에틸기 (CH_3CH_2)의 2개 치환기가 결합한 것이다.

$$\underset{\displaystyle CH_3\overset{\displaystyle CH_3}{\overset{|}{C}}HCH_2\overset{\displaystyle CH_2CH_3}{\overset{|}{C}}HCH_2CH_2CH_3}{}$$

이 예에서와 같이 알칸이 치환기가 되는 경우 그것을 **알킬기** (alkyl group)라고 하며, 일반적으로 R－의 기호로 나타낸다. 알킬기의 호칭은 알칸(alkane) 명칭의 어미를 알킬 (alkyl)이라는 명칭으로 바꾸어 부른다.

예를 들면 메탄(methane CH_4)에서 수소원자 1개가 제거되어 이루어진 치환기, CH_3를 **메틸기** (methyl group)라 하고, 에탄(ethane CH_3-CH_3)에서 수소원자 1개가 이탈되어 얻어지는 치환기 CH_3CH_2를 **에틸기** (ethyl group)라고 한다.

표 2-5에 주요한 알킬 (alkly)치환기를 표시하였다.

표 2-5 주요 알킬기

명　　칭	작용기의 구조 (R-)
메　틸(methyl)	CH_3-
에　틸(ethyl)	CH_3CH_2-
n-프 로 필(*n*-propyl)	$CH_3CH_2CH_2-$
이소프로필(isopropyl)	$(CH_3)_2CH-$
n-부　틸(*n*-butyl)	$CH_3CH_2CH_2CH_2-$
sec-부　틸(*s*-butyl)	$CH_3CH_2\overset{\vert}{C}HCH_3$
이 소 부 틸(isobutyl)	$(CH_3)_2CHCH_2-$
tert－부 틸 (*t*-butyl)	$CH_3-\overset{\displaystyle CH_3}{\underset{\displaystyle CH_3}{\overset{\vert}{\underset{\vert}{C}}}}-$
n-펜　틸(*n*-pentyl)	$CH_3CH_2CH_2CH_2CH_2-$

다음에 IUPAC명명규칙에 따라서 알칸의 명칭을 명명해보기로 한다.

1. 분자 중에서 가장 긴 탄소사슬을 골라 그 탄소사슬의 알칸 명칭을 모체으로 하여 명명하고 치환기를 갖는 것은 그 화합물의 유도체로 생각한다.

위에 설명한 화합물의 예는 가장 긴 탄소사슬이 7개(희랍어의 7= hepta)이므로 2개의 치환기를 갖는 헵탄(heptane)으로 된다.

```
CH3         CH2CH3
 |           |
CH3CHCH2CHCH2CH2CH3
1  2  3  4  5  6  7
```

2. 치환기의 결합 위치를 탄소번호로 나타낸다. 이 때 번호의 숫자가 가능한한 작게되도록 모체 알칸의 어느 한 쪽으로부터 번호를 붙인다.

앞에 기술한 예에서는 좌측으로 부터 번호를 붙여 2-메틸 -5-에틸로 하는 것이 올바르며 우측으로부터 번호를 붙이는 경우는 6-메틸-3- 에틸이 되어 숫자가 크므로 부적당하다.

3. 치환기가 있는 화합물의 명칭은 모체가 되는 탄소사슬의 명칭 앞에 치환기의 이름을 붙인다.

치환기가 2개 이상인 경우에는 치환기를 알파벳 순으로 배열한다. 위에 기술한 예에서는 5- ethyl -2- methyl – heptane 이 된다.

4. 같은 치환기가 분자중에 2개 이상 있을 경우는 그 수를 접두어인 디 (di = 2), 트리 (tri -= 3), 테트라 (terta - = 4) 등을 사용하여 표시한다. 또한 2개 이상의 치환기가 같은 탄소에 결합되어 있는 경우에는 그 탄소번호사이에 , 를 붙이고 이어서 붙여나간다. 접두어는 알파벳 순을 고려하지 않아도 된다.

```
  CH3 CH3                         CH3
   |   |                           |
CH3CH—CHCH2CH3                 CH3CCH2CH2CH2CH3
   2   3                           |2
                                   CH3
```

2, 3- dimethyl pentane 2, 2- dimethylhexane

5. 모체가 되는 가장 긴 사슬이 여러개 있는 경우는 치환정도가 가장 높은 것을 우선하여 명명한다.

예를 들면 다음 예에서 2,3,5-trimethyl-4-propyl heptane ($C_1 \rightarrow C_7$) 은 올바른 호칭이며, 4-sec-butyl-2,3-dimethyl heptane ($C_1 \rightarrow C_1 \rightarrow C_{(7)}$) 또는 4- (1,2-dimethylpropyl)-3- methyl heptane ($C_7 \rightarrow C_1 \rightarrow C_{(7)}$) 은 아니다.

4-(1, 2- dimethyl propyl) 이라는 호칭의 경우에는 C_7 이 첫번째의 탄소가 되고, C_4 가 4번째로, $C_{(7)}$ 이 7번째로 된다. C_4 의 치환기 ($C_1 \rightarrow C_3$) 는 복합치환기라 하고 프로필기에 또 2개의 메틸기가 붙어 있는 것으로 생각한다. 이 사슬 (프로필기) 에 번호를 붙이는 경우 줄기 (헵탄) 에 직접 결합하고 있는 탄소가 첫번째가 되므로 여기에서는 1, 2- dimethyl propyl 로 된다.

복합치환기에 한하여 접두어의 알파벳 (여기에서는 *d* 가 됨) 을 우선순위의 결정에 사용된다.

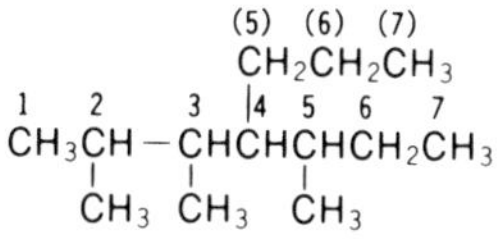

```
                (5) (6) (7)
                CH2CH2CH3
1    2     3    |4  5   6    7
CH3CH - CHCHCHCH2CH3
     |      |       |
     CH3  CH3    CH3
```

6. 이소프로판, 이소부탄, 이소펜탄, 네오펜탄 등과 같이 관용어로 불려지는 알칸이 치환기로 되는 경우는 이소프로필기, 이소부틸기, 이소펜틸기, 네오펜틸기 등으로 부른다.

이소(iso), 네오(neo)는 접두어로서가 아니고 이소프로필, 네오펜틸과 같이 하나의 기로 간주하고 알파벳순으로 배열한다.

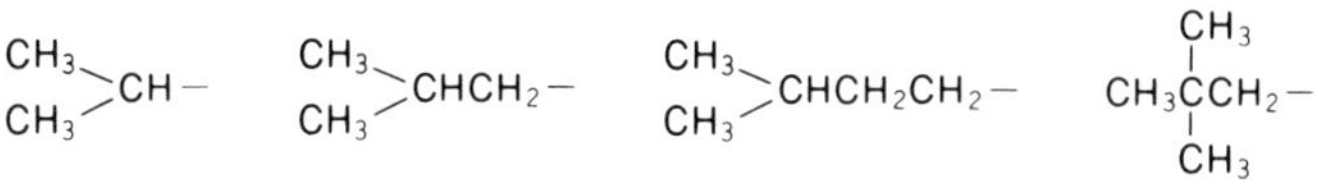

```
                                                          CH3
CH3            CH3               CH3                       |
   >CH-           >CHCH2-           >CHCH2CH2-      CH3CCH2-
CH3            CH3               CH3                       |
                                                          CH3
(isopropy)     (isobutyl)        (isopentyl)        (neopentyl)
```

할로겐 치환기는 어미 인(ine)을 오(-o)로 명명한다.

F(fluoro), Cl(chloro), Br(bromo), I(iodo)

```
[예] CH3 · CH2 · CH2 · CH2        관용명 : n-butyl bromide
                        |
                        Br        IUPAC 명 : 1-bromobutane
```

다음에 몇가지 예를들어 IUPAC의 명명법에 대해서 알아보기로 한다.

[예 1]

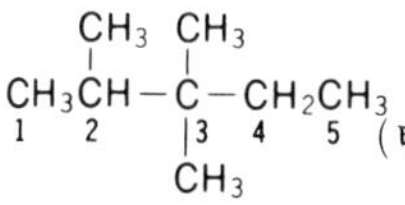

```
      CH3  CH3
       |    |
CH3CH - C - CH2CH3
1    2     |3  4    5  (탄소의 올바른 번호)
           CH3
```

1. 가장 긴 사슬은 탄소수가 5개이므로 모체는 펜탄이다.

2. 펜탄사슬에 좌로부터 우로 번호를 붙이면 치환기의 위치가 2, 3, 3이 된다. 우로부터 좌로 번호를 부치면 3, 3, 4가 되며 숫자가 커져서 부적당하다.

3. 치환기는 3개가 모두 메틸기이므로 화합물의 명칭은 2, 3, 3-trimethyl pentane 이 된다.

[예 2]

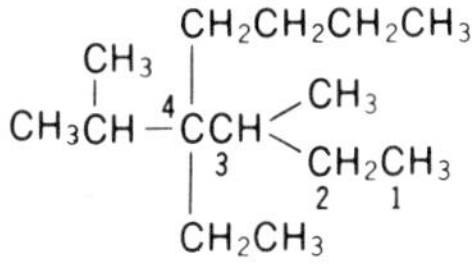

```
            5    6    7    8
            CH2CH2CH2CH3
      CH3   |
       |    4       CH3
CH3CH - CCH<
            | 3     CH2CH3
            |        2   1
            CH2CH3
```

1. 탄소사슬이 굴절되어 그려져 있는데 가장 긴 사슬은 탄소수 8개로 옥탄이다.

2. 그림에 나타낸바와 같이 번호를 부여하면 치환기가 있는 탄소의 번호가 작아져 3- methyl, 4- ethyl, 4- isopropyl이 된다.

3. 치환기의 명칭을 알파벧 순으로 배열하여 명명하면 4- ethyl -4- isopropyl -3- methyloctane

[예 3]

```
                         CH3
                          |
               CH3   (2)CHCH3
                |         |
             CH3CH2  (1)CHCH3
                |         |
      CH3CH2C — CH ——— CHCH2CH2CH2CH3
       1   2  |3  4       5   6   7   8   9
              CH3
```

1. 가장 긴 사슬은 탄소수가 9개이므로 모체는 nonane이다.

2. 치환기는 3,3- dimethyl, 4- ethyl, 5- (1,2- dimethyl propyl) 이다.

3. 치환기 명칭의 알파벧은 3번째가 m이고, 4번째는 e이며 5번째는 복합치환기이므로 접두어도 하나로 고려되어 d로 된다. 이것을 알파벧순으로 배열하면 5-(1,2- dimethylpropyl)-4- ethyl -3,3- dimethyl nonane 이 된다.

[예 4]

4,4- diethyl -2- methyl octane 의 구조식을 쓰라.

1. 모핵의 골격은 명칭의 최후의 octane 이다. 따라서 사슬 길이는 탄소수가 8개이다.

```
C—C—C—C—C—C—C—C
```

2. 다음에 최초의 치환기는 2개 (di)의 에틸기가 4번째의 탄소에 있다.

```
            CH2CH3
 1   2   3  |4   5   6   7
 C — C — C — C — C — C — C — C
             |
            CH2CH3
```

3. 또한 메틸기가 2번째의 탄소에 있다.

```
            CH2CH3
 1   2   3  |4   5   6   7   8
 C — C — C — C — C — C — C — C
     |       |
    CH3     CH2CH3
```

4. 끝으로 각 탄소에 필요한 수의 수소를 놓는다. 탄소는 4가 (결합수 4개)이다.

```
             CH2CH3
               |
   CH3CHCH2CCH2CH2CH2CH3
       |       |
      CH3     CH2CH3
```

2-3-2 알칸의 물리적 성질

알칸의 특성은 비극성(nonpolar)이므로 비점(b.p: 끓는점)과 융점(m.p: 녹는점)이 다른 극성(polar)이 있는 화합물에 비하여 낮아진다. 예를 들면 메탄(분자량 16)은 물(분자량 18)과 거의 같은 질량인데 메탄의 비점은 −161.5℃로 물의 비점 100℃와는 큰 차이가 있다.

표 2-3에서와 같이 사슬모양 알칸은 분자량이 커짐에 따라 비점, 융점 및 밀도가 증가한다. 실온에서 탄소수가 적은 C_1의 메탄에서 C_4의 부탄까지는 기체이고, C_5에서 C_{17}까지는 액체이며, 탄소수가 많은 C_{18} 이상은 고체이다. 액상의 탄화수소의 비중은 물보다 가볍고 물 표면에 뜬다.

물에 대한 용해도(solubility)는 비극성 때문에 대단히 낮고, 가장 높은 메탄인 경우에는 물 100㎖ 중에 0.0025g 밖에 용해되지 않는다. 이러한 현상은 등유나 가솔린이 물과 혼합되지 않고 기름 방울로 물위에 뜨는 것을 보고 알 수 있다.

알칸은 물에는 불용해성이지만 비극성인 알칸, 알켄, 벤젠 등의 탄화수소에는 잘 용해하고 4염화탄소(CCl_4), 클로로포름($CHCl_3$), 염화메틸렌(CH_2Cl_2) 등의 염소계 유기화합물에도 잘 녹는다. "비슷한 것끼리는 잘 녹는다"라고 하는 일반법칙이 잘 맞으며 이것은 극성에 관계되고 있다.

극성이 높은 물에는 알코올(R-OH) 및 아민(RNH_2) 등의 극성이 높은 화합물이나 또는 이온성이 강한 화합물(carboxylate $RCOO^-Na^+$ 및 아미노산 $R\text{-}CH(NH_3^+)COO^-$ 등)이 용해된다.

알칸이 비극성이라는 이유는 공유결합을 이루고 있는 탄소-탄소원자 사이에 전자가 균등하게 분포되어 있기 때문이다. 또한 탄소-수소 사이에 있어서도 전기음성도(표 1-3)의 차이가 작고 전자가 균등하게 분포되어 있으며 비극성 결합을 이루고 있다.

2-3-3 알칸의 반응

알칸의 화학적 특징은 일반적으로 반응성이 낮고 불활성인 것이다. 알칸은 파라핀(paraffin)이라고도 하는데 라틴어 parum affinis (little affinity)의 어원에서 유래된 것이다.

다른 많은 유기화합물은 여러가지 시약과 반응하지만, 알칸은 실내온도 조건하에서 알칼리, 산, 과망간산칼륨, 금속나트륨 등과는 반응하지 않는다. 그러나 조건을 강하게 하면 다음에 기술하는 몇가지의 예와 같이 독특한 반응을 일으킨다.

(1) 알칸의 할로겐화 : 보통의 조건하에서 알칸은 할로겐에 의하여 할로겐화(halogenation)되지 않는다. 그러나 알칸 및 할로겐을 가열하거나 자외선(ultraviolet ray)을 비쳐주면 반응이 개시되고 알칸의 수소 1원자가 할로겐 1원자와 치환반응(substitution reaction)이 일어난다. 이때에 할로겐화수소가 1분자 생성된다.

$$-\overset{|}{\underset{|}{C}}-H + X_2 \xrightarrow[\text{자외선}]{\text{가열 또는}} -C-X + HX$$

알칸 할로겐 할로겐화수소

여기에서 X는 할로겐을 나타내며 알칸이 할로겐 분자와 반응하는 속도는 $F_2 \gg Cl_2 > Br_2 > I_2$의 순이다. 일반적으로 염소($Cl_2$)와 브롬($Br_2$)이 알칸의 할로겐화에 사용된다.

이 할로겐화의 반응기구(reaction mechanism)에 대해서 염소를 예로하여 생각하여 보자.

1) 제1단계 : 개시단계(Initiation)

$$:\ddot{\underset{..}{Cl}}:\ddot{\underset{..}{Cl}}: + \text{energy} \longrightarrow 2\,:\ddot{\underset{..}{Cl}}\cdot$$

염소분자 (열 또는 자외선) 염소원자

염소분자는 가열하거나 자외선을 쬐면 에너지가 주어져 공유결합이 단절되고 반응성이 높은 염소원자 2개가 생성된다. 염소원자는 $(1s)^2(2s)^2(2p)^6(3s)^2(3p)^5$의 전자궤도를 이루고 있으며 3p궤도에는 부대전자(不對電子; unpaired electron)를 갖는다. 이 부대전자는 불안정하고 반응성이 높으며, **라디칼**(radical)이라고 부른다.

2) 제2단계 : 계속단계(Propagation)

$$:\ddot{\underset{..}{Cl}}\cdot + H-\overset{|}{\underset{|}{C}}- \longrightarrow :\ddot{\underset{..}{Cl}}:H + \cdot\overset{|}{\underset{|}{C}}-$$

염소
radical

염소라디칼이 알칸으로부터 수소원자를 빼내어 염화수소와 알킬 라디칼을 생성한다. 이 알킬라디칼이 염소분자와 반응하여 염화알킬을 생성함과 동시에 다시 염소라디칼을 방출한다. 이것이 다시 알칸에 작용하여 라디칼을 형성한다. 이와 같은 반응이 반복되므로 이 반응을 **연쇄반응**(chain reaction)이라 한다.

3) 제 3 단계 : 종결단계 (Termination)

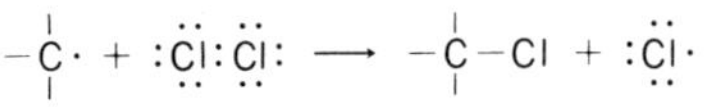

$$-\overset{|}{\underset{|}{C}}\cdot + :\ddot{Cl}:\ddot{Cl}: \longrightarrow -\overset{|}{\underset{|}{C}}-Cl + :\ddot{Cl}\cdot$$

각 단계에서 생성된 반응성이 높은 라디칼이 서로 반응하여 공유결합을 형성하고, 연쇄반응이 종결되는 단계이다.

$$Cl\cdot + Cl\cdot \longrightarrow Cl_2$$

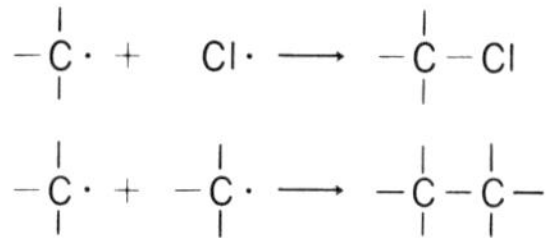

$$-\overset{|}{\underset{|}{C}}\cdot + Cl\cdot \longrightarrow -\overset{|}{\underset{|}{C}}-Cl$$

$$-\overset{|}{\underset{|}{C}}\cdot + -\overset{|}{\underset{|}{C}}\cdot \longrightarrow -\overset{|}{\underset{|}{C}}-\overset{|}{\underset{|}{C}}-$$

위의 세 화합물 즉, 염소·염화알킬·2량체의 알칸이 생성되고 이 반응이 끝난다. 이러한 반응을 **라디칼반응**(radical reaction)이라 한다.

실제로는 생성된 1치환 할로겐화합물이 다시 할로겐 원자와 반응하여 2치환 또는 3치환 할로겐화알킬을 형성하는 경우가 있다.

예를들면 메탄의 염소화의 경우, 염화메틸(CH_3Cl ; b.p −24℃)·염화메틸렌(CH_2Cl_2 ; b.p 40℃)·클로로포름($CHCl_3$; b.p 61℃)·4염화탄소(CCl_4 ; b.p 77℃)의 4종이 혼합물로 얻어진다. 이러한 생성물은 증류(蒸溜)에 의하여 각각 분리될 수 있다.

프로판을 염소화하면 그림 2-1과 같이 2종의 모노클로로프로판과 4종의 디클로로프로판이 된다. 다시 염소화가 진행되면 보다 복잡한 클로로화 프로판이 생성된다. 이들을 비점의 차이로 나누는 것은 매우 어렵다.

할로겐화할 때 자외선, 열 외에 benzoyl peroxide ($C_6H_5COO-O-COC_6H_5$) 등의 과산화물을 촉매에 사용하는 경우도 있다.

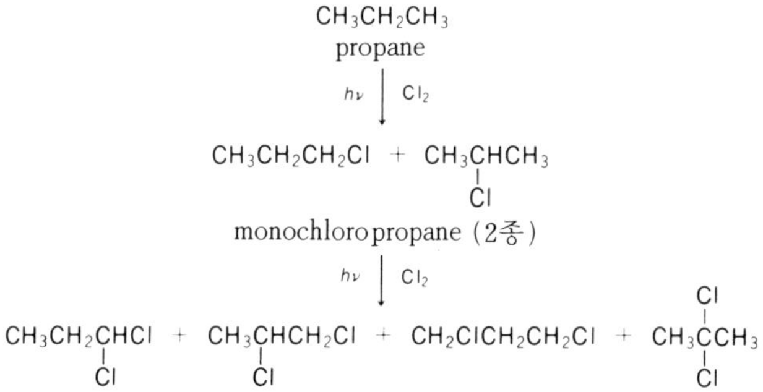

$$CH_3CH_2CH_3 \text{ (propane)}$$

$$\downarrow h\nu,\ Cl_2$$

$$CH_3CH_2CH_2Cl + CH_3\underset{\underset{Cl}{|}}{C}HCH_3$$

monochloropropane (2종)

$$\downarrow h\nu,\ Cl_2$$

$$CH_3CH_2\underset{\underset{Cl}{|}}{C}HCl + CH_3\underset{\underset{Cl}{|}}{C}HCH_2Cl + CH_2ClCH_2CH_2Cl + CH_3\overset{\overset{Cl}{|}}{\underset{\underset{Cl}{|}}{C}}CH_3$$

dichloropropane (4종))

그림 2-1 propane의 염소화

(2) 알칸의 산화: 알칸은 고온하에서 산소와 반응하여 2산화탄소와 물을 생성한다. 이 산화반응(oxidation reaction)은 일반적으로 **연소**(combustion)라고 하는데 발열반응(發熱反應)이다. 알칸의 methylene 기 ($-CH_2-$) 1개당 약 160 kcal/mol 의 열을 방출한다.

$$\underset{\text{propane}}{CH_3CH_2CH_3} + 5\,O_2 \xrightarrow{\text{고온}} 3\,CO_2 + 4\,H_2O \qquad \Delta H = -531\,\text{kcal}$$

(3) 알칸의 열분해: 석유의 높은 끓는점 유분(留分)의 긴사슬알칸을 고압하에서 가열(500~700℃)하여 저분자량의 알칸이나 알켄으로 변화하는 방법을 **가열크랙킹**(cracking)이라고 하는데 프로판의 열분해(thermolysis)에서는 프로필렌·에틸렌·메탄·수소가 각각 생성된다.

$$\underset{\text{propane}}{CH_3CH_2CH_3} \xrightarrow{600^\circ C} \underset{\text{propylene}}{CH_3CH{=}CH_2} + \underset{\text{ethylene}}{CH_2{=}CH_2} + \underset{\text{methane}}{CH_4} + \underset{\text{수소}}{H_2}$$

2-3-4 알칸의 제조법

알칸은 석유나 천연가스중에 다량 존재하며, 이러한 자원은 그림 2-2에서와 같이 지하에 매장되어 있다. 석유는 석탄과 함께 에너지자원으로 중요할 뿐만 아니라 석유화학 기술에 필요한 많은 유기화합물의 유용한 자원이기도 하다. 석유는 태고로부터 번성한 동물이나 식물체가 지하에서 혐기적으로 분해되어 생성된 것이라고 하며, 지하의 배사지층(背斜地層)에 메탄을 주성분으로 하는 천연가스와 함께 저장되어 있는 경우가 많다.

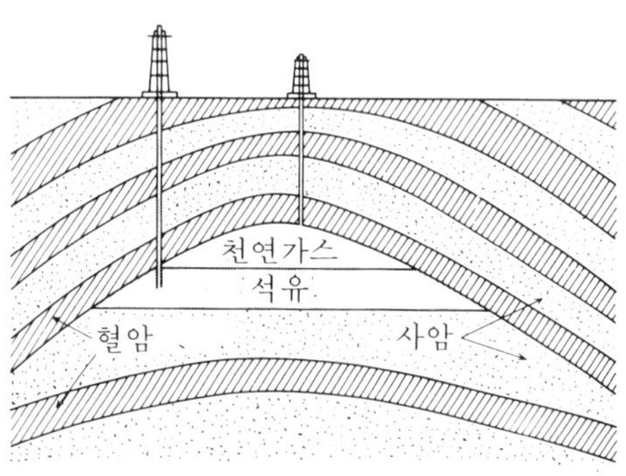

그림 2-2 지하에 매장되어 있는 energy 자원

유전에서 품어올린 원유는 흑갈색의 끈적끈적한 기름모양의 물질이며 C_2로부터 C_{10}까지의 탄화수소가 주성분이며, 유황이나 산소를 포함하는

화합물도 함께 존재하고 있다. 원유는 증류하면 몇가지의 탄화수소로 나누어진다. 이것을 **분류**(分溜 ; fractional distillation)라고 하며, 이것을 반복하여 정제(精製 ; refining)하는 것을 **정류**(精溜 ; rectification)라고 하며, 이에 따라 단일 유기화합물을 분리하기도 한다.

표 2-6은 석유로부터 분류된 생성물과 그 성분의 용도를 설명하고 있다.

표 2-6 석유의 분류생성물과 그 용도

생 성 물	유출온도(℃)	성분탄화수소의 탄소수	용 도
석유에테르	40~60	C_5 ~ C_6	용제
리그로인	60~100	C_6 ~ C_7	용제
가솔린	40~175	C_5 ~ C_{10}	자동차·비행기연료, 도료
등유	175~300	C_{10} ~ C_{18}	일반등유, 제트기연료 (케로센), 용제
경유	300~350	C_{18} ~ C_{23}	소형발동기연료
중유	300이상	C_{18} ~	디젤연료
윤활유	300이상	C_{18} ~	윤활유, 왁스
핏치	잔유물		아스팔트, 탄소 전극

다음에 많이 이용되는 알칸의 합성법에 대하여 기술한다.

(1) 수소첨가에 의한 알칸의 생성 : 접촉수소첨가법(접촉환원;catalytic hydrogenation)은 불포화탄화수소(알켄, 알킨)를 포화알칸으로 유도하는 방법이다. 가장 많이 사용되는 방법이다.

수소첨가법에는 산화백금(PtO_2)·팔라듐-탄소(Pd-C)·Raney-Ni 등이 금속촉매로 사용된다. 또 반응을 촉진시키기 위하여 고압의 수소를 사용하거나 가열하는 경우도 있다.

$$\underset{\text{alkene}}{RCH{=}CHR'} + H_2 \xrightarrow{\text{Pt,Pd 또는 Ni}} RCH(H){-}CH(H)R'$$

$$\underset{\text{alkyne}}{RC{\equiv}CR'} + 2H_2 \xrightarrow{\text{Pt,Pd 또는 Ni}} RCH_2{-}CH_2R'$$

(2) Grignard 시약의 가수분해 : R-Cl 및 R-Br의 할로겐화 알킬(alkyl halide)을 건조한 디에틸에테르속에서 금속 마그네슘과 반응시키면 할로겐화 알킬 마그네슘(RMgX)을 생성한다. 이 화합물은 반응성이 매우 다양하므로 합성 중간체로서 여러가지 유기화합물의 합성에 널리 사용된다.

1912년에 노벨상을 수상한 그리냐르(Grignard F.A.V)의 이름을 붙여서 Grignard reagent이라고 한다.

Grignard 시약에 물을 작용시키면 알칸을 생성한다.

$$R-X \xrightarrow[\text{ether}]{Mg} R-MgX \xrightarrow{H_2O} R-H + MgXOH$$

Grignard 시약

다음에 요오드화메틸이 Grignard 시약을 거쳐 메탄으로 환원되는 예를 설명하기로 한다.

$$CH_3I \xrightarrow{Mg} CH_3MgI \xrightarrow[\text{(또는 ROH)}]{H_2O} CH_4 + MgXOH$$

(또는 MgXOR)

Grignard 시약은 물을 가하면 바로 가수분해(hydrolysis)되어 메탄을 생성한다. 물대신에 알코올(R-OH)을 가하면 가알코올분해(alcoholysis)가 일어나면서 메탄을 생성한다.

할로겐화 알킬의 분자중에 수산기(-OH)·카르보닐기(>C=O)·카르복실기(-COOH)·아미노기(-NH_2) 등의 치환기가 존재하면 이들 작용기는 생성된 Grignard 시약과 반응하므로 Grignard 시약을 만드는 경우는 주의해야 한다.

(3) **Wurtz 반응**: 2 mol의 할로겐화 알킬과 금속나트륨으로부터 알칸을 합성하는 방법을 뷔르츠 반응(Wurtz reaction)이라 하며, 뷔르츠(Wurtz C.A)에 의하여 1832년에 발견되었다.

$$2RX + 2Na \xrightarrow{\text{가열}} R-R + 2NaX$$

이 반응에서는 처음에 사용한 할로겐화 알킬의 2배되는 탄소수를 가진 알칸이 생성되고 다음과 같은 좌우대칭의 구조를 갖는 화합물로 된다.

$$2\,(CH_3)_2CH-Br + 2Na \longrightarrow (CH_3)_2CHCH(CH_3)_2 + 2NaBr$$

isopropyl bromide (2-bromo-propane)　　2,3-dimethyl butane

따라서 원료로 2종의 할로겐화알킬을 사용하는 경우는 축합(縮合)된 3종의 알칸 혼합물이 생성되어 그 분리·정체가 곤란하다.

$$RX + R'X + 2Na \longrightarrow R-R + R-R' + R'-R' + 2NaX$$

(4) **Kolbe 반응** : 1849년에 콜베(H. Kolbe)에 의하여 발견된 알칸의 합성법으로 카르복시산의 금속염용액을 전기분해하므로써 양극에서 알칸을 얻을 수 있다. 이 반응을 **콜베반응**(Kolbe reaction)이라고 한다.

예를 들면, sodium acetate을 사용하면 에탄이 생성되고, potassium butyrate으로 부터는 n-hexane이 얻어진다.

$$2\,CH_3COONa + H_2O \longrightarrow \underbrace{CH_3CH_3 + 2\,CO_2}_{\text{양 극}} + \underbrace{2\,NaOH + H_2}_{\text{음 극}}$$

$$2\,CH_3CH_2CH_2COOK \longrightarrow CH_3CH_2CH_2CH_2CH_2CH_3$$

(5) **카르복시산염의 열분해** : 카르복시산의 금속염을 수산화나트륨 등과 가열하고 건류함으로써 탈탄산반응(decarboxylation)을 일으켜 알칸을 생성한다. 이 반응은 **알칼리융해**(alkali fusion)라고도 한다.

$$CH_3COONa + NaOH \longrightarrow CH_4 + Na_2CO_3$$

$$\left.\begin{matrix} C_{17}H_{35}COO \\ C_{17}H_{35}COO \end{matrix}\right\rangle Ba \longrightarrow 2\,C_{17}H_{36}$$

Bastearate heptadecane

2-3-5 알칸의 입체구조

지금까지는 유기화합물에 대해서 평면적으로 취급하여 왔다. 전술한 바와 같이 메탄은 4면체의 대칭성을 갖는 3차원 구조의 분자이고 더욱이 에탄, 프로판…… 등 탄소수가 증가됨에 따라 보다 복잡한 입체구조를 나타내게 될것으로 예상된다.

(1) **에탄의 구조** : 분자식 C_2H_6의 에탄은 2개의 sp^3 혼성궤도는 탄소-탄소 결합 즉 σ 결합을 형성한다. 이 결합을 축으로 하여 양단의 2개 메틸기($-CH_3$)가 자유회전을 하고 상대적으로 많은 공간적 배치를 차지한다.

그림 2-3에는 에탄의 입체구조를 흔히 사용되는 투영식으로 나타내고 있다. 톱질대 투영식(sawhorse projection)으로 나타낸 그림에서 앞쪽의 메틸기 탄소를 위로하고 탄소-탄소결합축을 똑바로 보면 저쪽의 메틸기의 탄소는 마치 앞쪽 탄소의 뒤에 중첩되고 있다. 이러한 투영법을 한 것이 **뉴맨 투영식**(Newman's projection formula)이며, 2개의 메틸기의 수소끼리 상대적인 위치관계가 잘 나타난다.

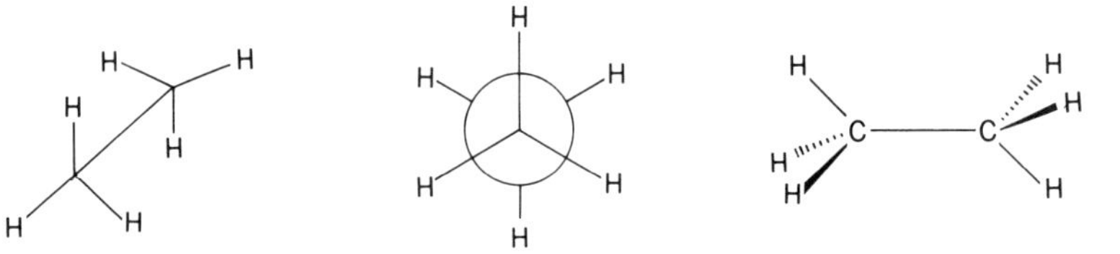

톱질대투영식　　Newman 투영식　　δ 결합의 옆에서 본 투시도

그림 2-3 에탄의 입체구조 표시법(3종)

뉴맨 투영식의 작성방법은 결합축의 바로 앞쪽에 있는 탄소를 원으로 표시하고 이에 결합하고 있는 3개의 수소를 120°씩의 각도로 원의 중심으로 부터 3방향으로 실선을 그린다. 저쪽에 결합된 3개의 수소는 원의 외부쪽으로부터 120°씩의 각도로 3개의 결합선을 그린다.

여기에서 탄소-탄소결합을 축으로 하여 회전하는 경우를 고려하면 그림 2-4에서는 앞쪽의 탄소에 결합하고 있는 수소와 저쪽에 있는 수소의 결합축의 각도가 뒤틀어진 엇갈린 형태(立體配列; staggered conformation)를 나타내며, 바로 앞쪽에 있는 메틸기를 우측으로 60°회전시키면 양쪽의 메틸기의 수소는 완전히 겹쳐진다. 즉 가리워진 형태(eclipsed conformation)를 나타내는 것이 된다.

이와 같이 결합축의 둘레에서 회전함으로 인하여 분자의 형상이 달라지는 경우 이들을 **형태이성질체**(conformer) 또는 **회전이성질체**(rotamer)라고 하며 이와 같은 이성(異性)을 **형태 이성질 현상**(conformational isomerism)이라고 한다.

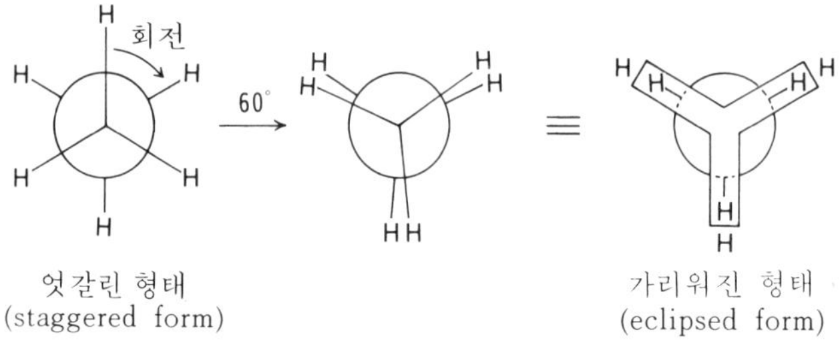

엇갈린 형태 (staggered form)　　가리워진 형태 (eclipsed form)

그림 2-4 뉴맨투영식에 의한 형태이성질 현상

가리워진 형태를 다시 우측으로 60°회전시키면 엇갈린 형태가 되는 것을 알 수 있다. 결국 에탄은 가리워진 형태와 엇갈린 형태를 취할 수 있게 된다.

이 형태간의 변환에는 에너지가 필요하게 된다. 그림 2-5는 에탄분자의 보유에너지를 종축으로 하고, 회전축의 각도를 횡축으로 한 그래프이다. 이 그림에서 알 수 있는 바와 같이 엇갈린형태에서는 가리워진 형태보다도 수소간의 거리가 떨어져 있어서 수소-수소간의 상호간섭이 적고 에너지면에서는 낮은 수준에 있다.

양 형태간의 에너지차는 약 3 kcal/mole 이고, 에탄의 분자에서는 엇갈린 형태가 많이 있는 것으로 생각되지만, 보통 상태에서는 탄소-탄소축의 둘레를 급속도로 자유회전하는 무수한 형태를 갖는 평형혼합물이다.

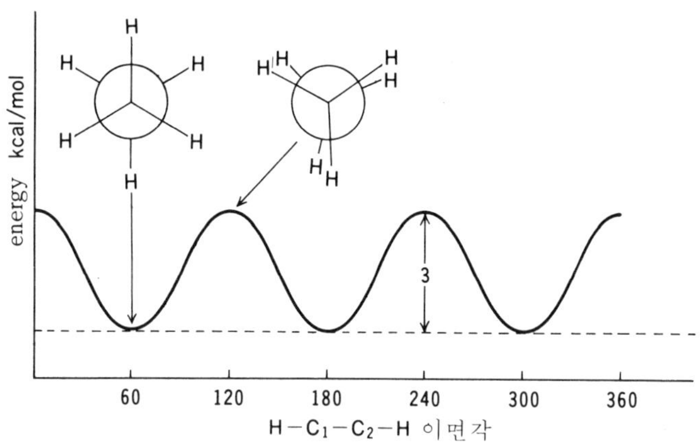

그림 2-5 ethane의 엇갈린 형태의 내부에너지

(2) **n-부탄의 구조**; 부탄은 C_4H_{10}이라는 분자식을 가지고 있으며, 2종의 구조이성체인 n−부탄과 이소부탄이 있다. 여기에서는 n−부탄의 구조에 대하여 생각해 보기로 한다.

$$\underset{1}{CH_3}\underset{2}{CH_2}\underset{3}{CH_2}\underset{4}{CH_3} \qquad CH_3\underset{\underset{CH_3}{|}}{C}HCH_3$$

n - butane isobutane

부탄의 구조식에서 두번째와 세번째 탄소의 결합축 C_2-C_3을 전술한 에탄의 C_1-C_2 결합축에 맞추어 보기로 한다. 이 때에 에탄의 C_1 및 C_2에 결합되어 있는 수소가 각각 1개씩 메틸기로 치환된 것이 n-부탄으로 생각된다(그림 2-6). 여기에서 C_2-C_3 결합축의 둘레를 회전시키면, 에탄의 경우보다도 복잡한 입체형태의 관계가 발생된다. n-부탄분자의 에너지와 형태의 관계를 그림 2-7에 나타낸다.

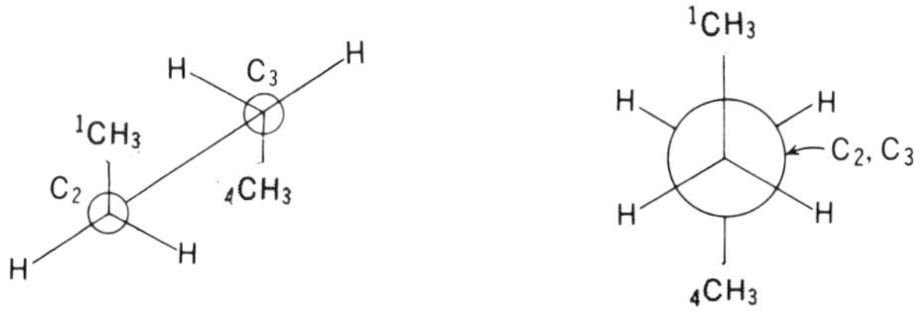

H C3 H
1CH3
C2 4CH3
H H

1CH3
H H
C2, C3
H H
4CH3

그림 2-6 n - butane의 입체구조

2개의 메틸기를 볼 때 다음 4종의 엇갈린 형태를 생각할 수 있다.

① C_1 및 C_4의 메틸기끼리의 가리워진 형태. 즉 $C_1-C_2-C_3-C_4$가 이루는 2면각이 0°일 경우에는 syn이라 하고 그림 2-7(A)의 형태가 된다.

② 메틸기끼리 60°의 2면각을 이루는 경우를 gauche 또는 skew라고 하며, 그림상의 (B) 및 (F)의 형태가 된다.

③ 메틸기끼리 180°의 2면각을 갖는 엇갈린 형태는 anti라고 하며 그림의 (D)의 형태가 된다.

④ 메틸기와 수소가 중첩되는 경우는 그림의 (C) 및 (E)의 형태가 된다.

에너지는 (D) < (B)・(F) < (C)・(E) < (A)의 순으로 증가하고 또한 형태의 불안정성도 증가한다. 따라서 (D)의 상태, 즉 안티형태의 분포가 가장 많고, (A)의 syn형태의 분포가 가장 적다.

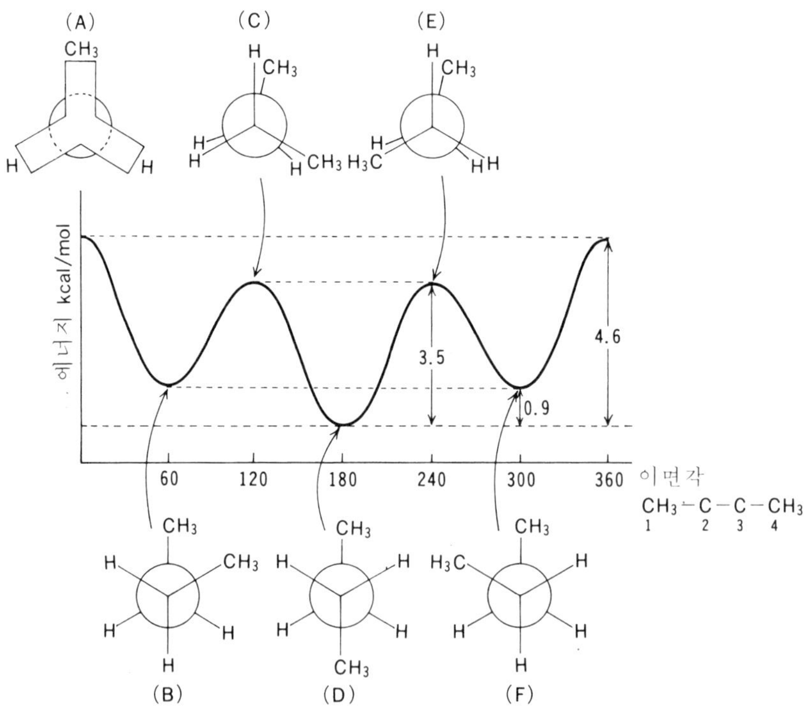

그림 2-7 n-butane의 엇갈린 형태의 내부에너지

2-3-6 고리모양 알칸

지금까지 기술한 알칸은 모두 비고리화합물(非環式化合物; acyclic compound)이었다. 그러나 알칸사슬이 고리를 형성하고 있는 화합물, 즉 지방족고리

탄화수소(脂肪族環狀炭化水素; aliphatic cyclic compound) 또는 지방족고리화합물(脂環式化合物; alicyclic compound) 등의 고리모양알칸(cyclic alkane)이라는 그룹이 있다.

탄소수 3개의 가장 작은 삼원자 고리(three membered ring)로부터 30개 원자고리 이상의 것까지 있다. 고리모양 알칸의 명명은 알칸과 같으며, 고리를 형성하고 있는 탄소수를 모체의 이름으로 하고, 그 앞에 고리를 나타내는 접두어 시클로(cyclo)를 붙인다.

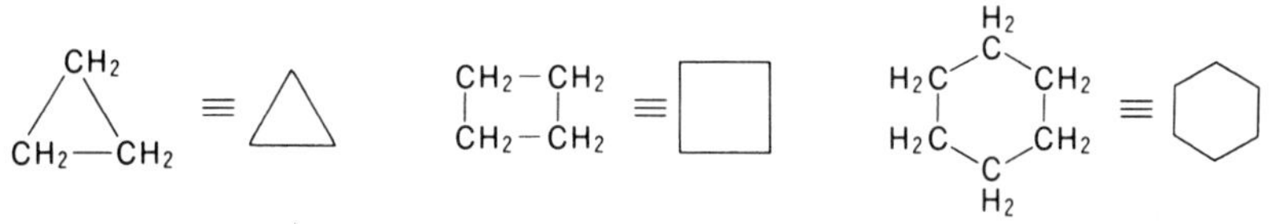

그림 2-8 고리모양 alkane의 표시

고리모양 알칸의 구조식을 나타내는 경우는 보통 메틸렌사슬(-CH_2-)을 생략하고 탄소원자의 위치에서 C−C결합을 구부린 형태의 생략된 기호로 쓴다. 각 꼭지점이 탄소원자를 나타내고, 수소원자는 생략하고 있다.

치환기가 1개 있는 경우에는 치환기의 명칭을 먼저 붙이고 시클로알칸을 명명한다. 2개 이상 치환기가 있는 경우는 알파벧 순으로 치환기 명칭을 배열한 후 최초 치환기가 붙어 있는 탄소원자를 C_1으로 하고, 다른 치환기가 붙는 번호를 가급적 작게 되도록 하는 방향으로 고리에 따라서 번호를 붙인다(그림 2-9).

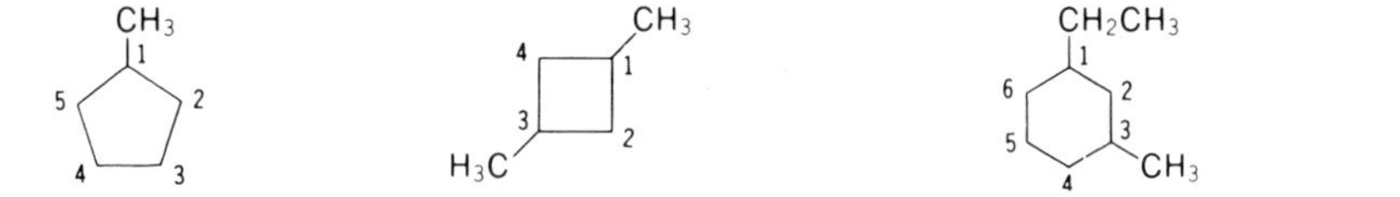

그림 2-9 시클로알칸의 명명법

여기에서 2치환고리 화합물을 보면 치환기의 방향이 두가지 있음을 알게 될 것이다. 즉 고리모양 화합물에서는 δ결합을 형성하는 탄소원자가 고리를 이룸으로서 자유회전이 되지 못한다. 평면성의 구조를 나타내기 위해서 치환기가 고리의 평면의 위쪽에 있는 것과 아래쪽에 있는 것이 있게 된다. 따라서 2치환고리화합물의 경우 치환기가 양쪽 다 같은 쪽에 있는 것과, 서로 반대쪽에 있는 것 등 2종의 **입체 이성체**(stereo isomer)가 된다. 같은 쪽에 있는 것을 **시스이성체**(cis isomer)라 하고 반대쪽에 있는 것을 **트랜스 이성체**(trans-isomer)라고 하며, 이 cis- 및 trans-의 기호를 붙인다. 예를 들면 1,2-dimethyl cyclopropane에는 그림 2-10과 같이 2종의 이성체가 있다.

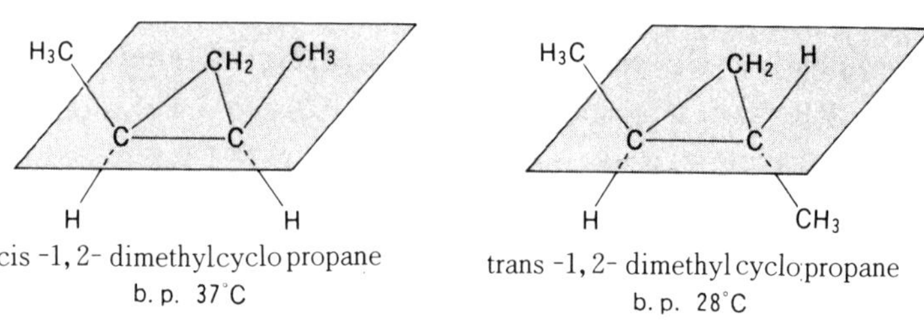

그림 2-10 1,2-dimethylcyclopropane의 이성체

2-3-7 고리모양 알칸의 변형과 형태

cyclopropane(C_3H_6)의 구조식은 정삼각형이고, 그 내각은 60°씩이어야 한다. 그런데 4면체 구조를 갖는 탄소원자의 결합각은 109°28′이고 삼원자고리의 그것보다 훨씬 크다. cyclobutane(C_4H_8)도 이론적으로는 90°로서, 이것도 상당히 차이가 있다. 5원자고리가 되면 108°로서, 거의 4면체의 결합각과 같이 된다.

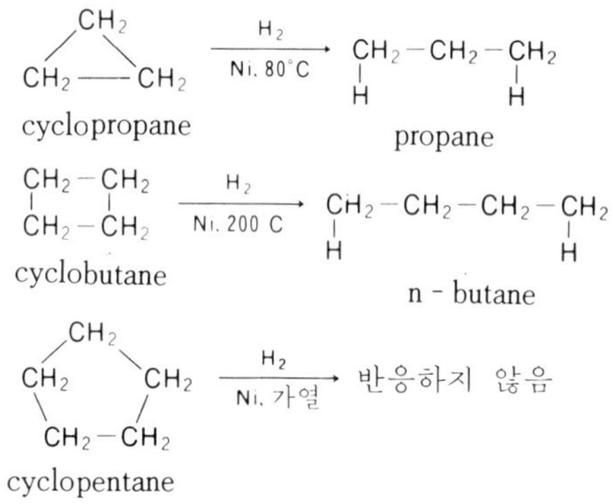

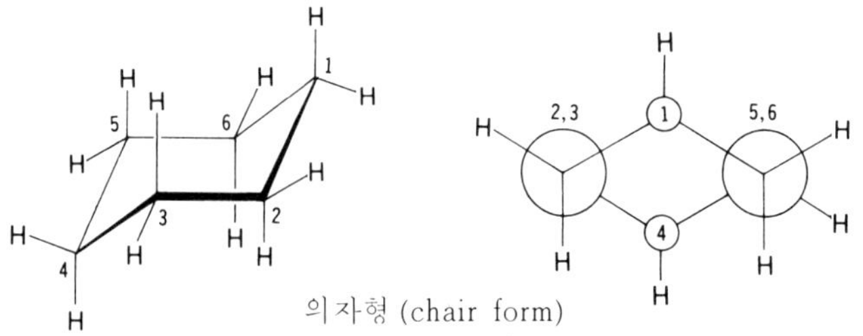

cyclopropane $\xrightarrow[\text{Ni, 80°C}]{H_2}$ $CH_2(H)-CH_2-CH_2(H)$ propane

cyclobutane $\xrightarrow[\text{Ni, 200°C}]{H_2}$ $CH_2(H)-CH_2-CH_2-CH_2(H)$ n-butane

cyclopentane $\xrightarrow[\text{Ni, 가열}]{H_2}$ 반응하지 않음

의자형 (chair form)

그림 2-11 cyclo hexane의 입체구조(a)

1885년에 베이어(A. von Baeyer)는 **장력설**(strain theory)을 제창하고 시클로프로판 또는 시클로부탄의 평면화합물에는 각의 변형이 이루어진다고 주장하였다. 사실 이 2종의 화합물의 탄소-탄소결합은 약하고 수소첨가에 의하여 용이하게 환원되어 고리가 열리어 사슬알칸이 된다. 시클로프로판이 시클로부탄보다 쉬운 조건에서 개환(開環)하는 것은 그만큼 변형이 크다는 것을 나타내고 있다.

cyclopentane(C_5H_{10})은 가열해도 반응하지 않는다.

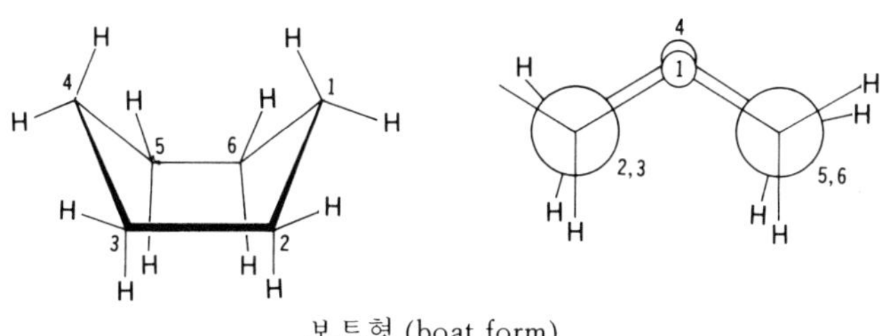

보트형 (boat form)

그림 2-12 cyclohexane의 입체구조(b)

다음에 5원자고리보다 큰 환상알칸은 어떠한 것일까? 베이어의 주장에 따르면 6원자고리(시크로 헥산)에서는 120°의 내각을 가지고, 또 큰 고리모양알칸이 되면 그 결합각(내각)은 109°28′보다 훨씬 커져서 그 변형도 커지고 불안정하게 된다. 그러나 실제는 큰 고리모양알칸은 변형도 없고 안정하다. 베이어는 고리모양화합물의 평면구조를 예상하고 있었기 때문에 이러한 차이가 있었다. 그 후에 고리모양알칸은 비평면구조를 이루고 있다는 것과 탄소원자는 각각 4면체 구조를 유지하고 있음이 인정되었다.

그림 2-11에서 보는 바와 같이 시클로핵산은 4면체구조를 갖는 탄소원자를 6개 결합한 것으로 그 결합각은 109°28′씩이며 변형도 없다. 그림에서와 같이 의자형 형태(chair form)와 보트형 형태(boat form) 등 2개의 입체구조를 갖는다.

그림 2-12는 cyclodecane ($C_{10}H_{20}$)의 입체구조를 나타낸다.

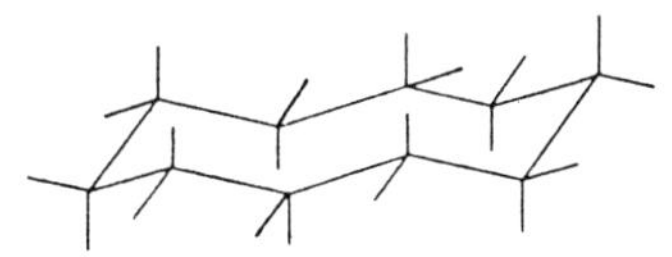

그림 2-13 cyclodecane의 입체구조

[보충문제]

[1] 다음 화합물의 구조식을 쓰라.

a. 3-메틸펜탄
b. 2, 3-디메틸부탄
c. 3, 3-디메틸-4-에틸헥산
d. 2-클로로-3-메틸펜탄
e. 2, 2, 3-트리메틸부탄
f. 2-브로모프로판
g. 1, 1-디클로로시클로프로판
h. 1, 1, 3, 3-테트라클로로프로판
i. 3-브로모-1, 1-디메틸시클로펜탄
j. 1, 4-디클로로시클로헥산

[2] 다음 화합물에 대해서 구조식을 쓰고 IUPAC 법으로 명명하라.

a. $CH_3(CH_2)_3CH_3$
b. $CH_3CH(CH_3)CH_2CH_3$
c. $CH_3CH_2C(CH_3)_2CH_2CH_3$
d. $CH_3(CH_2)_2C(CH_3)_3$
e. $CH_3CH_2CHBrCH_3$
f. $CH_3CCl_2CBr_3$
g. $(CH_3CH_2)_4C$
h. CH_2ClCH_2Br
i. $CH_2BrCH(CH_3)CH(CH_3)_2$
j. $(CH_2)_5$
k. MeI
l. i-PrBr

[3] 다음 화합물의 관용명과 IUPAC 명을 쓰라.

a. CH_3I
b. CH_3CH_2Cl
c. CH_2Cl_2
d. $CHBr_3$
e. $CH_3CH_2CH_2Cl$
f. $(CH_3)_2CHBr$
g. $CHCl_3$
h. $CH_2—CH—ClCH_2CH_2$
i. $CH_3CHICH_2CH_3$
j. $(CH_3)_3CCl$

[4] 다음에 열거한 각 화합물의 구조식을 쓰고 그 이름이 틀린 이유를 설명하고 정확한 이름을 말하라.

a. 1-메틸펜탄
b. 2-에틸부탄
c. 2, 3-디클로로프로판
d. 1, 4-디메틸시클로부탄
e. 1, 1, 3-트리메틸프로판
f. 3-브로모-2-메틸프로판

[5] 다음 각 화합물을 보고 모든 이성질체(종류수는 괄호안에 표시되었음)에 대하여 구조식을 쓰고 각 이성질체의 이름을 IUPAC 법으로 명명하라.

a. C_4H_{10} (2)
b. C_4H_9Br (4)
c. C_6H_{14} (5)
d. $C_3H_6Br_2$ (4)
e. $C_2H_2BrCl_3$ (3)
f. C_3H_6BrCl (5)

[6] 알칸의 일반식은 C_nH_{2n+2}이다. 이것에 대응하는 시클로알칸의 식을 쓰라.

[7] 다음 화합물의 우선적인 형태를 구조식으로 나타내라.

a. 에틸시클로헥산
b. 트란스-1, 2-디브로모시클로헥산
c. 시스-1-메틸-3-이소프로필시클로헥산
d. 1, 1-디브로모시클로헥산

[8] 구조식을 이용하여 다음 반응식을 완결하고 생성된 물질의 이름을 쓰라.

a. 펜탄의 완전연소
b. 시클로펜탄의 완전연소
c. 프로판의 1브롬화
d. 시클로펜탄의 1클로로화

2-4 알켄 (Alkene)

지방족불포화탄화수소 중에 탄소-탄소 이중결합을 갖는 유기화합물을 **알켄** (alkene)이라고 총칭한다. (olefine)

가장 간단한 알켄은 탄소 2개의 ethene(C_2H_4)이고, 그 수소원자 1개를 메틸기로 치환하면 propene(C_3H_6)이 되며, 에틸기로 치환하면 butene(C_4H_8)이 된다. 이중결합을 1개만 갖는 알켄의 일반식은 C_nH_{2n} 으로 나타낸다. $n \geq 2$ 주요 알켄과 그 성질을 표 2-7에 나타낸다.

표 2-7 알켄의 성질

명 칭	구 조 식	b.p.(℃)	m.p.(℃)
에텐(ethene)	$CH_2=CH_2$	−104	−169
프로펜(propene)	$CH_2=CHCH_3$	−48	−185
1-부텐(1-butene)	$CH_2=CHCH_2CH_3$	−6	−185
1-펜텐(1-pentene)	$CH_2=CHCH_2CH_2CH_3$	30	−165
1-헥센(1-hexene)	$CH_2=CHCH_2CH_2CH_2CH_3$	64	−140
1-헵텐(1-heptene)	$CH_2=CHCH_2CH_2CH_2CH_2CH_3$	94	−119
1-옥텐(1-octene)	$CH_2=CHCH_2CH_2CH_2CH_2CH_2CH_3$	121	−102
1-노넨(1-nonene)	$CH_2=CHCH_2CH_2CH_2CH_2CH_2CH_2CH_3$	147	−81
1-데센(1-decene)	$CH_2=CHCH_2CH_2CH_2CH_2CH_2CH_2CH_2CH_3$	171	−66
시클로펜텐(cyclopentene)		44	−135
시클로헥센(cyclohexene)		83	−104

2-4-1 알켄의 명명법

IUPAC명명법에 의한 알켄의 명명은 알칸에 대하여 기술한 규칙과 근본적으로는 변함이 없으나 다소 상이점이 있다.

(1) 2중결합을 가진 가장 긴 탄소사슬을 모체로 정한다.

(2) 모체의 탄소사슬에 대응하는 알칸의 명칭을 선정하여 그 어미의 "안"(-ane)을 "엔"(-ene)으로 표시한다. 다음의 예에서는 가장 긴 사슬이 탄소 7개이므로, 모체의 명칭은 heptene이 된다.

```
   CH3       CH3
    |         |
CH3C=CHCH2CHCH2CH3
```

(3) 2중결합을 형성하는 탄소의 번호가 가장 작게 되도록 모체의 탄소 사슬에 번호를 붙인다.

(4) 2중결합의 위치는 2중결합을 형성하는 최초의 탄소 번호로서 표시한다. 따라서 위의 예에서는 좌측에서 번호를 부치고 모체는 2- heptene이 된다. 5- heptene(우측에서 번호를 붙일 경우)이라고 해서는 안된다.

(5) 모체에 결합되어 있는 치환기의 위치는 결합된 탄소의 번호를 그 치환기 명칭 앞에 붙인다. 치환기는 알파벳 순으로 배열한다.

위의 예에서는 2,5- dimethyl이 되며, 그 화합물의 IUPAC명칭은 2,5- dimethyl -2- heptene이 된다.

엳 사슬기는 일반적 방법으로 명명한다.

$\overset{1}{CH_2}=\overset{2}{C}(CH_3)-\overset{3}{CH_3}$
methylpropene (isobutylene)

$\overset{1}{CH_2}=\overset{2}{C}(CH_3)-\overset{3}{CH_2}\overset{4}{CH_3}$
2-methyl-1-butene

$\overset{1}{CH_3}-\overset{2}{C}(CH_3)=\overset{3}{CH}\overset{4}{CH_3}$
2-methyl-2-butene

다음 [예제]들에서 규칙들이 어떻게 적용되는지를 알아볼 수 있다.

$\overset{1}{CH_3}-\overset{2}{CH}=\overset{3}{CH}-\overset{4}{CH}(CH_3)-\overset{5}{CH_3}$
4-methyl-2-pentene

$\overset{1}{CH_2}=\overset{2}{C}(CH_2CH_3)-\overset{3}{CH_2}\overset{4}{CH_3}$
2-ethyl-1-butene

$\overset{1}{CH_2}=\overset{2}{CH}-\overset{3}{CH}=\overset{4}{CH_2}$
1,3-butadiene

cyclopentene

(1개의 구조만 가능하기 때문에 번호가 필요 없다.)

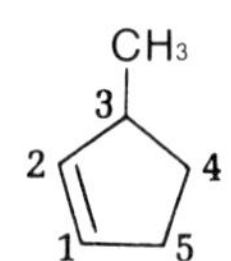

3-methylcyclopentene

(이중결합에서 번호가 시작되고 이중결합을 거쳐 치환기가 가장 작은 번호를 갖도록 한다; 5-메틸시클로펜텐 또는 1-메틸-2-시클로펜텐은 옳지 않다.)

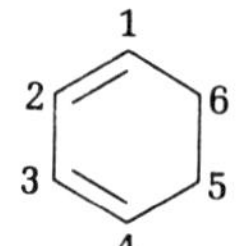

1,3-cyclohexadiene

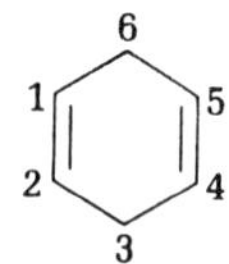

1,4-cyclohexadiene

[예제 1] 다음 구조를 IUPAC계에 의하여 각각 명명하여라.

a. $ClCH=CHCH_3$　　b. $(CH_3)_2C=C(CH_3)_2$

c. $CH_2 = C(CH_3)CH = CH_2$

d. 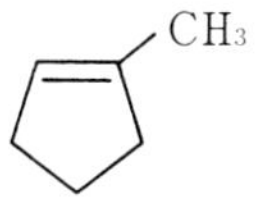 CH_3

e. $CH_2 = C(Cl)CH_2$

[예제 2] 다음 구조식을 쓰라.

a. 2,4- dimethyl -2- pentene

b. 2- hexyne

c. 1,2- dibromocyclobutene

d. 2- chloro -1,3- butadiene

[예 1]

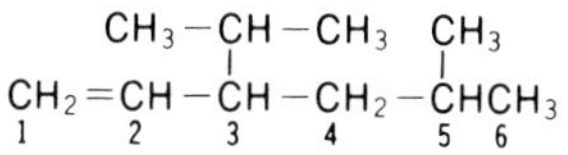

```
        CH3-CH-CH3  CH3
            |       |
CH2=CH -CH -CH2 -CHCH3
1    2   3    4    5  6
```

(1) 가장 긴 사슬은 탄소수 6개로 2중결합을 포함하므로 모체는 헥센이다.

(2) 2중결합의 위치가 최소가 되도록 하기 위해서는 번호를 좌로부터 우측으로 붙인다. 따라서 모체는 1-hexene이 된다.

(3) 치환기는 3-isopropyl과 5-methyl 이다.

(4) 이 화합물의 명칭은 3- isopropyl -5- methyl -1- hexene이 된다.

한편, 알켄의 관용 명칭은 알칸 명칭의 어미 "안"(-ane)을 "-일렌"(-ylene)으로 바꾼다. ethylene은 많이 사용되는 관용명칭이며, IUPAC 명명법에서는 표 2-7에 나타내는 바와 같이 ethene이다. 프로펜 및 부텐의 관용명칭은 각각 propylene 및 butylene이라고 부르며 종종 사용된다.

[예 2]

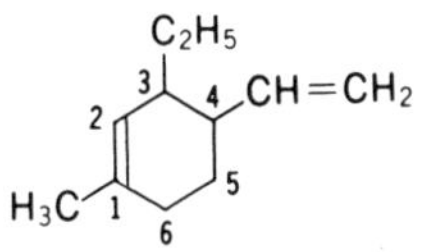

C_2H_5 (3), $CH=CH_2$ (4), H_3C (1); ring positions 1–6

(1) 모체는 6원자고리 cycloalkene이므로 cyclohexene이다.

(2) 탄소의 번호는 고리내의 2중결합의 한쪽 탄소가 C_1이 되고 2중결합의 방향으로 번호를 붙인다. 치환기의 위치도 번호가 작게 되도록 붙인다. 위 예에서는 1- methyl, 3- ethyl, 4- vinyl이 올바르고, 반대 방향으로 붙인 2- methyl, 5- vinyl, 6- ethyl은 아니다.

(3) 이 화합물의 명칭은 3- ethyl -1- methyl -4- vinylcyclohexene이다.

2-4-2 알켄의 물리적 성질

표 2-7에 나타낸 바와 같이 알켄의 물리상수는 이에 대응하는 탄소수를 갖는 알칸의 물리상수 (표 2-3) 와 유사한 값을 가지고 있다.

또한 알칸과 같이 비극성으로 물에 용해되지 않으며 벤젠·에테르·클로로포름 등의 유기 용매에는 잘 용해된다.

2-4-3 알켄의 이성질체

분자식이 C_4H_8 인 butene 의 구조식을 보면, 그림 2-14에서와 같이 4개의 탄소원자가 직쇄상으로 배열된 구조인 것 3종(그림의 (a), (b), (c))과 가지가 있는 구조인 것 1종(그림의 (d)) 등이 있다. 이러한 4종은 서로 이성체이다.

그 중에서 (a) 와 (b)·(c) 는 2중결합의 위치가 서로 다르며, 이것을 **위치이성질체** (positional isomer) 라고 한다. 또 (b) 와 (c) 는 2중결합에 대하여 치환기 또는 치환원자가 공간적으로 서로 다른 위치에 있는 이성질체로서 이것을 **기하이성질체** (geometric isomer), 또는 **시스트란스 이성질체** (cistrans isomer) 라고 한다.

즉 치환기가 2중결합을 중심으로 같은 쪽에 있는 것을 **시스화합물** (cis compound) 이라 하고, 반대 쪽에 있는 것을 **트란스화합물** (trans compound) 이라고 한다.

1- butene (그림 2-13, (a)), isobutylene (그림 (d)) 과 같이 2중결합탄소의 한쪽에 2개의 같은 원자((a) 의 경우는 $\begin{smallmatrix}H\\H\end{smallmatrix}\!>C=$), 또는 동일치환기 ((d) 의 경우는 $\begin{smallmatrix}CH_3\\CH_3\end{smallmatrix}\!>C=$)가 결합하고 있는 경우에는 이러한 기하이성질체는 존재하지 않는다.

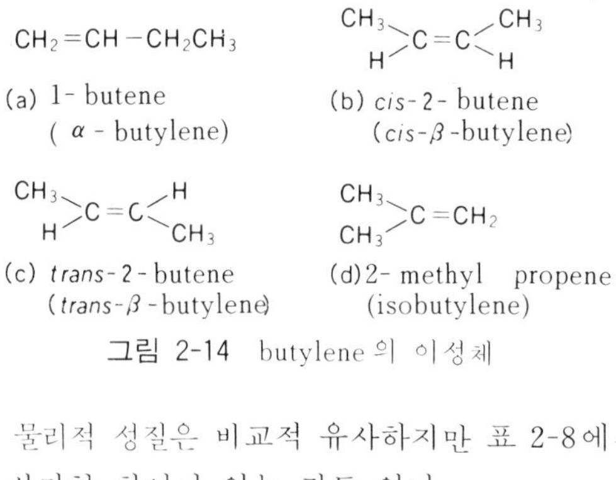

$CH_2=CH-CH_2CH_3$

(a) 1- butene
(α - butylene)

$\begin{smallmatrix}CH_3\\H\end{smallmatrix}\!>C=C<\!\begin{smallmatrix}CH_3\\H\end{smallmatrix}$

(b) *cis*- 2- butene
(*cis*-β -butylene)

$\begin{smallmatrix}CH_3\\H\end{smallmatrix}\!>C=C<\!\begin{smallmatrix}H\\CH_3\end{smallmatrix}$

(c) *trans*- 2 - butene
(*trans*-β - butylene)

$\begin{smallmatrix}CH_3\\CH_3\end{smallmatrix}\!>C=CH_2$

(d) 2- methyl propene
(isobutylene)

그림 2-14 butylene 의 이성체

이성질체간의 물리적 성질은 비교적 유사하지만 표 2-8에서와 같이 비점 및 융점 등에 상당한 차이가 있는 것도 있다.

표 2-8 butene 류의 성질

butene	비점(b.p.) (℃)	융점(m.p.) (℃)
1-butene	−6.26	−185
cis-2-butene	3.72	−138.9
trans-2-butene	0.88	−105.6
2-methyl propene	−6.90	−140.4

2-4-4 알켄의 반응

알켄의 화학적 특징은 불포화결합의 위치에 여러가지 화합물이 첨가되는 것이다. 첨가반응(additional reaction)은 탄소-탄소의 다중결합(多重結合)에 제 2의 분자가 첨가되어 2중결합이 단일결합으로 3중결합이 2중결합이나 단일결합으로 되는 반응이다.

$$>C=C< \;+\; AB \longrightarrow >\underset{A}{\underset{|}{C}}-\underset{B}{\underset{|}{C}}<$$

(1) 수소의 첨가반응 : 알켄의 수소첨가반응(hydrogenation)은 알칸의 제조법의 부분에서(2-3-4항) 기술한 바와 같이 여러가지 촉매(Ni.Pd.Pt)를 사용하여 수소분자를 탄소-탄소 2중결합 위치에 첨가시킨다. 이 반응은 촉매의 표면에 알켄과 수소분자가 흡착되어 각각 탄소-탄소 사이와 수소-수소 사이의 결합이 약화되고, 새로운 탄소-수소결합이 이루어진다.

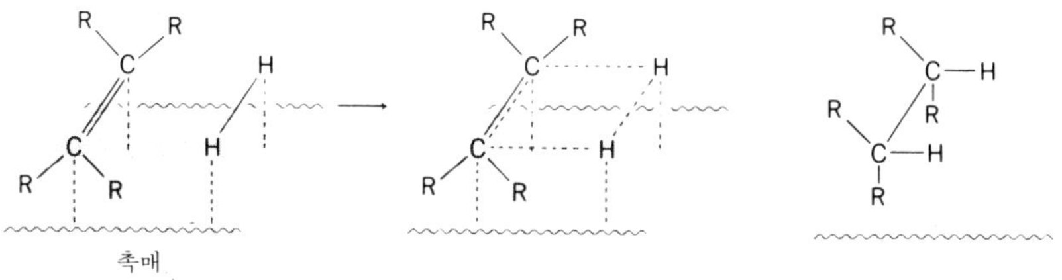

그림 2-15 alkene의 수소 첨가반응

생성된 알칸은 촉매표면으로부터 떨어지고 또다른 알켄과 수소가 흡착되어 반응이 진행된다. 그림 2-15에서도 알 수 있는 바와 같이 수소분자는 알켄분자의 2중결합에 대하여 동일방향에서 접촉되어 첨가되므로 cis 화합물이 생성된다.

[예 1] $CH_3 \cdot \underset{CH_3}{\underset{|}{C}} = CH_2 \cdot H_2 \xrightarrow{Ni} CH_3 \cdot \underset{CH_3}{\underset{|}{CH}} \cdot CH_3 \cdot CH_3$

(2) 할로겐의 첨가반응 : 염소 또는 브롬이 2중 결합의 탄소에 첨가하여 인접배치되는(vicinal) 디할로겐화 알킬을 생성한다.

보통 할로겐을 CCl_4 또는 $CHCl_3$ 과 같은 어떤 불활성용매에 녹이고 이 용액을 떨어뜨린다.

이 반응은 실온 또는 그 이하의 온도에서 순간적으로 일어나는 것이 보통이다.

알켄에 대한 할로겐의 첨가반응 기구는 우선 2중결합의 π 전자쌍이 Br_2 를 공격하여 Br^+를 첨가하고 bromonium ion이라고 하는 3원자고리의 중간체를 형성한다. 이 bromonium ion의 반대쪽으로부터 Br의 공격이 일어나 3원자고리가 열려 첨가반응을 완료한다. 따라서, 이 첨가반응은 **trans 첨가**가 된다.

$$>C=C< + Br-Br \longrightarrow >C-C< (Br^+) + Br^- \longrightarrow >C(Br)-C(Br)<$$

bromonium ion

이 트란스첨가는 cyclohexene(C_6H_{10})에 브롬을 반응시키는 경우 trans-1,2-dibromocyclohexane이 얻어지는 것으로서도 증명되었다.

$$\text{cyclohexene} \xrightarrow{Br_2} \text{trans-1,2-dibromocyclohexane}$$

(3) 할로겐화수소의 첨가반응 : 염화수소(HCl), 브롬화수소(HBr), 요오드화수소(HI) 등의 할로겐화수소(HX)는 알켄과 반응하여 할로겐화 알킬(RX)을 생성한다.

[예]　$CH_2 = CH_2 + HCl \longrightarrow CH_3 \cdot CH_2Cl$

$$>C=C< \longrightarrow -\underset{|}{\overset{H}{C}}-\underset{X}{C}-$$

이 첨가반응의 기구는 그림 2-16과 같다.

제 1 단계는 할로겐화수소가 proton(H^+)과 할로겐이온(X^-)으로 해리(解離)하여 반응이 시작된다.

다음의 제 2 단계에서는 proton이 친전자성시약(electrophilic reagent)으로 2중결합의 한쪽 탄소와 결합한다. 그 결과 나머지의 탄소가 카르보양이온(carbonium ion)으로 된다.

제 3 단계에서는 할로겐 이온의 친핵성시약(nucleophilic reagent)으로 카르보양 이온을 공격하고 첨가하여 할로겐화 알킬을 생성한다.

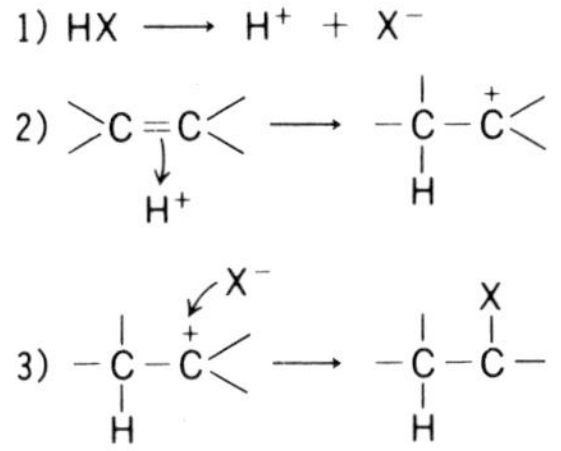

$$1)\ HX \longrightarrow H^+ + X^-$$

$$2)\ >C=C< \longrightarrow -\underset{H}{\overset{|}{C}}-\overset{+}{C}<$$

$$3)\ -\underset{H}{\overset{|}{C}}-\overset{+}{C}< \xrightarrow{X^-} -\underset{H}{\overset{|}{C}}-\overset{X}{\overset{|}{C}}-$$

그림 2-16 할로겐화수소의 첨가반응

할로겐화수소의 첨가반응이 ethylene과 같은 대칭형의 알켄에서 일어나는 경우에는 생성물은 한가지 종류 뿐이다.

$$CH_2=CH_2 + HX \longrightarrow CH_3CH_2X$$

그러나 비대칭형의 알켄에 할로겐화수소가 첨가되는 경우는 2종의 생성물이 될 가능성이 있다.

예를 들면, 프로펜(C_3H_6)에 브롬화수소(HBr)를 반응시키면 그림 2-17과 같이 2종의 카르보양이온의 생성이 예상되고 2-bromopropane 또는 1-bromopropane이 생성된다. 그러나 생성물은 거의가 2-bromopropane이다.

즉 할로겐화수소가 비대칭의 알켄에 첨가하는 경우는 가지가 많은 할로겐화 알킬을 생성한다. 다시 말하면 보다 높은 등급의 할로겐화 알킬이 된다. 이 규칙은 1869년에 마르코우니코프(Vladimir Markownikoff)에 의하여 제창된 것인데 이것을 **마르코우니코프 법칙**이라고 한다. 이렇게 한쪽만 할로겐화 알킬이 생성하게 되는 이유는 다음과 같다.

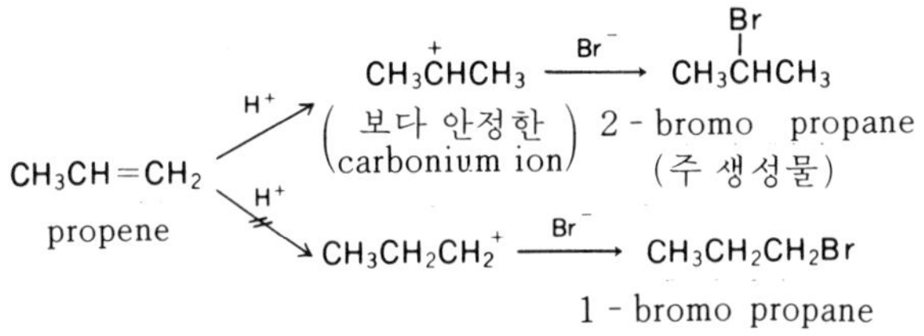

$$CH_3CH=CH_2 \xrightarrow{H^+} CH_3\overset{+}{C}HCH_3 \xrightarrow{Br^-} CH_3\overset{Br}{\overset{|}{C}}HCH_3$$

propene → (보다 안정한 carbonium ion) → 2-bromo propane (주 생성물)

$$CH_3CH=CH_2 \xrightarrow{H^+} CH_3CH_2CH_2^+ \xrightarrow{Br^-} CH_3CH_2CH_2Br$$

1-bromo propane

그림 2-17 propene과 브롬화수소의 반응

propene에 proton(H^+)이 첨가되어 얻어지는 제 2급의 카르보양 이온과 제 1급 카르보양 이온을 비교하면 제 2급의 카르보양 이온쪽이 보다 안정하다. 따라서 제 2급 카르보양 이온이 우선적으로 생성되고 이것을 브롬이온(Br^-)이 공격하여 2-bromopropane을 생성한다. 일반적으로 카르보양 이온은 급수가 높은 쪽이 안정하다.

$$CH_3^+ < R-\overset{+}{C}H_2 << R-\overset{+}{C}H-R' < R-\overset{+}{C}(R')-R''$$

1차(1°) carbonium ion (불안정)　2차(2°) carbonium ion　3차(3°) carbonium ion (안정)

→ 안정성의 증가

브롬화수소와 마찬가지로 염화수소나 요오드화수소의 알켄에 대한 첨가도 가능하다.

$$(CH_3)_2C=CHCH_3 \xrightarrow{HCl} CH_3-C(Cl)(CH_3)-CH_2CH_3$$

$$(CH_3)_2C=CH_2 \xrightarrow{HI} CH_3-C(I)(CH_3)-CH_3$$

(4) **anti-Markownikoff 첨가반응** : 알켄의 첨가반응은 카르보늄 이온이라고 하는 중간체를 거쳐 이루어진다. 그러나 과산화물(peroxide : R-O-O-R)의 존재하에서 브롬화수소가 첨가반응을 하면 Markownikoff 형의 생성물은 생성되지 않고 저급의 브롬화 알킬이 생성된다. 즉 propene의 경우는 propyl bromide를 생성한다.

$$CH_3CH=CH_2 + HBr \xrightarrow{\text{과산화물}} CH_3CH_2CH_2Br$$

이 반응기구는 ROOR로 표시되는 과산화물이 free-radical (RO・)이 되어 반응을 시작하여 라디칼 반응으로 진행된다. 따라서 Markownikoff 형이 아닌 저급의 생성물이 생성되는데 이 반응은 **Anti-Markownikoff 첨가반응**이라고 하며 브롬화수소의 경우에 일어나고 기타의 할로겐화수소에서는 일어나지 않는 반응이다.

(5) **황산(黃酸)의 첨가** : 진한 황산은 알켄에 첨가하여 황산수소알킬을 생성한다. 이 반응은 Markownikoff 형으로 진행된다. 황산수소알킬을 물과 함께 가열하면 알코올을 생성한다. 즉 propene으로부터 isopropylalcohol이 얻어진다.

$$CH_3CH=CH_2 \xrightarrow{H_2SO_4} CH_3\underset{OSO_2OH}{CH}CH_3 \xrightarrow[\text{가 열}]{H_2O} CH_3\underset{OH}{CH}CH_3$$

[알칸과 알켄의 식별방법]

알칸은 전술한 바와 같이 대단히 반응성이 낮고 진한 황산과 혼합하더라도 반응하지 않으며 알칸과 진한황산이 2층으로 되어 분리된다. 그러나, 알켄은 진한황산과 잘 혼합하며 발열하면서 반응하며, 황산수소알킬을 생성하고 균일한 용액이 된다. 이와 같은 방법에 따라서 알칸과 알켄의 구별이 간단하게 이루어진다.

(6) **글리콜화** : 탄소의 2중결합에 과망간산칼륨 (KM_nO_4) 또는 4산화오스뮴 (O_sO_4) 등의 산화제를 반응시키면 인접한 탄소 원자에 2개의 수산기 (−OH)를 갖는 화합물을 용이하게 생성한다.

이 화합물을 **글리콜** (glycol), 또는 **1,2-diol**, 또는 **vic-diol**이라고 한다. glycol에는 ethylene glycol, propylene glycol 등이 있으며 이 두 화합물은 다같이 비점이 높고 물에 잘 녹기 때문에 자동차의 냉각수 등의 부동액에 사용된다.

$$\underset{\text{OH}}{\text{CH}_2}-\underset{\text{OH}}{\text{CH}_2} \qquad \text{CH}_3-\underset{\text{OH}}{\text{CH}}-\underset{\text{OH}}{\text{CH}_2}$$

ethylene glycol (m.p 198℃)   propylene glycol (m.p 189℃)

묽은 알칼리성 용액중에서 알켄을 과망간산칼륨과 반응시키면 glycol이 생성된다. 이 반응은 탄소-탄소 2중결합의 유무 확인에 사용되는데 이것을 **베이어 테스트** (Baeyer test)라고 한다.

과망간산칼륨 (KM_nO_4)용액은 진한 보라색을 띄는데 그림 2-18과 같이 탄소-탄소 2중결합과 반응하면 퇴색하여 2산화망간의 암갈색 침전이 생긴다. 또한, 이 반응에서는 4산화오스뮴의 경우와 같이 cis-glycol을 생성한다.

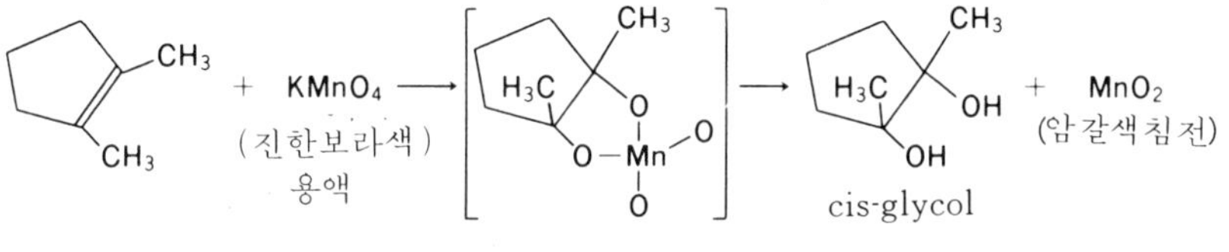

(1,2-dimethylcyclopentene) + $KMnO_4$ (진한보라색 용액) ⟶ [cyclic manganate ester: H_3C, CH_3, O–Mn(=O)(O)–O] ⟶ cis-glycol (H_3C, CH_3, OH, OH) + MnO_2 (암갈색침전)

그림 2-18 Baeyer test

trans-글리콜을 얻기 위해서는 알켄을 과카르복시산에 의해 epoxide화하며, 이것을 묽은 산성 수용액으로 가수분해하는 방법을 사용한다.

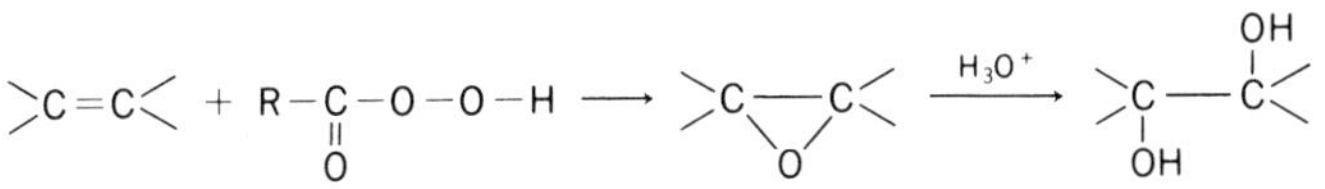

$$>C=C< + R-\overset{O}{\overset{\|}{C}}-O-O-H \longrightarrow >C\overset{O}{—}C< \xrightarrow{H_3O^+} >\underset{OH}{C}-\overset{OH}{C}<$$

과카르복시산   epoxide   trans-glycol

(7) **가오존산화**(가오존분해) : 알켄은 ozone(O_3)과 반응하여 ozonide를 생성한다.

이 반응을 **오존산화** 또는 **가오존분해반응**(ozonolysis)이라고 한다.

이 ozonide는 불안정하여 아연과 물의 처리에 의하여 환원적으로 고리가 열려 2개의 카르보닐기($>C=O$)를 생성한다. 즉, 이중결합이 존재하는 위치에 알데히드($RCH=O$) 또는 케톤($\frac{R}{R}>C=O$)의 카르보닐기가 다시 생성된다.

역으로 이 분해반응을 이용하여 분해생성물의 구조에서 원래의 알켄화합물의 구조를 추정할 수 있다. 예를 들면, 어떤 화합물이 1-butene 또는 그 이성체의 2-butene인가 분명치 않을 경우에는 시료를 오존분해하여 생성되는 카르보닐화합물을 관찰한다. 즉 1-butene의 경우에는 formaldehyde와 propionaldehyde의 2종이 되며, 2-butene의 경우에는 acetaldehyde 1종 밖에 되지 못한다. 따라서 이 생성물을 통하여 시료가 1-butene 또는 2-butene인가를 용이하게 판별할 수 있다.

$$\underset{\text{1- butene}}{CH_2=CHCH_2CH_3} \xrightarrow[Zn,\ H_2O]{O_3} CH_2=O + O=CHCH_2CH_3$$

$$\underset{\text{2- butene}}{CH_3CH=CHCH_3} \xrightarrow[Zn,\ H_2O]{O_3} CH_3CH=O + O=CHCH_3$$

isobutylene을 오존분해하면 acetone과 formaldehyde가 생성된다.

$$\frac{CH_3}{CH_3}>C=CH_2 \xrightarrow[Zn,\ H_2O]{O_3} \frac{CH_3}{CH_3}>C=O + O=CH_2$$

(8) **중합반응** : 알켄은 온도 및 압력을 조절하고 촉매작용으로 알켄을 단위로 한 긴 사슬모양의 고분자 화합물인 **중합체**(polymer)를 생성한다. 이 반응을 **중합반응**(polymerization)이라고 한다. 또 이 단위가 되는 알켄을 **단량체**(monomer)라고 한다.

$$n >C=C< \longrightarrow \left(-\overset{|}{\underset{|}{C}}-\overset{|}{\underset{|}{C}}- \right)_n$$

alkene (monomer) poly alkene (polymer)

예를 들면 우리 생활용품으로 잘 사용되고 있는 polyethylene이나 polypropylene은 ethylene(ethene)과 propylene(propene)의 중합물이며, 수도관이나 호스 등에 사용되고 있는 폴리염화비닐이나 후라이팬 등의 표면수지가공에 사용되고 있는 Teflon은 각각 염화비닐, tetrafluoro ethylene을 모노머로 한 중합체이다(그림 2-19).

여러가지 종류의 화학섬유도 같은 방법으로 중합반응에 의해 합성된다.

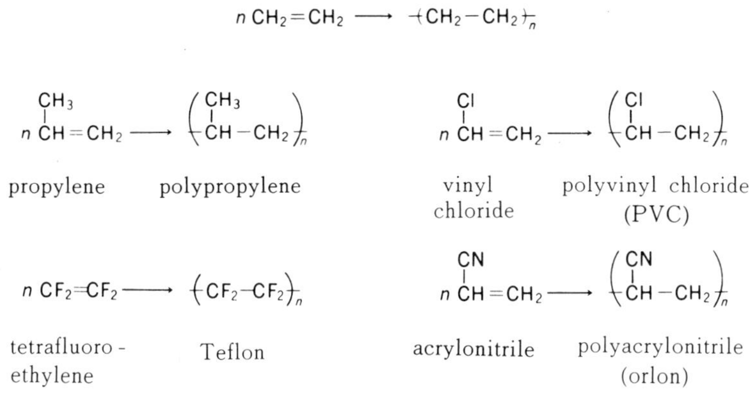

$$n\,CH_2{=}CH_2 \longrightarrow -\!\!(CH_2-CH_2)\!\!-_n$$

$$n\,CH(CH_3){=}CH_2 \longrightarrow -\!\!(CH(CH_3)-CH_2)\!\!-_n$$

propylene polypropylene

$$n\,CH(Cl){=}CH_2 \longrightarrow -\!\!(CH(Cl)-CH_2)\!\!-_n$$

vinyl chloride polyvinyl chloride (PVC)

$$n\,CF_2{=}CF_2 \longrightarrow -\!\!(CF_2-CF_2)\!\!-_n$$

tetrafluoro-ethylene Teflon

$$n\,CH(CN){=}CH_2 \longrightarrow -\!\!(CH(CN)-CH_2)\!\!-_n$$

acrylonitrile polyacrylonitrile (orlon)

그림 2-19 여러가지 중합반응

2-4-5 알켄의 합성

탄소-탄소 2중결합의 생성, 즉 알켄의 합성에는 제거반응(elimination reaction)이 사용된다.

치환기를 갖는 인접 탄소원자로부터 물·할로겐화수소·할로겐분자 등이 이탈하여 탄소-탄소 단일결합으로부터 2중결합을 생성한다.

다음으로 실험실내에서나 공업적으로도 사용되는 반응의 예를 들어보기로 하겠다.

(1) 알코올의 탈수반응 : 산의 존재하에서 알코올을 가열하면 인접탄소로부터 수산기와 수소가 이탈하여 탈수되고 탄소－탄소 2중결합을 생성한다.

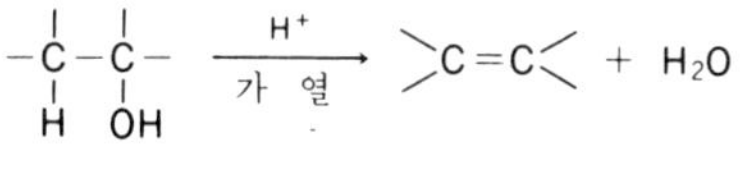

$$-\underset{H}{\overset{|}{C}}-\underset{OH}{\overset{|}{C}}- \xrightarrow[\text{가 열}]{H^+} {>}C{=}C{<} + H_2O$$

그림 2-20에 나타낸 예에서는 ethanol이나 2-butanol에 비하여 tert-butyl alc로부터의 탈수반응은 가장 용이하게 이루어진다. 즉 알코올의 탈수반응에 의한 알켄생성의 용이성은 다음 순서와 같다.

3차 알코올 ＞ 2차 알코올 ＞ 1차 알코올

* 중합체에 여러가지 가소제(plasticizer)를 혼합함으로써 유연성을 변화시켜 각각 용도에 맞도록 성형가공하여 상품을 만든다.

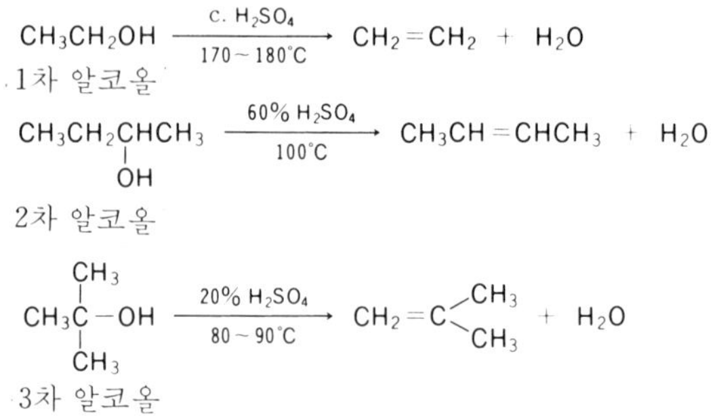

$$CH_3CH_2OH \xrightarrow[170\sim180^\circ C]{c.\ H_2SO_4} CH_2{=}CH_2 + H_2O$$

1차 알코올

$$CH_3CH_2\underset{\substack{|\\ OH}}{C}HCH_3 \xrightarrow[100^\circ C]{60\%\ H_2SO_4} CH_3CH{=}CHCH_3 + H_2O$$

2차 알코올

$$CH_3\overset{\substack{CH_3\\ |}}{\underset{\substack{|\\ CH_3}}{C}}-OH \xrightarrow[80\sim90^\circ C]{20\%\ H_2SO_4} CH_2{=}C\begin{matrix}CH_3\\ CH_3\end{matrix} + H_2O$$

3차 알코올

그림 2-20　alcohol의 탈수반응

황산을 촉매로 사용한 탈수반응에 의하여 tert-butyl alc로부터 isobutylene을 생성하는 과정은 다음과 같다.

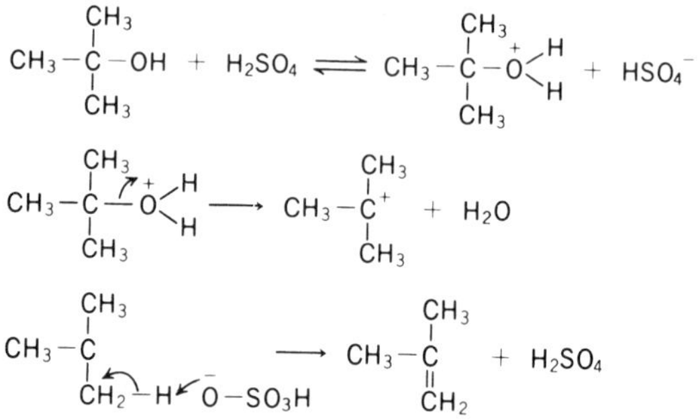

$$CH_3-\overset{\substack{CH_3\\ |}}{\underset{\substack{|\\ CH_3}}{C}}-OH + H_2SO_4 \rightleftharpoons CH_3-\overset{\substack{CH_3\\ |}}{\underset{\substack{|\\ CH_3}}{C}}-\overset{+}{O}\begin{matrix}H\\ H\end{matrix} + HSO_4^-$$

$$CH_3-\overset{\substack{CH_3\\ |}}{\underset{\substack{|\\ CH_3}}{C}}-\overset{+}{O}\begin{matrix}H\\ H\end{matrix} \longrightarrow CH_3-\overset{\substack{CH_3\\ |}}{\underset{\substack{|\\ CH_3}}{C^+}} + H_2O$$

$$CH_3-\overset{\substack{CH_3\\ |}}{\underset{\substack{|\\ CH_2-H \leftarrow \overset{-}{O}-SO_3H}}{C}} \longrightarrow CH_3-\overset{\substack{CH_3\\ |}}{\underset{\substack{\|\\ CH_2}}{C}} + H_2SO_4$$

또 알칼리처리를 한 알루미나(Al_2O_3)를 고온에서 알코올과 접촉시키면 같은 모양으로 탈수반응이 진행되어 알켄을 생성한다.

여기에서 2-butanol의 탈수반응을 살펴보면 물분자가 이탈할 때 수산기와 함께 이탈하는 것은 인접한 어느 탄소원자에 결합한 수소원자이다. 일반적으로 수소원자를 적게 가진 탄소원자로부터 수소가 이탈한다. 이 규칙은 Saytzeff rule* 이라고 하며, 다시 말하면 2-butanol의 탈수반응에서는 2-butene이 주생성물이고 1-butene이 부생성물이 된다. 전자는 2치환의 올레핀이고 후자는 1치환의 올레핀이다.

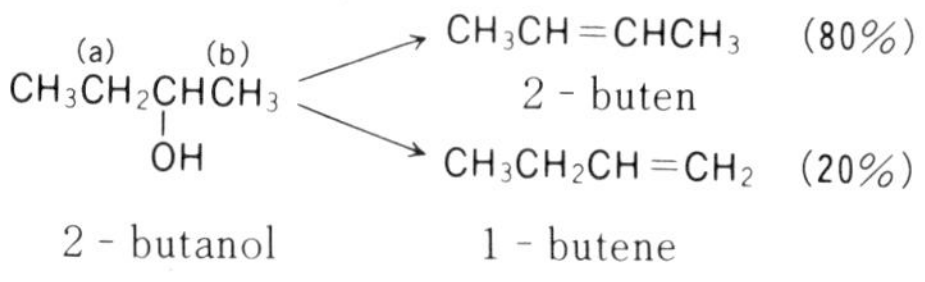

$$\underset{\text{2 - butanol}}{CH_3\overset{(a)}{C}H_2\underset{\substack{|\\ OH}}{C}H\overset{(b)}{C}H_3} \begin{cases} \xrightarrow{} CH_3CH{=}CHCH_3 \quad (80\%) \quad \text{2 - buten} \\ \xrightarrow{} CH_3CH_2CH{=}CH_2 \quad (20\%) \quad \text{1 - butene} \end{cases}$$

* 1875년 Alexander Saytzeff에 의하여 발견되었다.

(2) **탈할로겐화수소반응** : 할로겐화알킬류(RX)를 강염기성(에탄올에 용해시킨 수산화칼륨을 넣음)에서 처리하면 인접탄소에서 할로겐화수소(HX)가 이탈하여 탄소-탄소 2중결합을 생성한다.

$$-\underset{H}{\overset{|}{\underset{|}{C}}}-\underset{X}{\overset{|}{\underset{|}{C}}}- \xrightarrow[C_2H_5OH]{KOH} >C=C< + KX + H_2O$$

생성되는 할로겐화수소는 강산성이므로 강염기에 의하여 중화되고 이 반응은 순조롭게 진행된다. 이 제거반응에 있어서 알켄이 생성되는 방향은 오히려 Saytzeff 법칙에 따른다.

$$CH_3CH_2\underset{Cl}{\underset{|}{C}}HCH_3 \longrightarrow \begin{cases} CH_3CH=CHCH_3 & (80\%) \\ CH_3CH_2CH=CH_2 & (20\%) \end{cases}$$

2 - chlorobutane

이 제거반응의 과정은 다음에 나타내는 바와 같이, 강염기(OH^-)가 proton (H^+)을 빼내어 C - H 결합의 전자쌍이 C = C 의 2중결합을 형성하도록 이동한다. 또한 동시에 C - Cl 결합이 끊어져 염소이온(Cl^-)이 녹아나온다.

이와 같이 결합의 절단과 생성이 동시에 일어나는 반응을 **협동반응**(協同反應 : concerted reaction)이라고 하며 이 제거반응은 **협동적 제거반응**(concerted elimination)이라고 한다.

$$CH_3\overset{H}{\overset{|}{\underset{H}{\underset{|}{C}}}}-\overset{Cl}{\overset{|}{\underset{H}{\underset{|}{C}}}}CH_3 \xrightarrow[C_2H_5OH]{KOH} CH_3\overset{H}{\overset{|}{C}}=\underset{H}{\underset{|}{C}}CH_3$$

$\ddot{O}H^-$ $\qquad$ H_2O $\qquad$ $:Cl^-$ (용매화가 된다)

할로겐화알킬(RX)의 제거반응이 일어나기 쉬운 순서는 다음과 같다.

$$R-I > R-Br > R-Cl$$

(3) **인접된 2개 할로겐화물**(vicinal dihalide)**의 탈할로겐화반응** : 인접하고 있는 탄소가 각각 할로겐 원자를 가지고 있는 화합물을 아연으로 처리하면 할로겐이 제거되고 탄소-탄소 2중결합이 형성된다.

$$-\underset{X}{\overset{|}{\underset{|}{C}}}-\underset{X}{\overset{|}{\underset{|}{C}}}- \xrightarrow{Zn} >C=C< + ZnX_2$$

(4) 알킨의 환원 : 탄소-탄소 3중결합을 갖는 알킨류(2-5-2 참조)에 수소를 첨가하면 알켄이 된다. 접촉환원에 의하여 수소가 탄소에 첨가하는 경우는 보통 1 mol의 수소를 흡수하고 알칸까지 반응이 진행되므로 알켄을 얻으려면 활성이 없는 촉매를 사용하여 알켄에서 반응이 멈추는 방법을 택한다.

접촉환원의 경우 생성하는 알켄은 시스(cis)형이며, lithium amide 및 sodium amide를 촉매로 사용되는 경우 환원생성물은 trans형이 된다.

$$R-C\equiv C-R \xrightarrow[\text{Pd-C}]{\text{被毒觸媒}} \underset{cis\text{형}}{\overset{R\quad\quad R}{\underset{H\quad\quad H}{C=C}}}$$

$$R-C\equiv C-R \xrightarrow{\text{Li 또는 Na/liq } NH_3} \underset{trans\text{형}}{\overset{R\quad\quad H}{\underset{H\quad\quad R}{C=C}}}$$

2-4-6 디엔(diene)과 폴리엔(polyene)

분자중에 2개의 탄소-탄소 2중결합을 갖는 알켄을 **디엔**(diene)이라 하고 3개가 있는 것을 **트리엔**(triene)이라 하며 4개를 가지고 있는 것을 **테트라엔**(tetraene)이라고 한다. 또한 3개 이상의 2중결합을 갖는 알켄을 **폴리엔**(polyene)이라고 총칭한다.

디엔 또는 폴리엔의 명명법은 알켄에 치환기가 있는 경우와 같이 탄소사슬의 2중결합 위치를 숫자로 나타내고 알켄 어미의 엔(= ene)은 2중결합이 2개일 경우에 **아디엔**(- adiene)으로 변하고 3개일 경우에는 **아트리엔**(− atriene)으로 변한다.

예를 들면, 다음(a)와 같은 화합물의 경우는 1, 4-헥사디엔(1, 4- hexadiene)이 된다.

$$\overset{1}{C}H_2=\overset{2}{C}H\overset{3}{C}H_2\overset{4}{C}H=\overset{5}{C}H\overset{6}{C}H_3 \qquad CH_2=CHCH=CH_2 \qquad CH_2=C=CH_2$$

(a) 1, 4- hexadiene　　(b) 1, 3- butadiene　　(c) allene

디엔에는 3개의 형태가 있다. (a)와 같이 2개의 2중결합 사이에 단일결합이 2개 이상 있는 형태의 것을 **비공액디엔**(non-conjugated diene), 또는 **격리된 2중결합**(isolated double bond)이라고 한다. 비공액디엔의 2중 결합은 다른 알켄과 같이 첨가반응을 일으킨다.

두번째의 형태는 (b)에 나타낸 바와 같이 2개의 2중결합이 1개의 단일결합을 사이에 두고 결합하고 있는 형태의 화합물로서 이것을 **공액 디엔**

(conjugated diene) 또는 **짝지은 디엔**이라고 한다. 디엔의 2중결합은 고립된 2중결합과는 다른 반응성을 나타낸다.

(b)에서 예를 들은 1, 3- butadiene에 소량의 브롬을 반응시키면 한쪽의 2중결합에 브롬이 첨가된 3,4-dibromo-1-butene이 생성되는 것으로 예상되는데 실제로는 그 이외에 1,4-dibromo-1-butene이 보다 많이 생성된다. 이것은 1, 4-첨가반응(1,4-addition reaction)이 일어나기 때문이다.

$$CH_2{=}CH-CH{=}CH_2 \xrightarrow{Br_2} \underset{\text{3,4- dibromo -1- butene}}{CH_2{=}CH-\underset{|}{\overset{}{CH}}(Br)-\underset{|}{CH_2}(Br)} + \underset{\text{1,4- dibromo -2- butene}}{\underset{|}{CH_2}(Br)-CH{=}CH-\underset{|}{CH_2}(Br)}$$

이 반응기구는 그림 2-21에서와 같이 먼저 한쪽의 2중결합에 브롬이 첨가되고 브로모늄 이온이 된다. 이 브로모늄 이온이 열려서 둘째번 탄소가 카르보늄이온이 된다. 이 때 그림에서와 같이 다른 한쪽의 2중결합으로부터 이카보늄이온으로 전자가 이동하여 4번째 탄소가 카르보늄이온이 되고, 이 양자가 공명혼성체(共鳴混成體: resonance hybrid)를 구성한다. 이 두 카르보늄 이온에 브롬이온(Br^-)이 반응하여 각각 1, 2-첨가와 1, 4-첨가한 디브로모화합물이 된다.

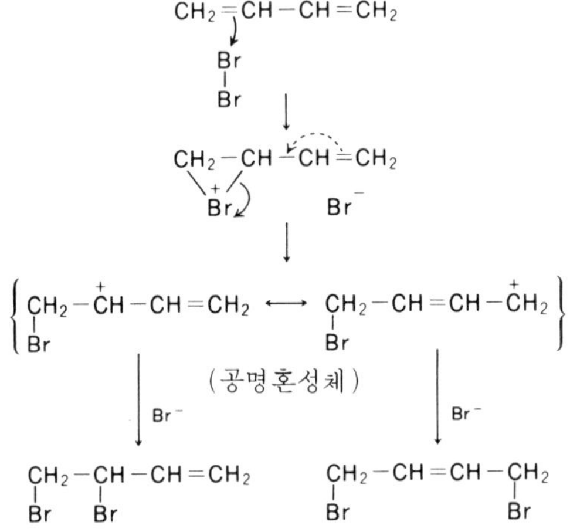

그림 2-21 diene에 브롬첨가반응의 기구

상기한 반응식의 공명혼성체는 다음과 같이 표시하기도 한다. 즉 π 전자쌍이 3개의 탄소사이에 공존하는 상태에 있게 된다.

$$\underset{Br}{\underset{|}{CH_2}}-\overset{\delta+}{CH}\cdots CH\cdots\overset{\delta+}{CH_2}$$

세번째의 형태인 디엔은 전술한 식(c)에 나타낸 바와 같은 알렌(allene)의 대표적인 화합물로서 이것은 드물게 존재한다(연이은 이중결합). 중앙에 있는 탄소는 sp 혼성탄소원자이며 그 양쪽 끝에 있는 탄소는 sp^2 혼성탄소원자이다. 알렌의 2개 π 궤도는 서로 직각으로 교차되고 있고 궤도간의 상호작용은 없다(그림 2-22).

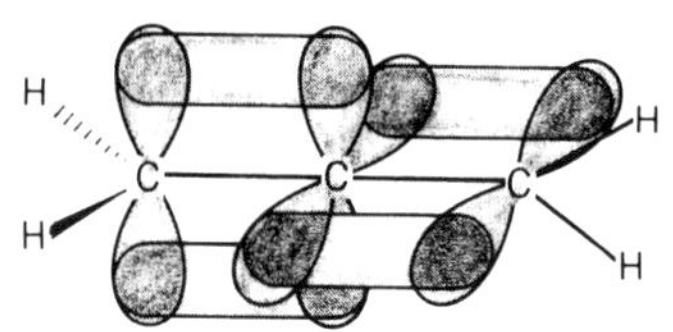

그림 2-22 Allene의 혼성궤도(π 결합)

디엔은 중합(polymerization)되어 고분자화합물을 만든다. 예를들면 천연고무(natural gum)가 isoprene을 monomer 중합하여 된 중합체이다(그림 2-23).

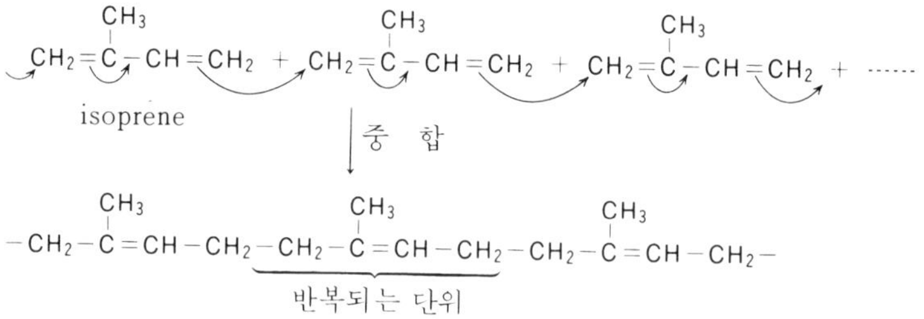

$$CH_2{=}\overset{CH_3}{\overset{|}{C}}-CH{=}CH_2 + CH_2{=}\overset{CH_3}{\overset{|}{C}}-CH{=}CH_2 + CH_2{=}\overset{CH_3}{\overset{|}{C}}-CH{=}CH_2 + \cdots\cdots$$

isoprene

↓ 중 합

$$-CH_2-\overset{CH_3}{\overset{|}{C}}{=}CH-CH_2-\underbrace{CH_2-\overset{CH_3}{\overset{|}{C}}{=}CH-CH_2}_{\text{반복되는 단위}}-CH_2-\overset{CH_3}{\overset{|}{C}}{=}CH-CH_2-$$

그림 2-23 Isoprene의 중합

이와 같은 천연고무의 구조와 같이 2-chloro-1,3-butadiene(chloroprene)를 원료로 하여 중합한 네오프렌고무(neoprene:polychloroprene)이나 1,3-butadiene과 styrene을 동시에 사용하여 공중합(共重合 : copolymerization)시켜 만든 Buna-S 고무(Buna-S;butadiene-styrene rubber) 등의 합성고무가 있다(그림 1-24).

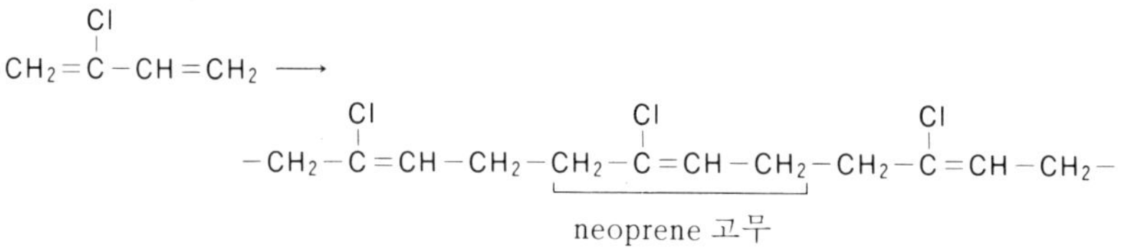

$$CH_2{=}\overset{Cl}{\overset{|}{C}}-CH{=}CH_2 \longrightarrow$$

$$-CH_2-\overset{Cl}{\overset{|}{C}}{=}CH-CH_2-\underbrace{CH_2-\overset{Cl}{\overset{|}{C}}{=}CH-CH_2}_{\text{neoprene 고무}}-CH_2-\overset{Cl}{\overset{|}{C}}{=}CH-CH_2-$$

$CH_2=CH-CH=CH_2 + C_6H_5CH=CH_2 \longrightarrow$

$$-CH_2-CH=CH-CH_2-\underset{}{\overset{C_6H_5}{\overset{|}{C}H}}-CH_2-CH_2-CH=CH-CH_2-\overset{C_6H_5}{\overset{|}{C}H}-CH_2-$$

Buna-S 고무

그림 2-24 neoprene 고무 및 Buna-S 고무의 중합

이러한 합성고무는 화학적구조의 차이에 따라서 각각 특유한 성질을 가지고 여러가지 용도로 사용된다.

자연계에는 공액폴리엔화합물도 많이 존재하고 있다. 예를 들면, 간유나 표고버섯 등에 많이 함유되어 있는 비타민 A (retinol) 또는 당근의 적색 색소인 β-카로틴 (β-carotene) 등이 잘 알려지고 있다(그림 2-25). 이러한 화합물은 flavonoid 등과 함께 **천연색소** (natural pigment) 라고 한다.

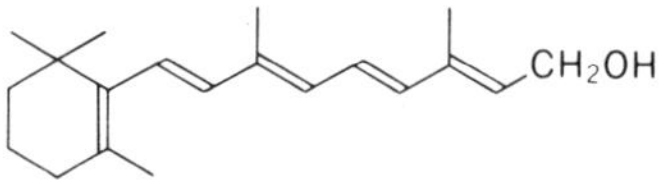

CH_2OH

비타민 A

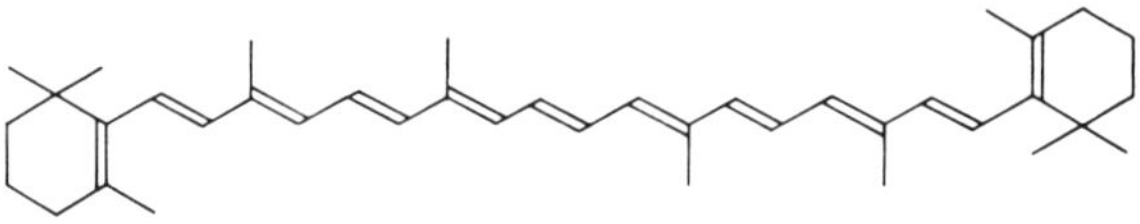

β-카로틴

그림 2-25 천연색소의 예

2-5 알 킨

탄소-탄소 3중결합을 갖는 화합물류를 **알킨** (alkyne) 이라고 하며, 일반식으로는 C_nH_{2n-2} 로 표시된다. 아세틸렌 (IUPAC 명은 ethylene) 은 그 대표적인 화합물이다. 3중결합은 각각의 탄소원자가 1개의 sp 궤도를 중복하여 σ 결합을 만들고, 또한 그것과 수직방향으로 넓혀지는 2개의 p 궤도가 겹쳐서 2개의 π 결합을 형성한다 (그림 2-26).

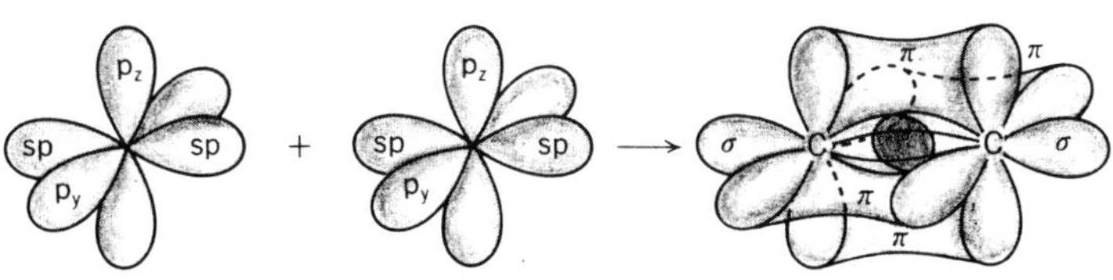

그림 2-26 alkyne 의 혼성궤도

2-5-1 알킨의 명명법

알킨의 명명법은 알칸 또는 알켄에 준하지만 탄소사슬의 모체의 어미에 3중결합을 나타내는 "인(-yne)"을 붙인다. 예를 들면 탄소사슬이 4인 화합물은 부틴(butyne)이 되고 탄소사슬이 6인 화합물은 헥신(hexyne)이 된다. 또 다음의 예에서와 같이 치환기가 붙어 있는 화합물은 4-ethyl-6-methyl-2-octyne이 된다.

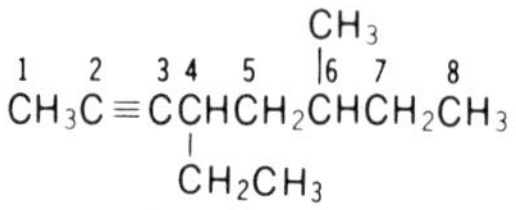

$$\overset{1}{C}H_3\overset{2}{C}\equiv\overset{3}{C}\overset{4}{C}H(CH_2CH_3)\overset{5}{C}H_2\overset{6}{C}H(CH_3)\overset{7}{C}H_2\overset{8}{C}H_3$$

2-5-2 알킨의 반응

알킨은 2개의 π 결합을 갖기때문에 알켄과 같이 첨가반응을 나타낸다. 실제로는 제 1의 π 결합에 1 mol의 시약이 부가하여 알켄으로 되고 이어서 제 2의 π 결합이 다시 1 mol의 시약의 공격을 받아 동일탄소에 2개의 같은 원자가 결합한 화합물을 만든다.

(1) **수소의 첨가반응** : 알킨을 백금·니켈·파라듐 등의 촉매를 사용하여 수소를 첨가하면 최종생성물로서 알칸이 얻어진다. 또한 활성을 저하시킨 촉매(觸媒), 예를 들면 $Pd/BaSO_4$ 또는 $Pd/Pb(OCOCH_3)_2$ 등을 사용하면 1 mol의 수소만을 흡수하고 반응이 정지되며 cis-알켄이 생성된다.

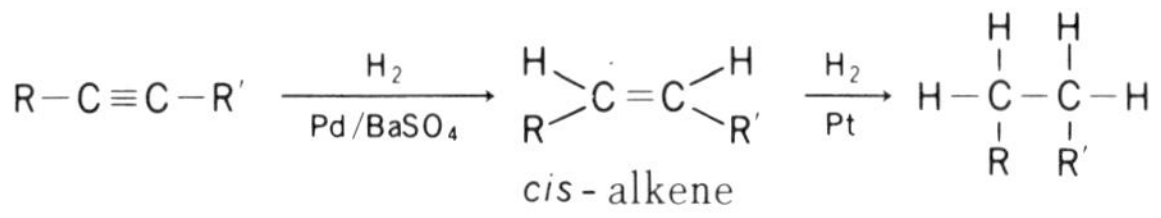

$$R-C\equiv C-R' \xrightarrow[Pd/BaSO_4]{H_2} \underset{cis\text{-alkene}}{(H)(R)C=C(H)(R')} \xrightarrow[Pt]{H_2} H-\underset{R}{\overset{H}{C}}-\underset{R'}{\overset{H}{C}}-H$$

(2) **할로겐의 첨가** : 탄소-탄소 3중결합에 2 mol의 할로겐이 용이하게 첨가하여 1,1,2,2-테트라할로겐화합물이 된다. 일반적으로 염소와 브롬이 반응을 잘 한다.

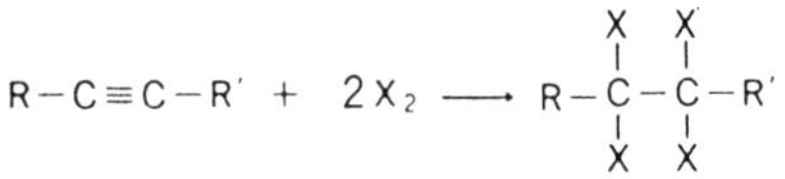

$$R-C\equiv C-R' + 2X_2 \longrightarrow R-\underset{X}{\overset{X}{C}}-\underset{X}{\overset{X}{C}}-R'$$

(3) **할로겐화수소의 첨가** : 염화수소나 브롬화수소 등의 할로겐화수소가 알킨과 반응하면 먼저 1 mol의 할로겐화수소가 첨가하여 할로알켄을 만들고 다시 1 mol의 할로겐화수소가 반응하여 동일탄소원자에 2개의 할로겐

원자를 갖는 *gem*-디할로겐화합물이 된다. 여기에서 *gem*이란 1쌍의 **geminal**이란 의미이다. 즉 동일탄소에 동일원자 또는 치환기를 2개 갖는 화합물을 **제미날**(geminal) **화합물**이라고 한다.

$$R-C\equiv C-R' \xrightarrow{HX} R-\overset{H}{\overset{|}{C}}=\overset{X}{\overset{|}{C}}-R' \longrightarrow R-\underset{H}{\underset{|}{\overset{H}{\overset{|}{C}}}}-\underset{X}{\underset{|}{\overset{X}{\overset{|}{C}}}}-R'$$

즉 이 첨가반응은 Markownikoff 법칙에 따라서 보다 고급의 할로겐화 알칸이 된다.

아세틸렌에 염화수소를 1 mol 첨가한 것 ($CH_2=CHCl$)은 우리의 일상생활중에서 널리 이용되고 있는 폴리염화비닐(polyvinyl chloride)의 monomer이다.

(4) 시안화수소(HCN)**의 첨가** : 알킨에는 할로겐화수소와 같이 시안화수소(HCN)가 첨가된다. 예를 들면 아세틸렌은 시안화수소와 반응하여 아크릴로니트릴(acrylonitrile)을 생성한다. 이것을 중합시켜 실을 뽑으면 아크릴합성섬유가 된다.

$$H-C\equiv C-H \xrightarrow{HCN} H-\underset{CN}{\underset{|}{C}}=CH_2 \xrightarrow{\text{중 합}} \left(\underset{CN}{\underset{|}{CH}}-CH_2\right)_n$$

acrylonitrile polyacrylonitrile

(5) 물의 첨가 : 황산수은(Ⅱ)의 묽은 황산용액에 알킨을 처리하면 물 1 mol이 첨가되어 enol이 생긴다. 이 수산기를 갖는 enol은 바로 케톤형으로 전위되며 알킨의 수화(水和, hydration)에 의하여 케톤을 합성할수 있다. (Tautomerism)

$$R-C\equiv C-R' \xrightarrow[HgSO_4,\,H_2SO_4]{H_2O} R-\underset{OH}{\underset{|}{C}}=\underset{H}{\underset{|}{C}}-R' \xrightarrow{\text{전위}} R-\underset{O}{\underset{\|}{C}}-CH_2-R'$$

vinylalcohol (enol) ketone

(6) Acetylide를 생성하는 반응 : 1-알킨($R-C\equiv CH$)은 알칸이나 알켄에 비하여 산성이며, 나트륨아미드나 칼륨아미드와 같은 강염기와 반응하여 금속아세틸리드(metal acetylide)를 형성한다. 이 아세틸리드는 1차알킬 할로겐화물과 반응하여 긴 사슬모양의 알킨을 생성한다.

$$R-C\equiv CH \xrightarrow{NaNH_2} R-C\equiv CNa \xrightarrow{R'CH_2X} R-C\equiv C-CH_2-R'$$

Na-acetylide

2-5-3 알킨의 합성

다음에는 몇가지 알킨 합성방법을 설명한다.

(1) **아세틸렌의 제법** : 공업적으로는 메탄을 열분해하여 만든다.

$$2\,CH_4 \xrightarrow{1500^\circ C} HC\equiv CH + 3\,H_2$$

또 석회석 ($CaCO_3$)과 코우크스 (C), 물로부터 다음 반응에 의하여 합성된다.

$$CaCO_3 \xrightarrow{\text{가 열}} \underset{\text{생석회}}{CaO} + CO_2$$

$$CaO + C \xrightarrow{\text{가 열}} \underset{\text{calcium carbide}}{CaC_2} + CO$$

$$CaC_2 + 2\,H_2O \longrightarrow \underset{\text{소석회}}{Ca(OH)_2} + \underset{\text{acetylene}}{HC\equiv CH}$$

(2) **아세틸리드 및 1차알킬 할로겐화물과의 반응에 의한 알킨의 합성** :

Acetylide ($HC\equiv CM$, M; 금속)은 할로겐화알킬 (RX)에 의하여 치환반응을 받아 알킬화된 아세틸렌 즉, 1 알킨 ($HC\equiv CR$)을 생성한다. 또한 이 1 알킨을 나트륨아미드로 처리하여 나트륨염으로 하고 할로겐화알킬과 반응시켜 긴 사슬의 2 치환 알킨을 만들 수 있다.

$$HC\equiv CH \xrightarrow{NaNH_2} HC\equiv \overset{-}{C}Na^+ \xrightarrow{CH_3CH_2CH_2-Br} \underset{\text{1-pentyne}}{HC\equiv CCH_2CH_2CH_3}$$

$$\xrightarrow{NaNH_2} \overset{+}{Na}\overset{-}{C}\equiv CCH_2CH_2CH_3 \xrightarrow{CH_3-Br} \underset{\text{2-hexyne}}{CH_3C\equiv CCH_2CH_2CH_3}$$

(3) **디할로알칸의 탈 할로겐화수소반응** : 인접 탄소원자상에 2개의 할로겐을 갖는 화합물 (vic-dihalide)을 염기성 시약으로 처리하면 2 mol의 할로겐화수소가 이탈하고 알킨이 얻어진다. 원료의 1,2-dihaloalkane은 알켄에 할로겐을 첨가함으로써 용이하게 합성된다. 최초의 1 mol의 탈할로

$$\underset{\text{propene}}{CH_3CH=CH_2} \xrightarrow{Br_2} \underset{\text{1,2-dibromopropane}}{CH_3\underset{Br}{\underset{|}{C}H}-\underset{Br}{\underset{|}{C}H_2}} \xrightarrow[2)\ NaNH_2]{1)\ KOH/EtOH} \underset{\text{propyne}}{CH_3C\equiv CH}$$

겐화 수소는 KOH에 의해서도 이루어지지만, 2번째의 할로겐화수소의 이탈에는 $NaNH_2$ 등의 보다 강한 염기가 사용된다.

(4) **테트라할로겐화물의 탈할로겐화반응 :** 할로겐이 겹쳐서 결합된 1,1,2,2-테트라할로알칸을 아연으로 처리하면 알킨이 얻어진다.

$$R-\underset{X}{\overset{X}{\underset{|}{\overset{|}{C}}}}-\underset{X}{\overset{X}{\underset{|}{\overset{|}{C}}}}-R' \xrightarrow{2Zn} R-C\equiv C-R' + 2ZnX_2$$

[보충문제]

[1] 다음 화합물들의 가능한 모든 이성질체의 구조식과 IUPAC 이름을 쓰라.

a. CH_4H_8 (이중결합 1개)　　b. C_5H_{10} (이중결합 1개)

c. C_5H_8 (이중결합 1개)　　d. C_5H_8 (삼중결합 1개)

[2] 다음 화합물을 IUPAC 법으로 명명하라.

a. $CH_3CH_2CH = CHCH_3$　　b. $(CH_3)_2C = CHCH_3$

c. 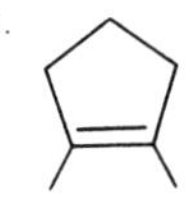

d. $CH_3C = CCH_2CH_3$

e. $CH_2 = CCl - CH = CH_2$

f. 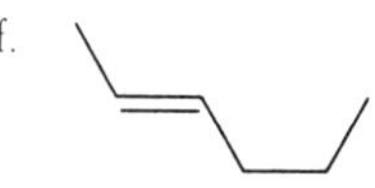

g.

[3] 다음 화합물들의 구조식을 쓰라.

a. 3 - hexene　　b. cyclobutene

c. 1,3 - dibromo - 2 - butene　　d. 3 - methyl - 1 - pentyne

e. 1,4 - hexadiene　　f. vinyl bromide

g. allyl chloride　　h. vinylcyclopentane

i. 4 - methlcyclohexene　　j. 2,3 - dibromo - 1,3 - cyclopentadiene

[4] 다음 이름이 옳지 않은 이유를 설명하고 올바른 이름을 쓰라.

a. 3 - butene　　b. 3 - pentyne

c. 2 - ethyl - 1 - propene　　d. 2 - methylcyclopentene

e. 3 - methyl - 1,3 - butadiene　　f. 1 - methyl - 2 - butene

[5] 다음 화합물 중 어느 것이 시스-트란스이성질체로 존재하나? 이성질현상이 가능하면 그 기하학적 모양을 잘 알아볼 수 있도록 구조식을 쓰라.

a. 1 - pentene　　b. 2 - pentene

c. 1 - chloropopene　　d. 3 - chloropropene

e. 1,3,5 - hexatriene　　f. 1,2 - dibromocyclodencene

[6] 다음 각 화합물이 브롬 1몰과 반응할 때 생성물의 이름과 구조식을 쓰라.

a. 2 - butene　　b. vinyl bromide

c. 1 - methylcyclopentene　　d. 1,3 - cyclohexadiene
e. 1,4 - cyclohexadiene　　f. 2,3 - dimethyl 2 - butene

[7] 1-부텐이 다음 화합물들과 반응할 때의 화학방정식을 쓰라.
a. 염소　　b. 염화수소
c. 수소(Pt 촉매)　　d. 오존, 그 다음에 Zn, H^+
e. H_2O, H^+　　f. B_2H_6 그 다음에 H_2O_2, OH^-

[8] 어떤 불포화탄화수소에 어떤 시약을 반응시키면 다음 화합물을 생성하겠는가?
a. $CH_3CHBrCHBrCH_3$　　b. $(CH_3)_3COH$
c. $(CH_3)_2CHOSO_3H$　　d. (cyclopentyl bromide: Br)
e. $CH_3CH = CHCH_2Br$　　f. $CH_3 \cdot CCl_2 \cdot CCl_2 \cdot CH_3$
g. (cyclohexyl)–$CHBrCH_3$

2-6 방향족 화합물

2-6-1 벤젠 (Benzene)

글라우버 (J.R. Glauber, 1604～1668) 는 석탄이나 여러가지 목재를 건류하므로써 얻어진 기름모양(油狀) 물질을 "방향(芳香)있는 기름 (aromatici oil)"이라고 이름을 붙였다. 그후 200년이 경과한 1825년에 전기분해법칙 등으로 유명한 영국의 파러데이 (M. Faraday, 1791～1867) 에 의하여 벤젠이 순수분리 되었다. 또한 같은 파러데이 (Faraday) 에 의하여 그 비중, 연소분석, 분자량측정 등을 통하여 벤젠의 분자식이 C_6H_6 임을 알게 되었다. 그 화학구조식은 1865년에 독일의 유기화학자인 케쿨레 (F.A. Kekule) 에 의하여 공액 2중결합을 3개 갖는 고리모양의 탄화수소라고 제창되었다.

$$C_6H_6 + Br_2 \xrightarrow{Fe} C_6H_5Br$$

Kekule 의 구조식

그러나, 다음 몇가지 점에서 그 Kekule의 구조식에 대하여 이론(異論)이 재기 되었다. 예를 들면, 벤젠은 브롬의 4 염화탄소용액을 탈색하지 못한다. 즉 벤젠의 2중결합은 브롬의 첨가를 받지 않는다. 또한 과망간산칼륨에 의해서도 산화되지 않고 상온 및 상압에서의 수소첨가도 받지 않고 2중결합이나 3중결합을 갖는 다른 탄화수소와는 매우 다른 성질을 나타낸다. 철 등을 촉매로 하여 보다 강한 조건으로 할로겐화를 하면 첨가반응을 하지 않고 치환반응생성물이 얻어지는 점 등이다.

또한 만일 Kekule의 식이 올바르다면 1,2-dichlorobenzene에는 2종류의 이성체가 존재하게 된다. 즉 2개의 염소원자가 2중결합을 가진 탄소에 있게 되는 경우와 단일결합을 가진 탄소에 결합되어 있는 경우가 있다. 그러나 실제로는 1종류 밖에 존재하지 않는다.

이상과 같은 몇개의 모순점이 지적됨에 따라서 벤젠의 구조에는 보통의 2중결합과는 다른 성질의 구조가 있지 않은가 하고 생각하게 되었다.

벤젠의 구조를 분자궤도를 통하여 생각해보면 sp^2 궤도를 갖는 6개의 탄소가 고리모양 구조를 이루어 동일평면상에 있게 된다. 각각의 탄소원자에 남아있는 p궤도는 σ결합된 평면에 대하여 수직상태로 존재하고 있으나 서로 인접하는 p궤도가 중복되어 π결합을 형성하고 탄소의 σ결합의 상하에 도나스형을 한 π전자운이 넓혀진 상태에 있는 것이 벤젠의 전자구조(분자구조)이다(그림 2-27).

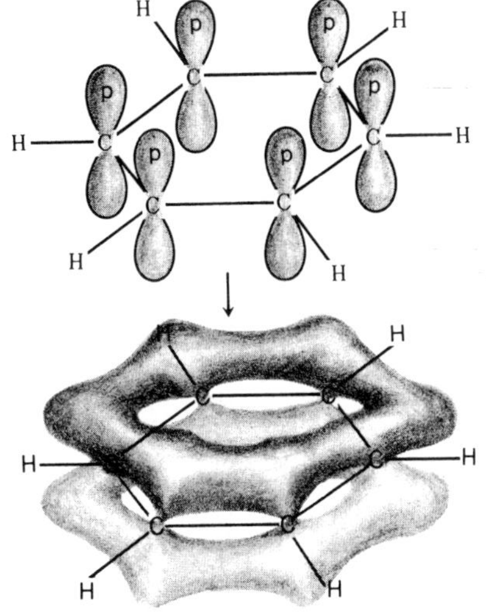

그림 2-27 benzene의 분자구조

또 하나의 벤젠구조 표현 방법은 공명구조이론에 의한 것이다. 벤젠에는 2종류의 기여구조(寄與構造)가 있고 그것들이 공명혼성체(resonance hybrid)로 된다. 따라서 Kekule의 구조식은 그 한쪽만을 나타내고 있고 실제의 구조식은 π 전자가 6개의 탄소사이에 비편재화(delocalization)된 π 결합으로 되어 있는데 보통 다음과 같은 구조식을 사용한다. 즉 6개의 수소원자는 등가(等價)이고 6개의 탄소-탄소원자간의 거리도 각각

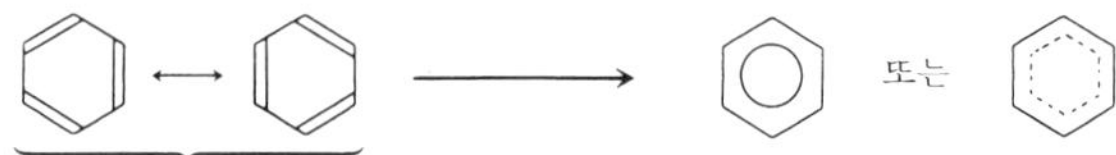

1.40Å 이며, σ 결합의 거리 1.54Å 과 π 결합의 1.33Å 의 거의 중간치이다. 이 구조를 통하여 1,2-dichlorobenzene이 1개 종류 밖에 존재하지 않는 이유도 이해된다.

2-6-2 방향족화합물의 명명법

(1) **1치환벤젠의 명명법** : 벤젠의 6개의 탄소원자가 등가이어서 1치환벤젠에서는 그 치환 위치를 나타낼 필요가 없고 치환기의 명칭 뒤에 "벤젠"(-benzene)을 붙이면 된다.

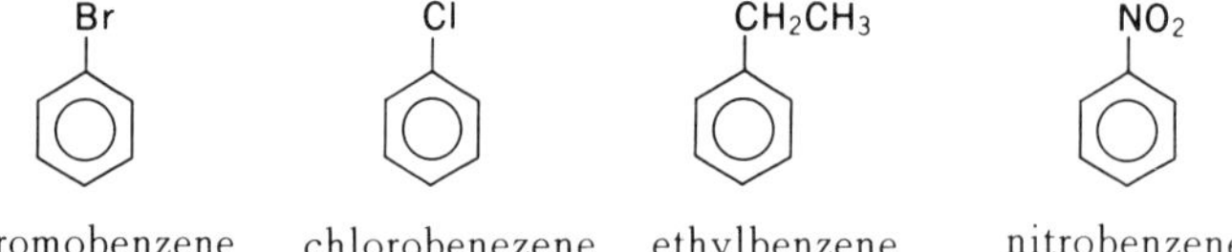

또한, 방향족탄화수소에는 많은 관용명이 사용되고 있으며, 그 예는 다음과 같다.

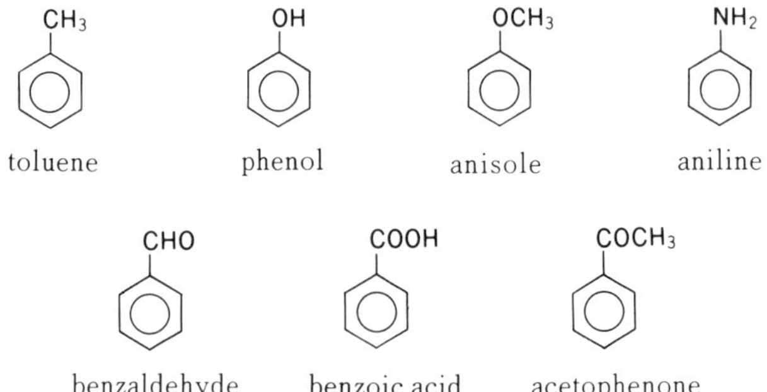

(2) **2치환벤젠의 명명법** : 2치환벤젠의 명명법은 치환기의 위치를 나타내기 때문에 벤젠고리의 탄소에 번호를 부여한다. 즉 치환기가 있는 한쪽

의 탄소를 1로 하고 다른 한쪽의 치환기를 갖는 탄소번호가 작아지는 방향으로 번호를 붙인다.

치환기가 2개 있는 경우는 1,2위치, 1,3위치 및 1,4위치의 3종류의 구조이성제가 존재한다. 1,6위치는 1,2위치와 동일하고 1,5위치는 1,3위치와 동일하다. 또 숫자로 위치를 나타내는 외에 1,2위치를 "**오르토**(ortho-)"라 하고, 1,3위치를 "**메타**(meta-)"로 1,4위치를 **파라**(para-)라고 하며, 이것을 접두어로 사용하는 경우도 있다. 통상 이를 각각 *o*– *m*– *p*– 로 생략된 기호를 사용하여 나타낸다.

치환기는 알파벧순으로 배열한다. toluene이나 aniline 등과 같이 관용명으로 부르는 경우는 각각 CH_3또는 NH_2 등의 작용기가 결합된 탄소의 위치가 첫째가 된다.

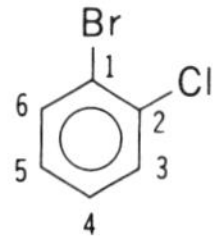

1-bromo-2-chlorobenzene
또는 *o*-bromo·chlorobenzene

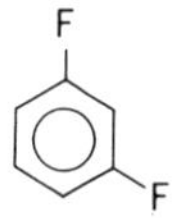

1,3-difluorobenzene
또는 *m*-difluorobenzene

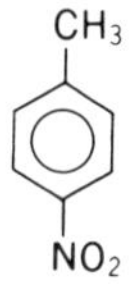

4-nitrotoluene
또는 *p*-nitrotoluene

관용명으로 불리우는 2치환벤젠의 예는 다음과 같이한다.

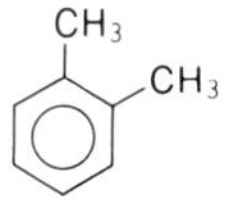

o-xylene
(*m*-, *p* 도 있음)

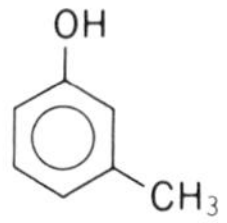

m-cresol

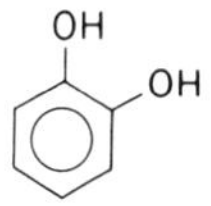

catechol

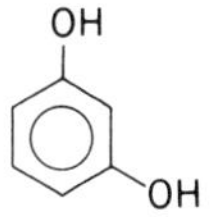

resorcinol

hydroquinone

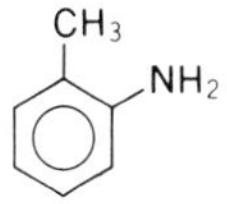

o-toluidine

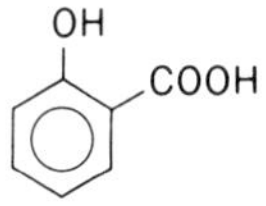

salicylic acid

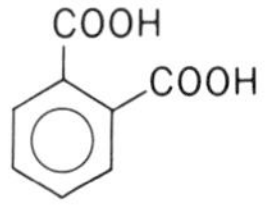

phthalic acid

(3) **다치환벤젠의 명명법** : 벤젠고리에 치환기가 3개 이상있는 경우는 그 치환 위치를 가능하면 작은 숫자가 되도록 번호를 붙이고, 관용명으로 사용할 때에는 그 작용기가 결합된 탄소를 첫째로 한다.

1- bromo -2- chloro -3- nitrobenzene

4- hydroxy -3- methoxy - benzaldehyde(Vanilin)

2,4,6- trinitro - toluene (T.N.T)

2-6-3 벤젠 이외의 방향족화합물

벤젠 이외에 나프탈렌, 안트라센 등 벤젠형방향족화합물(benzenoid aromatic compound)이라고 하는 일련의 화합물이 있다. 이러한 화합물은 벤젠고리를 단위로 하여 이것이 2개, 3개, 4개,…… 등이 결합한 골격을 가지며

표 2-9 벤젠형 방향족화합물 및 그 성질

벤 젠 형	방향족화합물	분 자 식	비점(b.p.) (℃)	융점(m.p.) (℃)
벤젠 (benzene)		C_6H_6	80	6
나프탈렌 (naphthalene)		$C_{10}H_8$	218	80
안드라센 (anthracene)		$C_{14}H_{10}$	355	217
페난트렌 (phenanthrene)		$C_{14}H_{10}$	340	100
크리센 (chrysene)		$C_{18}H_{12}$	448	255
코로넨 (coronene)		$C_{24}H_{12}$	—	442

각각 10개, 14개, 18개,…… 의 탄소수의 sp^2 혼성궤도를 이루어지는 평면 구조를 이루고 있다.

일반적으로 방향족탄화수소는 물에 불용성(不溶性)이며, 유기용매에는 용해된다. 비점은 벤젠(C_6H_6)이 80.1℃인데 비해 n-핵산(C_6H_{14})은 68.7℃인 것과 같이, 같은 수의 탄소원자를 갖는 알칸의 비점보다도 방향족의 수치가 약간 높다(표 2-9).

방향족화합물에는 벤젠고리를 갖는 이외에 다음과 같은 질소원자 또는 산소원자를 포함하는 화합물도 있다. (hetero 고리화합물)

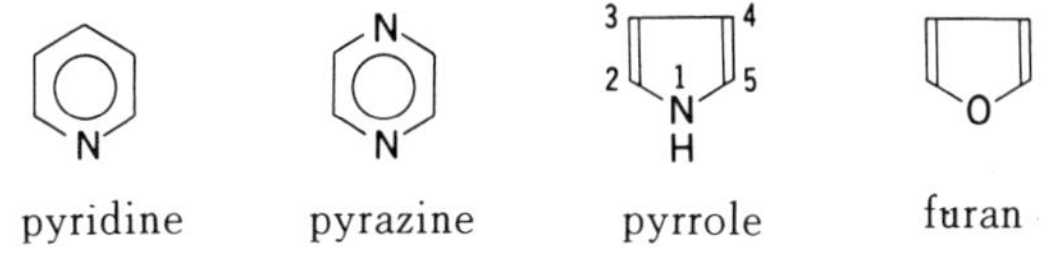

pyridine pyrazine pyrrole furan

2-6-4 벤젠의 반응

벤젠을 비롯한 방향족화합물은 그 공명구조에 의하여 대단히 안정하며, 2중결합이나 3중결합을 갖는 화합물에 비하여 반응성이 낮아 간단하게 반응하지 못한다. 일반적으로 반응조건을 강하게 하거나 촉매를 사용하여 반응성을 높이거나 하는 것이 필요하다.

방향족 화합물의 고리에 반응하는 시약은 첨가반응이 아니고 치환반응(substitution reaction)을 일으킨다. 벤젠고리는 전자밀도가 높으므로 공격하는 시약은 **친전자성시약**(親電子性試藥, electrophilic reagent)이라고 하며, 전자가 부족한 정(正)의 카르보양이온(carbonium ion. → C^+) 또는 cation (NO_2^+ 등)이 친전자성치환반응(electrophilic substitution reaction: S_E 반응)을 하게 된다.

즉 친전자성시약 E^+가 벤젠의 π 전자와 결합하여 카르보늄이온을 생성하고, 이어서 음이온(X^-)이 수소이온(H^+)을 이탈하게 한다. 따라서 proton이 이탈하여 탄소-수소결합의 전자는 고리모양의 카르보늄이온에 주어져 2중결합이 다시 생성하여 벤젠고리에 되돌아간다.

(1) Friedel-Crafts 반응

프랑스의 화학자 프리델(C. Friedel)과 미국의 화학자 크래프츠(J. Crafts)가 발견한 벤젠고리에 대한 치환반응으로 Friedel-Crafts reaction

이라고 하며 다음과 같은 반응의 예가 있다.

1) **알킬화반응** : 염화알루미늄과 같은 촉매 존재하에서 할로겐화알킬과 벤젠을 반응시키면 알킬벤젠이 생성된다.

$$C_6H_6 + RX \xrightarrow{AlCl_3} C_6H_5R + HX$$

그 반응기구는 다음과 같다.

$$R-X + AlCl_3 \longrightarrow R^+\cdots[X:AlCl_3]^-\ \text{착이온}$$

$$C_6H_6 + R^+ \longrightarrow C_6H_6R^+$$

$$C_6H_6R^+ \longrightarrow C_6H_5R + H^+$$

먼저 최외각궤도에 6개의 전자를 갖는 알루미늄원자에 할로겐화알킬이 전자쌍을 가진 할로겐이온을 주어 옥테트를 충만시켜 안정한 착(錯)이온을 형성한다. 이 때에 carbonium ion에 가까운 형태의 R^+이 생성되어 친전자성시약이 된다. 이것이 벤젠과 반응하여 치환기 R을 갖는 벤젠의 carbonium ion이 되고, 수소이온이 이탈하여 벤젠고리로 되돌아가 알킬화(alkylation)가 이루어지게 된다.

여기에서 친전자성시약으로 작용하는 R^+은 carbonium ion에 있어서의 전위(轉位)와 같이 보다 안정된 형태의 R^+로 변하여 치환반응이 이루어지는 경우가 있다. 예를 들면 다음의 경우에는 2종의 알킬벤젠이 생성되는 경우가 있다.

$$CH_3CH_2CH_2X \xrightarrow{AlCl_3} \begin{cases} CH_3CH_2\overset{+}{C}H_2\cdots[XAlCl_3]^- \\ (CH_3)_2\overset{+}{C}H\cdots[XAlCl_3]^- \end{cases} \xrightarrow{C_6H_6} C_6H_5CH_2CH_2CH_3 + C_6H_5CH(CH_3)_2$$

따라서, 긴 사슬모양의 알킬치환기를 갖는 알킬벤젠의 합성에 할로겐화알킬을 사용하는 것은 적당하지 않으며 앞으로 기술하게 될 아실화와 환원에 의한 방법이 이용된다. 이 알킬화반응에 사용되는 할로겐화알킬은 다음에 설명하는 염화물과 브롬화물이다.

CH_3X CH_3CH_2X $\quad (CH_3)_2CHX \quad CH_3-C(CH_3)_2-X \quad C_6H_5CH_2X$

2) **아실화반응** : 카르복시산의 할로겐화물(acid halide)은 친전자성시약의 존재하에서 벤젠과 Friedel-Crafts 반응을 하고 아실화(acylation)하여 알킬페닐케톤을 생성한다.

$$RCOX + AlCl_3 \longrightarrow RC^{+}(=O) \cdots [AlCl_3X]^-$$

$$C_6H_6 + RC^{+}(=O) \longrightarrow [C_6H_6(H)(COR)]^{+} \longrightarrow C_6H_5COR + H^+$$

아실화에 의하여 얻어지는 알킬페닐케톤을 환원하여 알킬벤젠으로 유도될 수 있다. 이 환원방법에는 아연 아말감을 사용하는 Clemmensen 환원이나 hydrazine에 의한 Wolff - Kishner 환원, 또는 접촉환원 등의 방법이 있다.

$$C_6H_5COR \xrightarrow{Zn(Hg),\ HCl} C_6H_5CH_2R \quad \text{Clemmensen 환원}$$

$$C_6H_5COR \xrightarrow{KOH,\ N_2H_4} C_6H_5CH_2R \quad \text{Wolff-Kishner 환원}$$

元

벤젠의 아실화에는 염화알루미늄($AlCl_3$)의 존재하에서 산무수물(acid anhydride)을 사용하는 방법도 있다. acetophenone의 합성은 다음 반응식에 의한다.

(phenone = phenyl + ketone)

$$C_6H_6 + (CH_3CO)_2O \xrightarrow{AlCl_3} C_6H_5COCH_3 + CH_3COOH$$

(2) **할로겐화반응** (halogenation)

벤젠핵은 염화철(Ⅲ), 브롬화철(Ⅲ), 또는 철을 촉매로 하여 할로겐화한다.

---

* 아실화는 일반적으로 염화아실(R - COCl)을 이용하며, 이것은 카르복시산과 염화티오닐에서 쉽게 얻을 수 있다.

$$RCOOH + SOCl_2 \rightarrow RCOCl + SO_2 + HCl$$

$$C_6H_6 + X_2 \xrightarrow{FeX_3} C_6H_5X + HX$$

예를 들면 염소화의 반응기구는 염소가 염화철(Ⅲ)과 친전자성시약을 만들고 지금까지 기술하여 온 기구와 같이 벤젠고리로의 공격이 일어난다.

$$Cl_2 + FeCl_3 \longrightarrow \underset{\text{친전자성시약}}{Cl^+ \cdots\cdots [FeCl_4]^-}$$

(3) 니트로화반응 (nitrotion)

질산은 황산에 의하여 proton 화되고 다시 이탈하여 nitronium ion (NO_2^+)을 이룬다. 이것은 강한 친전자성시약이며 벤젠과 반응하여 nitrobenzene 을 생성한다.

$$HNO_3 + H_2SO_4 \longrightarrow HSO_4^- + H_2\overset{+}{O}-NO_2 \longrightarrow NO_2^+ + H_2O$$

$$C_6H_6 + NO_2^+ \longrightarrow C_6H_5NO_2 + H^+$$

(4) 설폰화반응(sulfonation)

황산도 친전자성시약을 형성하고 벤젠과 반응하여 벤젠설폰산(benzenesulfonic acid)을 생성한다.

$$H_2SO_4 + H_2SO_4 \longrightarrow HSO_4^- + H_2\overset{+}{O}-SO_3H \longrightarrow SO_3H^+ + H_2O$$

$$C_6H_6 + SO_3H^+ \longrightarrow C_6H_5SO_3H + H^+$$

2-6-5 치환기의 배향성(配向性)

페놀을 1당량의 브롬과 반응시키면 p-bromophenol(약 80%)과 o-bromophenol(약 20%)을 생성한다. 또 과잉브롬과 반응시키는 경우 2,4,6-tribromophenol을 생성한다. 어떤 경우에도 메타위치(3,5위)에는 브롬은 치환되지 않는다(그림 2-28).

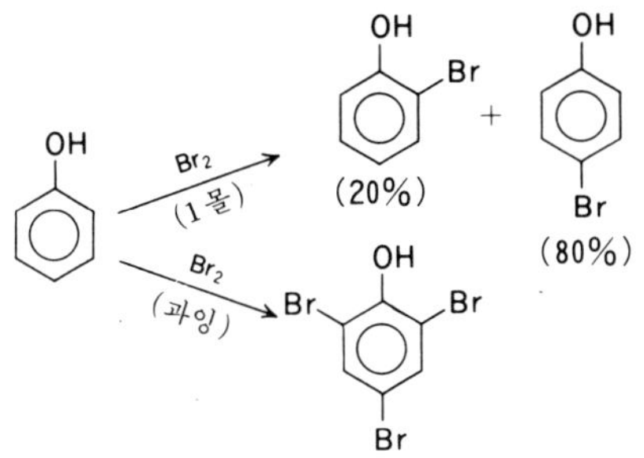

그림 2-28 phenol과 bromine의 반응

한편, nitrobenzene에 다시 또 하나의 니트로기를 치환시키려면 그 생성물은 거의 m-dinitrobenzene이 되고 *o*- 및 *p*-의 이성체는 극히 조금밖에 되지 않는다.

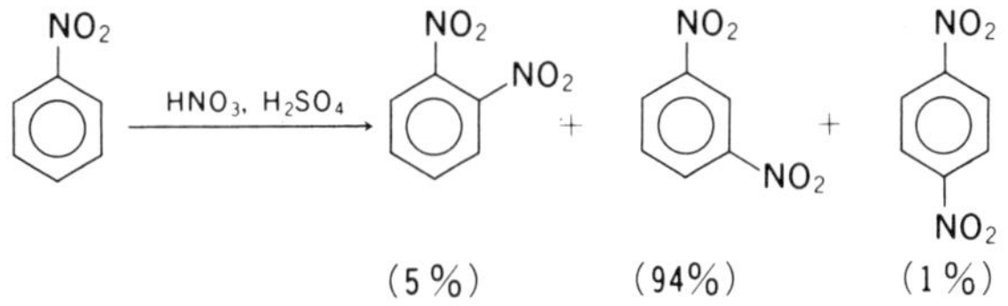

이와 같이 이미 1개의 치환기를 가진 벤젠고리에 2번째의 치환기를 도입하는 경우, 치환되는 위치의 수에서 고려할 때 생성되는 치환벤젠은 오르토, 메타, 파라의 3종의 이성체가 각각 40%, 40%, 20%의 비율로 생성됨을 예상할 수 있다.

그러나 실제로는 위의 예에서와 같이 페놀부터는 주로 오르토 및 파라 이성체가 생성되고, 니트로벤젠에서는 메타이성체가 얻어지므로 벤젠고리의 특정한 위치에 치환이 일어나는 것을 알 수 있다. 그리고 이 제 2의 치환기의 도입 위치는 제 1치환기에 의하여 많은 영향을 받는다. 이와 같은 성질을 **치환기의 배향성**(配向性, orientation)이라고 한다.

페놀의 배향성에 대해서 공명구조식을 사용하여 설명해보기로 한다.

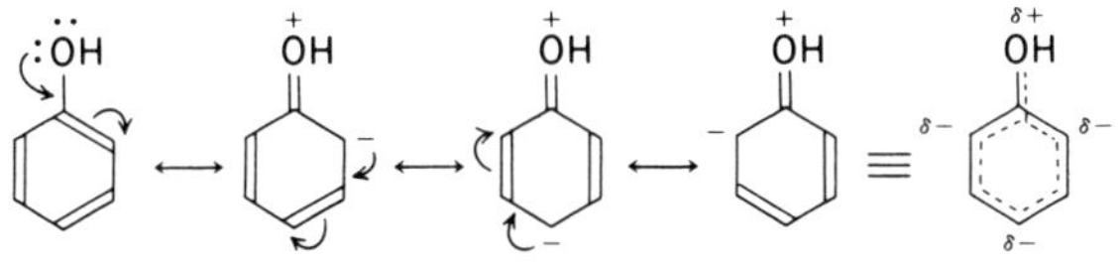

페놀의 수산기의 비공유전자쌍(非共有電子雙)이 벤젠고리에 전자를 주어 벤젠고리내의 전자밀도를 높인다. 특히 그림에서와 같이 수산기의 오르토 위치와 파라위치에 전자밀도가 높아지고 공명에 의하여 안정화된다. 여기에서 친전자성시약에 접촉되면 그 전자밀도의 높은 위치가 공격을 받아 오르토이성체 및 파라이성체가 생성하게 된다.

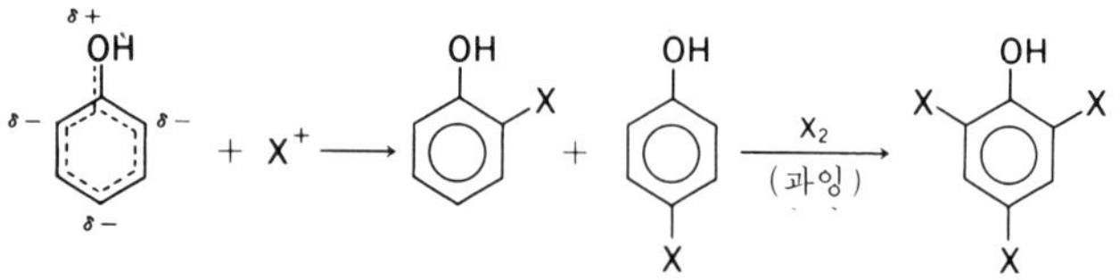

수산기(−OH)와 같이 오르토 및 파라위치로 치환하기 용이한 작용기 즉, 비공유전자쌍을 갖는 알콕시기(−OR), 아미노기(-NR_2), 할로겐기(-Br, -Cl) 또는 비공유전자쌍을 갖지 않으나 전자공여성의 알킬기(-R) 등을 **오르토·파라 배향성기**(ortho-para-orientation-radical)라고 한다.

표 2-10 치환기의 배향성

오르토·파라 배향성기	메타 배향성기
-OH, -OR -NH_3, -NHR, -NR_2 -F, -Cl, -Br, -I -R(알킬)	-NO_2 -CHO, -COR -COOH, -COOR -C≡N, -SO_3H

한편 nitrobenzene의 니트로기는 전자흡인성기로써 벤젠고리로부터 전자를 탈취하여 고리내부를 전자부족 상태로 만든다. 그리고, 다음에 나타내는 바와 같이 공명에 의하여 오르토 및 파라위치로 정전하가 나타난다.

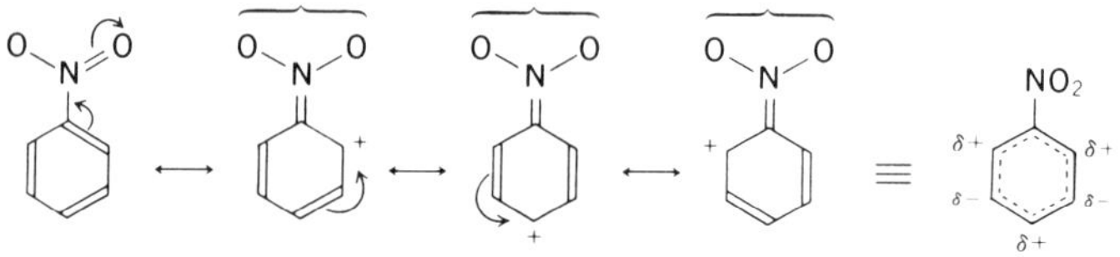

nitrobenzene에 친전자성시약이 반응하는 경우에는 벤젠고리내에서 가장 −전하(負電荷)가 많은 위치, 즉 메타위치를 공격한다.

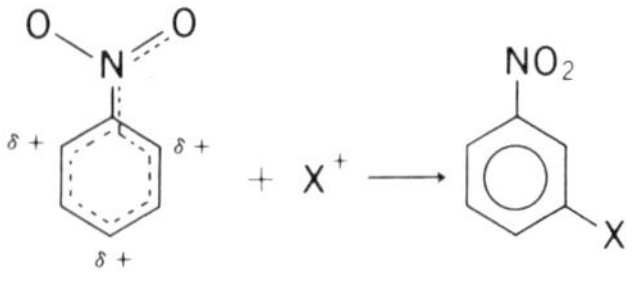

니트로기(-NO_2)와 같이 전자흡인성의 작용기, 즉 카르복실기(-COOH),

에스테르기 (- COOR), 시안기 (- C ≡ N)를 **메타배향성기** (meta - orientation - radical)라고 한다.

2-6-6 방향족 화합물의 반응

벤젠고리에 있는 치환기를 다른 치환기로 변환하는 반응의 예를 다음에 소개하기로 한다.

(1) **알킬치환기의 할로겐화** : 알킬벤젠화합물에 있어서 페닐기가 붙는 탄소(벤질위치의 탄소)는 대단히 활성이 높아 **쉽게 할로겐화된다.**

CH_3 —(Br_2)→ CH_2Br

브롬화벤질
(benzyl bromide)

CH_3 —(Cl_2)→ CH_2Cl

염화벤질
(benzyl chloride)

한편 benzyl chloride는 포름알데히드와 염산을 이용한 벤젠의 클로로메틸화에 의해서도 얻어진다.

—(HCHO, HCl / $ZnCl_2$)→ CH_2Cl

(2) **알킬치환기의 산화** : 벤젠고리의 알킬기는 과망간산칼륨과 함께 가열 처리하면 산화되어 최종적으로 벤젠고리에 카르복실기가 치환된 형태로 된다. 이 반응은 알킬곁가지의 길이에 관계없이 모두 benzoic acid로 된다.

CH_3, $CH_2CH_2CH_2CH_3$ —($KMnO_4$ / 가 열)→ COOH

benzoic acid

(3) **벤젠설폰산의 알칼리용융 반응** : 벤젠설폰산을 고형(固形)의 수산화나트륨과 혼합하고 융점까지 가열하여 용융하면 페놀로 변환된다.

SO_3H —(NaOH / 용 융)→ OH

phenol

(4) 니트로기의 환원 : 방향족 니트로 화합물을 접촉환원하거나 철과 염산의 환원에 의해 방향족 아민으로 유도된다. 방향족 1차 아민(aniline)은 각종 화합물의 원료로 된다.

$$C_6H_5NO_2 \xrightarrow[\text{또는 } Fe/HCl]{H_2/Pd\text{-}C} C_6H_5NH_2$$

aniline

(5) 디아조늄화합물의 반응 : 아닐린은 아질산과 저온(0℃)에서 반응시키면 디아조늄염을 생성한다.

$$C_6H_5NH_2 \xrightarrow[HX]{HNO_2} C_6H_5\overset{+}{N}{\equiv}N\,X^-$$

aniline　　　　diazonium 염

이 디아조늄염은 대단히 반응성이 풍부하며, 각종 시약과 반응하면 다른 치환기로 변환된다. 그 반응의 예를 다음에 몇가지 소개한다.

디아조늄화합물과 구리시약과의 반응을 **잔트마이어 반응**(Sandmeyer reaction)이라고 한다.

① 할로겐화 아릴의 합성

$$C_6H_5\overset{+}{N}{\equiv}N \xrightarrow{Cu_2Cl_2} C_6H_5Cl + N_2$$

$$C_6H_5\overset{+}{N}{\equiv}N \xrightarrow{Cu_2Br_2} C_6H_5Br + N_2$$

$$C_6H_5\overset{+}{N}{\equiv}N \xrightarrow{KI} C_6H_5I + N_2$$

② 시안화아릴의 합성

$$C_6H_5\overset{+}{N}{\equiv}N \xrightarrow{Cu_2(CN)_2} C_6H_5CN$$

③ 페놀의 합성

$$C_6H_5\overset{+}{N}{\equiv}N \xrightarrow{H_2O} C_6H_5OH$$

(6) **Gatterman 반응** : 시안화수소산 · 염화아연 · 염산으로 페놀화합물을 처리하면 formyl(알데히드기를 나타내는 접두어)이 벤젠고리로 도입된다. 이것을 **가터만반응**(Gatterman reaction)이라고 한다. 시안화아연과 염산을 이용하는 방법도 있다.

resorcinol $\xrightarrow[HCl]{HCN,\ ZnCl_2}$ 2,4-dihydroxybenzaldehyde (HO, OH, CHO)

(7) **Fries 전위** : 페놀에스테르화합물은 니트로벤젠중에서 염화알미늄의 존재하에서 처리하면 오르토나 파라위치에 아실기가 전위된 페놀이 얻어 진다. 이와 같은 전위반응(轉位反應)을 **Fries 전위반응**(Fries rearrangement)이라고 한다.

$C_6H_5OCOCH_3 \xrightarrow[\text{가 열}]{AlCl_3}$ o-$HOC_6H_4COCH_3$ + p-$HOC_6H_4COCH_3$

[보충문제]

[1] 다음 화합물의 구조식을 쓰라.

a. 1, 3, 5- tribromobenzene
b. *m* - chlorotoluene
c. o- diethylbenzene
d. isopropylbenzene
e. benzyl bromide
f. *p* - chlorophenol
g. 2, 3- diphenylbutane
h. *p* - bromostyrene
i. 2- chloro -4- ethyl -3, 5- dinitrotoluene
j. *m* - chlorobenzenesulfonic acid
k. *p* - bromobenzoic acid
l. 2, 4, 6- trimethylaniline

[2] 다음 화합물을 명명하라.

a. $C_6H_5CH_2CH_2CH_3$
b. (Cl, Br 치환 벤젠: 1-Cl, 3-Br)
c. (Br, Br 치환 나프탈렌: 1,8-)
d. (Cl, CH_3, Cl 치환 벤젠)
e. $(CH_3)_3C-C_6H_4-OH$
f. (CH_3, Cl 치환 벤젠: 1,2-)
g. ($CH=CH_2$, Br, Br 치환 벤젠: 1,3,5-)

h. (hexamethylbenzene: CH_3 ×6)　　i. (1-methyl-1-phenylcyclopropane: CH_3)　　j. Ph_3CH

[3] 다음 화합물의 모든 이성질체의 구조와 이름을 쓰라.

a. trimethylbenzene　　b. dichloronitrobenzene

[4] 다음 물질의 이름을 구조식으로 쓰라.

a. *m* - bromonitrobenzene　　b. *p* - toluenesulfonic acid

c. *p* - nitroethylbenzene　　d. methylcyclohexane

e. 2, 6- dibromo -4- nitrotoluene　　f. *p* - bromonitrobenzene

g. 2- chloro -4- nitrotoluene　　h. 3, 5- dinitrochlorobenzene

연습문제 2

1. 다음 화합물을 IUPAC 명명법에 따라서 명명하라.

(a) CH_3-CH(CH_3)-CH_2-CH(CH_3)-CH_3,　(b) CH_3-C(CH_3)(CH_3)-CH_2-CH(CH_2CH_3)-CH_2-CH_3,　(c) CH_3-C(CH_3)(CH_3)-CH_3

(d) (cyclopentane: CH_3, CH_2CH_3)　　(e) (cyclohexane: H_3C-CH-CH_3, CH_3-C(CH_3)-CH_3)

2. 아래 화합물의 구조식을 써라.

(가) 2, 2, 3- trimethyl hexane

(나) 6- ethyl -2, 7- dimethyldecane

(다) cis -1- ethyl -2- methyl cyclopentane

(라) trans -1, 3- di - tert - butyl cyclobutane

3. C_5H_{12} 및 C_6H_{14} 의 이성체구조식을 모두 쓰고 명명하라.

4. 다음 반응의 생성물구조를 써라.

(가) $CH_4 + Br_2 \xrightarrow{빛}$ ☐

(나) $CH_2 = CHCH_3 + H_2 \longrightarrow$ ☐

(다) $CH_3CH_2Br + Mg \longrightarrow$ ☐ $\xrightarrow{H_2O}$ ☐

(라) $2(CH_3)_2CHCl + 2Na \longrightarrow$ ☐

5. C_5H_{10}의 이성체 구조식을 쓰고 명명하라.

6. 다음 화합물을 명명하라.

(a) $CH_3CH{=}CH{-}CH(CH_3){-}CH(CH_3)CH_2CH_3$,

(b) $(CH_3CH_2)(H)C{=}C(CH_2CH_3)(H)$,

(c) $(CH_3CH_2)(H)C{=}C(CH_2CH_3)(CH_2CH(Br)CH_3)$

(d) 3-Cl이 붙은 시클로헥센 고리 (Cl)

(e) CH_3CH_2, CH_3가 붙은 시클로펜텐 고리

(f) $CH_3{-}CH{=}CH{-}C(CH_3){=}CHCH_2CH(CH_3)_2$

7. 다음 화합물의 구조식을 써라.

cis 및 trans가 있는 것에 대해서는 두 가지 형태를 모두 써라.

(가) 2, 3-디클로로펜텐

(나) 2-브로모-3-클로로헵텐

(다) 2-에틸-1-메틸시클로펜텐

(라) 1-에틸-3-이소프로필-1, 4-시클로헥사디엔

8. 다음 반응의 주 생성물은 어느 것인가?

(a) $CH_2{=}CH{-}CH{=}CH_2 + Br_2(1몰) \longrightarrow$ ☐

(b) $CH_3CH(Br)CH_2CH_3 \xrightarrow[EtOH]{KOH}$ ☐ (주) EtOH은 ethanol의 표시부호

(c) 1-브로모-1-메틸시클로펜탄 (CH_3, Br) $\xrightarrow[EtOH]{KOH}$ ☐

(d) 2-메틸시클로헥산올 (CH_3, OH) $\xrightarrow[가열]{H_2SO_4}$ ☐

(e) $CH_3CH(OH)CH(CH_3)CH_3 \xrightarrow[가열]{H_2SO_4}$ ☐

(f) $CH_3CH{=}C(CH_3)CH_2 \xrightarrow{HBr}$ ☐

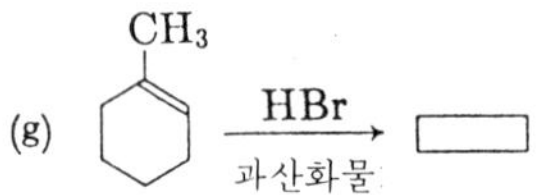

9. 다음 화합물을 오존과 반응시켜 아연의 존재하에서 가수분해하면 어떠한 생성물이 얻어지는가?

(가) 2-butene (나) 2-methyl-2-pentene

(다) 1- methyl cyclohexene

(라) 2,3-dimethyl-1,3-cyclohexadiene

(마) 2-methyl-3-pentene

10. 다음 시약과 1-메틸시클로헥센과의 반응생성물을 써라.

(a) H_2/PtO_2, (b) Br_2, (c) Br_2/Cl^-, (d) ① O_3, ② $Zn+H_2O$,
(e) $KMnO_4/OH^-$, (f) HCl, (g) HBr(과산화물의 존재), (h) B_2H_6, H_2O_2

11. 다음 화합물을 명명하라.

(a) $CH_3CH_2C\equiv CH$, (b) $CH_3CH(CH_3)CH_2C\equiv CCH_3$, (c) $CH_3C(Cl)_2CH_2C\equiv CCH(CH_2CH_3)CH_3$

12. 다음 반응식을 완성하라.

(a) $CH\equiv CCH_3 \xrightarrow{HBr\ (2몰)} \square$

(b) $CH_3C\equiv CCH_3 \xrightarrow[H_2SO_4,\ HgSO_4]{H_2O} \square$

(c) $CH\equiv CH \xrightarrow{Na} \square \xrightarrow{CH_3CH_2Br\ (1몰)} \square \xrightarrow{NaNH_2} \square$
$\xrightarrow{CH_3CH_2Br\ (1몰)} \square \xrightarrow[피독촉매]{H_2\ (1몰)} \square$

13. 미지의 유기화합물(A)의 분자식은 C_7H_{12} 이다. (A)는 Br_2 또는 $KMnO_4$와 빨리 반응하고 탈색된다. (A)를 저온에서 농황산과 반응시킨 후 서서히 가수분해하면 화합물(B)($C_7H_{14}O$)가 얻어진다. (B)를 황산이나 인산과 가열하면 화합물 (C)로 되었다. 또한 (A)를 HBr을 처리하고 얻어진 화합물 (D)를 KOH/에탄올로 처리하면 화합물 (C)가 얻어진다. C의 분자식은 A와 같으며 그 이성체이다.

A를 오존분해하면 포름알데히드와 시클로헥산이 생성되고 (C)의 오존분해물은 $CH_3C(=O)CH_2CH_2CH_2CH_2CHO$ 이었다. A, B, C 및 D 의 구조식을 써라.

14. 벤젠으로부터 시작하여 다음 화합물을 합성하라.

(가) *m*-메틸프로필벤젠

(나) *m*-브로모페놀

3. 作用基(官能基)의 化學

3-1 수산기(OH 기)

3-2 에 테 르

3-3 할로겐기

3-4 카르보닐기

3-5 카르보닐기와 그 유도체

3-6 아미노기

3.

作用基(官能基)의 化學

앞장에서는 유기화합물의 골격이 되는 탄화수소화합물에 대하여 연구하였는데 분자의 부분구조에는 C－C, C－H결합 외에 산소, 질소, 할로겐원자 등을 포함하는 O－H, C－O, C＝O, N－H, C－Cl결합 등이 존재한다. 이러한 결합은 그 화합물의 구조를 정의하며 특징있는 성질을 나타내므로 **작용기**(作用基, functional group)라고 한다.

예를 들면 －OH는 수산기, ＞C＝O은 카르보닐기, $-NH_2$는 아미노기라 하여 의약품의 효과를 좌우하거나 생체 내 반응을 제어한다거나 식물의 색 또는 식품의 향기 등의 특성에도 영향을 준다. 유기화학 반응의 대부분은 **작용기의 화학**이라고도 할 수 있다.

이러한 작용기가 가지는 물리적특성・반응 및 합성법에 대하여 기술하기로 한다.

3-1 수산기(OH)

탄소원자가 수산기(hydroxyl group)(-OH)와 결합한 화합물을 **알코올**이라고 총칭하는데 대개는 알킬기(－R) 즉 sp^3혼성궤도의 탄소원자에 결합한 것을 알코올(alcohol)이라 하고, 또한 2중결합을 갖는 sp^2혼성궤도의 탄소원자에 결합한 것을 **엔올**(enol)이라고 하며, 방향족 골격에 직접 결합한 것을 **페놀**(phenol)이라고 이름붙여져 있다.

이러한 것들은 유사성도 있으나 상이한 성질도 많다. 구조적으로는 물분자(H_2O)의 수소원자 1개가 알킬기 또는 페닐기로 치환된 것이라고 볼 수 있다.

3-1-1 알코올 및 페놀의 구조

산소원자는 $(1s)^2(2s)^2(2p_x)^2(2p_y)^1(2p_z)^1$의 전자배치를 가지고 있고, 궤도가 전자로 충만되어 있지 않은 2개의 2p궤도가 있으므로 각각 공유결합을 할 수 있고 2가의 결합을 갖게 된다. 결합궤도는 그 결합각에서 보아 탄소원자의 sp^2혼성궤도와 비슷한 혼성궤도를 갖는 것이라고 생각된다.

그림 3-1에 알코올과 페놀의 구조를 비교하였다. 페놀의 산소원자는 비공유전자쌍(非共有電子雙) 벤젠고리와 공명하고 안정된 상태로 된다.

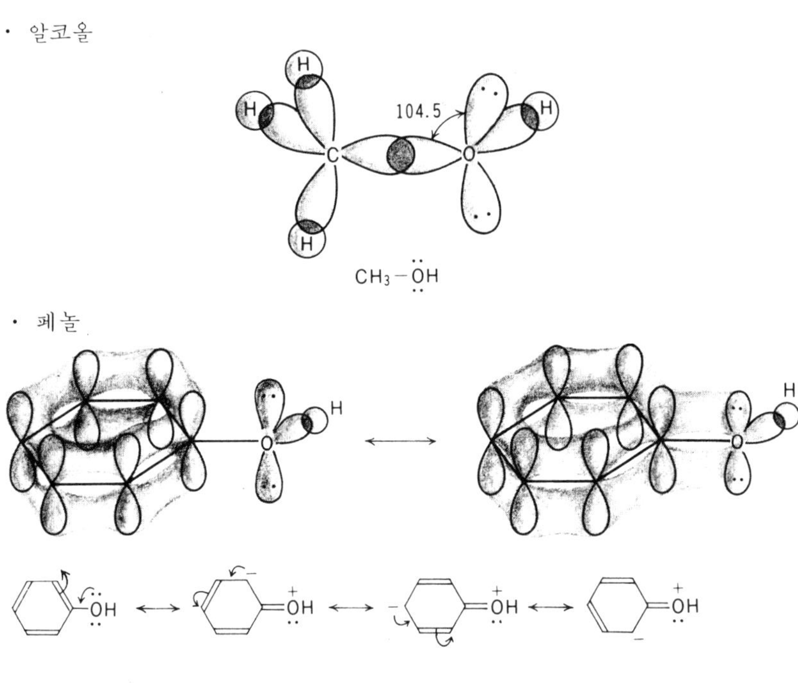

그림 3-1 알코올과 페놀의 분자구조

3-1-2 알코올 및 페놀의 명명법

알코올은 그 수산기가 결합하고 있는 탄소원자의 치환기 수에 따라 분류되고 있다. 즉 탄소원자에 알킬기(-R)가 1개 결합한 것을 **1차 알코올**(primary alcohol)이라 하고, 2개 결합하는 것을 **2차 알코올**(secondary alcohol ; sec)이라 하며, 3개 결합하는 것을 **3차 알코올**(tertiary alcohol ; tert로 약칭함)이라고 한다.

$R-CH_2-OH$ 1차알코올

$R-CH(R')-OH$ 2차알코올 (sec -)

$R-C(R')(R'')-OH$ 3차알코올 (tert -)

[예] $CH_3 \cdot CH_2 \cdot CH_2 \cdot CH_2-OH$ (1-butanol)

$CH_3 \cdot CH(OH) \cdot CH_2 \cdot CH_3$ (2-butanol)

$CH_3-C(CH_3)_2-OH$ (2-methyl-2-propanol)

IUPAC 명명법에 의하면 알코올은 탄소수가 같은 알칸의 명칭어미 안(-ane)을 안올(-anol)로 바꿔 명명한다. 예를 들면, 탄소수 3의 프로판(propane)의 알코올은 propanol이라 하고, 탄소수 5의 펜탄(pentane)의 알코올은 pentanol이라 한다.

IUPAC 규칙에 따라 다음 화합물을 명명해 보기로 한다.

$$\overset{1}{C}H_3\overset{2}{C}H(CH_3)\overset{3}{C}H(OH)\overset{4}{C}H(CH_2CH_3)\overset{5}{C}H(Cl)\overset{6}{C}H_2\overset{7}{C}H_3$$

(가) OH기를 갖는 가장 긴 탄소사슬을 기본골격으로 하면 탄소의 수가 7이므로 모체는 탄소가 7개인 알코올 즉, heptanol이 된다.

(나) OH기의 치환위치번호가 가장 작게 되도록 탄소사슬에 번호를 붙이면 3-heptanol이 된다.

(다) 치환기는 2-methyl. 4-ethyl과 5-chloro이다.

(라) 치환기를 알파벳순으로 배열하면 이 화합물은 5-chloro-4-ethyl-2-methyl-3-heptanol이라고 명명된다.

표 3-1 주요 알코올

구 조 식	명 칭 ( )는 알코올식 명명법	융점(m.p.) (℃)	비점(b.p.) (℃)
CH_3OH	methanol(methyl alc)	−97	65
CH_3CH_2OH	ethanol(ethyl alc)	−114	78
$CH_3CH_2CH_2OH$	1-propanol(n-propyl alc)	−126	97
$(CH_3)_2CHOH$	2-propanol(isopropyl alc)	−89	82
$CH_3CH_2CH_2CH_2OH$	1-butanol(n-butyl alc)	−90	118
$(CH_3)_2CHCH_2OH$	2-methyl-1-propanol (isobutyl alc)	−108	108
$CH_3CH_2CH(CH_3)OH$	2-butanol (sec-butyl alc)	−115	100
$(CH_3)_3COH$	2-methyl-2-propanol (tert-butyl alc)	26	83
$CH_3(CH_2)_4OH$	1-pentanol(n-pentyl alc)	−79	138

표 3-1에 대표적인 알코올류의 구조와 그 물리정수를 표시하였으며, 동시에 작용기 명명법인 "알코올방식"에 의한 명칭도 소개하였다. 이 방식에서는 탄화수소의 알킬기의 명칭 뒤에 "알코올"을 붙이는 호칭이다. 예를 들면, 메탄올은 메틸알코올(메틸기+알코올)이라 하고 n-펜탄올은 n-펜틸알코올이라고 한다.

또한 메탄올은 카비놀(carbinol)이라는 별도 명칭이 있는데 1가 알코올을 메탄올의 유도체로 나타내는 카비놀방식도 옛날부터 사용되어 왔으나 폐지되었다.

$H-C(H)(H)-OH$ methanol (carbinol)

$CH_3-C(H)(H)-OH$ ethanol (methylcarbinol)

$CH_3-C(H)(OH)-CH_2CH_3$ 2-butanol (ethyl methylcarbinol)

알코올방식이나 카비놀방식은 복잡한 골격을 가진 알코올의 명명에는 어려운 경우가 많은데, 가장 일반적이고 모든 화합물에 적용되는 IUPAC 명명법이 적합하다.

페놀류의 명명은 벤젠핵에 수산기가 결합된 탄소원자를 1로 하고 기타의 치환기 번호가 가장 작게 되도록 하는 방향으로 번호를 붙인다. 또한 OH기 이외의 치환기 1개만 갖는 경우는 *o*-, *m*-, *p*-의 표시를 해도 된다.

phenol　o-bromophenol　p-nitrophenol　3,4-dichlorophenol

페놀류에는 관용명을 사용하는 화합물이 많으며 다음에 그 일부를 예로 든다.

o-cresol　salicylic acid　catechol　resorcinol

valillin　α-naphthol　β-naphthol

3-1-3 알코올 및 페놀의 물리적 성질

물, 알코올, 페놀 등 수산기를 함유하는 화합물은 수소결합(hydrogen bond)이라는 성질을 가지고 있다. 이것은 분자중에 존재하는 산소나 질소원자와 공유결합하는 수소를 가진 화합물에서 생기는 분자간의 힘(分子間力, intermolecular force)의 일종이며, 산소나 질소 등 원자와 수소 사이의 전기음성도의 큰 차에 의하여 생긴다.

예를 들면, 알코올분자에서는 산소가 수소보다 전기음성도가 크기때문에 그림 3-2와 같이 분극(分極)되면, 수소원자쪽으로 정전하 $\delta+$ 가 편중되고 산소원자는 부전하 $\delta-$가 많아진다. 그래서 서로 다른 분자의 정전하와 부전하와의 사이에 상호작용이 생겨 서로 당기게 된다. 이 분자간 인력에 의한 결합(－OH…O－)을 **수소결합**이라고 하며, **분자간 수소결합**(intermolecular hydrogen bond)과 **분자내 수소결합**(intramolecular hydrogen bond)이 있다.

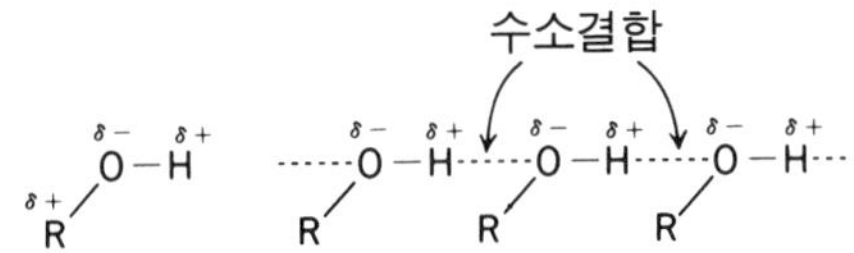

그림 3-2 알코올분자의 분극 및 분자간 수소결합

(1) **비점** : 알코올이나 페놀류의 비점은 높다.

표 3-2 수소결합을 갖은 화합물의 비점의 비교

화 학 식	명 칭	분자량	비점(b.p.) (℃)
H_2O	물	18	100
CH_4	methane	16	−162
CH_3OH	methanol	32	65
CH_3-CH_3	ethane	30	−89
$CH_2=CH_2$	ethylene	28	−104
CH_3CH_2OH	ethanol	46	78
$CH_3CH_2CH_3$	propane	44	−42
$CH_2=CHCH_3$	propylene	42	−48
(benzene ring)-OH	phenol	94	180
(benzene ring)-CH_3	toluene	92	111
(cyclohexane ring)-CH_3	methyl cyclohexane	98	101

표 3-2에서 보는 바와 같이 알코올류는 그에 상당하는 분자량을 갖는 알칸이나 알켄 등의 비극성화합물에 비하여 높다. 예를 들면 메탄올(분자량 32)은 에탄(분자량 30)보다 154°가 높고 에탄올(분자량 46)도 프로판(분자량 44)보다 120°가 높다. 또한 페놀(분자량 94)도 같이 69°높게 되어 있다.

이렇게 끓는점이 높은것은 수산기를 갖는 화합물의 특징이며, 이것은 수소결합에 의하여 분자가 서로 떨어지기 어렵게 되어 있기 때문이다.

(2) 용해도 : 유기화합물의 용해성은 일반적으로 구조가 유사한 화합물끼리는 잘 용해되는 성질이 있다. 알코올류도 수산기를 갖기 때문에 극성용매에 잘 용해된다. 물에 대한 알코올의 용해성은 methanol 부터 propanol에 이르기까지는 한없이 용해한다.

탄소수 4개의 butanol 부터는 분자내에 비극성 탄화수소의 부분이 증가하므로 물에 대한 용해도가 저하한다. n-butanol 에서는 물 100㎖에 대하여 8g, n-pentanol 에서는 2.7g, n-hexanol 에서는 겨우 0.6g으로 급격히 저하되어 점차로 지용성(脂溶性)이 되며 hexane 등의 알칸류에 용해하게 된다.

$$\cdots O{-}H\cdots O{-}H\cdots \longrightarrow O{-}H\cdots O(R){-}H\cdots O{-}H\cdots O(R){-}H\cdots$$

그림 3-3 알코올(R-OH)과 물과의 수소결합(물에 대한 용해)

3-1-4 알코올과 페놀의 차이점

알코올이나 페놀도 물과 같이 알칼리 금속과 격렬하게 반응하여 각각 금속알콕시화물(alkoxide)와 금속 페녹시화물(phenoxide)를 생성한다. 이러한 것들은 강한 염기로서 알돌 축합(aldol 縮合) 등 여러가지 반응에 사용된다. 수산기와 알칼리금속류의 반응은 수소를 발생하므로 수산기의 정성반응으로도 사용된다.

$$ROH \xrightarrow{Na} \underset{\text{sod alkoxide}}{RONa} + \tfrac{1}{2}H_2\uparrow$$

[예] $CH_3CH_2{-}OH \xrightarrow{+Na} CH_3CH_2ONa^+ + \tfrac{1}{2}H_2$ (Sod. ethoxide)

$$ArOH \xrightarrow{Na} \underset{\text{sod phenoxide}}{ArONa} + \tfrac{1}{2}H_2\uparrow$$

그러나 알코올이나 페놀을 수산화나트륨수용액으로 처리하면 페놀은 바로 반응하여 나트륨페녹시화물이 되어 용해하지만 알코올은 반응하지 않는다.

알코올은 중성화합물로서 알칼리수용액과는 반응하지 않으나, 페놀의 수산기는 약산성으로 반응한다. 즉 페놀은 그림 3-4에서와 proton을 용이하게 이탈하여 이온화하는 산성화합물이며, 생성된 음이온의 부전하(−)는 산소원자로부터 벤젠고리로 옮기어 비편재화 된다. 그러므로 공명에 의하여 안정화된다. 페놀류는 산성을 나타내지만, 알코올은 이온화하더라도 산소원자만이 편재화하고 공명에 의한 안정화는 하지 않는다. 따라서 알코올과 페놀을 분리하는 간편한 방법으로서, 양자의 혼합물을 묽은 알칼리수용액으로 추출하여 페놀을 수용부로 옮기고 알코올과 분리하게 된다.

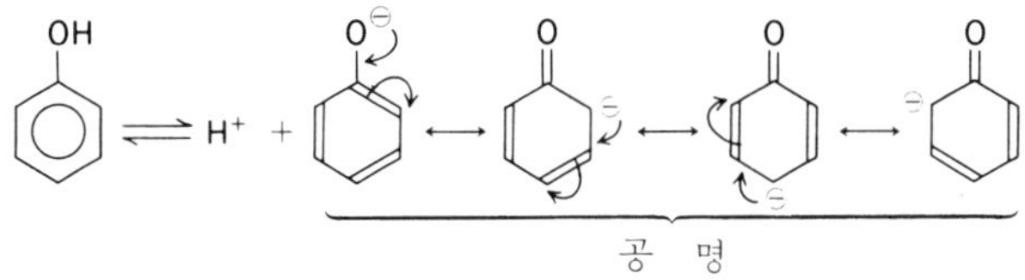

OH ⇌ H^+ + O⊖ ⟷ O ⟷ O ⟷ O

공 명

그림 3-4 phenoxide 이온의 공명안정화(전자 비편재화)

3-1-5 알코올의 반응

(1) 할로겐화수소와의 반응 : 알코올은 염화수소 또는 브롬화수소와 반응하여 할로겐화알킬을 생성한다. 이 반응은 먼저 할로겐화수소의 프로톤이 수산기에 첨가하여 옥소늄이온(oxonium ion : -O⊕-)을 형성하는 것부터 시작한다.

$$R-OH + HX \longrightarrow RX + H_2O$$

할로겐화수소 할로겐화알킬

1차 알코올에서는 옥소늄이온이 되면 할로겐 음이온이 뒷면으로부터 중심탄소를 공격하고 수산기가 이탈하면서 동시에 탄소와 할로겐결합이 생성된다(2분자의 친핵치환반응[親核置換反應] : S_N2 반응). 따라서 이 S_N2반응에서는 반응전의 구조가 그림 3-5와 같이 반전된다.

여기에서 친핵성반응(親核性反應, nucleophilic reaction)은 반응하는 상대편 분자의 전자밀도가 낮은 원자를 전자공여성의 원자단(친핵성시약)이 공격하는 반응이다. 특히 치환반응은 **S_N형반응**이라고 하며, 할로겐화알킬의 알칼리에 의한 가수분해 반응 $RX + OH^- \longrightarrow ROH + X^-$가 그 좋은 예이다.

S_N1은 1분자반응을 나타내고 S_N2는 2분자 반응을 나타낸다.

2차 및 3차 알코올에서는 수산기가 이탈하여 카르보늄이온이 생성되고 이것을 할로겐음이온이 공격한다(S_N1 반응).

S_N 1 반응에서는 구조가 반전되는 경우와 원상태와 같은 배치를 유지하는 경우가 있다. 알코올의 반응성은

3차 알코올>2차 알코올>1차 알코올

의 순이며 그 반응속도를 이용하여 알코올의 종류를 구별할 수 있다. 이것은 **루카스시험법** (Lucas test) 이라는 방법이다.

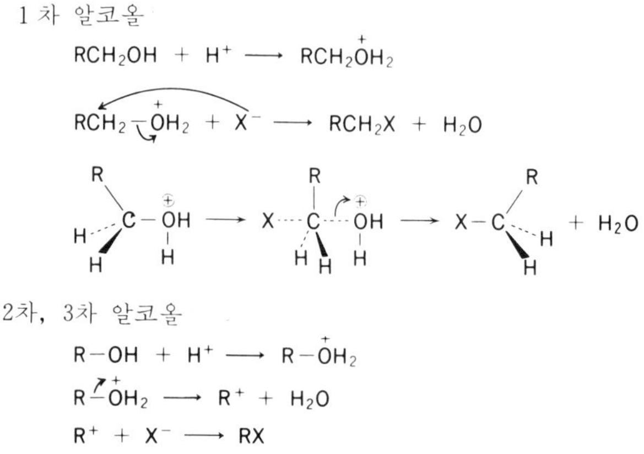

1차 알코올

$$RCH_2OH + H^+ \longrightarrow RCH_2\overset{+}{O}H_2$$

$$RCH_2-\overset{+}{O}H_2 + X^- \longrightarrow RCH_2X + H_2O$$

$$(R)(H)(H)C-\overset{\oplus}{O}H(H) \longrightarrow X\cdots C(R)(H)(H)\cdots\overset{\oplus}{O}H(H) \longrightarrow X-C(R)(H)(H) + H_2O$$

2차, 3차 알코올

$$R-OH + H^+ \longrightarrow R-\overset{+}{O}H_2$$

$$R-\overset{+}{O}H_2 \longrightarrow R^+ + H_2O$$

$$R^+ + X^- \longrightarrow RX$$

그림 3-5 알코올로부터 할로겐화알킬의 생성

시료의 알코올을 진한염산과 염화아연으로 상온에서 처리하면 3차알코올은 즉시 반응하여 물에 불용인 할로겐화알킬을 생성하며, 반응액은 혼탁하여 2층으로 분리한다. 2차알코올의 경우도 상온에서 서서히 반응하여 5분후에는 혼탁한다. 1차알코올은 그 반응조건하에서는 반응하지 않는다. (Lucas 시약=진한 HCl + $ZnCl_2$)

$$\underset{\text{3차 알코올}}{R_3COH} + HCl \xrightarrow{ZnCl_2} R_3CCl \quad \text{혼탁}$$

$$\underset{\text{2차 알코올}}{R_2CHOH} + HCl \xrightarrow{ZnCl_2} R_2CHCl \quad \text{점차로 혼탁}$$

$$\underset{\text{1차 알코올}}{RCH_2OH} + HCl \xrightarrow{ZnCl_2} \text{반응하지 않음}$$

알코올의 할로겐화반응에는 그밖에도 3브롬화인 (PBr_3) 또는 5염화인 (PCl_5) 등의 할로겐화인을 사용하는 방법이 있다. 염화티오닐 (thionyl

$$3R-OH + \underset{\text{3 브롬화인}}{PBr_3} \longrightarrow 3R-Br + P(OH)_3$$

$$R-OH + \underset{\text{염화 티오닐}}{SOCl_2} \longrightarrow R-Cl + SO_2\uparrow + HCl\uparrow$$

chloride) 도 많이 사용되는 시약이며, SO_2 및 HCl 을 발생하여 반응이 용이하게 진행된다.

페놀류는 위의 시약으로 수산기는 할로겐에 의하여 치환되지 않는다.

(2) 에스테르화반응 (esterification) : 산의 촉매조건하에서는 알코올이나 페놀이 카르복시산과 반응하여 에스테르 (ester) 를 생성한다.

$$\underset{(Ar)}{R}-OH + R'-\overset{O}{\overset{\|}{C}}-OH \xrightarrow{H^+} \underset{(Ar)}{R}-O-\overset{O}{\overset{\|}{C}}-R' + H_2O$$

에스테르

이 반응기구는 그림 3-6에 나타내는 바와 같이 알코올의 산소가 카르복실탄소를 공격하고 카르복시산의 수산기가 이탈하여 물로 된다. 수산기의 산소 (^{16}O) 를 동위원소 (^{18}O) 로 라벨한 알코올을 사용하면 생성된 에스테르 중에 ^{18}O 가 검출되어 이 반응기구가 증명된다. 생체내에서 중요한 작용을 하는 인산에스테르도 알코올인 당과 인산으로부터 얻어진다.

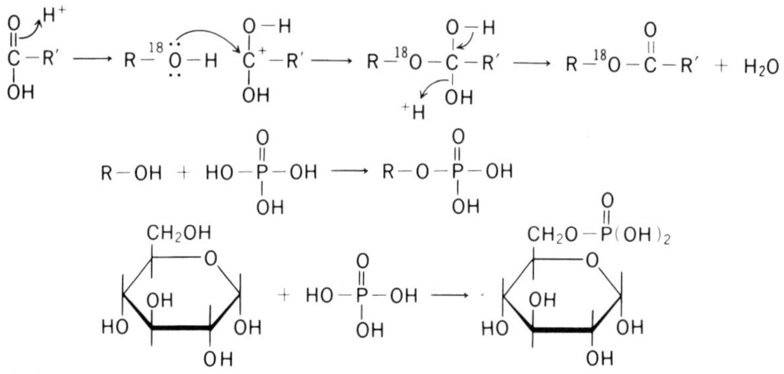

$$R'-\overset{O}{\overset{\|}{C}}-OH \xrightarrow{H^+} \cdots \quad R-{}^{18}\ddot{O}-H \;\; \overset{OH}{\underset{OH}{C^+}}-R' \longrightarrow R-{}^{18}O-\overset{OH}{\underset{OH}{C}}-R' \longrightarrow R-{}^{18}O-\overset{O}{\overset{\|}{C}}-R' + H_2O$$

$$R-OH + HO-\overset{O}{\overset{\|}{P}}(OH)-OH \longrightarrow R-O-\overset{O}{\overset{\|}{P}}(OH)-OH$$

$$\text{glucose} + HO-\overset{O}{\overset{\|}{P}}(OH)-OH \longrightarrow \text{glucose-6-phosphoric acid } (CH_2O-\overset{O}{\overset{\|}{P}}(OH)_2)$$

glucose 인산 glucose -6- phosphoric acid

그림 3-6 에스테르의 생성

3-5-6절에서 자세히 기술되지만 염기성의 조건하에서 산할로겐화물이나 산무수물에 알코올을 사용하여도 에스테르를 잘 합성할 수 있다.

$$R-OH + \underset{\text{acid halide}}{R'COX} \xrightarrow{\text{염기}} R-O-COR' + HX$$

$$R-OH + \underset{\text{산무수물}}{(R'CO)_2O} \xrightarrow{\text{염기}} R-O-COR' + R'COOH$$

(3) 에테르화반응 : 다음 3-2-4절에 기술하게 되는데 알코올은 산촉매 조건하에서 가열하면 2분자로부터 물 1분자가 탈수하여 에테르가 생성된다.

$$2R-OH \xrightarrow{H^+} R-O-R + H_2O$$

또한 염기의 존재하에서 할로겐화알킬과 반응하여도 에테르가 생성된다.

$$R-OH + R'X \xrightarrow{\text{염기}} R-O-R' + HX$$

(4) 산화 : 1차 알코올은 산화되면 알데히드가 생성되지만, 더욱 산화가 진행되면 카르복시산까지 된다. 무수크롬산-피리딘복합체는 온화한 산화제로 알데히드를 얻기에 적합하다.

$$RCH_2OH \xrightarrow[\text{pyridine}]{CrO_3} R-\overset{\overset{\displaystyle O}{\|}}{C}-H$$

알데히드

카르복시산까지 산화하는 경우에는 중크롬산 나트륨, 중크롬산 칼륨, 과망간산칼륨 등을 사용한다.

$$R-CH_2OH \xrightarrow[H_2SO_4]{Na_2Cr_2O_7} RCOOH$$

carboxylic acid

2차 알코올은 산화되어 케톤이 되는데 산화제로는 크롬산계의 산화제가 효과적이다.

$$R-\underset{\underset{\displaystyle OH}{|}}{CH}-R' \xrightarrow[H_2SO_4]{K_2Cr_2O_7} R-\underset{\underset{\displaystyle O}{\|}}{C}-R'$$

케톤

(5) 탈수 : 알코올은 광산(무기산)의 존재하에서는 물을 잃고 알켄을 생성한다. 2중결합의 형성은 **Saytzeff 법칙**에 따른다. 알루미나(Al_2O_3) 또는 5산화인(P_2O_5)도 이 반응을 한다. (3°alc >2°alc >1°alc)

$$-\underset{\underset{\displaystyle OH}{|}}{\overset{|}{C}}-\underset{|}{\overset{\overset{\displaystyle H}{|}}{C}}- \xrightarrow{H^+} \rangle C=C\langle + H_2O$$

3-1-6 알코올의 합성

(1) 할로겐화알킬의 가수분해 : 할로겐화알킬(RX)을 수산화나트륨 또는 수산화칼륨, 산화은(Ag_2O)의 수용액과 반응시키면 친핵성치환반응이 일어나 알코올을 생성한다.

$$R-X + NaOH \longrightarrow R-OH + NaX$$

할로겐화알킬의 반응성은 다음과 같은 순서이다.

$$RI > RBr > RCl$$

1차알킬할로겐화물은 S_N2으로 진행되며, 3차알킬할로겐화물은 카르보늄이온을 거치는 S_N1반응의 기구로 진행된다. 그러나, 염기성조건은 할로겐화알킬로부터 할로겐화수소를 이탈시키고 올레핀을 형성하는 조건과 같으므로 주의가 필요하다. 가장 전형적인 예를 들어 설명한다.

$$CH_3CH_2CH_2I + Ag_2O \xrightarrow{H_2O} CH_3CH_2CH_2OH + AgI\downarrow$$

(2) **카르보닐화합물의 접촉환원** : 접촉 수소첨가에 의하여 알데히드는 1차알코올로, 또한 케톤은 2차알코올로 환원된다.

$$\underset{\text{알데히드}}{R-CHO} \xrightarrow{H_2} \underset{\text{1차알코올}}{RCH_2OH}$$

$$\underset{\text{케톤}}{R-\underset{\underset{O}{\|}}{C}-R'} \xrightarrow{H_2} \underset{\text{2차알코올}}{R-\underset{\underset{OH}{|}}{C}H-R'}$$

(3) **카르보닐화합물의 수소화 금속시약에 의한 환원** : 수소화알루미늄리튬($LiAlH_4$)은 알데히드, 카르복시산, 에스테르류를 환원하여 1차알코올을 생성한다. 케톤은 2차알코올로 환원된다. 또한 수소화붕소나트륨($NaBH_4$)은 알데히드와 케톤을 환원한다. 이들은 모두 많이 사용되는 편리한 시약이다.

$$R-\underset{\underset{O}{\|}}{C}-H \xrightarrow[\text{또는 } NaBH_4]{LiAlH_4} R-CH_2OH$$

$$R-\underset{\underset{O}{\|}}{C}-R' \xrightarrow[\text{또는 } NaBH_4]{LiAlH_4} R-\underset{\underset{OH}{|}}{C}H-R'$$

$$R-\underset{\underset{O}{\|}}{C}-OH \xrightarrow{LiAlH_4} R-CH_2OH$$

$$R-\underset{\underset{O}{\|}}{C}-OR' \xrightarrow{LiAlH_4} R-CH_2OH$$

(4) 카르보닐화합물과 Grignard 시약과의 반응 : 할로겐화알킬과 마그네슘을 무수에틸에테르중에서 반응시켜 얻은 Grignard 시약은 카르보닐화합물과 급속하게 반응하여 알코올을 생성한다.

$$R'-\underset{\underset{O}{\|}}{C}-R'' \xrightarrow[\text{에틸에테르}]{RMgX} R'-\underset{\underset{OMgX}{|}}{\overset{\overset{R}{|}}{C}}-R'' \xrightarrow{H^+} R'-\underset{\underset{OH}{|}}{\overset{\overset{R'}{|}}{C}}-R''$$

Grignard 시약

이 반응기구는 Grignard 시약의 알킬기가 카르보닐탄소를 공격하면서 동시에 카르보닐의 π전자가 마그네슘으로 옮기는 4중심점반응으로 생각된다. 여기에서 탄소-탄소결합이 새로 만들어지고 할로겐화마그네슘 alcoholate 로 된다. 다음에 이것을 묽은산으로 처리함으로써 알코올이 얻어진다.

$$\overset{\delta-}{R}-\overset{\delta+}{MgX} + \begin{matrix}R'\\R''\end{matrix}\!\!>C=O \longrightarrow R'-\underset{\underset{R''}{|}}{\overset{\overset{R}{|}}{C}}-\overset{\overset{MgX}{|}}{O} \xrightarrow[H^+]{H_2O} R'-\underset{\underset{R''}{|}}{\overset{\overset{R}{|}}{C}}-OH + MgXOH$$

카르보닐화합물의 종류에 따라 1차에서 3차 알코올까지 얻을 수 있다.

(가) 포름알데히드로부터 1차알코올 합성

$$\begin{matrix}H\\H\end{matrix}\!\!>C=O \xrightarrow{RMgX} RCH_2OMgX \xrightarrow{H^+} RCH_2OH$$

포름알데히드

(나) 알데히드(포름알데히드 제외)로부터 2차알코올 합성

$$R'-\underset{\underset{O}{\|}}{C}-H \xrightarrow{RMgX} R'-\underset{\underset{OMgX}{|}}{\overset{\overset{R}{|}}{C}}-H \longrightarrow R'-\underset{\underset{OH}{|}}{\overset{\overset{R}{|}}{C}}-H$$

(다) 케톤으로부터 3차알코올 합성

$$R'-\underset{\underset{O}{\|}}{C}-R'' \xrightarrow{RMgX} R'-\underset{\underset{OMgX}{|}}{\overset{\overset{R}{|}}{C}}-R'' \longrightarrow R'-\underset{\underset{OH}{|}}{\overset{\overset{R}{|}}{C}}-R''$$

(5) 알켄의 가수분해 : 2-4-4 에서 기술한 바와 같이 알켄에 진한 황산을 첨가하고 가수분해하여 알코올을 합성할 수 있다. 이 반응은 **Markownikoff 법칙**에 따르는데, 에틸렌을 원료로 하는 경우(ethanol의 합성)를 제외하고 2차 및 3차 알코올의 합성법이 된다.

$$R-CH=CH_2 \xrightarrow{H_2SO_4} R-\underset{\displaystyle OSO_3H}{\underset{|}{CH}}-CH_3 \longrightarrow R-\underset{\displaystyle OH}{\underset{|}{CH}}-CH_3$$

브라운 (H.C. Brown)* 에 의하여 1955년에 개발된 수소화붕소첨가 (hydroboration) 는 알코올합성법의 하나이다. 알켄에 "보란 (borane)" 또는 "디보란 (diborane)"을 첨가시켜 트리알킬보란을 생성하고 알칼리성 과산화수소로 산화하여 알코올을 얻는다. 이 반응은 anti-Markownikoff 법칙에 따른다.

$$R-CH=CH_2 + \underset{\text{borane}}{BH_3} \ (\text{또는}\ \underset{\text{diborane}}{B_2H_6}) \longrightarrow (R-CH_2-CH_2)_3B \xrightarrow[OH^-]{H_2O_2} 3\,RCH_2CH_2OH$$

3-1-7 페놀의 반응과 합성

페놀 (ArOH) 의 반응은 O-H 결합에 관여하는 반응에서 알코올 (R-OH) 과 유사하게 에스테르 또는 에테르를 형성한다.

$$C_6H_5OH + R'COX \longrightarrow C_6H_5OCOR'$$

$$C_6H_5OH + R'X \longrightarrow C_6H_5OR'$$

그러나 페놀의 Ar-O 결합은 알코올의 R-O 결합과 달리 친핵성치환반응은 받지 않는다. 즉 페놀의 수산기는 치환되지 않는다.

페놀의 벤젠고리에서의 반응은 친전자성 치환반응이 일어난다(그림 3-7).

할로겐화 반응 (Halogenation)

$$C_6H_5OH \xrightarrow{Br_2} o\text{-}BrC_6H_4OH + p\text{-}BrC_6H_4OH$$

술폰화반응 (Sulfonation)

$$C_6H_5OH \xrightarrow{H_2SO_4} o\text{-}HO_3SC_6H_4OH + p\text{-}HO_3SC_6H_4OH$$

---

* 1979년도 노벨화학상 수상

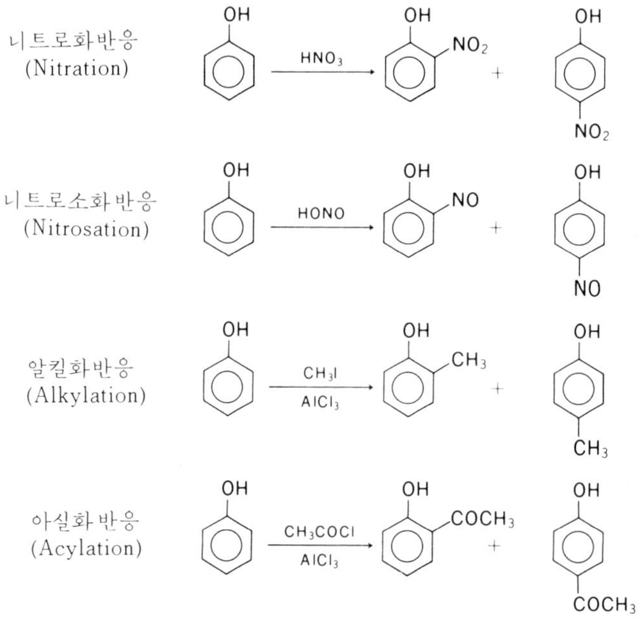

니트로화반응
(Nitration)

니트로소화반응
(Nitrosation)

알킬화반응
(Alkylation)

아실화반응
(Acylation)

그림 3-7 페놀의 친전자성 치환반응

페놀은 chloroform과 반응하여 hydroxy benzaldehyde를 생성한다(이것을 Reimer-Tiemann reaction이라고 함). 생성물은 오르토화합물과 파라화합물의 혼합물이며 오르토화합물은 수증기증류되므로 파라화합물과 분리할 수 있다. 또한 페놀을 2산화탄소로 처리하면 hydroxy benzoic acid을 생성한다.

chloroform

hydroxy benzoic acid

hydroxy benzaldehyde

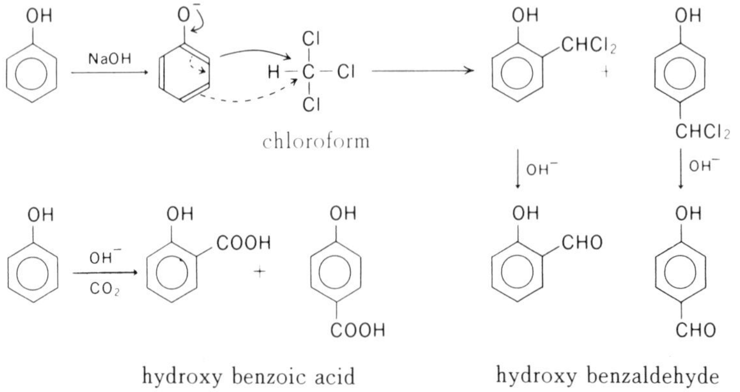

페놀류의 합성에는 방향족아민을 아질산과 염산으로 처리하고 디아조늄염으로 유도하여 가수분해하는 방법이 일반적이다.

$$C_6H_5NH_2 \xrightarrow[HCl]{HNO_2} C_6H_5\overset{+}{N}_2Cl \xrightarrow{H_2O} C_6H_5OH$$

벤젠술폰산을 수산화나트륨이나 수산화칼륨과 함께 고온에서 용융하면 페놀이 얻어진다.

$$C_6H_5SO_3H \xrightarrow[\text{용융}]{KOH} C_6H_5OH$$

아실기를 가진 방향족 즉 방향족 케톤을 과카르복시산과 반응시키면 먼저 에스테르가 생성되고 이것을 가수분해함으로서 페놀을 합성할 수 있다. 이것은 Baeyer-Villiger reaction이라고 하며 그 반응기구를 설명하면 다음과 같다.

$$C_6H_5-\underset{}{C}(=O)-R + H-O-O-\overset{O}{\overset{\|}{C}}-R' \longrightarrow C_6H_5-C(OH)(R)-O-O-\overset{O}{\overset{\|}{C}}-R'$$

$$\longrightarrow C_6H_5-O-C(=O)-R + R'COO^- \xrightarrow[2)\ H^+]{1)\ OH^-} C_6H_5OH + RCOOH + R'COOH$$

3-2 에 테 르

에테르(ether)의 일반식은 R－O－R, R－O－Ar, Ar－O－Ar로 나타낸다. 또한 물의 1치환체가 알코올(R－OH), 2치환체가 에테르라고 생각하는 방법도 있다. 물과 알코올과는 유사성도 있으나 물과 에테르는 성질이 매우 다르다.

3-2-1 에테르의 명명법

비교적 간단한 화합물의 경우는 보통 관용명으로 명명하며, 원자단의 명칭 다음에 에테르(ether)을 붙여 부른다. 한편 산소원자에 동일한 치환기가 붙어 있을 경우에는 치환기의 명칭에 접두어 "디(di-)"를 붙이며,

일반적으로는 "디"를 생략하고 부르는 경우가 많다.

CH_3-O-CH_3 methyl ether(dimethyl ether)

$CH_3CH_2-O-CH_2CH_3$ ethyl ether(diethyl ether)

2개의 치환기가 서로 다른 경우에는 탄소수가 적은 것부터 2개의 치환기 명칭을 연결하고 그 뒤에 "에테르"를 이어 붙이면 된다. (알파벧순)

$CH_3CH_2-O-CH_2CH_2CH_3$ ethyl propyl ether

$C_6H_5-O-CH_3$ methyl phenyl ether (anisole)

보다 복잡한 에테르의 명명법은 가장 긴 탄소사슬을 모체로 선정하고 산소를 함유하는 탄소사슬 R-O- 기를 알콕시기 (alkoxyl group) 라 하여 하나의 치환기로 생각한다. 즉 알킬기에 산소원자가 결합하고 있으므로 -옥시 (alkoxy) 가 된다. 예를 들면 다음과 같다.

CH_3-O- methoxy

CH_3CH_2-O- ethoxy

C_6H_5-O- phenoxy

$C_6H_5-CH_2-O-$ benzyloxy

다음 화합물에 대하여 명명해 보기로 한다. 이 에테르 화합물의 명명은 기본골격이 hexane 이며, 치환기는 두째번 탄소에 Br 가 있고, 세째번에 ethoxy 기가 그리고 네째번에 수산기가 있어서 정식 명칭은 2- bromo -3- ethoxy -4- hexanol 이 된다.

$$\overset{1}{CH_3}\overset{2}{\underset{|}{C}}H(Br)\overset{3}{C}H(OCH_2CH_3)\overset{4}{C}H(OH)\overset{5}{C}H_2\overset{6}{C}H_3$$

3-2-2 에테르의 물리적 성질

디알킬에테르는 1개의 산소를 갖는 외에는 탄화수소로 이루어지는데 물리적 성질은 알칸에 유사하다. 일반적으로 에테르는 무색이며, 그 비점이나 비중은 같은 분자량을 갖는 알칸의 비점 또는 비중에 근사하다(표 3-3).

표 3-3 에테르 및 알칸의 분자량과 비점

구 조	명 칭	분자량	비 점(℃)
CH_3OCH_3	methyl ether	46	−24.8
$CH_3CH_2CH_3$	propane	44	−42.1
$CH_3OCH_2CH_3$	ethylmethyl ether	60	6.6
$CH_3CH_2CH_2CH_3$	n-butane	58	−0.5
$CH_3CH_2OCH_2CH_3$	diethyl ether	74	34.5
$CH_3CH_2CH_2CH_2CH_3$	n-pentane	72	36.1
$CH_3CH_2OCH_2CH_2CH_3$	ethyl propyl ether	88	63.6
$CH_3CH_2CH_2CH_2CH_2CH_3$	n-hexane	86	68.7
$CH_3CH_2CH_2OCH_2CH_2CH_3$	dipropyl ether	102	90.6
$CH_3CH_2CH_2CH_2CH_2CH_2CH_3$	n-heptane	100	98.4

물에 대개 용해하지 않고 유기용매에는 잘 녹는다. 저분자량의 에틸에테르는 물과 약한 수소결합을 만들고, 100mℓ의 물에 대해서 7.5g 용해한다. 또한 에테르는 진한 황산과 같은 강산에 접촉하면 oxonium ion을 만들어 용해된다. 알칸은 진한 황산에 용해하지 않으므로 에테르와 알칸을 구별할 수 있다.

$$R-\ddot{\underset{\cdot\cdot}{O}}-R \xrightarrow{H^+} R-\overset{+}{\underset{\underset{H}{|}}{O}}-R$$

ether oxonium ion
강산에 용해한다.

실 험

에테르와 알칸의 구별법 : 2개의 시험관이나 소형의 분액깔대기에 2~3mℓ의 차고 진한 황산을 취하고, 각각 0.5mℓ의 diethyl ether과 n-pentane을 가하여 주의하며 흔들어 혼합한 후 잠시동안 놓아둔 후 두개를 비교하라. diethyl ether쪽은 용해하며, n-pentane쪽은 2층으로 분리하게 되어 알칸이 불활성임을 알 수 있다.

3-2-3 에테르의 반응

에테르는 일반적으로 반응성이 없고 고온하에서 할로겐화수소(대개는 브롬화수소산(HBr)또는 요오드화수소산(HI)용액을 사용함)의 1 mol 의 시약을 사용하여 처리하면 에테르결합이 절단되어 할로겐화 알킬과 알코올을 생성한다. 에테르는 산소원자에 있는 비공유전자쌍들 때문에 약한 염기이다. 그래서 강한 양성자산이나 BF_3와 같은 Lewis 산과 반응한다.

$$R-O-R' \xrightarrow{HX} R-OH + R'X$$

$$Ar-O-R \xrightarrow{HX} Ar-OH + RX$$

지방족 에테르의 경우는 과잉의 할로겐화수소를 사용하면 생성되는 알코올이 다시 할로겐화되는데, 대칭형의 에테르(R－O－R)에서는 2 mol의 할로겐화알킬이 얻어지고, 비대칭형의 에테르(R－O－R′)에서는 2종의 서로 다른 할로겐화알킬이 생성된다.

$$CH_3CH_2OCH_2CH_3 \xrightarrow{\text{HI(과잉)}} 2\,CH_3CH_2I$$

$$CH_3OCH_2CH_3 \xrightarrow{\text{HI(과잉)}} CH_3I + CH_3CH_2I$$

3-2-4 에테르의 합성

(1) 할로겐화알킬 및 금속알콕시화물, 금속페녹시화물에 의한 반응

할로겐화알킬에 나트륨 또는 칼륨알콕시화물을 작용시키면 친핵적(親核的)으로 공격하고 에테르를 생성한다. 이것은 Williamson 반응이라고 부르는 대표적인 에테르의 합성법이다.

$$R'-O-M + R-X \longrightarrow R-O-R' + MX$$

이 방법을 사용하면 대칭에테르나 비대칭에테르도 합성할 수 있다.

1차알킬할로겐화물의 경우 알콕시화물이 뒷면으로부터 가까워져 S_N2 반응에 의하여 에테르화가 진행된다.

$$R'-\ddot{\underset{..}{O}}-M + (R'')(H)(H)C-X \longrightarrow R-O\cdots C(R'')(H)(H)\cdots X \longrightarrow R-O-C(R'')(H)(H)$$

2차 및 3차알킬할로겐화물을 사용하는 경우에는 S_N1반응으로 진행되며, 알콕시화물은 친핵성시약임과 동시에 proton을 이탈시키는 강한 염기로서의 성질도 가지고 있다. 또한 알콕시화물을 작용시키면 탈할로겐화수소가 일어나고 알켄을 형성하는 경우가 많다(2-4-5절 참조).

예를 들면 다음 식에서와 같이 tert-butyl methyl ether을 합성하려는 경우 potassium tert-butoxide와 요오드화메틸과의 반응에 의한 방법과 tert-butyl bromide와 sodium methoxide를 사용하는 방법이 생각된다. 그러나 후자의 반응으로부터는 예기되는 에테르가 얻어지지 않고 탈할로겐화수소로 되어 isobutylene이 생성된다. 따라서 합성방법으로는 전자를 선택하지 않을 수 없다. 즉 비대칭에테르를 합성하는 경우는 할로겐화알킬보다 알콕시화물의 편에 고급의 것을 사용한다.

$$(CH_3)_3C{-}OK + CH_3I \longrightarrow CH_3{-}C(CH_3)_2{-}O{-}CH_3 + KI$$

3차알콕시화물 alkyl halide

$$(CH_3)_3C{-}Br + CH_3ONa \not\longrightarrow CH_3{-}C(CH_3)_2{-}OCH_3 + NaBr$$

3차알킬할로겐화물 alkoxide

$$^{\ominus}OCH_3 \;\; H{-}CH_2{-}C(CH_3)_2{-}Br \longrightarrow CH_2{=}C(CH_3)_2$$

(2) 산에 의한 탈수반응

대칭 에테르의 합성법으로서 알코올을 황산과 같이 가열하면 에테르를 얻을 수 있다.

2분자의 알코올로부터 1분자의 물을 탈수하는 반응이므로 2-4-5절에 기술한 바와 같이 알코올을 고온에서 산처리하면 1분자의 알코올로부터 1분자의 물이 제거되어 알켄이 생성되므로 에테르를 생성하기 위해서는 비교적 낮은 온도에서 충분히 온도조절을 해야 한다. 예를 들면 ethanol을 황산으로 처리하는 경우 실내온도(25℃)에서는 황산에스테르가 생성되고, 140℃에서는 디에틸에테르가 되며, 180℃에서는 알켄인 에틸렌이 얻어진다.

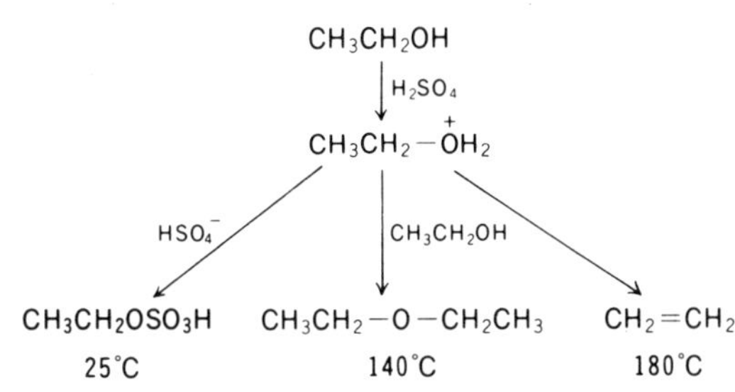

그림 3-8 알코올의 산에 의한 탈수반응

3-2-5 고리모양에테르

에테르결합이 분자내에서 가교(架橋)가 되어 고리모양을 이루고 있는 화합물이 있다. 이러한 구조를 **헤테로고리**(複素環, Heterocycle)라 하고 3원자 고리(三員環), 4원자 고리(四員環), 5원자 고리(五員環)……등의 화합물이 있다.

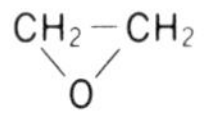

$$\underset{\text{O}}{\text{CH}_2-\text{CH}_2}$$ ethylene oxide (oxirane)

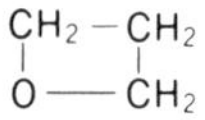

$$\text{CH}_2-\text{CH}_2 \atop \text{O}-\text{CH}_2$$ trimethylene oxide (oxetane)

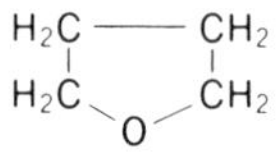

$$\text{H}_2\text{C}-\text{CH}_2,\ \text{H}_2\text{C}-\text{O}-\text{CH}_2$$ tetramethylene oxide (tetrahydrofuran)

가장 작은 헤테로고리인 3원자 고리구조의 에테르를 **에폭시화물** (epoxide or oxirane) 라고 한다. 이러한 화합물의 명명에는 **에폭시** (epoxy-) 라는 접두어를 탄소사슬에 모체에 붙이고, 산소원자에 결합하는 2개의 탄소원자의 번호를 붙여 나타낸다.

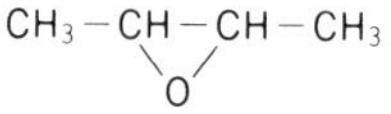

$$CH_3-\underset{O}{CH-CH}-CH_3$$

2- butene oxide (2,3-dimethyloxirane)

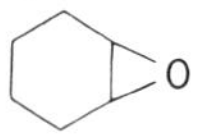

(1,2-epoxycyclohexane)

에폭시화물의 제법은 공업적으로는 ethylene oxide 와 같이 은 촉매하에서 에틸렌에 산소를 반응시켜 얻는 방법이 있고, 실험실적으로는 알켄에 과카르복시산(過酸)을 작용시켜 생산량이 많도록 산화 생성하는 방법이 일반적이다.

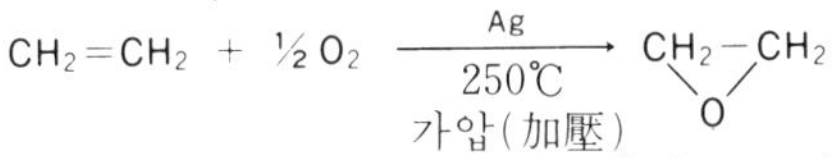

$$CH_2=CH_2 + \tfrac{1}{2}O_2 \xrightarrow[\text{250℃ 가압(加壓)}]{Ag} \underset{O}{CH_2-CH_2}$$

ethylene oxide

$$R-CH=CH-R' + C_6H_5-C(=O)-O-OH \longrightarrow R-\underset{O}{CH-CH}-R' + C_6H_5-C(=O)-OH$$

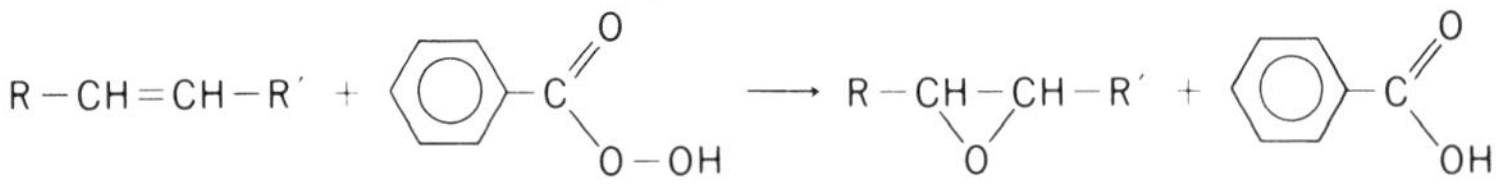

perbenzoic acid epoxide benzoic acid

에폭시화물은 시클로프로판 고리에 큰 변형 (strain) 이 작용되므로 고리가 열리기 쉽고 고리모양이 아닌 에테르류와는 다른 반응성을 나타낸다.

산촉매반응에서는 옥소늄이온을 생성하고 친핵성시약이 그 뒷면으로부터 공격하여 개환하며, 트란스형에 치환기가 결합된다.

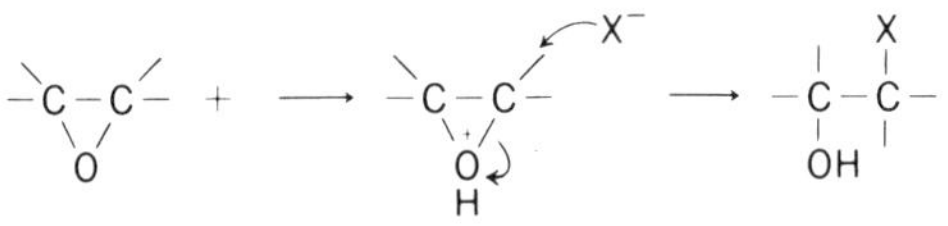

$$-\underset{O}{C-C}- + \longrightarrow -\underset{\underset{H}{O^+}}{C-C}- \xleftarrow{X^-} \longrightarrow -\underset{OH}{\overset{}{C}}-\overset{X}{C}-$$

친핵성시약으로 묽은 산이나 알코올을 사용하는 경우도 이와 같이 반응한다.

[예] $$\underset{O}{CH_2-CH_2} + H-OH \xrightarrow{H^+} \underset{OH}{CH_2}-\underset{OH}{CH_2}$$ (ethylene glycol)

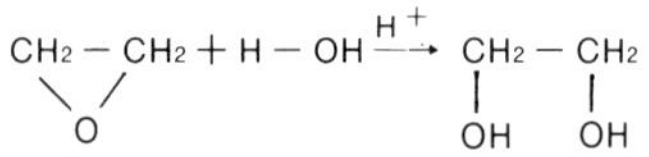

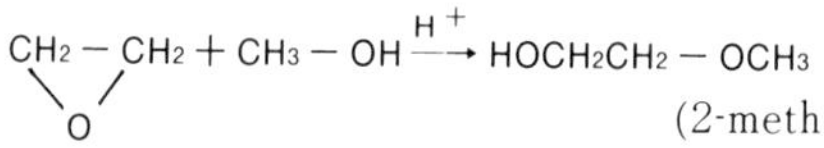

$$\underset{O}{CH_2-CH_2} + CH_3-OH \xrightarrow{H^+} HOCH_2CH_2-OCH_3$$

(2-methoxy ethanol)

$$R-\underset{\diagdown O \diagup}{CH-CH_2} \xrightarrow{HBr} R-\underset{Br}{CH}-\overset{OH}{CH_2}$$

bromohydrin(일반명)

$$\xrightarrow[H_2O]{H^+}$$

trans-1,2-cichlohexane diol

$$\underset{\diagdown O \diagup}{CH_2-CH_2} \xrightarrow[C_2H_5OH]{H^+} \underset{OH}{CH_2}-\overset{OCH_2CH_3}{CH_2}$$

2- ethoxy ethanol

또한 에폭시화물은 염기촉매에 의하여 고리가 열리고, diol (glycol)이나 aminoalcohol을 생성한다.

$$\underset{OH}{-C}-\overset{OH}{C}- \xleftarrow{NaOH\ aq} -\underset{\diagdown O \diagup}{C-C}- \xrightarrow{NH_3} \underset{OH}{-C}-\overset{NH_2}{C}-$$

diol aminoalcohol

에폭시화물은 Grignard 시약 및 수소화알루미늄리튬($LiAlH_4$)과도 용이하게 반응하고 알코올을 생성한다.

$$RCH-CH_2 \xrightarrow[2)\ H^+]{1)\ R'MgX} R-\underset{OH}{CH}-CH_2-R'$$

$$RCH-CH_2 \xrightarrow[2)\ H^+]{1)\ LiAlH_4} R-\underset{OH}{CH}-CH_3$$

여러가지 Grignard 시약에 ethylene oxide를 반응시키면 Grignard 시약의 알킬기보다 탄소사슬이 2개가 긴 알코올류가 합성된다.

$$\underset{\diagdown O \diagup}{CH_2-CH_2} \xrightarrow{RMgBr} R-CH_2CH_2OH$$

5원자의 고리의 에테르는 tetrahydrofuran 이라고 하며, furan을 환원하여 얻어진다. 이 화합물은 용매나 공업원료로 널리 사용된다. furan은 옥수수에 많이 함유되어 있는 당인 pentose를 탈수하여 고리모양화합물의 furfural로 유도되어 이것을 탈포르밀화하여 합성한다. 또 1,4-butandiol을 황산으로 탈수하더라도 얻어진다.

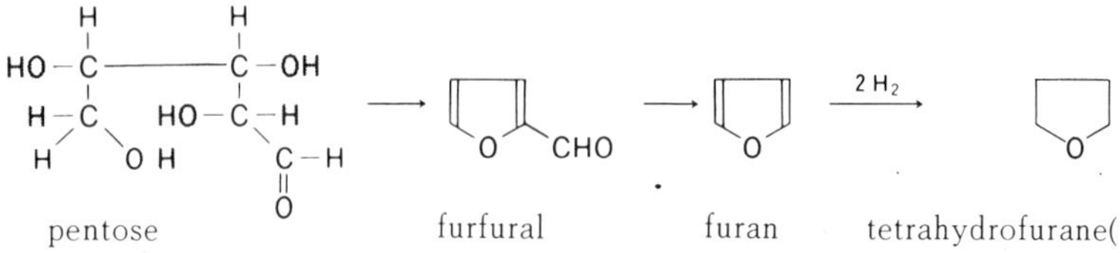

pentose → furfural → furan —2 H_2→ tetrahydrofurane(T.H.F)

산소원자를 2개 포함하는 6원자 고리의 고리모양에테르로서는 1,4-dioxane이 있다.

tetrahydropyran　　1,4-dioxane

1.4-dioxane도 tetrahydrofuran(T.H.F)과 같이 수용성이며, 또한 지용성 용제이기도 하다.

3-3 할로겐기

주기율표의 우측에 위치하는 ⅦA족의 할로겐족(halogen group)은 플루오르(F)·염소(Cl)·브롬(Br)·요오드(I) 및 아스타틴(At)의 5개 원소의 총칭이다.

자연계에는 염소가 널리 다량 존재하고 있는데, 플루오르·브롬·요오드의 순으로 적어지며, 유기할로겐화물도 이 순으로 적어진다. 플루오르의 전자배치는 $(1s)^2(2s)^2(2p_x)^2(2p_y)^2(2p_z)^1$이며, 불활성원자보다 $2p_z$궤도에 전자가 1개 적고, 반응성이 풍부하다.

다른 할로겐도 이와 같이 최외각에 1개의 전자가 채워지지 않은 p궤도를 가지고 있으므로 원자가는 1가이다.

3-3-1 할로겐화물의 구조 및 명명법

할로겐원자는 sp^3궤도를 가진 탄소원자와 σ결합으로 요오드화메틸(CH_3I)이나 브롬화에틸(CH_3CH_2Br)을 만들고, 염화비닐($CH_2=CHCl$)과 같이 sp^2혼성궤도를 갖는 탄소와도 결합한다. 또한 sp궤도를 갖는 탄소와도 결합하는데, chloroacetylene($CH\equiv CCl$)과 같이 매우 반응성이 높고 폭발성이 있는 화합물로 된다.

방향족할로겐화물의 경우는 그림 3-9와 같이 공명구조를 가지고 있으며 보다 안정성이 있다.

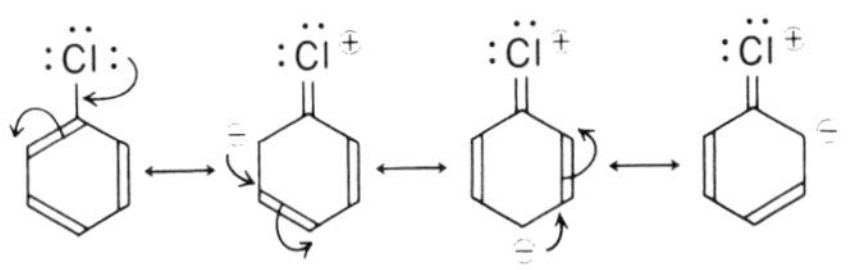

그림 3-9 할로겐화 아릴의 공명구조

간단한 할로겐화물의 명명은 브롬화에틸(CH_3CH_2Br), 요오드화페닐(C_6H_5I) 등과 같이 할로겐화알킬 또는 할로겐화아릴의 모양으로 불리워진다. 그러나 보다 복잡한 화합물에는 IUPAC 명명법에 따라서 할로겐을 치환기로 취급하며 "플루오로(fluoro-; F-)", "클로로(chloro-; Cl)", "브로모(bromo-; Br)", "요오도(iodoi; I)"의 할로겐명칭에 붙여 탄소사슬의 모체명을 쓴다.

기타의 규정은 지금까지 기술한 명명법과 같다.

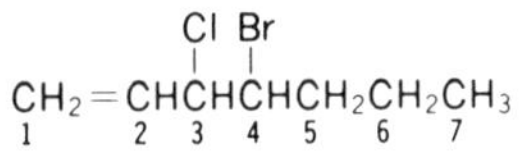

$$\overset{1}{CH_2}=\overset{2}{CH}\underset{|}{\overset{3}{CH}}\underset{|}{\overset{4}{CH}}\overset{5}{CH_2}\overset{6}{CH_2}\overset{7}{CH_3}\quad (3: Cl,\ 4: Br)$$

예를 들면, 상기 화합물명칭은 모체가 1-heptene으로 3-chloro, 4-bromo가 치환기이므로 이것을 알파벧 순으로 배열하면 4-bromo-3-chloro-1-heptene이 정식 명칭이다.

3-3-2 할로겐화물의 물리적 성질

할로겐원자는 탄소원자에 비하여 전기음성도가 커서 탄소—할로겐 결합은 극성(極性)이 크다. 그러나 일반적으로 물에 대한 용해도는 극히 작고 유기용매에는 잘 용해한다.

또한 염화메틸렌(CH_2Cl_2), 클로로포름($CHCl_3$) 등은 그 자체가 양호한 용매로서 각종 용도에 사용된다. 할로겐화물의 비점은 그와 거의 같은 분자량을 갖는 알칸의 비점에 가까운 값을 가진다.

같은 알킬기 또는 아릴기를 갖는 할로겐화물의 사이에서는 그 분자량이 증가함에 따라서 비점도 상승하고 표 3-4에서 보는 바와 같이 플루오르화물＜염화물＜브롬화물＜요오드화물의 순으로 높아지고 있다. 할로겐화물은 비중이 큰 것이 특징이며 4염화탄소(CCL_4)의 비중은 1.59이고, 할로포름반응으로 생성되는 요오드포름(CHI_3)의 비중은 4.10도 있다. 할로포름반응은 다음과 같다.

$$R-\underset{\underset{O}{\|}}{C}-CH_3 + X_2 \xrightarrow{OH^-} R-\underset{\underset{O}{\|}}{C}-CX_3 \xrightarrow{OH^-} R-\underset{\underset{O}{\|}}{C}-O^- + CHX_3$$

표 3-4 할로겐화물의 물성

명 칭	구 조 식	융점(m.p.) (℃)	비점(b.p.) (℃)	비중(d)
methyl fluoride	CH_3F	−142	−78	—
methyl chloride	CH_3Cl	−97	24	$d^{23.7}$ 1.00
methyl bromide	CH_3Br	−93	4.5	d^{0} 1.73
methyl iodide	CH_3I	−66.5	42.5	d^{20} 2.28
methylene chloride	CH_2Cl_2	−95	40	d^{20} 1.33
chloroform	$CHCl_3$	−64	62	d^{20} 1.48
carbon tetrachloride	CCl_4	−23	77	d^{25} 1.59
vinyl chloride	$CH_2=CHCl$	−160	−14	—
tetrachloro ethylene	$CCl_2=CCl_2$	−22	121	d^{15} 1.63

3-3-3 할로겐화물의 반응

할로겐화알킬에서는 탄소－할로겐결합간에서 전자가 편재(偏在)하고 있고, 탄소원자가 정전하를 띄고 있으며, 친핵성시약의 공격을 받는다. 따라서 할로겐화알킬은 유용한 합성중간체가 되고 여러가지 시약에 따라서 친핵성치환반응을 한다.

$$-\overset{|}{\underset{|}{C}}-X \xrightarrow{\ddot{N}u\ \text{친핵성시약}} -\overset{|}{\underset{|}{C}}-Nu + X^-$$

(1) **할로겐화물의 가수분해반응 :** OH^-의 공격을 받아 알코올을 생성한다.

$$R-X + OH^- \longrightarrow R-OH + X^-$$

(2) **알콕시화물과의 반응 :** 3-2-4절에서 기술한 Williamson의 에테르 합성법이다.

$$R-X + R'O^-Na^+ \longrightarrow R-O-R' + NaX$$

(3) **황화수소 및 티올과의 반응 :** 앞에서 설명한 수산이온(OH^-)이나 알콕시화이온(RO^-)과의 반응과 같이 H_2S(HS^-)나 $R'-SH$($R'-S^-$)와 반응하여 각각 thiol과 thioether을 생성한다.

$$R-X \xrightarrow{^-SH} R-SH + X^-$$

$$R-X \xrightarrow{^-SR'} R-SR' + X^-$$

(4) 아민과의 반응 : 할로겐화알킬은 암모니아와 반응하여 1차아민이 되고, 이것이 다시 할로겐화알킬과 반응하여 2차아민이 되며, 최종적으로 4차암모늄염 까지 된다. 따라서 이 방법에서는 각 아민의 혼합물이 얻어진다. 1차아민만 얻고자 할 경우에는 암모니아를 과잉으로 하고, 생성된 1차아민이 할로겐화알킬과 반응하기 전에 할로겐화알킬을 모두 소비하도록 한다.

$$\underset{\text{1차아민}}{R-X + NH_3 \longrightarrow RNH_2} + HX \xrightarrow{RX} \underset{\text{2차아민}}{R_2NH} \xrightarrow{RX} \underset{\text{3차아민}}{R_3N} \xrightarrow{RX} \underset{\text{4차암모늄염}}{R_4N^{\oplus}\,X^-}$$

(5) 아세틸리드와의 반응 : 알킬화된 알킨류의 합성법으로 잘 이용되고 있다. 새로운 아세틸렌결합(－C≡C－)에 의하여 그 골격이 연장되어 여러가지 유도체로 유도될 수 있다.

$$R-X + \underset{\text{Sod.acetylide}}{R'C{\equiv}C^-\ Na^+} \longrightarrow R'C{\equiv}C-R + NaX$$

(6) 시안화물과의 반응 : 시안화 이온(CN^-)이 친핵성시약으로서 반응하여, nitrile을 생성한다. 이 반응에 의하여 탄소사슬이 1개 연장된다.

$$R-X + NaCN \longrightarrow R-CN + NaX$$

nitrile은 1 mol의 물에 의하여 1차아미드로 되고, 다시 가수분해되어 카르복시산을 생성한다. 또한 nitrile로부터 $LiAlH_4$의 접촉환원에 의하여 1차아민이 얻어진다.

$$R-CN \xrightarrow{H_2O} RCONH_2 \xrightarrow{H_2O} \underset{\text{카르복시산}}{RCOOH} + NH_3$$

[예] $CH_3 \cdot CN \xrightarrow{+H_2O} CH_3 \cdot \underset{\underset{O}{\|}}{C} \cdot NH_2 \xrightarrow{+H_2O} CH_3COOH$

$$\underset{\text{nitrile}}{R-CN} \xrightarrow[2H_2]{LiAlH_4} \underset{\text{1차아민}}{RCH_2NH_2}$$

(7) 할로겐화물의 이탈반응 : 할로겐화물을 수산화칼륨으로 처리하면 할로겐화수소가 이탈하여 알켄이 얻어진다. 이탈반응을 받기 쉬운 순서는 1차 < 2차 < 3차 할로겐화물의 순으로 증가한다.

$$-\underset{X}{\overset{|}{C}}-\overset{H}{\underset{|}{C}}- \xrightarrow{KOH} \;\rangle C=C\langle$$

알켄

β 탄소에 결합된 수소가 할로겐화수소로서 이탈하는데 2개이상의 β 탄소가 있는 경우에는 몇개의 알켄 이성체가 생성된다.

2-4-5절에서 기술한 바와 같이 "이탈반응에 있어서는 보다 고도로 치환된 알켄이 주로 생성된다"고 하는 **Saytzeff 법칙**에 따른다.

$$CH_3CH_2\underset{Br}{CH}CH_3 \xrightarrow{KOH} \underset{\text{trans-2-butene}}{H_3C(H)C=C(H)CH_3} + \underset{\text{cis-2-butene}}{H_3C(H)C=C(H)CH_3} + \underset{\text{1-butene}}{CH_3CH_2CH=CH_2}$$

(trans-2-butene + cis-2-butene) : 1-butene = 4 : 1

(8) **Grignard 반응** : 1912년 노벨화학상을 받은 Victor Grignard에 의하여 연구개발된 반응이며, 그 후 오랜동안 유기화학에 있어서 가장 중요한 반응의 하나로서 광범위하게 이용되었다.

이 반응은 염화·브롬화 및 요오드화물의 1차·2차 및 3차 알킬, 또한 브롬화 및 요오드화비닐 및 아릴화합물 등이 금속마그네슘과 반응하여 R-Mg-X 형태의 이른바 Grignard reagent을 생성하고, 이것이 여러가지 유기화합물과 반응하여 각종 생성물을 생성하게 된다.

그림 3-10은 여러가지 Grignard 반응을 종합하여 나타내고 있다.

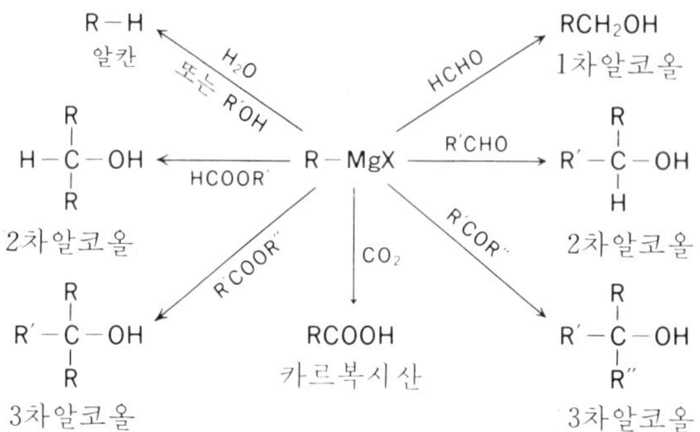

그림 3-10 Grignard 반응의 예

3-3-4 할로겐화물의 합성

할로겐화물을 합성하는 방법에 대하여 몇가지 설명하기로 한다.

(1) **알칸의 할로겐화** : 빛이나 열에 의하여 알칸을 할로겐화하는 방법으로써 **라디칼**(radical) 반응(2-3-3절)에 의하여 이루어진다.

$$R-H + X_2 \xrightarrow{\text{빛}(h\nu)} RX + HX$$
$$(Cl_2, Br_2)$$

(2) **방향족화합물의 할로겐화 반응** : 염화철(Ⅲ)이나 염화알루미늄 등을 촉매로 하여 방향족 고리모양의 탄소에 할로겐원자를 유도한다.

$$C_6H_5-H + Cl_2 \xrightarrow{FeCl_3} C_6H_5-Cl$$

다음 반응은 toluene의 염소화반응을 나타내는데 라디칼 반응의 조건으로 하면 benzyl chloride을 생성하고, 염화철(Ⅲ)($FeCl_3$)을 가하면 방향핵에 염소화가 일어나 *o*-및 *p*-chlorotoluene이 얻어진다.

$$C_6H_5CH_3 + Cl_2 \xrightarrow{h\nu} C_6H_5CH_2Cl \text{ (benzyl chloride)}$$

$$C_6H_5CH_3 + Cl_2 \xrightarrow{FeCl_3} o\text{-}ClC_6H_4CH_3 + p\text{-}ClC_6H_4CH_3$$

o-chlorotoluene p-chlorotoluene

(3) **NBS(*N*-bromosuccinimide)에 의한 브롬화** : 아릴이나 벤질의 탄소에 있는 수소원자는 활성이 커서 NBS에 의하여 브롬이 치환되는 특별히 유용한 반응이고, Wohl-Ziegler 반응이라고 한다.

$$-CH=CH-CH_2- \xrightarrow{NBS} -CH=CH-CH(Br)-$$

$$C_6H_5-CH_2- \xrightarrow{NBS} C_6H_5-CH(Br)-$$

(4) **알켄 및 알킨의 첨가반응에 의한 할로겐화알킬의 생성** : 할로겐이나 할로겐화수소가 탄소−탄소 불포화결합에 결합되는 첨가반응은 이미 제2장의 2-4절 및 2-5절에 기술되어 있다.

$$>C=C< \xrightarrow{X_2} -\overset{|}{\underset{X}{C}}-\overset{X}{\underset{|}{C}}-$$

$$-C\equiv C- \xrightarrow{X_2} -\overset{|}{\underset{X}{C}}=\overset{X}{\underset{|}{C}}- \xrightarrow{X_2} -\overset{X}{\underset{X}{C}}-\overset{X}{\underset{X}{C}}-$$

$$>C=C< \xrightarrow{HX} -\underset{X}{\overset{|}{C}}-\underset{|}{\overset{H}{C}}-$$

$$-C\equiv C- \xrightarrow{HX} -\underset{X}{\overset{|}{C}}=\underset{|}{\overset{H}{C}}- \xrightarrow{HX} -\underset{X}{\overset{X}{C}}-\underset{H}{\overset{H}{C}}-$$

할로겐화수소의 첨가반응은 Markownikoff 법칙에 따른다.

1-methyl cyclohexene + HBr —(과산화물 없음)→ 1-bromo-1-methyl cyclohexane

1-methyl cyclohexene + HBr —(과산화물)→ 1-bromo-2-methyl cyclohexane

(5) **알코올로부터 할로겐화 알킬의 생성** : 실험실에서 많이 이용되는 할로겐화알킬의 합성법이며, 알코올에 할로겐화수소산·인의 할로겐화물·할로겐화티오닐 등 지시약을 작용시킨다.

$$R-OH + HX \longrightarrow R-X + H_2O$$

$$R-OH + PCl_3 \longrightarrow R-Cl + P(OH)_3$$

$$R-OH + PBr_3 \longrightarrow R-Br + P(OH)_3$$

$$R-OH + PCl_5 \longrightarrow P-Cl + PO(OH)_3$$

$$R-OH + SOCl_2 \longrightarrow R-Cl + SO_2 + HCl$$

$$R-OH + SOBr_2 \longrightarrow R-Br + SO_2 + HBr$$

3-3-5 할로겐화물의 이용

monomer(單量體)의 할로겐화물을 축합 또는 중합시켜 생성된 고분자의 polymer(重合體)는 여러가지 용도로 사용된다. 폴리염화비닐은 분자량이 약 150만의 중합체로서 견고한 재질의 것은 파이프 또는 성형품(成型品)에 사용된다. 또한, 가소제(可塑劑)를 첨가한 것은 부드러운 성질이 있으므로 비닐시이트나 절연 코드 등으로 우리 일상생활에 널리 이용되고 있다.

$$n\,CH_2=CHCl \longrightarrow \left(CH_2\underset{Cl}{CH}\right)_n$$

vinylchloride (monomer) → poly vinylchloride(polymer)

tetrafluoroethylene 의 중합체는 Teflon 이라고 하며, −50℃~300℃의 온도범위에서도 안정하며, 화학물질에 부식되지 않으므로 양호한 전기의 절연체로 이용된다. 또한 Teflon 을 코팅한 후라이팬은 타지 않고 편리하다.

낮은 분자의 할로겐화물 중에서도 염화메틸렌 (CH_2Cl_2) · 클로로포름 ($CHCl_3$), 4염화탄소 (CCl_4) 는 용제로 널리 사용된다.

dichlorodifluoro methane 은 freon 이라 하는 플루오르화알칸의 일종으로 인체에 무독하고 불연성이며, 부식성이 아니기 때문에 에어로졸 분무용 가스로 사용되는 한편 비점이 −28℃ 라는 성질을 이용하여 냉각 매체로 냉장고 등 다방면에 사용된다. trichloroethylene($CHCl = CCl_2$) 은 드라이 클리닝용의 용제로 사용되고 있다.

브롬화메틸 (CH_3Br) 은 훈증제로서 살충이나 살서목적으로 사용된다. 염화물에는 DDT*, BHC, Dieldrin 등 현저하게 살충효과가 있는 화합물이 많다(그림 3-11).

실제로 DDT 등은 세계의 농작물을 해충으로부터 보호하고 또 말라리아병을 완전 섬멸시켜 왔다.

그러나 독성이 강한 염소계 농약은 야채나 곡류에 장기간 잔존하여 그것을 섭취하는 사람이나 가축의 체내에 축적된다.

자연계에는 할로겐화물의 존재가 대단히 적으므로 우리 인류나 고등동물 · 미생물 등도 할로겐화물을 무해한 대사화합물로 분해하는 것은 매우 어렵다.

따라서 체내에 들어온 DDT 등의 화합물은 체내에서 분해되지 않고, 지방조직속으로 녹아 들어가 간장조직에 커다란 장애를 초래하는 것을 알고, 이 때문에 이들 농약의 사용이 중대한 환경문제로 대두되어 있으며, 일부 농약은 제조 및 판매가 금지되고 있다.

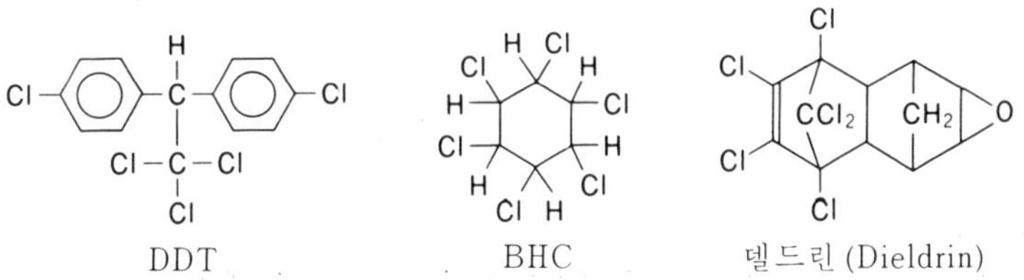

DDT BHC 델드린 (Dieldrin)

그림 3-11 염소계의 농약

* DDT : dichloro-diphenyl-trichloro ethane
BHC : benzene-hexa-chloride

할로겐을 가진 천연유기화합물의 존재량은 극히 적지만 미생물이 생산하는 화합물이나 바다의 동식물 성분중에는 비교적 많이 존재한다. 예를 들면, 방선균(放線菌)의 일종이 생산하는 chloramphenicol은 그람음성균 및 양성균 또는 바이러스에 대하여 효력을 갖는 항생물질이다.

곰팡이류의 페니실리움이 생산하는 Griseofulvin은 강한 항곰팡이성의 물질이며, 항균·항바이러스성 물질과 함께 의약품으로 사용되고 있다(그림 3-12). 또한 홍조류나 해면류에서도 브롬을 함유하는 화합물이 순수 분리되고 있다(그림 3-13).

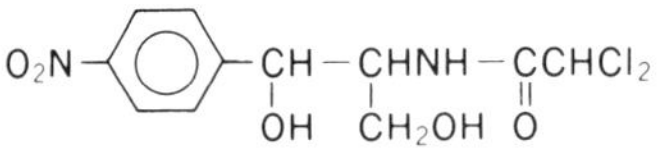

Chloramphenicol 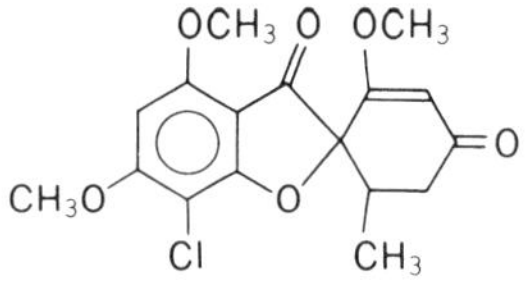　　Griseofulvin

그림 3-12　염소계의 의약품

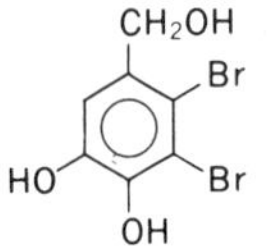

2,3-dibromo-4,5-dihydroxy benzyl alcohol 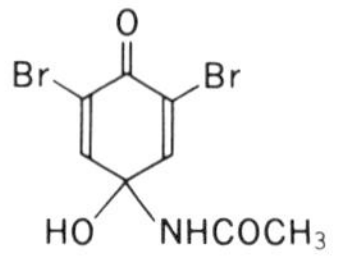　　2,6-dibromo-4-hydroxy-4-acetamidecyclohexa-2,5-dieneone

그림 3-13　해면류에 보이는 디-브로모유도체

참고　합성혈액

최근에는 산소와 이산화탄소를 교환하고 수송하는 작용을 하는 혈액중의 적혈구를 다른 화합물로 대체하는 연구가 추진되고 있다. 이러한 물질은 플루오르화된 화합물이 주목되고 있다.

예를 들면 1-bromoperfluoro octane, perfluoro decalin, perfluoro butyl tetrahydrofuran 등이 사용되고 있는데, 물질이 산소와 이산화탄소를 흡착하고 방출하는 능력은 물에 비하여 15배나 높다고 한다.

이 화합물들은 화학적으로나 생물학적으로도 안정하기 때문에 "합성혈액"으로서 의학에 응용되고 있으며, 실제로는 쥐나 개를 통한 실험을 성공하고 있는데 가까운 장래에 우리 인간의 수술이나 수혈의 경우에도 사용될 것으로 기대되고 있다(그림 3-14).

$CF_3CF_2CF_2CF_2CF_2CF_2CF_2CF_2Br$
1-bromoperfluoro octane　　perfluoro decalin 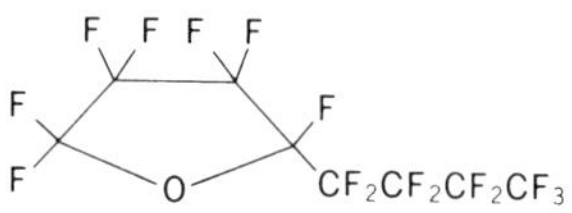　　perfluoro butyl tetrahydrofuran

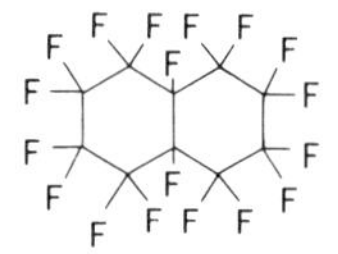

그림 3-14　합성혈액으로 사용되는 플루오르화유기물

3-4 카르보닐기(Carbonyl group)

카르보닐기 (carbonyl group; > C = O)는 수소원자나 탄소원자와 결합하는 알데히드(aldehyde), 케톤(ketone)류 외에 산소원자나 질소원자 등의 헤테로원자와도 결합하여 여러가지 화합물들을 생성한다. 여기에서는 알데히드와 케톤 그룹 화합물에 대해서 기술하며, 기타 화합물에 대해서는 3-5절에서 기술하기로 한다.

카르보닐화합물은 알데히드 또는 케톤의 형태로서 자연계에 널리 분포되고 있으며, 우리생활에 유용한 화합물도 많고 유기합성 화학공업에서는 없어서는 안될 원료이다. 즉 카르보닐기의 반응성이 높으므로 카르보닐화합물의 화학이 유기화학의 중심이 되고 있다고 해도 과언이 아닐 정도로 많이 이용되고 있다.

3-4-1 알데히드와 케톤의 구조 및 명명법

카르보닐기가 결합하는 대상이 되는 원자의 한쪽이 **수소원자**이며, 다른 한쪽은 **알킬기** 또는 **아릴기**이다. 수소원자를 갖는 화합물을 **알데히드**라고 한다. 그리고 카르보닐기의 양쪽 치환기가 알킬기 또는 아릴기의 경우를 케톤이라고 한다. **케톤**에는 고리모양의 것도 존재한다.

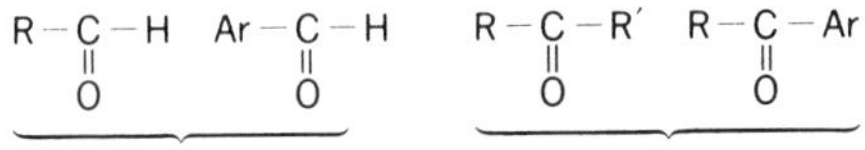

$$\underbrace{\underset{\overset{\|}{O}}{R-C-H} \quad \underset{\overset{\|}{O}}{Ar-C-H}}_{\text{알데히드}} \qquad \underbrace{\underset{\overset{\|}{O}}{R-C-R'} \quad \underset{\overset{\|}{O}}{R-C-Ar}}_{\text{케톤}}$$

알데히드 및 케톤은 관용명으로 불려지는 경우가 많다. 알데히드에는 formaldehyde acetaldehyde propionaldehyde acrolein (acryladehyde) 등이 있다. 케톤의 경우는 카르보닐기에 결합하고 있는 2종의 치환기 명칭을 연결한 후에 케톤(-ketone)을 붙이는 **보통명명법**이 있다.

HCHO	CH_3CHO	CH_3CH_2CHO	$CH_2=CHCHO$
formaldehyde (methanal)	acetaldehyde (ethanal)	propionaldehyde (propanal)	acrolein (propenal)

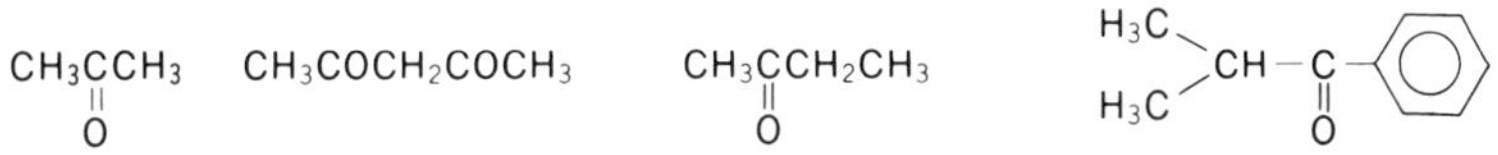

$CH_3\underset{\overset{\|}{O}}{C}CH_3$	$CH_3COCH_2COCH_3$	$CH_3\underset{\overset{\|}{O}}{C}CH_2CH_3$	$(H_3C)_2CH-\underset{\overset{\|}{O}}{C}-C_6H_5$
acetone (propanone)	acetyl acetone (2,4-pentanedione)	ethyl methyl ketone (butanone)	ethyl phenyl ketone

IUPAC의 명명법에서는 카르보닐기를 함유하는 가장 긴 탄소사슬을 기본골격으로 선택하고, 알데히드의 경우에는 어미를 "알(-al)"이라 하

고, 케톤의 경우에는 "온(-one)"이라고 한다. 또 알데히드기는 항상 탄소사슬의 끝에 오는 것이므로 그 탄소원자의 번호를 1로 한다.

케톤기의 경우는 탄소사슬중의 어느 곳에도 존재하는데 그 탄소원자의 위치번호가 가장 작게 되도록 번호를 끝으로부터 부여한다.

[예]

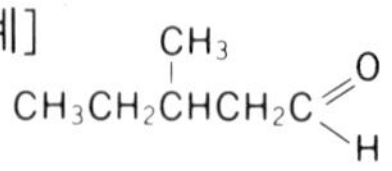

$CH_3CH_2CH(CH_3)CH_2CHO$ — 3-methyl pentanal

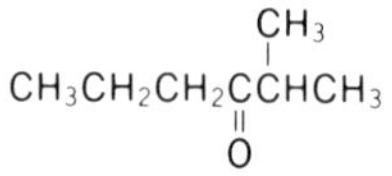

$CH_3CH_2CH_2C(=O)CH(CH_3)CH_3$ — 2-methyl-3-hexanone

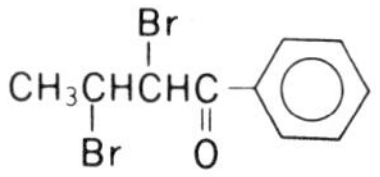

$CH_3CHBrCHBrC(=O)C_6H_5$ — 2,3-dibromo-1-phenyl-1-butanone

3-4-2 카르보닐화합물의 물리적 성질

카르보닐기의 탄소-산소 2중결합에서는 양쪽 원자의 2p전자가 중첩되어 π 결합을 이룬다(그림 3-15).

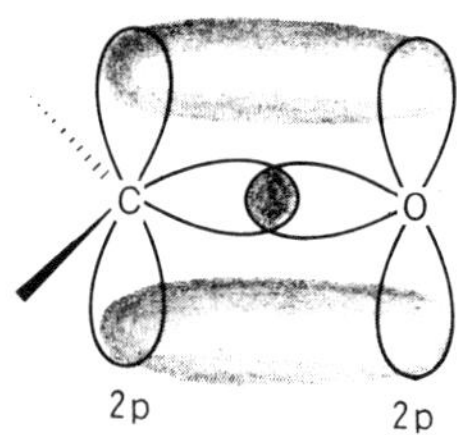

그림 3-15 카르보닐기의 π 결합

카르보닐기는 평면구조를 하고 있으며, 결합축의 각도는 모두 120°이다.

산소원자는 탄소원자에 비하여 전기음성도가 커서 분자내에서는 산소원자 편에 전자가 편중되어 부전하($\delta-$)를 이루고, 탄소원자는 정전하($\delta+$)를 이루어 분극한다. 따라서 카르보닐 화합물에는 분자간에 인력이 작용하고, 비점이 같은 분자량의 알칸이나 에테르보다 높지만 수소결합 만큼 강하지는 못하므로 알코올보다는 낮다. 또한 카르보닐기는 수산기와 수소결합할 수 있으므로 에테르의 경우와 다르게 물에 대한 용해도가 비교적 높아진다(그림 3-16).

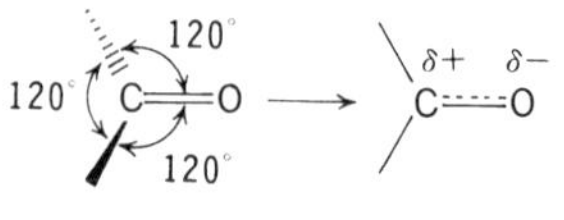

120° 120° C=O 120° ⟶ $\overset{\delta+}{C}$┅$\overset{\delta-}{O}$

그림 3-16 카르보닐기의 분극(分極)

표 3-5 카르보닐 화합물과 다른 화합물의 비점 비교

명　　칭	구 조 식	분자량	비점(b.p.)(℃)
n-butane	$CH_3CH_2CH_2CH_3$	58	−0.5
isobutane	CH_3CHCH_3 (CH 위에 CH_3 결합)	58	−10
ethyl methyl ether	$CH_3CH_2OCH_3$	60	8
propionaldehyde	CH_3CH_2CHO	58	49
acetone	CH_3CCH_3 (C=O)	58	56
n-propyl alc	$CH_3CH_2CH_2OH$	60	97
isopropyl alc	CH_3CHCH_3 (CH에 OH 결합)	60	82

3-4-3 카르보닐 화합물의 반응

카르보닐기는 이미 기술한 바와 같이 분극을 하고 있고, 정전하를 띈 탄소원자는 친핵성시약(Nu^-)에 의하여 공격되고, 계속해서 산소원자에도 친전자성시약(E^+)이 첨가된다.

$$>\overset{\delta+}{C}=\overset{\delta-}{O} \xrightarrow{\ddot{N}u} >C\begin{matrix}O^-\\Nu\end{matrix} \xrightarrow{E^+} >C\begin{matrix}OE\\Nu\end{matrix}$$

(1) 탄소 친핵성시약에 의한 반응 (탄소-탄소결합의 형성)

1) 시안화수소의 첨가 : 염기성 조건에서 cyanide ion(CN^-)을 반응시켜 산성으로 하여 cyanohydrin을 얻는다.

$$>C=O \xrightarrow{HCN} >C\begin{matrix}O^-\\CN\end{matrix} \xrightarrow{H^+} -\underset{CN}{\overset{|}{C}}-OH$$

cyanohydrin

시안기($-C\equiv N$)는 **니트릴기**라고도 하며, 이 기를 가수분해하므로서 아미드($CONH_2$)를 거쳐 카르복시산까지 유도될 수 있다.

$$\underset{\text{니트릴}}{-C\equiv N} \xrightarrow{H_2O} \underset{\text{아미드}}{-CONH_2} \xrightarrow{H_2O} \underset{\text{카르복시산}}{-COOH} + NH_3$$

2) Grignard 시약의 첨가 : 할로겐화물에서 기술한 바와 같이 Grignard 시약이 카르보닐 탄소를 공격하고 여러가지 알코올을 합성한다.

$$>C=O + RMgX \longrightarrow -\overset{|}{\underset{R}{\underset{|}{C}}}-OMgX \xrightarrow{H^+} -\overset{|}{\underset{R}{\underset{|}{C}}}-OH$$

3) 아세틸리드의 반응 : 금속 아세틸리드와 반응시켜 탄소사슬이 2개 늘어난 화합물을 얻을 수 있다.

$$\underset{}{>C=O} + \underset{\text{sod - acetylide}}{Na\bar{C}\equiv CH} \longrightarrow -\overset{|}{\underset{OH}{\underset{|}{C}}}-C\equiv CH$$

4) 유기금속시약과의 반응 : methyl lithium(CH_3Li)과 같은 유기금속시약과의 반응에서 카르보닐기는 새로이 알킬화된 알코올로 된다.

$$>C=O + RM \longrightarrow >C\begin{matrix}OM\\R\end{matrix} \xrightarrow{H^+} -\overset{|}{\underset{R}{\underset{|}{C}}}-OH$$

또한, 유사한 반응으로 금속수소화물(예를 들면 $LiAlH_4 \cdot NaBH_4$ 등)에 의한 카르보닐화합물의 환원도 이루어진다. 알데히드로부터는 1차알코올이, 케톤으로부터는 2차알코올이 얻어진다(3-1-6절).

(2) 산소 친핵성시약에 의한 반응

1) 수화(水和)반응 : 물의 산소원자는 친핵적으로 카르보닐기에 첨가하여 수화물(水和物), 즉 gem - diol을 생성한다.

$$>C=O + H_2O \rightleftharpoons -\overset{|}{\underset{OH}{\underset{|}{C}}}-OH$$

일반적으로 gem-diol은 불안정하고 반응의 평형은 좌측의 카르보닐화합물 쪽으로 기울어지는데 formaldehyde나 카르보닐기 가까이에 전자를 당기는 치환기가 있는 trichloroacetaldehyde(chloral), triketoindane 등은 수화물로 안정하게 존재한다.

$$\underset{\text{formaldehyde}}{H-\underset{\underset{O}{\|}}{C}-H} \xrightarrow{H_2O} \underset{\substack{\textit{gem}\text{ - diol}\\ \text{formaldehyde hydrate}}}{H-\overset{OH}{\overset{|}{\underset{OH}{\underset{|}{C}}}}-H}$$

$$CCl_3CHO \xrightarrow{H_2O} CCl_3CH(OH)_2$$

chloral　　　　chloral hydrate

triketoindane $\xrightarrow{H_2O}$ ninhydrin

(아미노산의 검출시약)

2) **알코올의 첨가** : 알데히드나 케톤을 산의 존재하에서 알코올과 처리하면 1 mol 의 알코올이 첨가하여 hemiacetal 과 hemiketal 을 생성한다. 또한 1 mol 의 알코올이 더 첨가하여 acetal 과 ketal 이 된다. 이들을 **아세탈**이라고 총칭한다. 아세탈은 묽은산으로 처리하면 반응이 역방향으로 진행하여 원래의 알데히드나 케톤을 재생할 수 있다.

$$\text{RHC=O} \xrightleftharpoons{R'OH} \text{RHC(OH)(OR')} \rightleftharpoons \text{RHC}^+\text{OR} \xrightleftharpoons{R'OH} \text{RHC(OR')(OR')}$$

aldehyde　　hemiacetal　　　　acetal

$$\text{R}_2\text{C=O} \rightleftharpoons \text{R}_2\text{C(OH)(OR')} \rightleftharpoons \text{R}_2\text{C}^+\text{OR'} \xrightleftharpoons{R'OH} \text{R}_2\text{C(OR')(OR')}$$

ketone　　hemiketal　　　　ketal

헤미아세탈은 gem-diol 처럼 카르보닐 화합물에 비하여 불안정한 물질이지만 4－ 또는 5－hydroxyaldehyde (γ- 또는 δ - hydroxyaldehyde) 는 안정한 분자내 헤미아세탈을 형성하여 고리모양화합물이 된다.

$$\text{H}_2\text{C(OH)}-\text{CH}_2-\text{CH}_2-\text{CH=O} \longrightarrow \text{고리모양 hemiacetal}$$

4 -hydroxybutanol　　(고리모양 hemiacetal)

(γ -hydroxybutyraldehyde)

D-글루코오스는 안정한 고리모양 헤미아세탈 구조를 이루고 있다. 또한 이때 새로이 생성하는 첫번째 수산기가 glucopyranose 고리면(環面)보다 밑에 있는 경우를 **α-D-글루코오스**라 하고, 수산기가 위에 나오는 이성질체를 **β-D-글루코오스**라고 한다.

α - D - glucose β - D - glucose

(3) 질소 친핵성시약에 의한 반응

산 촉매조건하에서의 카르보닐기와 1차아민과의 반응에 의하여 α-히드록실아민이 생성되며, 다시 탈수반응에 의하여 이민(imine; Schiff's base) 유도체가 형성된다.

$$\mathrm{R(R'/H)C{=}O + NH_2{-}R'' \longrightarrow R(R'/H)C(OH)(NHR'') \xrightarrow{-H_2O} R(R/H)C{=}NR''}$$

(α-hydroxylamine) (imine)

암모니아(R″ = H)와 카르보닐기로부터 이민이 생성되는 반응의 평형은 카르보닐기쪽으로 기울어지고 있으나, hydroxylamine·phenylhydrazine·2,4-dinitrophenylhydrazine·semicarbazide 등의 아민류는 각각 안정한 이민 유도체를 생성한다. 이 반응에 의하여 카르보닐화합물은 고체의 유도체를 형성하고 기지의 카르보닐화합물을 동정(同定)하는데 효과적이다(그림 3-17).

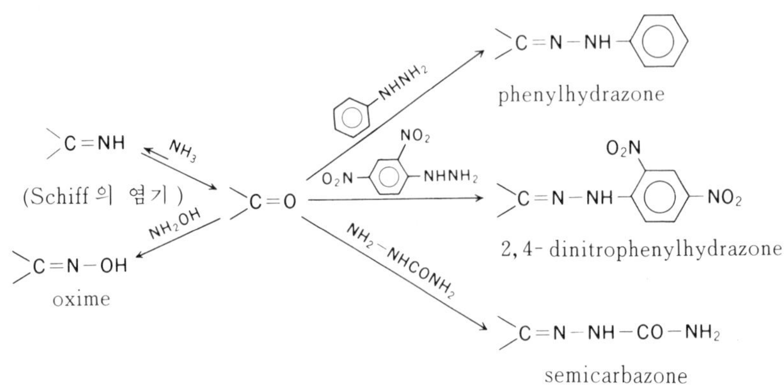

그림 3-17 카르보닐 화합물의 유도체

(4) 기타 친핵성시약에 의한 반응

1) 아황산수소나트륨의 첨가반응: 카르보닐화합물을 포화된 아황산수소나트륨 수용액으로 처리하면 알데히드나 메틸케톤, 고리모양케톤이 반응하

여 수용성인 아황산수소 첨가물(adduct)을 형성한다. 종종 고체의 첨가물로 석출(析出)하는 경우도 있다. 이 첨가물을 산이나 염기의 수용액으로 가수분해하면 원래의 카르보닐 화합물이 재생된다. 이 방법은 혼합물로부터 상기한 카르보닐 화합물을 분리하는데 사용된다.

$$>C=O + NaHSO_3 \longrightarrow >C\begin{matrix}O^- \\ SO_3H\end{matrix} \longrightarrow >C\begin{matrix}OH \\ SO_3Na\end{matrix}$$

3-4-4 활성 메틸렌의 반응

카르보닐기에 인접하는 탄소, 즉 α-탄소에 결합하고 있는 수소는 다른 수소에 비하여 반응성이 높고 이탈하기 쉽다. α 위치에 결합하고 있는 수소는 염기(B:)에 의하여 이탈되고, α-탄소에 음이온이 생긴다. 이 음이온이 엔올성 음이온(또는 enolate anion)로 되고 공명하여 안정화되기 때문에 α-탄소상의 수소가 이탈하기 쉽다. 이와 같은 형태가 되는 카르보닐화합물은 **활성메틸렌기를 갖는 화합물**이라고 한다. 이 음이온이 친핵성시약으로 반응한다. 여기에 카르보닐기·시안기·니트로기 등의 전자흡인기를 치환기로 갖는 메틸렌기 및 메틸기를 각각 **활성메틸렌**, **활성메틸**이라고 하며 친핵성반응을 한다.

$$R-\underset{H}{\overset{H}{C}}-C\begin{matrix}O \\ R'\end{matrix} \xrightarrow{:B} \underbrace{R-\bar{C}H-C\begin{matrix}O \\ R'\end{matrix} \rightleftharpoons R-CH=C\begin{matrix}O^- \\ R'\end{matrix}}_{\text{enolate 음이온 공명}} + BH$$

(1) 알돌 축합(縮合) 반응

아세트알데히드를 수산화나트륨의 묽은 수용액과 혼합하면 α-탄소상의 수소가 끌려 튀어나가 enolate anion이 생성된다.

$$CH_3C\begin{matrix}O \\ H\end{matrix} \xrightarrow{OH^-} \underbrace{\bar{C}H_2-C\begin{matrix}O \\ H\end{matrix} \longleftrightarrow CH=C\begin{matrix}O^- \\ H\end{matrix}}_{\text{enolate anion}}$$

이 α-탄소의 음이온이 아직 이온화되지 않은 알데히드의 카르보닐기의 δ+로 분극한 탄소를 공격한다. 이어서 음이온을 갖는 산소에 proton이 첨가하여 β-hydroxybutyraldehyde(aldol)이 얻어진다.

$$CH_3\overset{\delta+}{C}(=\overset{\delta-}{O})H + {}^{-}CH_2-CHO \longrightarrow CH_3CH(-O^-)-CH_2-CHO \xrightarrow{H^+} CH_3CH(OH)-CH_2CHO$$

이와 같이 염기의 촉매조건하에서 2 mol의 알데히드가 자체축합반응(自體縮合反應, selfcondensation reaction)에 의하여 β-히드록시알데히드를 생성하는 반응을 **알돌축합** (aldol condensation)이라고 한다.

※ aldol = aldehyde + alcolol

$$2R-CH_2CHO \xrightarrow{\text{염기}} R-\overset{\gamma}{C}H_2\overset{\beta}{C}H(OH)\overset{\alpha}{C}H(R)CHO$$

알돌을 묽은산으로 처리하거나 가열하면 용이하게 탈수되어 2중결합 및 카르보닐기가 짝짓는 α, β-불포화알데히드(α, β-unsaturated aldehyde)로 된다.

케톤류도 같은 모양으로 알돌축합을 하여 β-히드록시케톤을 생성하고 다시 탈수하여 α, β-불포화케톤(α, β-unsaturated ketone)으로 된다.

$$2R-CH_2-C(=O)-R' \xrightarrow{\text{염기}} R-CH_2-\overset{\beta}{C}(R')(OH)-\overset{\alpha}{C}H(R)-C(=O)-R' \longrightarrow R-CH_2-C(R')=C(R)-C(=O)-R'$$

1) 교차 알돌축합 : 알돌축합은 동일분자간의 축합반응이지만 2종류의 상이한 카르보닐 화합물을 원료로 하여 반응시키는 경우에는 생성물은 4종의 혼합물이 되므로 단일 생성물을 얻기가 곤란하게 된다. 그러나 다음 화합물과 같은 R 및 R′와 같이 상이한 치환기를 갖는 알돌이나 α, β-불포화알데히드를 합성하려고 하는 경우에 일어난다.

$$R-CH(OH)-CH(R')-CHO \qquad R-CH=C(R')-CHO$$

이러한 화합물중 알킬(-R)기가 3차인 경우에는 단일 축합물을 얻을 수 있다. 즉 R-CHO에 α-수소가 없는 경우가 그 경우이며, R-CHO는 enolate 음이온이 되지 않고, 따라서 자체축합을 일으키지 못한다. 이 알데히드는 다른 알데히드 RCH_2CHO의 enolate 음이온의 공격을 받기만 한다.

예를 들면 전자에 benzaldehyde를 사용하고 후자에 acetaldehyde를 사용하여 알돌축합을 하면 향기성분(香氣成分)으로 유용한 cinnamaldehyde를 합성할 수 있다.

$$\text{C}_6\text{H}_5\text{CHO} + CH_3CHO \longrightarrow \text{C}_6\text{H}_5\text{CH(OH)}CH_2CHO \xrightarrow{-H_2O} \text{C}_6\text{H}_5\text{CH=CHCHO}$$

benzaldehyde　　　cinnamaldehyde

이러한 반응을 **교차알돌축합**(crossed aldol condensation)이라고 한다.

(2) Cannizzaro 반응(disproportionation)

α 위치의 탄소에 수소를 갖지 않은 알데히드를 진한 알칼리수용액이나 알코올용액으로 처리하면 원료와 같은 탄소골격을 갖는 알코올과 카르복시산이 동일한 양만큼 얻어진다. 이 반응은 S. Cannizzaro의 이름을 따서 붙여진 Cannizzaro reaction이라고 한다. 예를 들면 포름알데히드로 부터는 메탄올과 formic acid가 생산되고, 또 benzaldehyde로부터는 benzyl alcohl과 benzoic acid가 생성된다.

$$2\,HCHO \xrightarrow{\text{진한알칼리}} CH_3OH + HCOOH$$

methanol　formic acid

$$2\,\text{C}_6\text{H}_5\text{CHO} \xrightarrow{\text{진한알칼리}} \text{C}_6\text{H}_5CH_2OH + \text{C}_6\text{H}_5\text{COOH}$$

benzylalc　benzoic acid

이 기구는 분자간 산화환원 반응에 의한다. 또 포름알데히드와 벤즈알데히드의 1 : 1 혼합물을 진한알칼리로 처리하면 포름알데히드쪽이 산화되기 쉽고 빨리 formic acid으로 되며, 벤즈알데히드의 쪽이 환원되어 일방적으로 벤질알코올로 된다. 이와 같은 2개의 상이한 알데히드에 의한 반응을 **교차칸니자로반응**(crossed Cannizzaro reaction)이라고 한다.

$$\text{C}_6\text{H}_5\text{CHO} + HCHO \xrightarrow{\text{진한알칼리}} \text{C}_6\text{H}_5CH_2OH + HCOOH$$

(산화되기 용이함)

3-4-5 알데히드의 특성 반응

케톤은 보통의 산화조건하에서는 산화되기 어렵지만 알데히드는 산화되기 용이하며 카르복시산을 생성한다. 즉 대기중의 산소에 의해서도 서서히 산화되고, 실험실에서도 벤즈알데히드의 시약병의 입구 주변이 산화되어 석출된 benzoic acid의 결정이 보이는 일이 있다. 이 반응성을 이용하여 알데히드의 정량이나 케톤과의 구별이 용이하다.

$$RCH_2\underset{\underset{O}{\|}}{C}CH_2R \xrightarrow{KMnO_4} \text{반응하지 않음}$$

$$RCH_2\underset{\underset{O}{\|}}{C}-H \xrightarrow{KMnO_4} RCH_2\underset{\underset{O}{\|}}{C}-OH$$

(1) **Tollens 시험** : 질산은을 암모니아수에 용해하여 얻어지는 착(錯)이온 $Ag(NH_3)_2^+$는 완만한 산화제로서 톨렌스 시약(Tellens reagent)이라고 한다. 알데히드가 산화되어 카르복시산으로 변하는 한편 은이온은 환원되어 금속은을 석출한다.

유리용기벽에 아름다운 은거울을 이루기 때문에 이 반응을 알데히드의 은거울반응(silver mirror reaction)이라고도 한다. Tollens 시약은 알데히드기의 검출 또는 정량에 사용되고 거울의 제조에도 실용적으로 사용된다.

$$\underset{\text{Tollens시약(무색)}}{RCHO + 2Ag(NH_3)_2^+} + 2OH^- \longrightarrow RCOO^-NH_4^+ + \underset{\text{은}}{2Ag\downarrow} + 3NH_3 + H_2O$$

(2) **Fehling 시험 및 Benedict 시험** : 황산구리의 알칼리용액에 tartarate 이온(페엘링시약) 또는 citrate 이온(베네딕트시약)을 가한 착염(錯鹽)의 푸른색 용액은 알데히드를 산화하고 Cu^{2+}(구리(Ⅱ)이온)가 환원되어 붉은색의 산화구리(Ⅰ) Cu_2O을 석출한다. glucose, galactose 등의 알데히드기를 갖는 당류(aldose)와도 현저하게 반응하므로 당의 검출·정량 등에 널리 사용되고 있다.

$$\underset{\text{히드록시산착염(푸른색)}}{RCHO + 2Cu^{2+}} + 5OH^- \longrightarrow RCOO^- + \underset{\text{(붉은색)}}{Cu_2O\downarrow} + 3H_2O$$

3-4-6 알데히드 및 케톤의 합성

(1) **알코올의 산화** : 1차알코올은 완만한 조건하에서 산화되면 알데히드로 된다. 이 때에 알데히드의 산화가 다시 진행되지 않도록 주의해야 한다. 포름알데히드는 공업적으로는 메탄올을 구리촉매를 이용하여 고온에서 산소로 산화시키므로서 얻어진다. 또한 2차알코올을 크롬산으로 산화하면 케톤을 생성한다.

$$RCH_2OH \xrightarrow[\text{피리딘}]{CrO_3} R-CHO$$

$$R-\underset{\substack{|\\OH}}{CH}-R' \xrightarrow{K_2Cr_2O_7} R-\underset{\substack{\|\\O}}{C}-R'$$

(2) **알켄의 오존 산화** : 알켄을 오존화하여 오존화물(ozonide)을 생성하고 아연을 사용하여 환원시켜 가수분해하므로써 알데히드나 케톤을 얻을 수 있다.

이런 가오존 분해반응(ozonolysis)은 불포화 분자에 있는 이중결합의 위치결정에 주로 이용된다.

$$R-CH=CH-R' \xrightarrow[2)\ H_2O,Zn]{1)\ O_3} R-CHO + R'-CHO$$

$$\begin{matrix}R\\R'\end{matrix}\!\!>C=C<\!\!\begin{matrix}R''\\R'''\end{matrix} \xrightarrow[2)\ H_2O,Zn]{1)\ O_3} R-CO-R' + R''-CO-R'''$$

(3) **알킨의 수화**(水和) : 아세틸렌에 물을 첨가하면 아세트알데히드가 얻어진다. 다른 알킨에 물이 첨가되면 모두 케톤이 생성된다.

$$HC\equiv CH + H_2O \xrightarrow[HgSO_4]{H_2SO_4} CH_3CHO$$

$$RC\equiv CR' + H_2O \xrightarrow[HgSO_4]{H_2SO_4} R-\underset{\substack{\|\\O}}{C}-CH_2R' + RCH_2-\underset{\substack{\|\\O}}{C}-R'$$

(4) **메틸벤젠의 산화** : 벤젠고리의 메틸기를 염소화한 후 가수분해 하여 알데히드를 합성할 수 있다.

$$C_6H_5-CH_3 \xrightarrow[\text{빛}+(h\nu)]{Cl_2} C_6H_5-CHCl_2 \xrightarrow{H_2O} C_6H_5-CHO$$

이 때에 페놀을 직접 클로로포름으로 클로로메틸화하는 반응 Reimer Tiemann reaction (3-1-7 참조)에 의하여 hydroxybenzaldehyde를 생성할 수도 있다.

(5) **Rosenmund의 환원** : 카르복시산염화물(acyl chloride)은 독을 제거하여 불활성화한 팔라듐(Pd-BaSO₄)을 촉매로 사용하여 접촉환원하면 알데히드를 합성할 수 있다. 이 반응을 **Rosenmund 반응**이라고 한다.

$$R-\underset{\substack{\|\\O}}{C}-Cl \xrightarrow[Pd\text{-}BaSO_4]{H_2} R-\underset{\substack{\|\\O}}{C}-H + HCl$$

(6) **Acyl chloride의 환원** : 브라운(H.C Brown)에 의하여 개발된 환원법으로 수소화알루미늄 리튬($LiAlH_4$)의 hydride를 tert-butanol로 치환한 환원제를 사용하여 acyl chloride를 환원하고 알데히드를 합성하는 방법이다.

$$R-\underset{\underset{O}{\|}}{C}-Cl \xrightarrow[-78\,C]{LiAl(t\text{-}OBu)_3H} R-\underset{\underset{O}{\|}}{C}-H + HCl$$

(7) **Friedel-Crafts 반응에 의한 케톤의 합성** : 2-6-4에서 기술한 바와 같이 염화알루미늄을 촉매로 사용하여 방향족화합물에 할로겐화아실을 반응시켜 방향족 케톤을 생성할 수 있다.

$$C_6H_6 + RCOCl \xrightarrow{AlCl_3} C_6H_5COR$$

(8) **Gatterman 반응에 의한 알데히드의 합성** : 페놀화합물을 건조한 에테르속에서 시안화수소(HCN)와 염산으로 포르밀화(formylation)하는 반응으로 생성된 immonium 염을 가수분해하여 알데히드를 얻는다. 이 방법으로 시안화아연과 염산을 사용하는 방법이 있고, 실험적으로는 이 방법이 간편하다.

$$C_6H_5OH + HCN + HCl \xrightarrow{ZnCl_2} HO\text{-}C_6H_4\text{-}CH{=}NH_2^+Cl^- \xrightarrow{H_2O} HO\text{-}C_6H_4\text{-}CHO$$

염화알루미늄·염화구리(I)를 촉매로 하여 일산화탄소와 염산으로 벤젠핵을 포르밀화하는 반응을 **가터만·코흐반응**(Gatterman - Koch reaction)이라고 하며 공업적으로 이용되고 있다.

$$C_6H_6 + CO + HCl \xrightarrow[CuCl]{AlCl_3} C_6H_5CHO$$

[보충문제]

[1] 다음 각 화합물을 명명하라.

a. $CH_3CH_2\overset{\overset{O}{\|}}{C}CH_2CH_3$ b. $CH_3(CH_2)_4CH = O$

c. $(C_6H_5)_2C=O$

d. Br–C_6H_4–CH = O (p-bromobenzaldehyde structure)

e.  cyclopentanone (ring structure with C=O)

f. $(CH_3)_3CCH=O$

g. 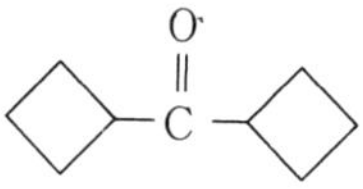 cyclobutyl–C(=O)–cyclobutyl

h. $CH_3CH=CHCCH_3$ (with C=O on the fourth carbon)

i. CH_2BrCCH_3 (with C=O on the middle carbon)

j. $CH_3CCCH_2CH_3$ (with C=O on the second and third carbons)

[2] 아래 화합물의 구조식을 써라.

a. 2- octanone
b. 4- methylpentanal
c. *m* - chlorobenzaldehyde
d. 3- methylcyclohexanone
e. 2- butenal
f. benzyl phenyl ketone
g. *p* - tolualdehyde
h. p - benzoquinone
i. 2, 2- dibromohexanal
j. 1- phenyl -2- butanone

[3] 다음 술어의 예를 들라.

a. acetal
b. hemiacetal
c. ketal
d. hemiketal
e. cyanohydrin
f. imine
g. oxime
h. phenylhydrazone
i. enol
j. aldehyde with no α hydrogen

[4] 다음 화합물과 *p*-브로모벤즈알데히드와의 반응을 화학방정식으로 적고 유기 생성물을 명명하라.

a. Tollens' reagent
b. hydroxylamine
c. H_2, nickel
d. ethylmagnesium bromide, then H_3O^+
e. phenylhydrazine
f. aniline (C_6H_5–NH_2)
g. cyanide ion
h. excess methanol, dry HCl
i. ethylene glycol, H^+
j. lithium aluminum hydride

3-5 카르복시기와 그 유도체

카르복시기 (carboxyl group)$-C\begin{smallmatrix}\swarrow OH \\ \searrow O\end{smallmatrix}$ 는 **카르보닐기**(carbonyl group)에 수산기 (hydroxyl group)가 결합한 작용기로 이 카르복시기를 가진 화합물을 **카르복시산**(carboxylic acid)이라고 한다. 카르복시산은 자연계에 널리 존재하고, 지방산(fatty acid)이라 부르는 집단의 카르복시산은 동식물 지방의 구성성분이며, 또한 중요한 영양소의 하나이다.

카르복시산은 표 3-6에서와 같이 여러가지 염류·에스테르, 산 halide (할로겐화 아실)·산무수물 및 아미드의 유도체를 형성한다.

표 3-6 카르복시산의 유도체

$R-\underset{\underset{O}{\parallel}}{C}-OH$	카르복시산
$R-\underset{\underset{O}{\parallel}}{C}-OM$	카르복시산염
$R-\underset{\underset{O}{\parallel}}{C}-OR'$	에스테르
$R-\underset{\underset{O}{\parallel}}{C}-X$	산 halide
$R-\underset{\underset{O}{\parallel}}{C}-O-\underset{\underset{O}{\parallel}}{C}-R$	산무수물
$R-\underset{\underset{O}{\parallel}}{C}-N\begin{smallmatrix}\nearrow R' \\ \searrow R''\end{smallmatrix}$	아미드

3-5-1 카르복시산의 명명법

카르복시기를 1개 가진 것을 **모노카르복시산**(monocarboxylic acid)이라고 한다. 표 3-7에 그 대표적인 예를 들었다. 또한 카르복실기를 2개 가진 것을 **디카르복시산**(dicarboxylic acid)이라고 한다.

일반적으로 관용명이 널리 사용되고 있으며, IUPAC 명명법에 의한 카르복시산명칭은 같은 수의 탄소골격을 갖는 알칸명칭의 어미 "- e"를 "- oic" 으로 바꾸고 "acid"(2산일 때는 "- dioic acid")를 붙여 부른다.

표 3-7 카르복시산의 관용명 및 존재장소

구 조 식	탄소수	관 용 명	존 재 장 소
HCOOH	1	포 름 산 (formic acid)	개미의 체내
CH_3COOH	2	아 세 트 산 (acetic acid)	식초
CH_3CH_2COOH	3	프로피온산 (propionic acid)	우유, 버터
$CH_3(CH_2)_2COOH$	4	브 티 르 산 (butyric acid)	버터
$CH_3(CH_2)_4COOH$	6	카 프 로 산 (caproic acid)	버터, 동물지방
$CH_3(CH_2)_6COOH$	8	카 프 릴 산 (caprylic acid)	코코넛트유
$CH_3(CH_2)_8COOH$	10	카 프 르 산 (capric acid)	팜핵유, 야자유
$CH_3(CH_2)_{10}COOH$	12	라 우 르 산 (lauric acid)	코코넛트유, 야자유
$CH_3(CH_2)_{12}COOH$	14	미리스트산 (myristic acid)	넛트유
$CH_3(CH_2)_{14}COOH$	16	팔 미 트 산 (palmitic acid)	동·식물유
$CH_3(CH_2)_{16}COOH$	18	스테아르산 (stearic acid)	동·식물유
$CH_3(CH_2)_{18}COOH$	20	아 라 크 산 (arachidic acid)	피넛트유

탄화수소의 모체가 결정되면 지금까지 기술한 방법에 의하여 치환기명칭과 그 치환위치를 나타내는 탄소번호를 기록한다. 이 때에 카르복실기의 탄소번호를 1로 한다.

$$\overset{7}{CH_3}\overset{6}{\underset{|\,Br}{C}}H\overset{5}{CH_2}\overset{4}{\underset{|\,CH_3}{C}}H\overset{3}{\overset{Cl\,|}{C}}H\overset{2}{CH_2}\overset{1}{COOH}$$

위의 화합물에서는 6-브로모-3-클로로-4-메틸헵탄산(6- bromo -3- chloro -4- methylheptanoic acid)로 명명한다. 2중결합이나 3중결합을 가진 카르복시산의 경우도 마찬가지로 알켄·알킨 명칭의 어미 "- e"를 "- oic acid"(염 또는 중성에스테르는 "- (o)ate"라고 한다)로 바꾸면 된다. 예를 들면, 다음 화합물은 3-bromo-2-butenoic acid와, 4-chloro-2-pentynoic acid이다.

$$\overset{4}{CH_3}\overset{3}{\underset{|\,Br}{C}}=\overset{2}{C}H\overset{1}{COOH} \qquad \overset{5}{CH_3}\overset{4}{\underset{|\,Cl}{C}}H\overset{3}{C}\equiv\overset{2}{C}\overset{1}{COOH}$$

3- bromo -2- butenoic acid 4- chloro -2- pentynoic acid

방향족 카르복시산의 경우도 방향족탄화수소의 명칭 어미에 "- oic acid"를 붙여 부른다. 또한 카르복시기를 치환기로 생각하고 모체화합물의 어미에 "-카르복시산"(- carboxylic acid)을 붙여도 된다. 이 명명법은 탄소고리 또는 헤테로고리에 카르복시기를 갖는 산에 적용된다.

benzoic acid
(benzene carboxylic acid)

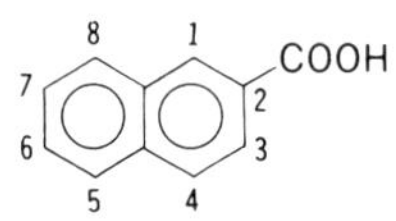

2- naphthoic acid
(2-naphthalene carboxylic acid)

2,4 dinitrobenzoic acid

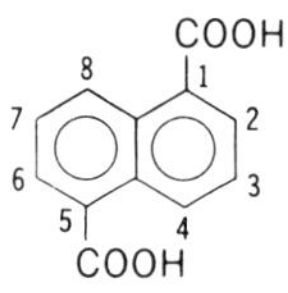

1,5- naphthalenedicarboxylic acid

3-5-2 카르복시산의 구조와 물리적 성질

카르복시산의 수산기는 수소결합을 할 수 있고 수소공여체로서 작용하는 카르보닐기는 수소결합의 수여체로 작용하므로 카르복시산의 분자사이에서나 또는 극성용매와의 사이에서도 수소결합이 이루어지기 쉽다(그림 3-18).

그림 3-18 카르복시산의 수소결합과 용매화

또한 카르복시산은 비극성용매(非極性溶媒)중에서는 안정한 이량체 (dimer)를 형성한다. 이 때문에 카르복시산의 비점은 일반적으로 동일한 분자량을 갖는 다른 화합물의 비점보다 높을 뿐만 아니라, 수소결합하고 있는 알코올보다도 높다. 이것은 카르복시산 분자의 수소결합력이 알코올의 그것보다도 큰 것을 나타내고 있다.

예를들면, formic acid(분자량 46)의 비점은 100℃이며, 동일한 분자량의 dimethylether은 −25℃이고 ethanol은 78℃이다. 또 acetic acid (분자량 60)의 비점은 118℃이고 ethyl methyl ether은 8℃이며,

1-propanol 은 97℃이다.

그림 3-18 에서와 같이 카르복시산은 물에 의하여 쉽게 용매화(溶媒和)되므로, 물에 대한 용해도가 높다. 용해도가 큰 알코올과 비교해도 알코올보다는 약간 뚜렷한 편이다. 탄소수 1인 formic acid 로부터 탄소수 4인 butyric acid 까지는 물에 대하여 매우 잘 용해된다. 탄소수 5인 valeric acid($CH_3(CH_2)_3COOH$) 은 16℃ 에서 27 배량의 물에 용해되지만 탄소수 6인 caproic acid($CH_3(CH_2)_4COOH$) 은 20℃에서 100 g 의 물에 0.968 g 밖에 용해되지 않는다.

3-5-3 카르복시산의 산성도

카르복시산의 특징의 하나는 수용액중에서 산성을 나타내는 것이며, 이것은 카르복시기의 해리(解離, 이온화)에 의한 것이다. 즉 전기음성도에 의한 카르보닐기내의 분극(分極)과 수산기의 산소에 있는 비결합전자의 비편재화(非偏在化)가 일어남으로서 다음과 같은 공명구조가 존재하게 된다.

$$R-C(=O)-O-H \longrightarrow \left[R-C(=O)-O^{\ominus} \longleftrightarrow R-C(-O^{\ominus})=O \right] + H^+$$

이 카르복시산의 해리의 평형상수(平衡常數) *Ka* 는 다음 식과 같이 각각의 mol 농도비율로 나타낼 수 있다.

$$K_a = [RCOO^-][H^+]/[RCOOH]$$

산의 강도를 나타내는데는 산기의 해리상수 *Ka* 를 사용하는 외에 p*Ka* 치를 사용하는 경우가 있다.

$$pKa = -\log Ka$$

표 3-8 카르복시산의 해리상수와 p*Ka*

카 르 복 시 산	*K*a	p*K*a
HCOOH	1.85×10^{-4}	3.76
CH_3COOH	1.85×10^{-5}	4.76
CH_3CH_2COOH	1.22×10^{-5}	4.87
C_6H_5COOH	6.40×10^{-5}	4.21

표 3-8에 나타내는 바와 같이 *Ka* 의 값이 클수록 산성이 강하고 p*Ka* 값은 작아진다. 포름산은 아세트산에 비하여 약 10 배나 산성도가 강하다. 이것은 포름산의 메틸기가 전자공여성이기 때문에 carboxylate ion 의 안정성을 저하하고, 포름산에 비하여 proton 이 해리하기 곤란하기 때문이다.

아세트산의 메틸기를 염소원자로 치환하면 그 산성도는 크게 변하여 monochloroacetic acid 에서는 아세트산의 86배이고, dichloroacetic acid 에서는 2,840배나 되며, trichloroacetic acid 에서는 66,850배나 되는 강산으로 된다. 염소원자가 치환된 탄소원자보다도 전기음성도가 크므로 이 α 위치의 탄소가 정전하($\delta+$)를 띄고 음이온의 안정화를 증가시키기 때문이다.

또한 그림 3-19에서도 알 수 있드시 염소와 같은 전기음성기가 카르복시기로부터 멀리 떨어짐에 따라 안정화가 감소되고 산성도가 약해진다(유도효과 : inductive effect).

표 3-9　아세트산 및 클로로아세트산류의 산성도

산	화 학 식	K_a	pK_a
formic acid	HCOOH	1.85×10^{-4}	3.76
acetic acid	CH_3COOH	1.85×10^{-5}	4.76
monochloroacetic acid	$ClCH_2COOH$	1.55×10^{-3}	2.87
dichloroacetic acid	$Cl_2CHCOOH$	5.14×10^{-2}	1.29
trichloroacetic acid	Cl_3CCOOH	0.2	0.1
benzoic acid	C_6H_5 -COOH	6.40×10^{-5}	4.21
p-chlorobenzoic acid	Cl− C_6H_4 −COOH	1.04×10^{-4}	3.99
p-nitrobenzoic acid	NO_2− C_6H_4 −COOH	4.15×10^{-4}	3.44

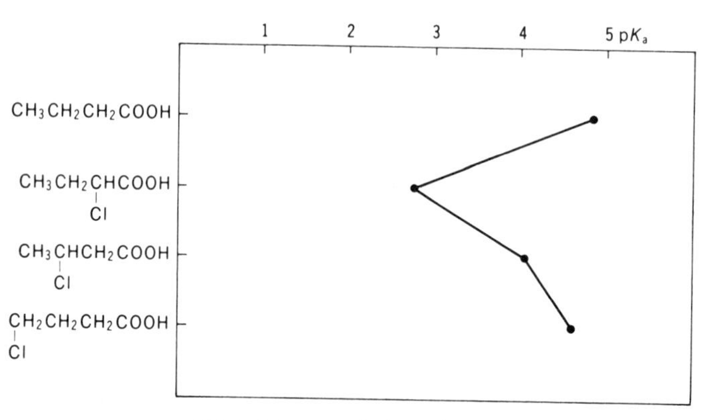

그림 3-19　카르복시산의 강도 및 pK_a 치

3-5-4 카르복시산의 반응

(1) 알칼리염의 생성 : 카르복시산은 수산화알칼리와 같은 염기와 반응하여 카르복시산염을 생성한다. 카르복시산염은 카르복시산에 비하여 일반적으로 수용성이 높다.

예를들면 benzoic acid 는 25℃에서 100 g 의 물에 0.25 g 밖에 용해되지 않으나, sod. benzoate 은 61 g 까지 용해된다. 카르복시산은 p*Ka* =5 이하의 것이 대부분이고, 탄산수소나트륨 ($NaHCO_3$) 용액에서도 염을 형성하여 물에 용해된다.

$$RCOOH + NaOH \longrightarrow RCOO^-Na^+ + H_2O$$

$$RCOOH + NaHCO_3 \longrightarrow RCOO^-Na^+ + CO_2 + H_2O$$

한편 페놀 (p*Ka* =10) 류는 수산화나트륨용액과 반응하여 나트륨페녹시드를 형성하고 용해하지만 탄산수소나트륨용액에는 용해하지 않는다.

따라서 페놀은 카르복시산보다도 약산임을 알 수 있다. 이러한 성질을 이용하여 카르복시산과 페놀의 혼합물로부터 각각을 분리할 수 있다.

즉 두화합물이 혼합된 에테르용액을 탄산수소나트륨용액으로 추출하면 카르복시산만이 탄산수소나트륨용액중에 용해한다. 이어서 에테르층을 묽은 수산화나트륨용액으로 추출하면 페놀염이 얻어진다.

카르복시산염이나 페놀염을 염산 또는 황산과 같은 강산으로 산성화하면 각각 카르복시산이나 페놀을 회수할 수 있다.

$$RCOONa + HCl \longrightarrow RCOOH + NaCl$$

$$C_6H_5ONa + H_2SO_4 \longrightarrow C_6H_5OH + Na_2SO_4$$

(2) **카르복시산의 환원** : 카르복시산은 산화반응의 최종단계에 있는 화합물이므로 역으로 알데히드나 알코올로 환원될 수 있다.

$$RCOOH \xrightarrow{SOCl_2} RCOCl \xrightarrow[Pd\text{-}BaSO_4]{H_2} RCHO$$

$$RCOOH \xrightarrow{LiAlH_4} RCH_2OH$$

알데히드로의 환원은 3-4-6절에 기술된 바와 같이 산염화물로 만든 다음 Rosenmund 환원법 또는 Brown 환원제 〔$LiAlH(tert\text{-}OBu)_3$〕를 이용하여 환원한다. 카르복시산은 수소화알루미늄리튬 ($LiAlH_4$) 으로 환원하면 1차 알코올이 생성된다.

(3) **에스테르화 반응** : 카르복시기는 카르보닐기의 경우와 같이 $>C^{\delta\oplus}=O^{\delta\ominus}$ 로 분극하고, 정전하를 띄고 있는 탄소원자를 친핵성 시약 ($Nu^\ominus$) 이 공격한다.

$$R-\overset{\delta+}{C}(=O^{\delta-})-OH \xrightarrow{Nu^{\ominus}} R-C(Nu)(OH)-O^{-} \longrightarrow R-C(=O)-Nu$$

친핵성시약으로서 알코올이 카르복시산과 반응하면 에스테르가 된다. 대개 에스테르화 반응은 산촉매반응으로 먼저 카르보닐산소에 proton (H^+)이 첨가됨으로서 반응이 개시된다. 이어서 정전하를 띈 카르보닐탄소를 알코올(ROH)이 친핵성으로 공격한 후 ($Nu^{\ominus}$로서 $RO^{\ominus}$), 카르복시산의 수산기가 물로서 이탈하여 에스테르가 생성된다.

(4) **디카르복시산의 가열반응** : 카르복실기를 2개 가지며 $HOOC(CH_2)_nCOOH$ 라는 일반식으로 나타내는 디카르복시산은 공업적 합성원료로 많이 이용된다. 디카르복시산은 모두 상온에서 고체이며, 가열하면 탈카르복시산(decarboxylation) 및 탈수(dehydration) 혹은 탈카르복시산과 탈수가 동시에 일어나 각각 모노카르복시산·산무수물 또는 고리모양케톤을 생성한다.

$$\underset{\substack{\text{oxalic acid} \\ \text{(융점 187℃)}}}{\text{COOH-COOH}} \xrightarrow[\text{융점이상으로 가열}]{} \underset{\text{formic acid}}{HCOOH} + CO_2 \longrightarrow H_2O + CO + CO_2$$

$$\underset{\substack{\text{malonic acid} \\ \text{(융점 136℃)}}}{H_2C(COOH)_2} \xrightarrow[\text{융점이상으로 가열}]{} \underset{\text{acetic acid}}{CH_3COOH} + CO_2$$

$$\underset{\substack{\text{succinic acid} \\ \text{(융점 188℃)}}}{CH_2COOH-CH_2COOH} \xrightarrow[\text{융점이상으로}]{} \underset{\text{succinic anhydride}}{(CH_2-CO)_2O} + H_2O$$

$$\underset{\substack{\text{glutaric acid} \\ \text{(융점99℃)}}}{H_2C(CH_2COOH)_2} \xrightarrow[\text{가열}]{} \underset{\text{glutaric anhydride}}{H_2C(CH_2-CO)_2O} + H_2O$$

$$\underset{\substack{\text{adipic acid} \\ \text{(융점 106℃)}}}{CH_2CH_2COOH-CH_2CH_2COOH} \xrightarrow[\text{가열}]{Ba(OH)_2 \text{ 또는 } Ca(OH)_2} \underset{\text{cyclopentanone}}{(CH_2-CH_2)_2C=O} + CO_2 + H_2O$$

$$\underset{\text{pimelic acid}}{H_2C(CH_2CH_2COOH)_2} \xrightarrow[\text{가열}]{Ba(OH)_2 \text{ 또는 } Ca(OH)_2} \underset{\text{cyclohexanone}}{H_2C(CH_2-CH_2)_2C=O} + CO_2 + H_2O$$

3-5-5 카르복시산의 합성

카르복시산은 여러가지 형태의 유기화합물을 산화제로 처리하여 얻을 수 있다. 몇가지 예를 이미 기술하였지만 여기에서 다시 종합하기로 한다.

(1) 1차 알코올의 산화 :

$$RCH_2OH \xrightarrow[H_2SO_4]{Na_2Cr_2O_7} RCOOH$$

(2) 알데히드의 산화 :

$$RCHO \xrightarrow{Ag_2O} RCOOH$$

(3) 알켄 및 알킨의 산화 :

$$RCH{=}CHR' \xrightarrow[NaOH]{KMnO_4} [RCHO + R'CHO] \longrightarrow RCOOH + R'COOH$$

$$RC{\equiv}CR' \xrightarrow[H_2SO_4]{Na_2Cr_2O_7} RCOOH + R'COOH$$

(4) 알킬치환방향족의 산화 :

$$C_6H_5\text{-}R \xrightarrow[NaOH]{KMnO_4} C_6H_5\text{-}COOH$$

$(R : CH_3, C_2H_5, CH(CH_3)_2, \cdots\cdots)$

(5) **니트릴의 가수분해** : 할로겐화알킬을 시안화나트륨이나 시안화칼륨에 의하여 니트릴(시안화알킬)로 유도하고 이것을 산가수분해하므로써 카르복시산을 얻는다. 할로겐화알킬로부터 탄소수가 1개 많은 카르복시산을 합성하는 방법이다.

$$RX \xrightarrow[\text{또는 } KCN]{NaCN} RCN \xrightarrow{H_3O^+} RCOOH$$

(6) **Grignard 시약의 탄산화반응** : 브롬화알킬이나 브롬화아릴을 Grignard 시약으로 유도하고, 2산화탄소를 처리하여 탄소수가 1개 많은 카르복시산을 합성하는 편리한 방법이다.

$$\underset{(Ar)}{RBr} \xrightarrow{Mg} \underset{(Ar)}{RMgBr} \xrightarrow{CO_2\,(과잉)} \underset{(Ar)}{R-\overset{}{\underset{\| \atop O}{C}}-OMgBr} \xrightarrow{H_3O^+} \underset{(Ar)}{RCOOH}$$

3-5-6 카르복시산의 유도체

카르복시산($R-\overset{O}{\overset{\|}{C}}-OH$)의 수산기가 다른 작용기로 치환된 유도체가 몇 가지 알려지고 있으며 이들은 표 3-6과 같다.

수산기가 할로겐으로 치환된 화합물을 **할로겐화아실**(산할로겐화물)이라고 하며, 카르복시기의 경우는 산무수물(acid anhydride)이 된다. 또한 알콕시기로 치환된 경우는 **에스테르**(ester)라 하고, 아미노기로 치환된 화합물의 경우는 **아미드**(amide)라고 한다. 이러한 유도체의 반응형식은 유사하며, 정전하(δ^+)로 분극한 카르보닐탄소를 전자밀도가 높은 친핵성 시약이 공격한다.

$$R-\overset{\delta+}{C}(=O^{\delta-})-Y + \ddot{N}u \longrightarrow R-\overset{O^-}{\underset{Y}{C}}-Nu \longrightarrow R-C(=O)-Nu + \ddot{Y}$$

Y = OH : 카르복시산, X : 할로겐화 아실
OCOR : 산무수물, OR′ 에스테르, NR′R″ : 아미드

카르복시산 유도체의 친핵성시약에 대한 반응성의 강도는 다음 순서와 같다.

할로겐화아실 > 산무수물 > 에스테르 > 아미드

(1) 할로겐화 아실(Acyl halide)

할로겐화아실(acyl halide)은 주로 합성시약으로 사용된다. 보통 염화아실이 널리 사용되지만 브롬화아실도 종종 사용된다. 반응성은 강하고 공기중의 습기에 의하여 분해되고 또한 자극성의 냄새도 강하므로 보관에 주의해야 한다.

1) 할로겐화아실의 명명법 : 카르복시산 명칭의 어미 "-ic acid"를 "yl"로 바꾸고 그 뒤에 할로겐명칭을 붙인다. 예를 들면 다음과 같다.

$CH_3COOH \longrightarrow CH_3COCl$
초 산 (acetic acid)　염화아세틸 (acetyl chloride)

$CH_3CH_2CH_2CH_2COOH \longrightarrow CH_3CH_2CH_2CH_2COBr$
펜탄산 (pentanoic acid)　브롬화펜타노일 (pentanoyl bromide)

$$\text{3,5-}(O_2N)_2C_6H_3\text{-COOH} \longrightarrow \text{3,5-}(O_2N)_2C_6H_3\text{-COCl}$$

3, 5-디니트로안식향산 (3, 5- dinitrobenzoic acid)　　3, 5-디니트로벤조일크로리드 (3, 5- dinitrobenzoyl chloride)

2) 할로겐화아실의 반응 : 할로겐화아실의 반응에는 일반적으로 염화아실이 사용된다. 물 · 알코올 · 암모니아가 친핵성시약으로 반응하면 각각 가수분해 (hydrolysis) · 가알코올분해 (alcohoylsis) · 가암모니아분해 (ammonolysis) 가 일어나 각각 카르복시산, 에스테르, 아미드가 된다.

$$R-\underset{\underset{O}{\|}}{C}-Cl + H_2O \longrightarrow R-\underset{\underset{O}{\|}}{C}-OH + HCl$$

카르복시산

$$R-\underset{\underset{O}{\|}}{C}-Cl + R'-OH \longrightarrow R-\underset{\underset{O}{\|}}{C}-OR' + HCl$$

ester

$$R-\underset{\underset{O}{\|}}{C}-Cl + NH_3 \longrightarrow R-\underset{\underset{O}{\|}}{C}-NH_2 + HCl$$

amide

$$R-\underset{\underset{O}{\|}}{C}-Cl + \underset{\text{1차아민}}{R'NH_2} \longrightarrow R-\underset{\underset{O}{\|}}{C}-NHR' + HCl$$

N-치환아미드

$$R-\underset{\underset{O}{\|}}{C}-Cl + \underset{\text{2차아민}}{R'R''NH} \longrightarrow R-\underset{\underset{O}{\|}}{C}-NR'R'' + HCl$$

N, N-2치환 아미드

염화아실은 Friedel-Crafts 반응에 의하여 방향족 케톤을 생성하고, Rosenmund 환원에 의한 알데히드의 합성에 사용된다.

$$R-\underset{\underset{O}{\|}}{C}-Cl + C_6H_6 \xrightarrow{AlCl_3} R-\underset{\underset{O}{\|}}{C}-C_6H_5 + HCl$$

$$R-\underset{\underset{O}{\|}}{C}-Cl + H_2 \xrightarrow{Pd/BaSO_4} R-\underset{\underset{O}{\|}}{C}-H + HCl$$

3) 할로겐화아실의 합성 : 카르복시산에 염화티오닐 ($SOCl_2$) 을 사용하는 방법이 일반적인 합성법이지만 3염화인 (PCl_3), 5염화인 (PCl_5) 도 사용된다.

$$R-COOH + SOCl_2 \longrightarrow RCOCl + SO_2 + HCl$$

$$R-COOH + PCl_3 \longrightarrow RCOCl + H_3PO_3$$

$$R-COOH + PCl_5 \longrightarrow RCOCl + POCl_3$$

phosphoryl chloride

(2) 산무수물(酸無水物)

카르복시산의 무수물(acid anhydride)은 2분자의 카르복시산으로부터 물 1분자를 탈수한 형태의 분자식을 갖기때문에 카르복시산 명칭의 앞에 "무수"를 붙여 명명하며, 카르복시산 명칭의 뒤에 "무수물(-ic anhydride)"이라고 붙이는 경우도 있다.

$CH_3-C(=O)-O-C(=O)-CH_3$

무수초산(acetic anhydride)
(초산무수물)

$C_6H_5-C(=O)-O-C(=O)-C_6H_5$

무수안식향산(benzoic anhydride)
(안식향산무수물)

1) 산무수물의 반응 : 산무수물의 반응은 할로겐화아실의 반응과 비슷하며, 같은 친핵성시약에 의하여 공격된다. 할로겐화아실의 반응성이 약간 크다.

$R-C(=O)-O-C(=O)-R$ +

- $H_2O \longrightarrow 2\,RCOOH$ (카르복시산)
- $R'OH \longrightarrow RCOOR' + RCOOH$ (에스테르)
- $R'R''NH \longrightarrow RCONR'R'' + RCOOH$ (아미드)
- $C_6H_6 \longrightarrow RCO-C_6H_5 + RCOOH$ (방향족 케톤)

2) 산무수물의 합성 : 산무수물은 카르복시산염화물과 카르복시산 또는 그 염과의 반응에 의하여 합성된다. 또한 카르복시산과 Ketene 과의 반응에 의해서도 합성된다. 알킬기가 각각 상이한 경우에는 (R = R), **혼성산무수물**(mixed anhydride)이라고 한다. Ketene 으로부터는 아세트산이 형성되므로 예를 들면 propionic acid와 반응시키면 acetic propionic anhydride(CH_3CO-O-$COCH_3CH_3$)가 생성된다.

$$RCOCl + R'COOH \longrightarrow RCO-O-COR' + HCl$$

$$RCOCl + R'COONa \longrightarrow RCO-O-COR' + NaCl$$

$$RCOOH + \underset{\text{Ketene}}{CH_2=C=O} \longrightarrow RCO-O-COCH_3$$

(3) 에스테르

에스테르(ester)는 카르복시산과 알코올로부터 물 1분자가 탈수되어 축합된 형태의 화합물로서 그 명명법은 양쪽 화합물로부터 유래되는 명칭을 배열하여 사용한다. 즉 먼저 카르복시산의 명칭을 나타내고 그 뒤에 알코올명(알칼기 또는 아릴기의 명칭)을 붙인다. IUPAC 명은 먼저 알코올명 "-yl(일)"을 붙이고, 다음에 카르복시산명을 붙여 그 어미 "-ic acid"를 "-ate"로 한다. (Fischer의 esterification)

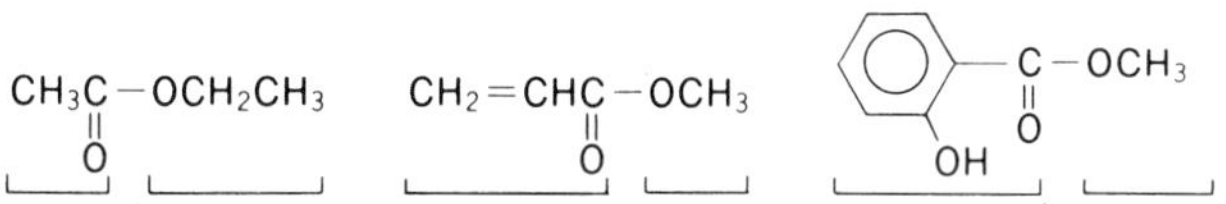

acetic acid ethylalc acrylic acid methanol salicylic acid methanol

초산 에틸 (ethyl acetate) 아크릴산 메틸 (methyl acrylate) 살리틸산메틸 (methyl salicylate)

카르복시산의 γ 또는 δ 위치의 탄소에 수산기를 가진 히드록시카르복시산은 분자내에서 용이하게 에스테르반응이 일어나 고리모양에 에스테르 구조로 된다. 이 분자내 에스테르를 **락톤**(lactone)이라고 한다.

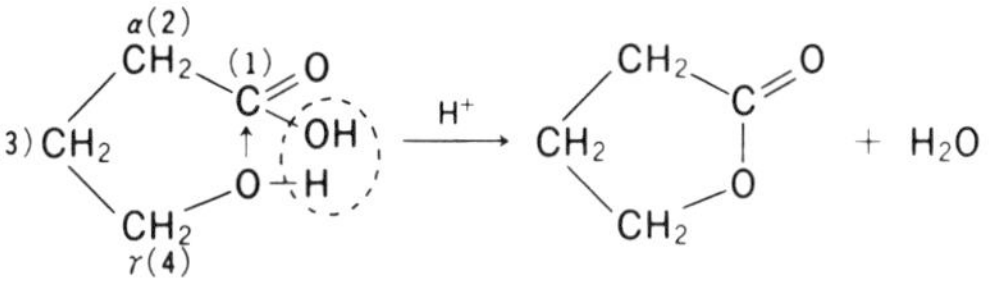

γ-hydroxy butyric acid γ-butyrolactone

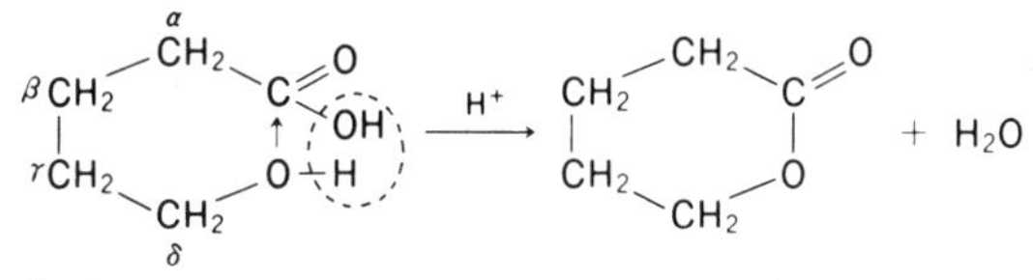

δ-hydroxy valeric acid δ-valerolactone

5원자고리 및 6원자고리의 락톤은 매우 안정된 화합물이다 자연계에 존재하는 락톤류에는 비타민 C로 알려진 ascorbic acid이나 Terpene류의 생합성에 있어서의 기본화합물인 mevalonic acid 또는 방향성분의 하나인 coumarin 등이 있다.

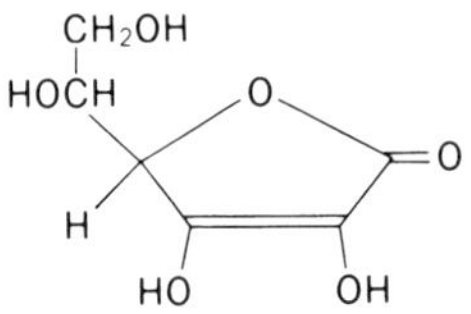

L - ascorbic acid (비타민 C)　　mevalonic acid 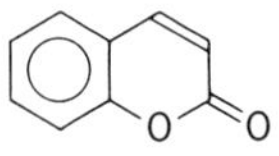　　coumarin

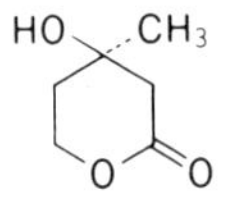

1) 에스테르의 성질 : 에스테르류는 원래의 카르복시산에 비하여 극성도 낮고 비점 또는 물에 대한 용해성도 낮다. 표 3-10에 아세트산의 에스테르류와 지방산의 에틸에스테르류의 특성을 설명하였다. 저분자의 에스테르는 유기화합물의 용제로 널리 이용되며, 고분자의 에스테르는 글리세린에스테르로서 유지(油脂)나 밀납형태로 동식물체중에 존재하고 있다. (4-2절).

표 3-10 카르복시산에스테르의 물성

카르복시산에스테르	구 조 식	비 점 (b.p.) (℃)	용 해 도 (g/100g 물, 20℃)
초산에스테르	CH_3COOR		
초산메틸	CH_3COOCH_3	57	24.4
초산에틸	$CH_3COOCH_2CH_3$	77	7.4
초산 n-프로필	$CH_3COO(CH_2)_2CH_3$	102	1.9
지방산에틸	$RCOOCH_2CH_3$		
개미산에틸	$HCOOCH_2CH_3$	54	∞(가용)
초산에틸	$CH_3COOCH_2CH_3$	77	7.4
프로피온산에틸	$CH_3CH_2COOCH_2CH_3$	99	1.75
부티르산에틸	$CH_3(CH_2)_2COOCH_2CH_3$	120	0.51

표 3-11 에스테르 및 향기의 특징

에 스 테 르	구 조 식	향 기
ethyle formate	$HCOOCH_2CH_3$	rum
isobutyl formate	$HCOOCH_2CH(CH_3)_2$	raspberry
n-pentyl acetate(n-amyl)	$CH_3COOCH_2CH_2CH_2CH_2CH_3$	바나나
isopentyl acetate(isoamyl)	$CH_3COOCH_2CH_2(CH_3)_2$	배
n-octyl acetate	$CH_3COO(CH_2)_7CH_3$	오렌지
ethyl butyrate	$CH_3CH_2CH_2COOCH_2CH_3$	파인애플
n-pentyl butyrate	$CH_3CH_2CH_2COO(CH_2)_4CH_3$	apricot

또한 저분자의 에스테르에는 방향성을 갖는 것이 많이 있다. 과실의 향기는 많은 향기화합물로부터 이루어지지만 표 3-11에서와 같이 단일 에스테르가 주요한 향기성분을 나타내는 경우가 많다.

2) 에스테르의 반응 : 에스테르는 친핵성치환반응을 한다. 즉 친핵성 시약이 카르복시탄소를 공격하고 탄소-산소결합이 단절되어 알콕실기 (RO^-)가 이탈되어 간다.

$$R-\overset{O}{\overset{\|}{C}}-OR' + :Nu \longrightarrow R-\underset{Nu}{\underset{|}{\overset{O^-}{\overset{|}{C}}}}-OR' \xrightarrow{-OR'^-} R-\overset{O}{\overset{\|}{C}}-Nu$$

물이 에스테르를 공격하는 가수분해 반응에는 카르복시산과 알코올을 생성하는 산촉매 가수분해 (acid catalyzed hydrolysis) 와 카르복시산염과 알코올을 생성하는 염기성 가수분해 (basic hydrolysis) 와의 두가지 경로가 있다. 카르복시산염을 산성으로 하면 카르복시산을 생성한다.

$$R-\overset{O}{\overset{\|}{C}}-OR' \xrightarrow{H_3O^+} R-\overset{O}{\overset{\|}{C}}-OH + R'-OH$$

$$R-\overset{O}{\overset{\|}{C}}-OR' \xrightarrow{NaOH} R-\overset{O}{\overset{\|}{C}}-ONa + R'-OH \quad (R-\overset{O}{\overset{\|}{C}}-ONa \xrightarrow{H_3O^+} R-\overset{O}{\overset{\|}{C}}-OH)$$

유지(지방산 트리글리세리드)를 염기성용액에서 가수분해하면 글리세린과 지방산염이 생성된다. 이 염이 **비누**(라틴어로는 sapon)이므로 에스테르의 염기성 가수분해를 **비누화** (Saponification) **반응**이라고도 한다.

$$\begin{array}{l} CH_2-O-\overset{O}{\overset{\|}{C}}-R \\ | \\ CH-O-\overset{O}{\overset{\|}{C}}-R \\ | \\ CH_2-O-\overset{O}{\overset{\|}{C}}-R \end{array} + 3\,NaOH \longrightarrow \begin{array}{l} CH_2OH \\ | \\ CHOH \\ | \\ CH_2OH \end{array} + 3\,RCOONa$$

유지 glycerine 지방산 나트륨 염 (비누)

에스테르는 산촉매조건하에서 과잉의 알코올과 반응시키면 알콕시기가 교환된 에스테르가 생성된다. 이 반응을 **알코올분해** 또는 **에스테르교환반응** (transesterification) 이라 한다.

$$R-\overset{O}{\overset{\|}{C}}-OR' + \underset{(과잉)}{R''-OH} \xrightarrow{H^+} R-\overset{O}{\overset{\|}{C}}-OR'' + R'OH$$

[예] $CH_3COOCH_3 + CH_3CH_2-OH \xrightarrow{H^+} CH_3COOCH_2CH_3 + CH_3OH$

알코올보다 강한 친핵성시약인 아민류도 에스테르와 용이하게 반응한다.

$$R-\overset{O}{\overset{\|}{C}}-OR' \begin{cases} \xrightarrow{NH_3} R-\overset{O}{\overset{\|}{C}}-NH_2 + R'OH \\ \xrightarrow{R''NH_2} R-\overset{O}{\overset{\|}{C}}-NHR'' + R'OH \\ \xrightarrow{R''R'''NH} R-\overset{O}{\overset{\|}{C}}-NR''R''' + R'OH \end{cases}$$

즉 암모니아·1차아민·2차아민이 반응하여 각각 아미드를 생성한다.

에스테르기의 α 위치의 탄소에 수소원자가 붙어 있을 경우 알데히드가 알돌축합을 하는것과 같이 활성메틸렌 반응(3-4-4절)이 일어난다. 예를 들면 ethyl acetate을 Sod, ethoxide와 같은 염기의 작용에 의하여 안정된 enolate 음이온을 형성한다. 이 음이온이 다른 또 1분자의 ethyl acetate의 카르보닐탄소를 공격하면 카르보닐 첨가반응이 일어나 ethoxy 기 (OC_2H_5)가 이탈하여 ethyl acetoacetate을 생성한다. 이와 같은 에스테르의 자가축합반응을 **Claisen 축합반응**이라고 한다.

$$\underset{\text{ethyl acetate}}{CH_3C{\scriptstyle\diagup O \atop \diagdown OC_2H_5}} + \underset{\text{sod-ethoxide}}{C_2H_5ONa} \longrightarrow \underset{\text{enolate 음이온}}{\left[\overset{\ominus}{C}H_2C{\scriptstyle\diagup O \atop \diagdown OC_2H_5} \rightleftharpoons CH_2=C{\scriptstyle\diagup O^{\ominus} \atop \diagdown OC_2H_5}\right]} Na^{\oplus}$$

$$CH_3C{\scriptstyle\diagup O \atop \diagdown OC_2H_5} + \overset{\ominus}{C}H_2C{\scriptstyle\diagup O \atop \diagdown OC_2H_5} \longrightarrow CH_3-\underset{OC_2H_5}{\overset{O^{\ominus}}{C}}-CH_2C{\scriptstyle\diagup O \atop \diagdown OC_2H_5}$$

$$\longrightarrow \underset{\text{ethyl acetoacetate}}{CH_3\overset{O}{\overset{\|}{C}}CH_2\overset{O}{\overset{\|}{C}}-OC_2H_5} + C_2H_5ONa$$

α, β-불포화에스테르에 알코올·아민·시안화수소를 작용시키면 β 탄소에 치환기가 첨가된 에스테르가 생성된다. 이와같이 α, β-불포화카르보닐류에 친핵성시약이 첨가하는 반응을 **Michael 축합반응**이라고 한다.

$$R-\overset{\beta}{C}H=\overset{\alpha}{C}H-\overset{O}{\overset{\|}{C}}-OR' \begin{cases} \xrightarrow[\text{(염기)}]{R''OH} R-\overset{OR}{\overset{|}{C}H}-CH_2-\overset{O}{\overset{\|}{C}}-OR' \\ \xrightarrow{R_2''NH} R-\overset{NR_2''}{\overset{|}{C}H}-CH_2-\overset{O}{\overset{\|}{C}}-OR' \\ \xrightarrow{HCN} R-\overset{CN}{\overset{|}{C}H}-CH_2-\overset{O}{\overset{\|}{C}}-OR' \end{cases}$$

3) 에스테르의 합성 : 염화아실 또는 카르복시산무수물을 알코올과 반응시켜 에스테르를 생성할 수 있다.

$$R-\overset{O}{\overset{\|}{C}}-Cl + R'-OH \xrightarrow{\text{pyridine}} R-\overset{O}{\overset{\|}{C}}-OR' \left(+ C_5H_5NH^+ \; Cl^- \right)$$

$$R-\overset{O}{\overset{\|}{C}}-O-\overset{O}{\overset{\|}{C}}-R + R'-OH \xrightarrow{\text{pyridine}} R-\overset{O}{\overset{\|}{C}}-OR' \left(+ C_5H_5NH^+ \; RCOO^- \right)$$

이 반응에서 pyridine을 시약과 동일한 mol, 또는 용매로서 과량 사용하면 에스테르화 반응으로 생성된 염산이나 카르복시산을 염으로 회수하여 반응을 촉진함과 동시에 생성된 산에 의한 부수적인 반응이 일어나는 것도 방지한다.

다음의 반응예는 카르복시산과 알코올을 강산의 촉매하에서 탈수축합시켜 에스테를 생성하는 방법이다.

$$R-\overset{O}{\overset{\|}{C}}-OH + R'-OH \xrightarrow{H^+} R-\overset{O}{\overset{\|}{C}}-OR' + H_2O$$

[예] $CH_3 \cdot COOH + CH_3CH_2-OH \xrightarrow{H^+} CH_3COOCH_2CH_3 + H_2O$

또한 염화아실과 알코올의 알칼리염(alcoholate)을 반응시키는 방법도 있다.

$$\underset{\text{염화아실}}{R-\overset{O}{\overset{\|}{C}}-Cl} + \underset{\text{sod alcoholate}}{R'-O-Na} \longrightarrow R-\overset{O}{\overset{\|}{C}}-OR' + NaCl$$

[예] $CH_3COCl + CH_3CH_2O^-Na^+ \longrightarrow CH_3COOCH_2CH_3 + NaCl$

(4) 아미드(카르복시산 아미드)

카르복시기의 수산기를 아미노기(- NH_2)로 치환한 화합물을 **카르복시산 아미드**(acid amide) 또는 단순히 아미드(amide)라고도 하며, 지금까지도 종종 명칭이 나오곤 하였는데 카르복시산의 아미드에는 다음 세가지 구조가 존재한다.

$$\underset{\text{일반식}}{R-\overset{O}{\overset{\|}{C}}-N\begin{matrix}R'\\R''\end{matrix}} \qquad \underset{\text{1차 아미드}}{R-\overset{O}{\overset{\|}{C}}-NH_2} \qquad \underset{\text{N-치환아미드}}{R-\overset{O}{\overset{\|}{C}}-N\begin{matrix}R'\\H\end{matrix}} \qquad \underset{\text{N, N-2치환아미드}}{R-\overset{O}{\overset{\|}{C}}-N\begin{matrix}R'\\R''\end{matrix}}$$

아미노기의 치환기에 의하여 N -치환아미드(알킬기 또 아릴기가 1개), N,N-2 치환아미드(알킬기 또는 아릴기가 2개)가 있다. 아미노기가 치환되지 않은 1차아미드*의 명명은 이에 대응하는 카르복시산의 명칭(산은제외)의 뒤에 "아미드(amide)"를 붙인다(즉 "oic acid" 또는 -ic acid를 "amide"로 바뀐다).

$CH_3C(=O)-NH_2$ 아세트아미드 (acetamide)　　$C_6H_5CONH_2$ 벤즈아미드(benzamide)

N -치환 아미드의 경우는 치환기 명칭을 "아미드"의 앞에 붙인다.

$CH_3C(=O)-NHCH_3$ N-methylacetamide　　$H-C(=O)-N(CH_3)_2$ N,N-dimethylformamide

자연계에 존재하는 아미드중에서 니코틴산 아미드는 비타민 B군에 속하고 생물의 기능상 중요한 작용을 한다. 니코틴산 아미드는 펠라글라병에 효과가 있는 비타민으로 1937년 소의 간장으로 부터 분리되었다. 또한 Nicotinamide Adenine dinucleotide (NAD) 라고 하는 보조효소(Coenzyme)는 생체내 수소의 운반에 관계하는 대단히 중요한 역할을 한다.

nicotinamide (niacinamide)

단백질은 아미노산이 아미드결합한 생체내의 고분자화합물이다. 이 아미드결합을 **펩티드결합** (peptide linkage, peptide bond)이라고 한다.

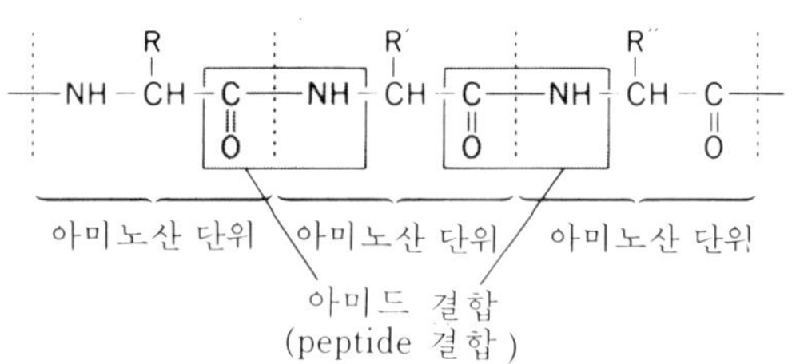

* 아민은 암모니아 수소원자가 아실기로 치환된 형태이며 다음 세가지가 있다.

$RCONRR_2$	$(RCO)_2NR$	$(RCO)_3N$
1차아미드	2차아미드(imide)	3차아미드

γ-아미노산이나 δ 아미노산은 락톤의 형성(3-5-6절)과 같이 분자내에서 탈수하여 5원자고리나 6원자고리의 고리모양아미드를 형성한다. 이와같이 고리내에 아미드(- CONH -)를 가진 화합물을 **락탐**(lactam)이라고 한다.

γ - aminobutyric acid → (가열) γ - butyrolactam + H_2O

δ - aminovaleric acid → (가열) δ - valerolactam + H_2O

일반식 $R \cdot CONH_2$인 간단한 아미드는 ester이나 할로겐화 아실 또는 산무수물과 암모니아의 반응으로 제조할 수 있다.

또한 아미드류는 산의 암모늄염을 가열하여 제조한다.

$$R \cdot COOH + RCOO'NH_4 \longrightarrow R \cdot CONH_2 + H_2O$$

1) 아미드의 반응 : 아미드의 카르보닐은 인접하고 있는 질소원자의 영향으로 카르보닐 탄소가 다소 친핵성반응을 받기 어렵게 되고, 에스테르 등에 비하여 가수분해되기 어렵다. 그러나 산성이나 알칼리성 용액을 가열하여 가수분해하며 카르복시산이나 카르복시산 염을 형성한다.

$$R-\overset{O}{\overset{\|}{C}}-N\langle^{R'}_{R''} \xrightarrow{H_3O^+} R-\overset{O}{\overset{\|}{C}}-OH + R'R''\overset{+}{N}H_2$$

$$R-\overset{O}{\overset{\|}{C}}-N\langle^{R'}_{R''} \xrightarrow{OH^-} R-\overset{O}{\overset{\|}{C}}-\overset{\ominus}{O} + R'R''NH$$

아미드는 수소화알루미늄리튬($LiAlH_4$)으로 환원되어 1차아미드로부터는 1차아민이 얻어지고, N-치환체로부터는 2차아민이, *N*,*N*-2치환체로부터는 3차아민이 각각 얻어진다.

$$R-\overset{O}{\overset{\|}{C}}-N\langle^{R'}_{R''} \xrightarrow{LiAlH_4} RCH_2-N\langle^{R'}_{R''}$$

또한 아미드를 탈수하면 해당되는 시안화물이 된다.

$$R-\overset{O}{\overset{\|}{C}}-NH_2 \xrightarrow[\text{가열}]{P_2O_5} R \cdot C\equiv N + H_2O$$

$$CH_3 \cdot \overset{\overset{\displaystyle O}{\|}}{C} - NH_2 \xrightarrow{P_2O_5} CH_3C \equiv N + H_2O$$

acetamide　　　　　　acetonitrile

2) **아미드의 합성** : 이미 기술한 바와 같이 아미드류는 할로겐화아실 · 카르복시산무수물 · 에스테르에 암모니아 · 1차 및 2차아민을 반응시켜 합성하게 된다. (3-5-6절 참조)

$$R-C\begin{matrix}\nearrow O \\ \searrow Y\end{matrix} + R'R''NH \longrightarrow R-\overset{\overset{\displaystyle O}{\|}}{C}-N\begin{matrix}\nearrow R' \\ \searrow R''\end{matrix}$$

(Y : Cl, OCOR, OR)

[보충문제]

[1] 다음 산들의 구조식을 적어라.

a. 3-methylpentanoic acid
b. 2,2-dichlorobutanoic acid
c. γ -hydroxyvaleric acid
b. *p*-toluic acid
e. cyclobutanecarboxylic acid
f. 2-propanoylbenzoic acid
g. phenylacetic acid
h. 2-naphthoic acid

[2] 다음 산들을 명명하여라.

a. $(CH_3)CHCH_2CH_2COOH$
b. $CH_3CHBrCH(CH_3)COOH$
c.
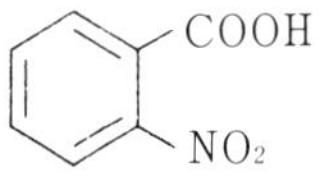

d. $CH_3CH(C_6H_5)COOH$
e. $CH_2 = CHCOOH$
f.
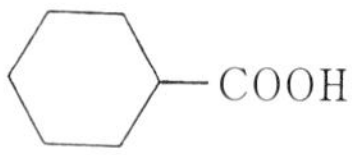

g. CH_3CF_2COOH
h.
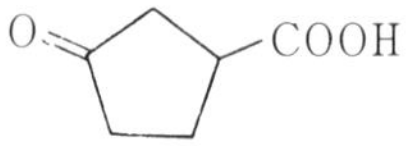

i.
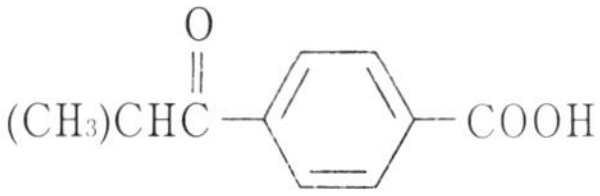

j. $CH_3C \equiv CCOOH$

3-6 아미노기

3-6-1 아민의 구조와 명명법

암모니아(NH_3)의 수소원자가 알킬기($-R$)나 아릴기($-Ar$)로 치환하여 이루어진 화합물을 **아민**(amine)이라고 한다. 치환기의 수에 따라서 1차아민($R-NH_2$), 2차아민($R-NH-R'$), 3차아민($R-\underset{\underset{\displaystyle R'}{\|}}{N}-R''$)으로 분류된다. 또한 4차암모늄이온도 아민중에 포함한다.

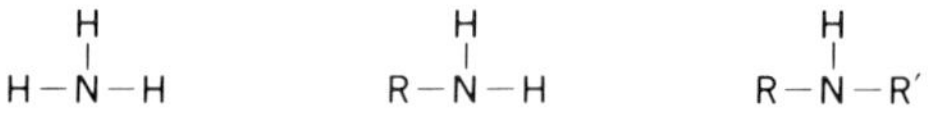

암모니아　　　1차아민　　　2차아민
(ammonia)　　(primary-amine)　　(secondary amine)

$$R-\overset{\displaystyle R''}{\underset{}{\overset{|}{N}}}-R' \qquad R-\overset{\displaystyle R''}{\overset{|}{\underset{\underset{\displaystyle R'''}{|}}{N^{+}}}}-R'$$

3차아민 (tertiary amine)　　4차 암모늄이온 (quaternary ammonium ion)

아민의 명명은 보통 질소원자에 치환된 알킬기나 아릴기의 명칭을 알파벳순으로 배열하고, 그 뒤에 "아민(-amine)"을 붙인다. 그 몇가지 예를 다음에 들어 보기로 한다.

CH_3NH_2	$(CH_3CH_2)_2NH$	$CH_3CH_2NHCH_2CH_2CH_3$
메틸아민	디에틸아민	에틸프로필아민

또한 아닐린이나 toluidine과 같은 관용명을 갖는 방향족 아민이 있다.

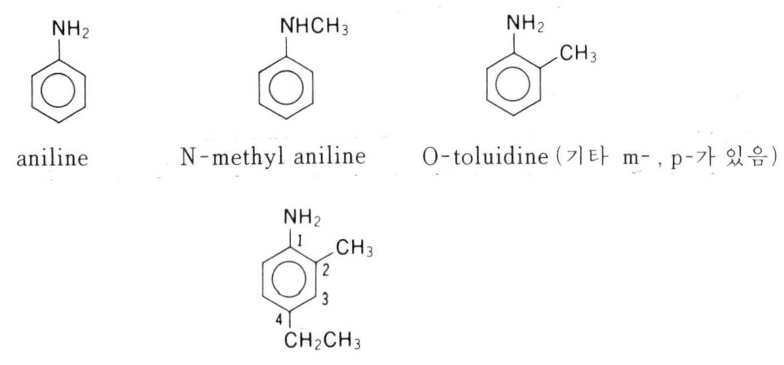

aniline　　N-methyl aniline　　O-toluidine (기타 m-, p-가 있음)

4-ethyl-o-toluidine

IUPAC 명명법에서는 NH_2기를 "amino기"라고 하며, 탄소골격의 치환기로 취급된다. 또, 지방족의 2차아민, 3차아민은 각각 N-알킬아미노기 · N, N-디알킬 아미노기로 명명되며 모체의 치환기로 취급된다.

$$CH_3-\underset{\underset{\displaystyle NH_2}{|}}{CH}-CH_3 \qquad CH_3CH_2NH-CH_2CH_2CH_2CH_2CH_3$$

2-amino propane (isopropylamine)　　1-(N-ethyl)-aminopentane

기타 고리모양의 아민류가 많이 있으며, 관용명으로 불려지는 것은 더욱 많다. pyrimidine 또는 purine은 핵산의 구성염기로써 생체내에서 중요한 작용을 한다.

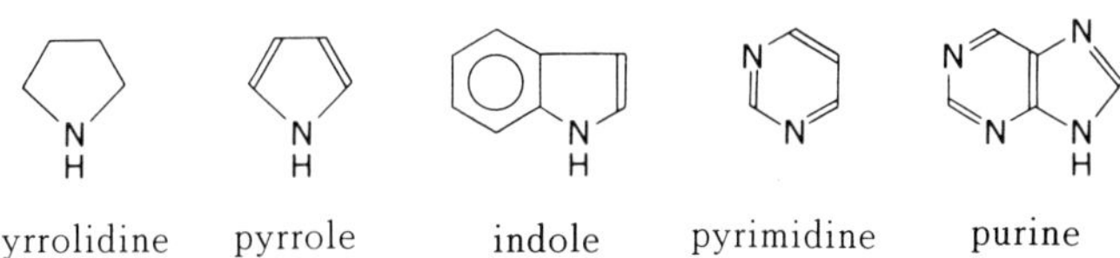

pyrrolidine　　pyrrole　　indole　　pyrimidine　　purine

3-6-2 아민의 성질

아민류는 질소원자와 결합하고 있는 수소가 다른 분자의 질소원자와의 사이에서도 수소결합을 하기 때문에 알코올류처럼 분자량이 비슷한 알칸류보다도 비점이 높다. 그러나 알코올의 비점과 비교하면 낮은 편이다. 아민은 물과도 수소결합을 할 수 있으므로 물에 잘 용해되지만 아닐린과 같은 방향족아민은 물에 용해되지 않는다(표 3-12)

표 3-12 아민의 물리적성질

아 민	구 조 식	비점(b.p.) (℃)	용해도 (물100 g 中)	K_b	pK_b
암모니아	NH_3	−33	가 용	1.8×10^{-5}	4.74
메틸아민	CH_3NH_2	−6	가 용	4.4×10^{-4}	3.36
디메틸아민	$(CH_3)_2NH$	7	가 용	5.2×10^{-4}	3.28
트리메틸아민	$(CH_3)_3N$	3.5	가 용	0.5×10^{-4}	4.30
에틸아민	$CH_3CH_2NH_2$	17	가 용	5.6×10^{-4}	3.25
디에틸아민	$(CH_3CH_2)_2NH$	56	가 용	9.6×10^{-4}	3.02
트리에틸아민	$(CH_3CH_2)_3N$	90	14 g	5.7×10^{-4}	3.24
n-프로필아민	$CH_3(CH_2)_2NH_2$	49	가 용	4.7×10^{-4}	3.33
n-부틸아민	$CH_3(CH_2)_3NH_2$	78	가 용	4.1×10^{-4}	3.38
아닐린	$C_6H_5-NH_2$	184	3.5 g	3.8×10^{-10}	9.42

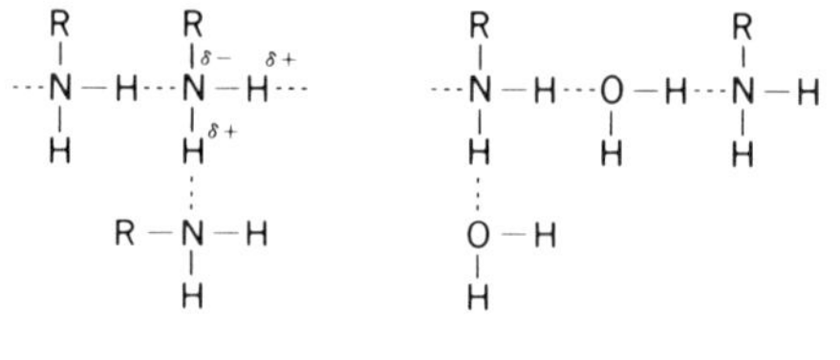

```
    R       R                  R               R
    |       |δ-    δ+          |               |
 ···N—H···N—H···            ···N—H···O—H···N—H
    |       |δ+                |       |       |
    H       H                  H       H       H
            ⋮                  ⋮
        R—N—H                  O—H
            |                  |
            H                  H
```

지방족아민중 메틸아민(CH_3NH_2)이나 에틸아민($CH_3CH_2-NH_2$)은 암모니아와 비슷한 강한 냄새를 가지고 있으며 조금 긴 사슬의 아민이나 디아민은 물고기 냄새와 비슷한 냄새가 있다.

3-6-3 아민의 염기성도

암모니아는 물보다 강한 염기이며 물분자로부터 proton을 취하여 암모늄이온을 생성하고 수산이온을 유리한다. 그 기구는 질소원자의 비공유전자쌍(非共有電子雙)이 물분자의 proton을 뽑아내기 때문이다.

$$NH_3 + H_2O \longrightarrow NH_4^+ + OH^-$$

$$\ddot{N}H_3 + H-O-H \longrightarrow H-\overset{+}{N}H_3 + OH^-$$

1차・2차・및 3차아민도 물과 반응하여 이온화하고 염기성을 나타낸다.

$$RNH_2 + H_2O \longrightarrow R\overset{+}{N}H_3 + OH^-$$

$$R_2NH + H_2O \longrightarrow R_2\overset{+}{N}H_2 + OH^-$$

$$R_3N + H_2O \longrightarrow R_3\overset{+}{N}H + OH^-$$

염기의 강도는 상기한 수용액중에서 proton 첨가의 강도이며, 그 반응의 평형상수 K_b로 표시된다.

$$RNH_2 + H_2O \rightleftharpoons R\overset{+}{N}H_3 + OH^-$$

$$K_b = \frac{[R\overset{+}{N}H_3][OH^-]}{[RNH_2]}$$

염기성이 강한 화합물일수록 반응은 우측으로 진행하고 K_b의 값은 커진다. 또 산성도를 나타낼 때에 사용한 pKa값(3-5-3절)과 같이 염기도(basicity)를 나타내는 지수로써 pK_b값이 있다.

$$pK_b = -\log K_b$$

지방족 아민의 pK_b값은 3～5이며 방향족 아민은 9～10을 나타낸다(표 3-12). pK_b값이 작을수록 염기성은 강하다.

아민의 질소원자에 전자공여성기가 치환되어 있으면, 전자를 질소원자에 공급하여 더욱 질소의 비공유전자쌍(非共有電子雙)이 proton을 빼앗는 경향이 강해지므로 염기도가 증가한다. 암모니아・메틸아민・디메틸아민과 비교해 보면 이것을 잘 알 수 있다.

방향족 아민이 지방족아민에 비하여 염기성이 상당히 약한 것은 질소원자의 비공유전자쌍이 벤젠고리와의 사이에서 안정된 공명구조를 이루고 있기 때문이다. 따라서 질소원자가 proton을 끌어당기는 힘이 약하기 때문에 방향족 아민의 염기성이 작다.

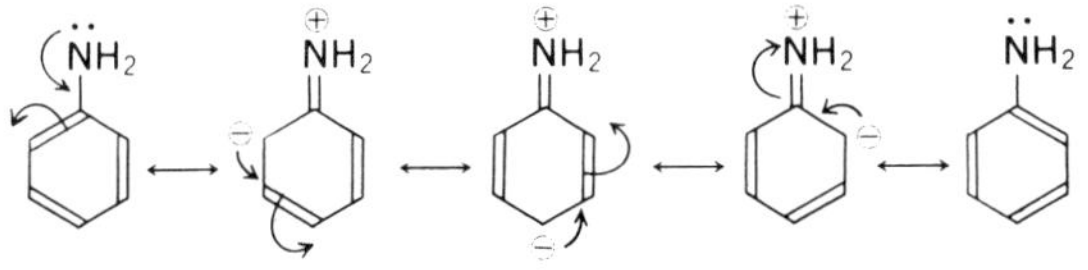

$\ddot{N}H_2$ ⟷ $\overset{\oplus}{N}H_2$ ⟷ $\overset{\oplus}{N}H_2$ ⟷ $\overset{\oplus}{N}H_2$ ⟷ $\ddot{N}H_2$

3-6-4 아민의 반응

(1) **암모늄 염** : 아민은 염산 등의 할로겐화수소산과 반응하여 암모늄염 (ammonium salt, 아민염)을 형성한다.

표 3-13에서와 같이 암모늄염은 대부분이 고체로서 비교적 융점이 높다. 흡습성이 강하고 수용성이며 비극성용매에는 잘 용해되지 않는다.

표 3-13 암모늄염의 융점

암모늄염	구 조	융점(m.p)(℃)
methylammonium chloride	$CH_3NH_3Cl^{\ominus}$	232
dimethyl ammonium chloride	$(CH_3)_2N^{\oplus}H_2Cl^{\ominus}$	171
dimethyl ammonium bromide	$(CH_3)_2N^{\oplus}H_2Br^{\ominus}$	134
dimethyl ammonium iodide	$(CH_3)_2N^{\oplus}H_2I^{\ominus}$	155
tetramethyl ammonium iodide	$(CH_3)_4N^{\oplus}I^{\ominus}$	230에서 분해
tetramethyl ammonium hydroxide	$(CH_3)_4N^{\oplus}OH^{\ominus}$	130~135(분해)

(2) **아민의 알킬화** (할로겐화알킬과의 반응) : 할로겐화알킬과 아민을 반응시키면 N-알킬아민이 된다. 1차아민과 할로겐화알킬로부터 최초에는 2차아민이 생성되고, 이것이 다시 할로겐화알킬과 반응하여 3차아민을 생성시킨다. 이 3차아민이 다시 1분자의 할로겐화알킬과 반응하여 4차암모늄 이온을 형성한다. 따라서 이 반응에서는 각 종류의 아민류가 동시에 생성되는데, 이들을 분리하지 않으면 안되기 때문에 대단히 곤란한 문제가 생긴다.

$$R-\ddot{N}H_2 + R'-X \longrightarrow R-NH(R') + HX$$

$$R-NH(R') + R'-X \longrightarrow R-N(R')(R) + HX$$

$$R-N(R')(R') + R'-X \longrightarrow R-N^{+}(R')(R')-R' + X$$

그러나 이 방법으로 알킬아민을 합성하는 경우 할로겐화 알킬에 대하여 원료의 아민을 과도하게 사용하여 반응시키면 아민에 1분자의 알킬기가 유도되어 할로겐화 알킬이 전부 소비되면서 반응이 중지되므로 보다 고차원의 알킬아민의 생성은 미량에서 머물게 된다.

$$C_6H_5-NH_2 + ClCH_2-C_6H_5 \xrightarrow{96\%} C_6H_5-NHCH_2-C_6H_5$$

aniline (4몰) benzyl chloride (1몰) benzyl phenylamine

(3) 아민의 아실화(할로겐화 아실, 무수산과의 반응) : 아미드에서도(3-6-1절) 기술하였는데 1차 및 2차아민은 할로겐화아실이나 산무수물과 용이하게 반응하여 아미드를 형성한다. 그러나 3차아민은 반응하지 않는다.

$$RNH_2 + R'COX \longrightarrow RNHCOR' + HX$$

$$R_2NH + (R'CO)_2O \longrightarrow R_2NCOR' + R'COOH$$

(4) 아질산과의 반응 : 아질산(亞窒酸, nitrous acid)에 대한 아민의 반응성은 지방족 아민과 방향족 아민 및 그 치환기의 수(등급수)에 따라 다르다. 따라서 이 반응은 **아민의 등급별 반응**이라고도 하며 아민류의 효과적인 검출 및 확인 방법이다.

1) 1차아민

지방족

$$R-NH_2 \xrightarrow{HNO_2} [R-\overset{+}{N}\equiv N]\ X^- \longrightarrow R^+ + N_2\uparrow + X^-$$

alkyldiazonium ion (0℃에서 불안정) → carbonium ion → (H_2O) ROH, 전위생성물

방향족

$$C_6H_5-NH_2 \xrightarrow{HNO_2} C_6H_5-\overset{+}{N}\equiv N \xrightarrow[\text{가열}]{H_2O} C_6H_5-OH + N_2\uparrow + H^+$$

aryldiazonium ion (0℃에서 안정)

지방족아민은 0℃에서의 반응으로도 디아조늄이온이 불안정하여 질소가스의 발생이 보이지만, 방향족아민의 디아조늄이온은 0℃에서는 안정하다. 하지만 가열함에 따라 질소가스발생이 시작되므로 지방족 아민과 방향족 아민을 구별할 수 있다.

2) 2차아민

지방족아민과 방향족아민은 다 같이 N-니트로소화되어 기름모양이나 또는 고체형화합물을 생성하면서 분리된다.

$$\underset{(Ar)}{R}-\overset{R'}{\overset{|}{N}}H \xrightarrow{HNO_2} \underset{(Ar)}{R}-\overset{R'}{\overset{|}{N}}-N=O$$

3) 3차아민

지방족아민은 수용성의 염을 생성하고 반응액에 용해된다.

$$R_3N \xrightarrow{HNO_2} R_3\overset{+}{N}H$$

가용성염

방향족아민에서는 아미노기에 의하여 벤젠고리가 활성화되어 있으므로 벤젠고리에 니트로소화가 일어나고 기름모양이나 또는 고체로 분리된다.

$$C_6H_5-N(R)(R') \xrightarrow{HNO_2} O=N-C_6H_4-N(R)(R')$$

p-nitrose-N,N-dialkylaniline

(5) **방향족 디아조늄염의 반응** : 방향족 1차아민(아닐린 유도체)은 0℃에서 아질산에 의하여 디아조화합물이 된다(디아조화반응 : diazotization). 이미 기술한 바와 같이(2-6-5절) 이 디아조화합물은 반응성이 풍부하고 여러가지 방향족치환화합물에 대한 유용한 중간체가 된다.

$$C_6H_5-NH_2 \xrightarrow{HNO_2} C_6H_5-N_2^+$$

$$\xrightarrow{HBF_4} C_6H_5-F + N_2,$$

$$\xrightarrow{Cu_2Cl_2} C_6H_5-Cl + N_2,$$

$$\xrightarrow{Cu_2Br_2} C_6H_5-Br + N_2,$$

$$\xrightarrow{KI} C_6H_5-I + N_2,$$

$$\xrightarrow{Cu_2(CN)_2} C_6H_5-CN + N_2$$

$$\xrightarrow{H_2O} C_6H_5-OH + N_2$$

$$\xrightarrow{ROH} C_6H_5-OR + N_2$$

(6) **짝지음 반응** : 방향족디아조늄염은 페놀이나 방향족아민과 반응하여 Ar-N=N-Ar 이라는 일반식을 갖는 아조화합물을 생성한다. 이 반응을 **짝지음 반응**(coupling reaction)이라고 한다.

$$C_6H_5-N_2^+ + C_6H_5-OH \longrightarrow C_6H_5-N=N-C_6H_4-OH + H^+$$

방향족 디아조늄

p-hydroxyazobenzene
(오 렌 지 색)

$$NaO_3S-C_6H_4-N_2^+ + C_6H_5-N(CH_3)_2 \longrightarrow NaO_3S-C_6H_4-N=N-C_6H_4-N(CH_3)_2$$

methyl orange
(pH 지시약, pH 3이하 : 적색, 4이상 : 황색

(7) Sulfonyl chloride와의 반응 : 1차 및 2차아민은 염화 술포닐과 반응하여 술폰산아미드를 형성한다. 그러나 3차아민은 반응하지 않는다.

$$R-NH_2 \quad + \quad R'SO_2Cl \quad \longrightarrow \quad R'-NHSO_2-R'$$

제 1 아민 염화술포닐 술폰산아미드

이 반응을 이용하여 1차아민·2차아민·3차아민을 구별하는 방법을 **Hinsberg 시험**이라고 한다. 염화술포닐화합물에 염화벤젠술포닐을 사용하면 고체의 술폰산아미드가 용이하게 생성되므로 융점의 측정 등에 의하여 원래의 아민을 동정할 수 있게 된다.

$$R-NH_2 + C_6H_5SO_2Cl \xrightarrow{NaOH} R-NHSO_2-C_6H_5$$

1차아민 benzene sulfonyl chloride (염기성으로 용해된다)

$$R_2-NH + C_6H_5SO_2Cl \xrightarrow{NaOH} R_2-NSO_2-C_6H_5$$

2차아민 (염기성으로 용해되지 않는다)

$$R_3-N + C_6H_5SO_2Cl \xrightarrow{NaOH} \text{반응하지 않음}$$

3차아민

이 경우 3차아민은 반응하지 않으므로 바로 구별된다. 1차 및 2차아민은 반응하지만 1차아민의 벤젠술폰산아미드는 반응조건하(수산화나트륨 수용액 중)에서 용해된다.

이 반응액을 산성으로 하면 술폰산아미드의 결정이 석출된다.

2차아민으로부터 유래된 벤젠술폰산아미드는 염기성 조건하에서는 용해되지 않으며, 반응하면서 고체(또는 기름모양의 생성물)가 분리된다.

3-6-5 아민의 합성

(1) 암모니아 또는 아민의 알킬화반응 : 아민의 반응에서도 언급한 바와 같이 할로겐화알킬에 과잉의 암모니아 또는 1차·2차아민을 넣고 반응시키면 목적으로 하는 아민이 합성된다.

$$R-X + NH_3 \longrightarrow R-NH_2 + HX$$

$$R-X + R'-NH_2 \longrightarrow R-NH-R' + HX$$

(2) 니트로화합물의 환원 : 니트로기를 환원하여 아미노기로 유도하는 방법은 여러가지 있는데 실험실적으로 할 수 있는 예를 소개한다.

a. 접촉환원

$$C_6H_5NO_2 \xrightarrow[Pd-C]{H_2} C_6H_5NH_2$$

b. 금속 및 산에 의한 환원

$$CH_3NO_2 \xrightarrow[HCl]{Fe} CH_3NH_2$$

$$m\text{-}C_6H_4(NO_2)_2 \xrightarrow[HCl]{Sn} m\text{-}C_6H_4(NH_2)_2$$

c. 수소화알루미늄 리튬과의 반응

$$CH_3CH_2CH(NO_2)CH_3 \xrightarrow{LiAlH_4} CH_3CH_2CH(NH_2)CH_3$$

(3) 카르보닐기의 환원에 의한 아미노화: 카르보닐 화합물을 이민(imine)($>C=NH$) 으로 하면서(아미노화)수소를 첨가하여 아민을 얻는 편리한 합성법이다.

$$RR'C=O + R''NH_2 \longrightarrow RR'C=N-R'' \xrightarrow{H_2} RR'CH-NH-R''$$

(4) 니트릴의 환원: 니트릴(일반식 $R-C\equiv N$)은 접촉환원 또는 수소화알루미늄리튬의 환원에 의하여 1차아민을 생성한다.

$$RR'C=O + R''NH_2 \longrightarrow RR'C=N-R'' \xrightarrow{H_2} RR'CH-NH-R''$$

(5) 아미드의 환원: 아미드를 수소화알루미늄리튬에 의하여 환원하는 방법으로서 이용 범위가 가장 넓은 합성법이다. 즉 1차아미드, N-치환아미드, N, N-2치환 아미드로부터 각각 1차아민, 2차아민, 3차아민이 얻어진다.

$$CH_3CONH_2 \xrightarrow{LiAlH_4} CH_3CH_2NH_2$$

acetamide → ethylamine (1차 아민)

$$C_6H_5CONHCH_3 \xrightarrow{LiAlH_4} C_6H_5CH_2NHCH_3$$

N-methyl benzamide → benzyl methylamine (2차 아민)

$$CH_3CH_2CON(CH_3)_2 \xrightarrow{LiAlH_4} CH_3CH_2CH_2N(CH_3)_2$$

N,N-dimethyl propionamide → dimethyl propylamine (3차 아민)

연습문제 3

1. 다음 화합물을 명명하라.

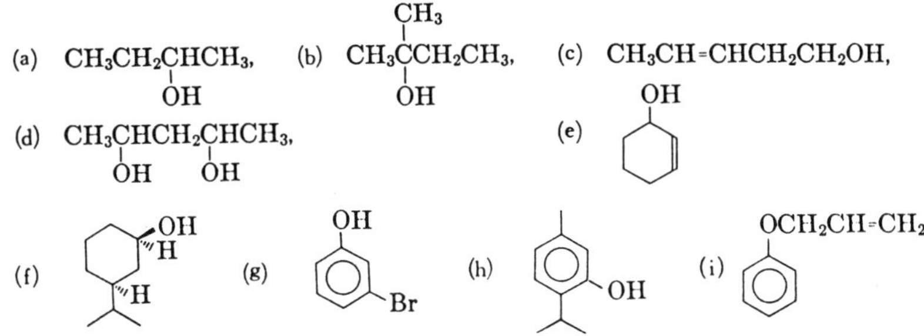

2. 다음 화합물의 구조식을 써라.

(a) 3-메틸부탄올　　(b) 1, 4-부탄디올

(c) 2, 3-디메틸-2-펜탄올　　(d) 2-페닐 알코올

(e) 2-메틸시크로펜탄올　　(f) 3, 5-디브로모페놀

(g) 2, 4-디니트로벤질 알코올　　(h) 에틸페닐에테르

(i) 디시클로헥실 에테르

3. 에탄올에 다음 각 시약을 반응시킬 때 생성물은 무엇인가?

(a) Na

(b) PBr_3

(c) H_2SO_3 (140℃)

(d) $SOCl_2$

(e) $H_2Cr_2O_7$

(f) C_6H_5COOH (H^+의 존재하에서 가열)

4. 다음 반응식을 완성하라.

(a) $CH_3CH_2COOCH_3 \xrightarrow{LiAlH_4}$ ☐, (b) $CH_3CHCH_2CH_3$ (OH) $\xrightarrow[\text{가열}]{H^+}$ ☐,

(c) (2-methylcyclohexanol: CH_3, H, OH) $\xrightarrow{Al_2O_3}$ ☐, (d) (cyclopentanone, =O) $\xrightarrow{CH_3CH_2MgBr}$ ☐,

(e) (phenol, OH) $\xrightarrow[\text{pyridine}]{(CH_3CO)_2O}$ ☐, (f) (3-methylaniline: CH_3, NH_2) $\xrightarrow[2)\ H_2O]{1)\ HNO_2,\ HCl}$ ☐,

(g) (4-hydroxybenzyl alcohol: OH, CH_2OH) $\xrightarrow[\text{pyridine}]{CH_3COCl}$ ☐, (h) (3-nitrophenol: OH, NO_2) $\xrightarrow[2)\ CH_3CH_2Br]{1)\ Na}$ ☐,

(i) (CH_2-CH_2, O; ethylene oxide) $\xrightarrow{CH_3CH_2MgI}$ ☐

5. 주어진 화합물로부터 목적하는 화합물의 합성법을 써라.

(a) $CH_3CH_2Br \longrightarrow CH_3CH_2CHO$, (b) $CH_3\underset{\mid}{C}HCH_2CH_3$ (OH) $\longrightarrow CH_3CH_2CH_2CH_3$

(c) $CH{\equiv}CH \longrightarrow CH_3\underset{\mid}{C}HCH_2CH_3$, (OH)

(d) O (cyclopentanone) $\longrightarrow$ CH_3 (cyclopentane)

(e) (benzene) $\longrightarrow$ OH, NH_2 (benzene ring)

(f) (benzene) $\longrightarrow$ NH_2, Br (benzene ring)

(g) (benzene) $\longrightarrow$ $OCH_2CH{=}CH_2$ (benzene ring)

6. 1,3-butadiene 으로부터 adipic acid 을 합성하는 과정을 써라.

7. 다음 화합물을 명명하라.

(a) $CH_3\underset{Br}{C}H\underset{CH_3}{C}HCH_2C{\lesssim}^{O}_{H}$, (b) CHO, Cl (benzene ring with isopropyl group), (c) $CH_3\underset{OCH_3}{C}HCH_2\underset{O}{\overset{\|}{C}}CH_3$,

(d) $CH_3\underset{Cl}{C}HCH_2COOH$, (e) $\begin{matrix}CH_3\\CH_3\end{matrix}{>}CHCH{=}CHCOOH$,

(f) CH_3CH_2O (benzene ring) COOH, OH

8. 다음 반응으로 생성되는 화합물은 어느것인가?

(a) $CH_3CHO + CH_3CH_2CHO \xrightarrow{NaOH\ aq.}$ [ ]

(b) $HCHO + CH_3CHO \xrightarrow{NaOH\ aq.}$ [ ]

(c) (benzene ring) CHO $+ CH_3\underset{O}{\overset{\|}{C}}CH_3 \xrightarrow{NaOH\ aq.}$ [ ]

(d) $2CH_3COOC_2H_5 \xrightarrow{C_2H_5ONa}$ [ ]

(e) (benzene ring) CHO $+ CH_2(COOC_2H_5)_2 \xrightarrow{C_2H_5ONa}$ [ ]

(f) $CH_3CHO + NCCH_2COOC_2H_5 \xrightarrow{C_2H_5ONa}$ [ ]

(g) (benzene ring) CHO $+ (CH_3CO)_2O \xrightarrow{CH_3COONa}$ [ ]

(h) $CH_2{<}\begin{matrix}CH_2CH_2COOC_2H_5\\CH_2CH_2COOC_2H_5\end{matrix} \xrightarrow{C_2H_5ONa}$ [ ]

9. 다음 반응생성물을 써라.

벤젠 $\xrightarrow[AlCl_3]{CH_3I}$ (1) □ $\xrightarrow[\text{빛}]{Br_2}$ (2) □ $\xrightarrow{NaCN}$ (3) □ $\xrightarrow[\text{가열}]{H_3O^+}$ (4) □

$\xrightarrow{SOCl_2}$ (5) □ $\xrightarrow{CH_3NH_2}$ (6) □

10. 다음 반응생성물을 써라.

사이클로헥센 $\xrightarrow{O_3}$ (1) □ $\xrightarrow{Zn,\ H_2O}$ (2) □ $\xrightarrow{H_2Cr_2O_7}$ (3) □ $\xrightarrow{SOCl_2}$ (4) □

$\xrightarrow{NH_3}$ (5) □ $\xrightarrow{LiAlH_4}$ (6) □

4. 주변의 天然有機化合物

4-1 탄수화물
4-2 지　질
4-3 아미노산과 단백질
4-4 핵　산
4-5 비 타 민
4-6 천연물의 생합성

4.

주변의 天然有機化合物

지금까지는 주로 유기화합물의 반응과 합성에 대하여 기술해 왔는데, 이 유기화학은 또한 생화학 및 분자생물학의 기초가 되어 생명과학을 해명하는 커다란 목표에도 공헌하고 있다. 본 장에서는 주로 생물체에 관련이 있는 중요한 물질이나 또는 우리 생활주변의 천연 유기화합물에 대하여 기술하기로 한다.

4-1 탄수화물

탄수화물(carbohydrate)은 생물에 있어서 대단히 중요한 역할을 하는 한 집단의 화합물이다. 생물활동의 에너지원이 되고, 화학에너지의 저장원으로도 되며, 생물체의 세포벽이나 세포막의 구성성분으로서도 널리 생체내에 존재하고 있다.

탄수화물은 대부분의 화합물이 일반적으로 $C_nH_{2m}O_m$이라고 하는 분자식을 가지고 있으며, 이것은 $C_n(H_2O)_m$이라는 형식으로도 표시되므로 **탄수화물**이라는 이름이 붙여졌다. 또는 **함수탄소**라고 하는 경우도 있다. 예를 들면 글루코오스 $C_6H_{12}O_6$은 $C_6(H_2O)_6$로 표시되지만 실제로는 탄소의 수화물(水和物)은 아니므로 $C_6H_{12}O_6$라고 쓴다.

탄수화물은 모두 이산화탄소와 물로부터 태양에너지와 클로로필(엽록소)에 의한 광합성 과정을 거쳐 생성된다. 광합성반응은 녹색식물과 어떤 종류의 박테리아가 체내에서만 진행시키는 과정이다.

$$nCO_2 + mH_2O \xrightarrow[\text{chlorophyll}]{\text{태양에너지}} C_nH_{2m}O_m + nO_2$$

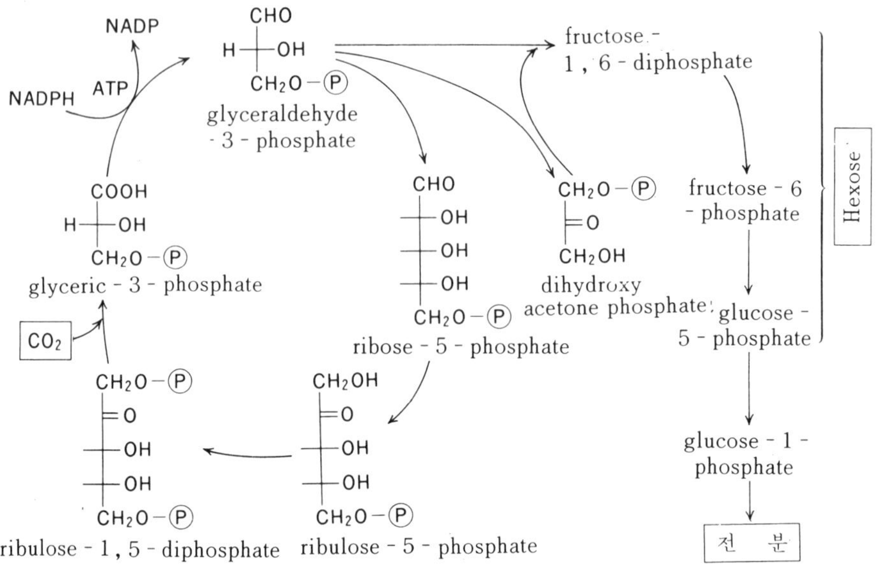

그림 4-1 광합성의 경로 (calvin cycle)

표 4-1 탄수화물의 분류

단당류	
triose	$C_3H_6O_3$
altose	glyceraldehyde
ketose	dihydroxyacetone
tetrose	$C_4H_8O_4$
aldose	threose
	erythrose
pentose	$C_5H_{10}O_5$
aldose	arabinose
	xylose
	ribose
hexose	$C_6H_{12}O_6$
aldose	glucose (포도당)
	galactose
ketose	fructose (과당)
이당류	
sucrose	(설탕, glucose + fructose)
maltose	(맥아당, glucose + glucose)
lactose	(유당, glucose + galactose)
다당류	
전분	(glucose)
glycogen	(glucose)
cellulose	(glucose)
glucomannan	(glucose + mannose)

그림 4-1에서 나타낸 바와 같이 이산화탄소로부터 글리세르알데히드를 거쳐 주생성물인 글루코오스가 되고, 그것이 중합하여 전분이나 셀룰로오스 또는 다른 탄수화물로 전환된다.

탄수화물중에서 가장 간단한 탄수화물을 **단당류**(單糖類, monosaccharide)라고 한다. 이것은 하나의 탄소사슬 골격을 갖는 수산기(水酸基) 여러 개가 치환된 화합물이다. 3개의 탄소원자를 갖는 것을 **3탄당**(triose)이라 하며, 4개의 것을 **4탄당**(tetrose), **5탄당**(pentose), **6탄당**(Hexose)……이라고 한다. 접미어의 "오스(-ose)"는 당을 나타낸다.

자연계에는 펜토오스, 헥소오스가 많이 존재하고 있다. 또한, 알데히드기를 갖는 당을 **알도오스**(aldose), 케톤기를 갖는 당을 **케토오스**(ketose)라고 한다.

```
CHO                     CH2OH
|                       |
CH - OH                 C  = O
|                       |
CH2OH                   CH2OH
```

glyceraldehyde (an aldose)

dihydroxyacetone (a ketose)

여러개의 단당류가 탈수·축합하여 에테르결합을 한 탄수화물을 **소당류**(올리고 당류, oligosaccharide)라고 한다. 올리고당류에는 단당류가 2개 결합한 **2당류**(disaccharide), 3개 결합한 **3당류**(trisaccharide) ……등이 있다. (8~10개 정도의 단당류 단위로 연결)

다수의 당이 중합된 탄수화물을 **다당류**(多糖類, polysaccharide)라 하고, 1분자중에 100에서 10,000개의 단당류의 분자가 결합하여 분자량이 15,000에서 2,000,000까지 되는 것이 있다.

탄수화물과 단당류의 분류를 표 4-1, 4-2에 나타내었다.

표 4-2 단당류의 특성

용해성	쉽게 녹는 것 : 물 녹기 쉬운 곳 : Methanol, ethanol, acetone 녹기 어려운 곳 : Ether, chloroform, benzene		
감 미	fructose 150	inverstsugar 110	sucrose 100
	glucose 75	maltose 60	glycerol 48
	mannitol 45	xylose 40	galactose 33
	lactose 26 ~ 16		
	glucose는 α형, lactose, fructose는 β형이 더욱 달다.		
변선광	용액 중에서 호변이성화를 일으키는 선광성을 나타낸다.		

4-1-1 단 당 류

(1) Triose : 글리세르알데히드에는 2종의 이성질체가 있다(그림 4-2). 지금까지에 기술한 구조이성질체 및 기하이성질체에 있어서는 각각 이성질체의 사이에 융점이나 비점, 굴절율 등의 물리적 정수가 다르다. 그러나 글리세르알데히드 두 가지 이성체간에는 이러한 물리적 성질의 차이는 보이지 않는다.

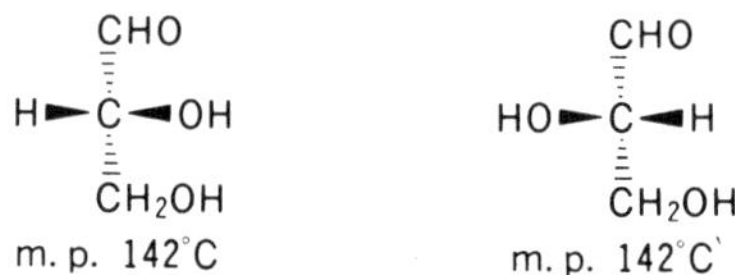

그림 4-2 2종의 글리세르 알데히드의 절대배치

글리세르알데히드를 자세히 보면 중앙의 탄소원자에 붙어 있는 4개의 치환기는 모두 다르고, 양쪽 화합물은 그 탄소원자를 중심으로 하여 대칭형으로 되어 있다. 즉 화합물 사이에 거울을 놓고 거기에 비친 것과 서로 같은 모양의 배열(configuration)로 되어 있으므로 각각의 이성질체는 "거울모양(鏡像, mirror image)의 관계에 있다"고 한다. 또한 이성질체는 오른손과 왼손의 관계와 같은 배치이므로 **거울모양 이성질체**(對掌體, enantiomer)라고 하며 서로 중첩되지 못하는 관계의 이성질체이다.

거울모양 이성질체의 치환기까지의 위치관계는 외관상으로는 변함이 없고 비점이나 융점도 같다. 어느 특정한 성질을 갖는 빛, 예를 들면 평면편광(plane polarized light)을 갖는 빛이 이 거울모양 이성질체를 포함한 매체중을 통과할 때 그 평면 편광은 어떤 각도를 가지고 회전된다.

그렇지만 한쪽의 거울모양 이성질체는 평면 편광을 우회전 시키면 다른쪽 거울모양 이성질체는 같은 각도만큼 좌회전 하는 성질이 있으므로 2종의 이성질체의 구별이 가능하다. 이러한 성질을 측정하는 기기를 **편광계**(polarimeter)라고 한다(그림 4-3).

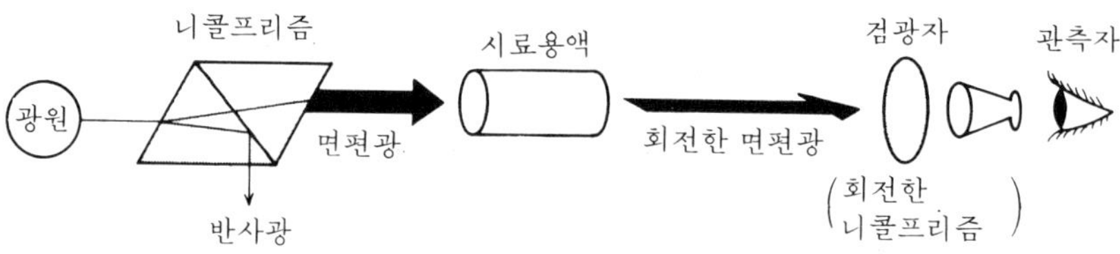

그림 4-3 편광계의 전개약도

평면편광을 회전시키는 거울모양 이성체의 성질을 **광회전성** (opticalrotatory power) 이라고 하며, 전술한 바와 같이 좌우로 회전하는 평면편광에 대한 굴절율의 차이(편광성) 또는 흡수계수의 차이(원편광 2색성) 등의 성질을 총칭하여 **광학활성** (optical activity) 이라고 한다.

또 이러한 성질이 서로 다른 이성체를 **광학이성질체** (optical isomer) 라고 한다. 따라서 편광면을 관측자가 보아 우측(시계바늘 방향)으로 회전시키는 것을 **우회전성** (dextro-rotatory) 이라고 한다. 화합물의 앞에 (+)-를 붙여서 표시한다. 좌측(시계바늘 반대방향)으로 회전시키는 것을 좌회전성 (levo-rotatory) 이라고 하며 (−)-로 표시한다.

서로 거울모양 관계를 갖는 광학이성질체는 같은 농도인 경우 같은 크기의 회전각(α)으로 평면편광을 회전시킨다. 이 회전각(α)은 광통로중의 분자 수(용액의 농도 C), 광통로의 길이(l), 통과하는 광의 파장(λ), 온도(t), 용매에 의하여 영향을 받으므로 다음 식에 의하여 광학활성을 갖는 화합물의 **고유광회전도** (比旋光度, specific rotatory power, [α]) 를 정의할 수 있다.

$$[\alpha]_\lambda^t = \frac{\alpha}{l \cdot c}$$

[α] : 고유광회전도, t : 물질의 온도, λ : 광의 파장(종종 나트륨 램프의 D선 [589.3 nm]을 사용하므로 이 경우에는 단순히 D라고 표기한다). α : 회전각도, l : 시료가 통과하는 광통로의 길이 (dm), C : 시료의 농도 (g / mℓ) 이다.

예를 들면 (+)-글리세르알데히드는 [α]$_D$ +13.5°, (−)-글리세르알데히드는 [α]$_D$ −13.8°이다. 또한 X선 해석결과 (+)-글리세르알데히드는 그림 4-4와 같은 입체배열 (stereo configuration) 을 갖는 것이 밝혀졌다. 이때 우회전성을 나타내는 (+)-글리세르알데히드의 입체배열을 **절대배열** (absolute configuration) 이라 하여 기준으로 하며, 알데히드기를 윗쪽에 기록하는 경우 **키랄중심 탄소** (chiral center carbon) 에 붙는 수산기가 우측에 있는 것을 D 배열이라고 정하고, 이와 동일한 배열을 갖는 화합물을 D 계열이라고 한다.

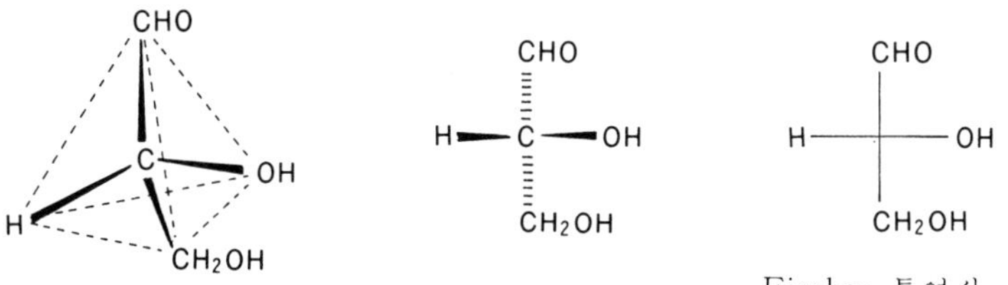

Fischer 투영식

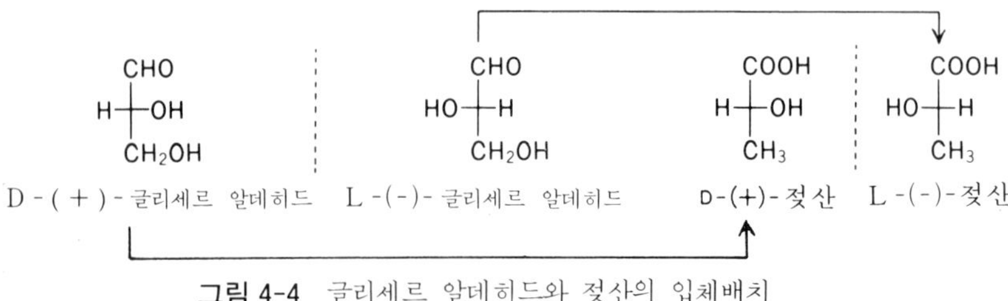

그림 4-4 글리세르 알데히드와 젖산의 입체배치

한편 거울모양이성질체인 (－)-글리세르알데히드의 절대배열은 L배열이고, L계열의 기본화합물로 된다. 또 당류의 입체배열은 좌회전성의 것으로는 L-를, 우회전성의 것에는 D-의 기호를 각각 붙여 나타낸다.

(2) Tetrose : 탄소수가 4개인 당류는 글리세르알데히드에 CH(OH)의 단위가 첨가된 형태의 당류이며, 알데히드기로부터 세어서 3번째의 탄소가 새로이 키랄중심 탄소가 되어 2개의 비대칭중심이 되며 이성체의 수는 4종류가 된다. n개의 키랄중심 탄소를 갖는 화합물의 이성체 수는 이론적으로는 2^n개가 된다.

또 그림 4-5에 나타난 바와 같이 테트로오스의 네가지 이성체는 에리트로오스(erythrose)와 트레오스(threose)의 각각 2종류의 거울모양 이성질체이다. 여기에서 (－)-에리트로오스와 2종류의 트레오스 또는 (＋)-에리

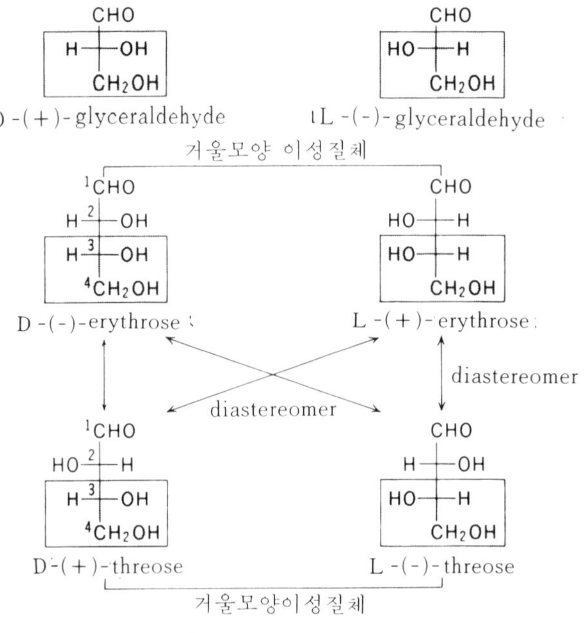

그림 4-5 Tetrose의 이성질체

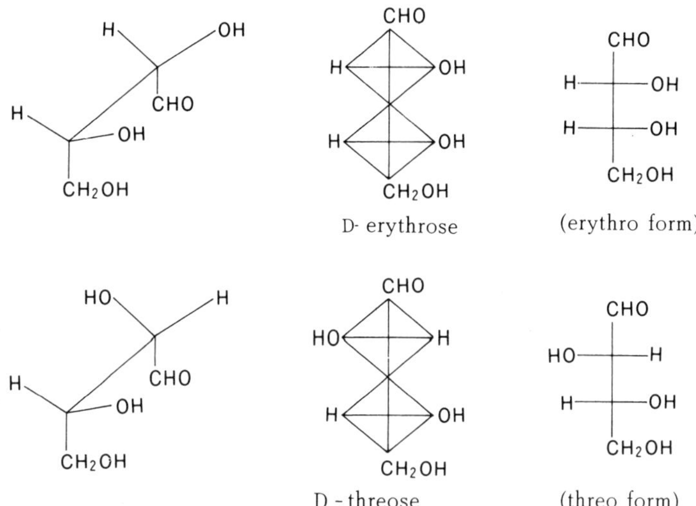

그림 4-6 erythrose 및 threose의 투영식

트로오스와 2종류의 트레오스 사이에는 거울모양의 관계는 없다. 이와 같이 비대칭 중심이 2개 이상 존재하는 분자의 입체이성질체중에서 거울모양관계가 없는 이성질체들을 부분입체이성질체(diastereomer)의 관계가 있다고 한다.

에리트로오스 및 트레오스를 피셔투영식으로 그려보면 그림 4-6과 같이 된다. 또한, 치환기가 이 두 화합물과 같은 배열을 갖는 화합물을 각각 **에리트로형**(erythro form), **트레오형**(threo form)이라고 한다.

(3) **펜토오스** : 5개의 탄소원자를 갖는 당류(糖類)는 자연계에 널리 분포되어 있다. D-ribose는 세포의 핵중에 존재하는 리보핵산(RNA) 및 데옥시리보핵산(DNA)의 구성부분으로 생물의 유전을 담당하는 중요한 당(糖)이다.

D-Arabinose는 아라비아고무의 주성분이며, D-Xylose는 목재·옥수수의 줄기, 보리짚 등에 들어 있다.

(4) **핵소오스** : 6탄당에는 4개의 비대칭탄소원자가 있으며, $2^4=16$종의 이성질체가 있다. 이 16종은 모두 이미 알려진 화합물로서, D계열의 8종은 모두 자연계에 존재하는데, L계열의 8종은 자연계로부터 얻을 수 없다.

알데히드기를 갖는 알도오스끼리는 **글루코오스**(glucose) 및 **갈락토오스**(galactose) 등이 있다. 글루코오스는 **포도당**(grape sugar)이라고도 하며 자연계에 가장 널리 존재하고 우리 인체중의 에너지원으로 되어 있다. 갈락토오스는 젖당(乳糖)의 구성성분이며, 뇌나 신경 조직중에 함유되어 있다. 케톤기를 갖는 케토오스의 일종인 **프락토오스**(fructose, 果糖)는 과실중에 분포되어 있고 단당류중에서는 가장 감미(甘味)가 강하다.

다음에 전분이나 글리코오겐, 셀룰로오스 등을 이루고 있는 D-글루코오스에 대해서 자세히 알아 보기로 한다.

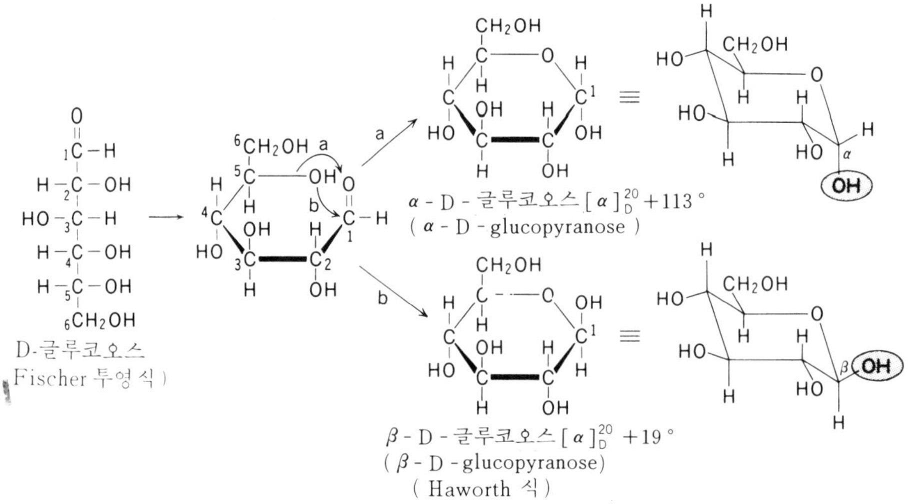

D-글루코오스
(Fischer 투영식)

α - D - 글루코오스 $[\alpha]_D^{20}$ +113°
(α - D - glucopyranose)

β - D - 글루코오스 $[\alpha]_D^{20}$ +19°
(β - D - glucopyranose)
(Haworth 식)

그림 4-7 glucose 의 구조

글루코오스의 구조식은 그림 4-7과 같은 직선형의 구조식으로 표시되고 있으나, X선 해석으로 조사해 보면 실제로는 6각형의 고리모양구조를 이루고 있음이 밝혀졌다. 이 6원자고리 구조를 **glucopyranose** 라고 한다.

이것은 첫번째의 알데히드 탄소 C_1에 다섯번째 탄소 C_5의 수산기가 친핵적으로 폐환하여 고리모양헤미아세탈 구조를 형성하고 있다. 그림에 나타낸 바와 같이 C_5의 수산기가 a, b 2개 방향으로부터 카르보닐기를 공격할 수 있기 때문에 각각 α- 및 β-glucose (glucopyranose 구조)를 생성한다. 이 2개의 이성체를 **아노머**(anomer)라 하고, C_1을 **아노머탄소**(anomeric carbon)라고 한다.

결정상태의 글루코오스는 α형, β형으로 존재하고, 융점·광회전도(旋光渡) 등의 물리적 성질이 각각 다르다. 그 광회전도의 변화를 **변광회전**(變旋光, mutarotation)이라고 한다. D-글루코오스의 고유광회전도(比旋光度)는 $[\alpha]_D^{20}$ +52.7°가 되며, α형이 34%이고 β형이 66%인 혼합물이 평형점이다.

α - D -글루코오스 (34%) ⇄ 사슬모양 D -글루코오스 ⇄ β - D -글루코오스 (66%).

글루코오스가 평형시에도 사슬모양의 알데히드형인 것은 거의 없으며, 구조해석의 스펙트럼 (IR 또는 NMR 등 ; 5-2절)에도 알데히드를 나타내는 흡수가 없으므로 그 존재에 대한 명확한 증거는 없다. 그러나 cyanohydrin 이나 oxime 유도체를 형성하거나(그림 4-8), Tollens 시약이나 Fehling 시약에 반응하여 알데히드로서의 작용을 나타내기도 한다. 그 이유는 극소량의 알데히드가 반응하면 α - 및 β -글루코오스로부터 알데히드형으로 이행하여 평형을 유지하려고 하기 때문에 항상 소량의 알데히드가 보급되어 결국에는 모두 알데히드로 반응하여 글루코오스가 소비되기 때문이다.

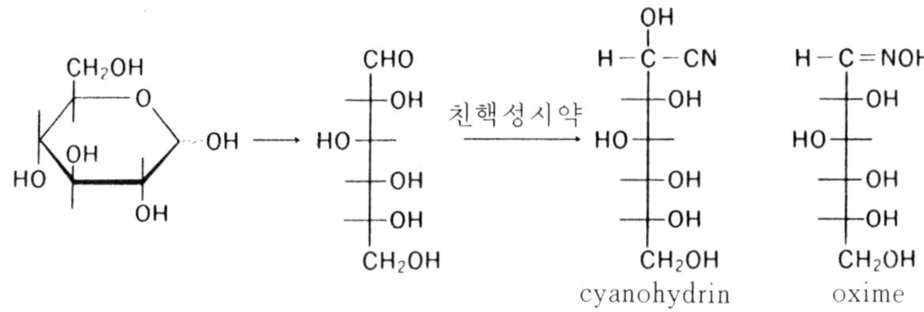

그림 4-8 글루코오스의 알데히드형으로 변형

프락토오스(果糖)는 케토오스의 하나로 과실이나 벌꿀에도 존재하며 단당류 중에서는 가장 감미가 강하다. D -프락토오스는 5원자고리의 furanose 형과 6원자고리의 pyranose 형의 2종류의 고리모양 구조를 형성하며 자연계에서는 주로 β - D - fructofuranose 형으로 단리(單離)된다(그림 4-9). 또한 글루코오스와 결합하여 슈크로오스(sucrose, 사탕이라고도 함)을 형성한다.

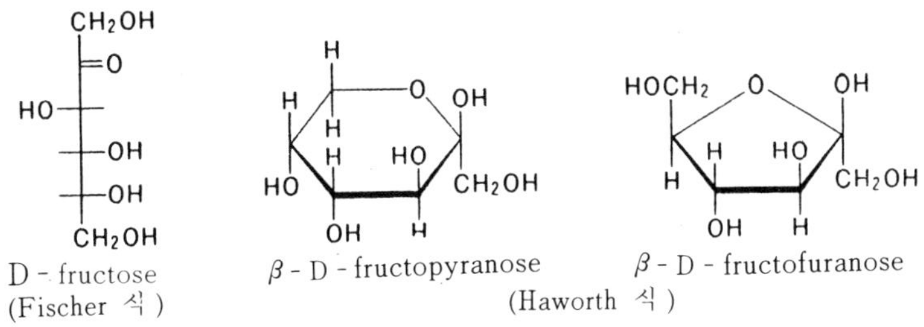

D - fructose (Fischer 식) β - D - fructopyranose β - D - fructofuranose (Haworth 식)

그림 4-9 fructose 의 구조

다음에 D계열의 단당류 구조와 이들의 입체 화학적 관계를 그림 4-10에 나타낸다.

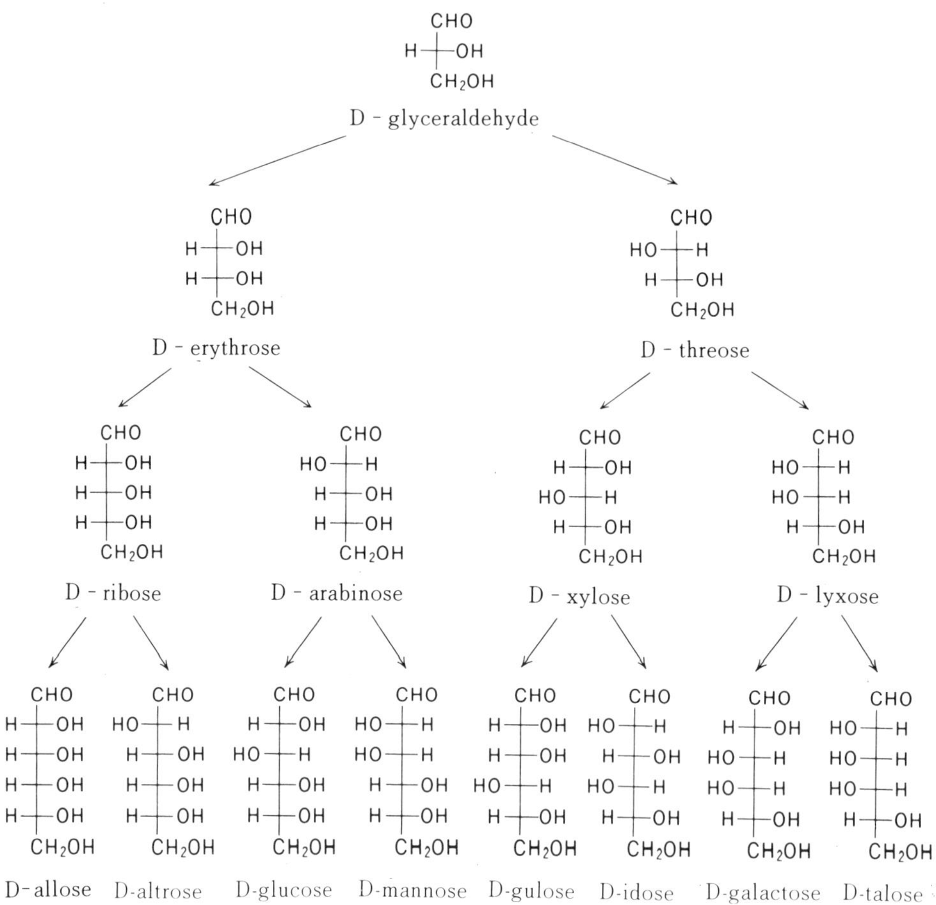

그림 4-10 D-aldose 계열의 Fischer 투영식

(5) 단당류의 반응 : 당의 반응은 일반적인 카르보닐화합물의 반응과 유사하다. 특히 알도오스는 용이하게 산화된다. Tollens 시약을 사용하면 산화되어 금속은을 생성하고 Fehling 시약이나 베네딕트시약에 대해서는 붉은 산화구리(I)를 석출하여 상대의 시약을 환원한다. 따라서 알데히드기를 갖는 당을 환원당(reducing sugar)이라고 한다. 다시 브롬수에 의해서도 서서히 산화되어 gluconic acid이 된다. (aldenic acid)

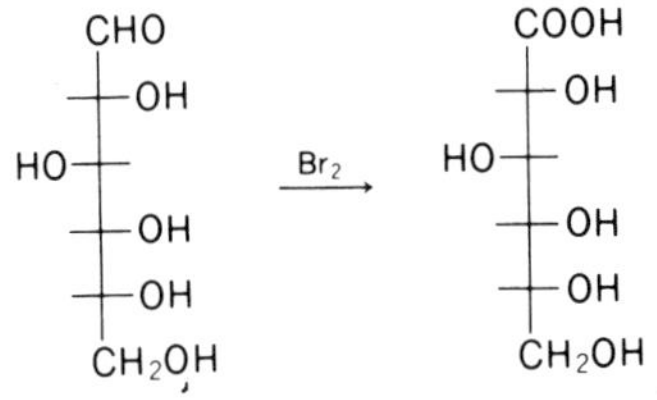

$$\begin{array}{c} CHO \\ -OH \\ HO- \\ -OH \\ -OH \\ CH_2OH \end{array} \xrightarrow{Br_2} \begin{array}{c} COOH \\ -OH \\ HO- \\ -OH \\ -OH \\ CH_2OH \end{array}$$

D - glucose D - gluconic acid

또한 과요오드산으로 처리하면 당을 구성하고 있는 *vic*-glycol의 탄소-탄소결합이 열리고 dialdehyde 를 생성한다.

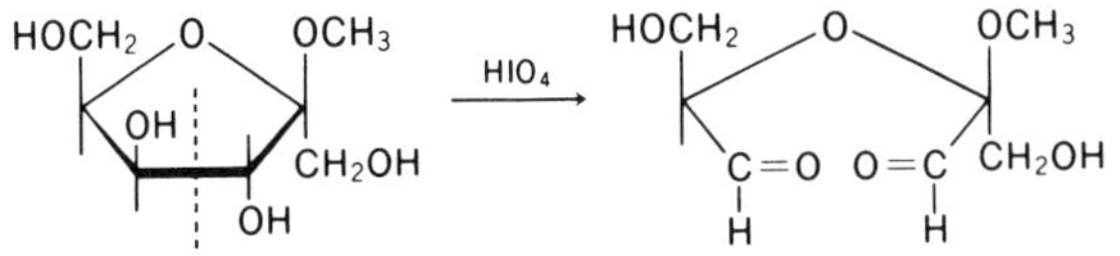

$HOCH_2$, O, OCH_3, OH, CH_2OH, OH $\xrightarrow{HIO_4}$ $HOCH_2$, O, OCH_3, C=O O=C, H H, CH_2OH

(methyl- β -fructofuranoside) 생성된 dialdehyde

따라서 이 과요오드산을 사용하여 당류(다당류를 포함)의 구조를 결정할 수 있다.

알도오스나 케토오스도 페닐히드라진 및 히드록실아민과 반응하여 각각 페닐히드라존 및 옥심을 생성한다. 페닐히드라진을 많이 사용하면 1 mol이 먼저 카르보닐기와 반응하여 페닐히드라존을 만들고, 다음에 그 인접해 있는 수산기가 1 mol의 페닐히드라진에 의하여 산화되어 카르보닐기가 된다. 이 새로운 카르보닐기에 3 mol째의 페닐히드라진이 반응하여 결국 **비스페닐히드라존**(이것을 osazone 이라고 한다)으로 된다.

오사존은 결정화(結晶化)되기 쉽고 그 융점·결정형태·생성시간·색 등을 통하여 원래의 당을 동정할 수 있다. 또 생성기구를 통해서 확실히 밝혀진 바와 같이 D-글루코오스·D-만노오스·D-프락토오스로 부터는 동일한 오사존이 생성된다. 그러나 이 3자의 오사존의 생성시간에는 차이가 있는데 이로 인하여 당의 종류 판별이 이루어진다(그림 4-11).

(6) R 및 S 배열의 표시법 : 보통 당이나 아미노산(4-3절)의 배열을 표시하는 방법으로 D 및 L의 표시법이 사용되며, 비대칭탄소원자의 절대배열을 가장 명확하게 표시하는 방법으로는 **R 및 S 표시법**이 있다.

이것은 1951년에 칸(R. S. Cahn), 인골드(C. K. Ingold), 프렐로그(V.

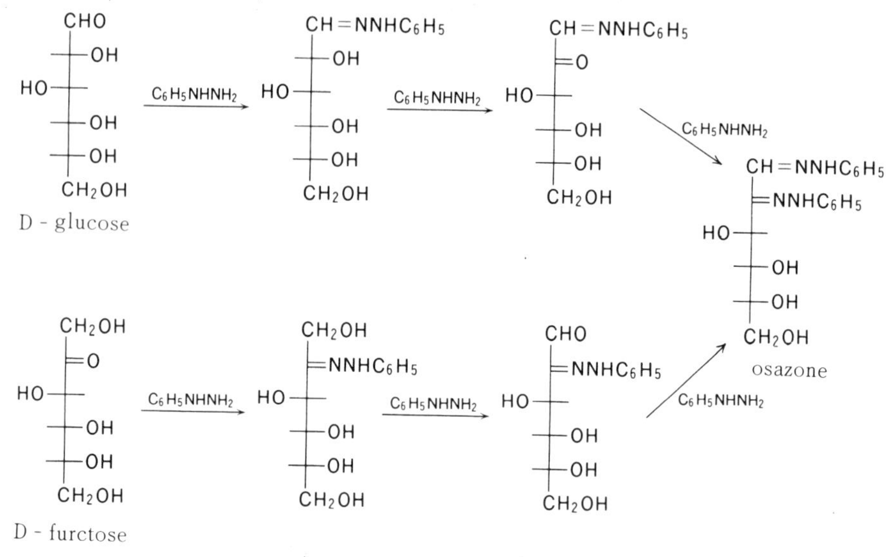

그림 4-11 osazone의 생성

Prelog) 세 사람에 의해 제안된 방법으로서 비대칭 탄소원자의 주변에 있는 4개의 원자단(配位子, ligand)에 의하여 그 탄소원자의 배열을 R 배열 (R configuration) 또는 S 배열(S configuration)로 표시하는 방법이다.

R (rectus, 右)

S (sinister, 左)

이때 비대칭탄소를 Cabcd라 표시하고 치환원자단사이에는 a > b > c > d의 우선순위가 있다고 하자. 순위가 가장 낮은 원자단의 d를 가장 멀리 배치한 상태로 하고 중심에 있는 탄소를 보아 순위에 따라 위에서 부터 a → b → c의 순위라고 한다면 핸들을 돌리는 모양이 된다. 그것이 우회전(시계바늘 방향)의 경우를 S 배열로 표시한다. 4개의 원자단의 순위는 다음의 규칙에 의하여 결정된다.

(가) 원자번호가 큰 원자가 작은 원자보다 우선한다. 예를 들면 다음과 같은 순위가 된다.

I>Br>Cl>S>F>O>N>C>H

따라서 다음과 같은 경우는 R배열로 한다.

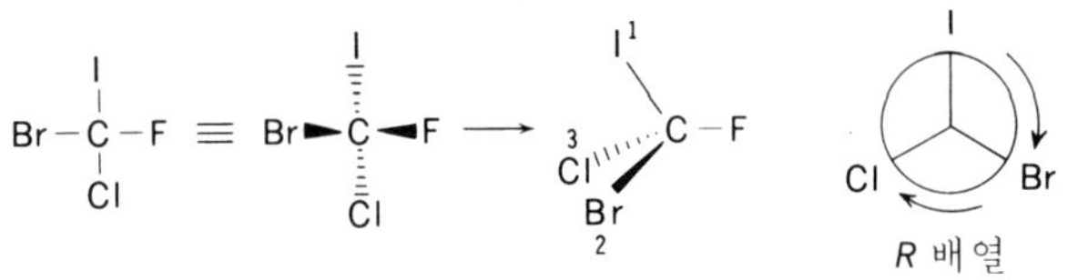

Br−C(I)(Cl)−F ≡ Br▶C◀F → C−F (I 1, Br 2, Cl 3)

R 배열

(나) 동일한 원자번호의 원자가 치환하고 있는 경우는 다시 각각 부착되고 있는 원자중 최대의 것들을 비교하여 순위를 결정한다. 그렇게 해서도 결정되지 않는 경우는 그 다음의 원자에 대해서 비교하여 결정한다. 예를 들면 다음과 같은 경우는 OH > COOH > CH_3 > H의 순이 되며 R배열이 된다.

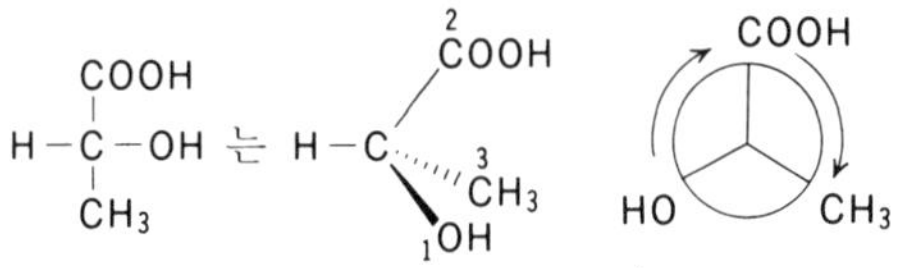

H−C(COOH)(CH_3)−OH 는 H−C(COOH 2)(CH_3 3)(OH 1)

COOH, HO, CH_3

(다) 2중결합이나 3중결합이 있는 경우에는 그 동일한 원자가 각각 2개 또는 3개가 있는 것으로 생각한다. 예를 들면 다음과 같다.

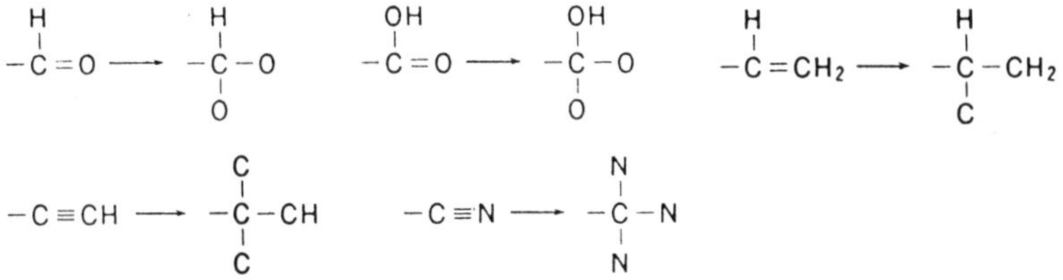

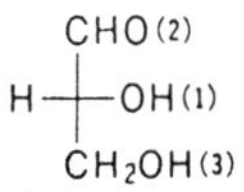

−CH=O → −CH(O)−O −C(OH)=O → −C(OH)(O)−O −CH=CH_2 → −CH(C)−CH_2

−C≡CH → −C(C)(C)−CH −C≡N → −C(N)(N)−N

CHO(2), H, OH(1), CH_2OH(3)
D-(+)-glyceraldehyde
R 배열

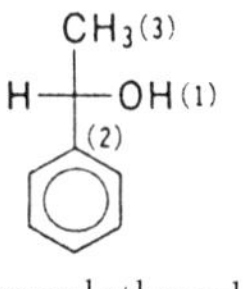

CH_3(3), H, OH(1), (2)
1-phenylethanol
S 배열

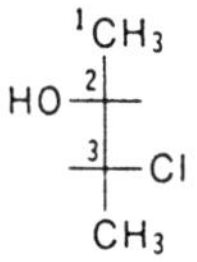

CH_3 1, HO 2, 3 Cl, CH_3
3-chloro-2-butanol
(3R, 2R) 배열

4-1-2 이 당 류

헤미아세탈을 산성에서 알코올과 반응시키면 아세탈이 생성된다. 그와 같이 당에 알코올을 작용시키면 고리모양의 아세탈을 생성한다. 이것을 **글리코시드**(glycoside) 라고 한다.

글리코시드에는 α형과 β형이 있으며 이러한 것은 모두 안정한 화합물이다.

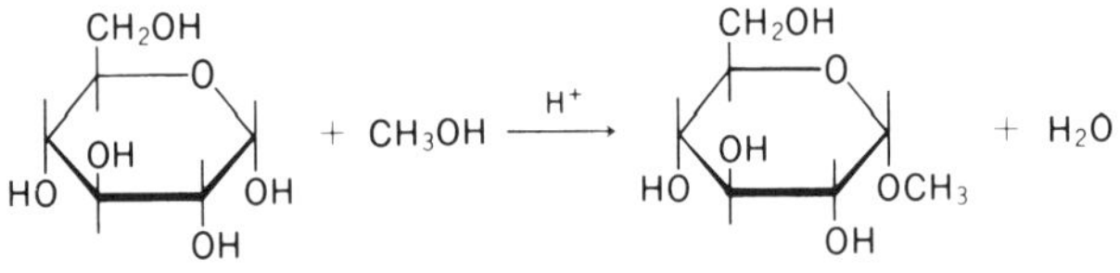

α-D-glucose + CH_3OH $\xrightarrow{H^+}$ methyl-d-D-glucoside + H_2O

2당류는 단당류에 또 한 분자의 단당류가 글리코시드결합을 한 화합물이다. 예를 들면 2분자의 D-글루코오스로 형성된 말토오스(maltose, 麥芽糖)는 전분이 전분분해효소인 아밀라아제에 의하여 분해되어 생성된 2당류이다. α-D-글루코오스의 아노머탄소(C_1)의 수산기가 2번째 글루코오스의 C_4의 수산기와 축합된 것으로 이러한 결합을 **α-글리코시드결합**(α-glycoside bond)이라고 한다.

β-D-글루코오스의 아노머탄소의 β-수산기가 또 한 분자의 글루코오스의 C_1와 결합한 2당류가 **셀로비오스**(cellobiose)이다(그림 4-12).

β-글리코시드결합을 한 셀로비오스는 식물의 섬유를 구성하는 셀룰로오스(cellulose, 섬유소)를 가수분해하여 얻는다.

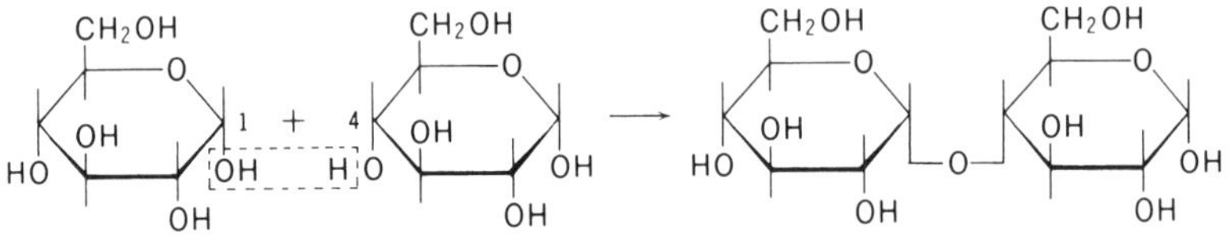

α-D-glucose + α-D-glucose → α-D-글리코시드 결합
maltose [α-D-glucopyranosyl (1 → 4)-α-D-glucose]

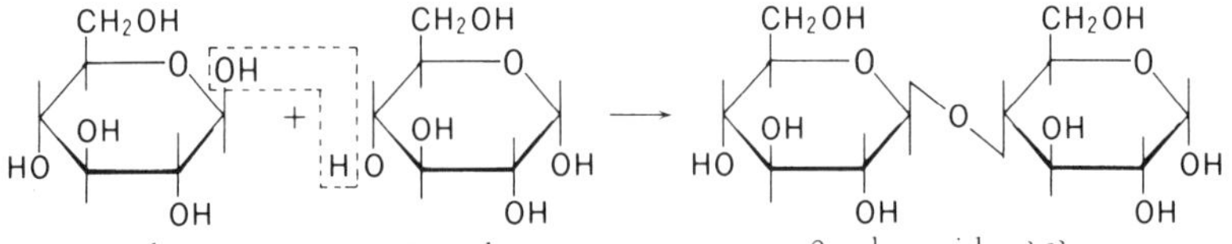

β-D-glucose + α-D-glucose → β-glycoside 결합
cellobiose (β-D-glucopyranosyl (1 → 4)-α-D-glucose)

그림 4-12 α- 및 β-glycoside 결합

일반적으로 가장 잘 알려지고 있는 2당류는 사탕수수나 사탕무우에서 얻어지는 **sucrose**이다. sucrose의 광회전도는 〔α〕$_D$ +66.4°로 이를 가수분해하면 D-glucose(〔α〕$_D$ +52.7°) 1분자와 β-D-fructose(〔α〕$_D$ −92.4°) 1분자의 혼합물을 생성한다(그림 4-13). 따라서 가수분해후의 광회전도는 부(−)의 값을 나타낸다. 결국 우회전성으로부터 좌회전성으로 변환된 것이 되며, 이 사탕의 가수분해 혼합물을 일명 **전화당**(invert sugar)이라고 한다.

전화당이 원래의 사탕보다도 감미가 강하므로 조미료, 기호품, 보존료 등에 널리 사용된다.

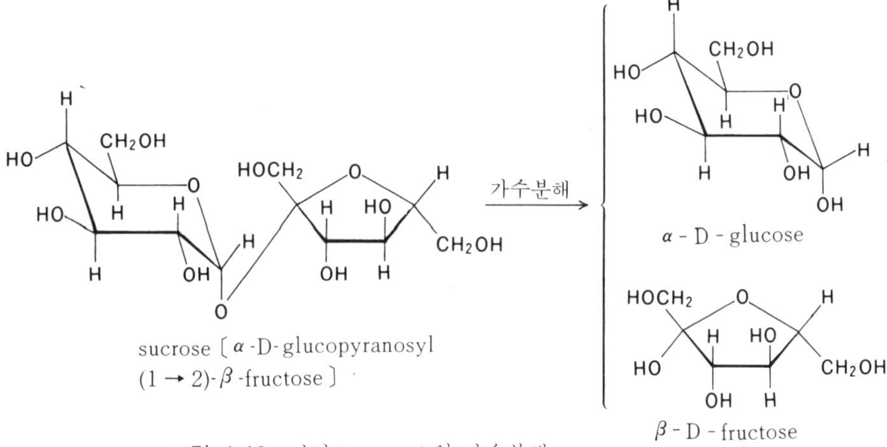

그림 4-13 사탕(sucrose)의 가수분해

4-1-3 다 당 류

많은 단당류의 분자가 글리코시드결합을 한 탄수화물을 **다당류**(多糖類, polysaccharide)라고 하며, 식물이나 동물의 몸속에 널리 분포되어 있고 각각 고유의 성질을 나타낸다.

(1) **전분** : 녹색식물은 공기중의 이산화탄소와 물로서 태양에너지와 엽록소의 작용을 받아 D-글루코오스를 합성할 수 있다. 또한 이 글루코오스를 단일 구성성분으로하여 식물체내에서 당이 중합되어 전분(starch)을 만들고 뿌리·종자·과실중에 저장한다.

인간은 이 전분을 음식물로 섭취하고 활동에너지원으로 이용하면서, 글리코겐의 형태로 인체의 근육중에 축적한다. 따라서 전분은 영양학적으로 가장 중요한 탄수화물이다.

식물전분은 곡류나 근채류에 많이 함유되어 우리의 식료품으로 직접 이용되고 주류의 원료로서 식품공업에도 이용되고 있다. 또, 종이나 의류의 호료(糊料)등에도 사용되고 있다. 식물전분은 글루코오스가 곧은 사슬모양으로 결합한 아밀로오스(amylose)와 많은 가지로 결합한 아밀로펙틴(amylopectin) 등 2종의 다당류로 되어 있다.

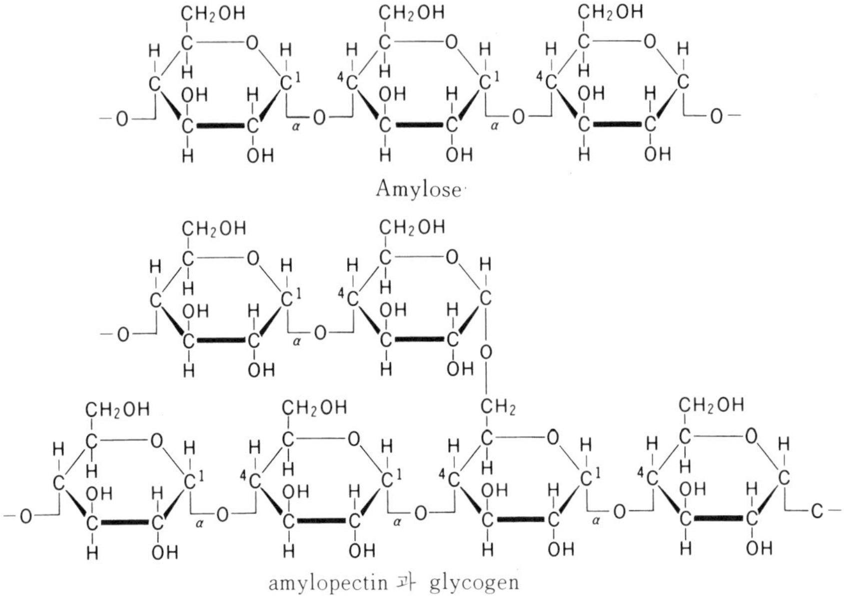

Amylose

amylopectin 과 glycogen

그림 4-14 아밀로오스와 아밀로펙틴

아밀로오스는 그림 4-14에서 보는 바와 같이 글루코오스가 α-1,4결합을 한 직선상의 긴 당사슬(糖鎖)이며, 평균 사슬길이는 글루코오스 단위로 300에서 수천까지이고 분자량은 50,000 이상이다. 아밀로펙틴은 글루코오스가 α-1,4결합한 직선상의 당사슬의 군데군데에서 즉 C_6의 수산기에 α-1,6결합을 한 가지당사슬(分枝糖鎖)을 내놓고 있는 다당류이다. 1,000~5,000의 글루코오스의 단위로 되어 있으며 그 중에는 분자량이 500,000에 달하는 것도 있다.

전분은 산에 의한 화학적 가수분해 외에 α-아밀라아제·β-아밀라아제·글루코아밀라아제에 의한 효소적 분해작용을 받아 글루코오스나 말토오스 및 올리고당을 생성한다.

(2) 글리코겐 : 글리코겐(glycogen)은 동물성 전분이라고도 하며, 간장이나 근육중에 저장되어 생체내에서 에너지원으로 필요한 글루코오스를 공급하는 역할을 한다. 아밀로펙틴과 유사한 구조를 하고 또한 가지가 많은 당사슬을 이루고 있으며, 중합체를 이루는 분자도 있다. 따라서 분자

량은 크며, 글루코오스 단위로 25,000~90,000이나 되는 거대한 분자이다.

(3) **셀룰로오스** : 자연계에 가장 많이 존재하는 다당류로서 목재나 솜의 섬유, 야채의 섬유질 등을 구성하는 물질이 셀룰로오스이다. 그 구조는 D-글루코오스가 C_1과 C_4사이에서 β-글리코시드결합을 하고 있는 중합체이다(그림 4-15).

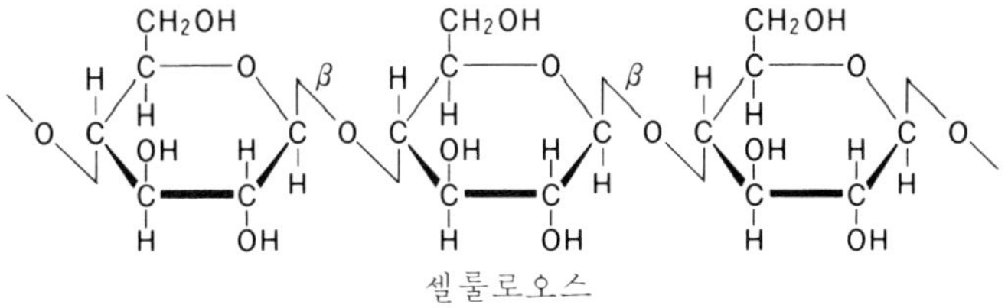

셀룰로오스

그림 4-15 cellulose의 구조

전분의 아밀로오스는 D-글루코오스의 α-1,4결합을 가지며, 부분적으로 가수분해되어 말토오스를 생성하는 반면, 셀룰로오스는 β-1,4결합을 이루고 있으며, 부분가수분해에 의하여 셀로비오스를 생성한다. 또한 사람은 체내에 셀룰로오스를 분해하는 효소를 가지고 있지 않아 음식물로써 섭취하더라도 소화 흡수하지 못하지만 정장효과(整腸效果)가 있어 음식물섬유(dietary fiber)로 필요하다.

(4) **글루코만난** : 구약나무의 뿌리에 있는 탄수화물은 물을 흡수하면 팽창하여 끈끈한 콜로이드모양의 액체로 되는 성질을 가지고 있다. 석회(CaO)나 기타 알칼리를 넣고 가열하면 겔화(geratination)하여 반투명의 탄력성이 있는 고체를 생성한다. 이것이 식용으로 이용되는 곤약이다. 주성분은 헤미셀룰로오스에 속하는 다당류로써 만노오스와 글루코오스가 2:1 또는 3:2의 구성비로 β-1,4결합을 하고 있는 것이다. 글루코오스와 만노오스 등으로 이루어진 다당류를 **글루코만난**(glucomannan)이라고 한다(그림 4-16).

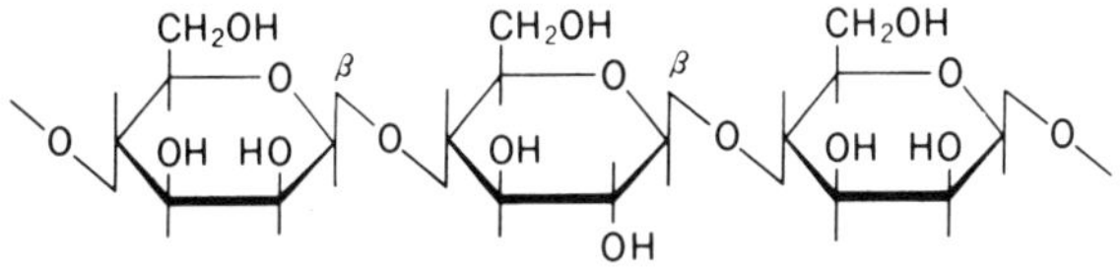

mannose glucose mannose

그림 4-16 글루코만난의 구조

구약나무에 들어있는 글루코만난은 **곤약만난**이라고도 하며, 그 외에 나팔꽃, 아이리스, 히간바나 등에서도 글루코만난이 얻어지고 있다. 글루코만난은 체내에서 소화·흡수되지 못하나, 장내세균에 의해서는 분해된다.

(5) **아가로오스** : 홍조류(紅藻類) 우뭇가사리 등의 해조를 뜨거운 물로 추출하고 냉각하면 응고된다. 이것을 동결·융해 및 건조한 것이 **한천**이다.

한천은 열수(熱水)에 용해되고, 그 1~2% 용액을 냉각하면 32°~39℃에서 gel화하며, 가열하면 90°~100℃에서 sol화한다. 이러한 현상은 가역적(可逆的)이며, 이러한 한천의 특성을 이용하여 양갱이나 젤리 등 식품공업에서도 널리 이용되며 또 미생물의 배지로서 의약이나 학술연구용으로도 사용된다.

한천의 주성분은 아가로오스(agarose)라고 하는 다당류로서, 한천의 당류 중 70%를 차지하고 있다. 아가로오스의 구조는 β-D-갈락토오스와 3,6-안히드로-α-L-갈락토오스가 β-1,4결합을 한 아가로비오스가 구성단위이다. 그것이 α-1,3결합으로 긴 당사슬(糖鎖)을 이루고 있는 중성 다당류이며, gel화력이 매우 강한 성질을 가지고 있다(그림 4-17).

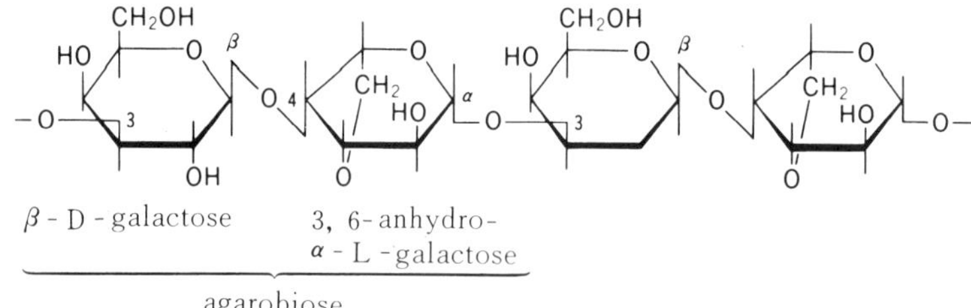

그림 4-17 아가로오스의 구조

4-1-4 광학 분할

비대칭탄소원자를 가진 당(糖)이나 아미노산(4-3절) 등 자연계에 존재하는 화합물은 광학활성을 나타낸다. 한편 비대칭탄소원자를 함유하는 화합물을 인공적으로 합성하면 그러한 것들은 광학비활성이다. 이것은 인공합성에서는 우회전성의 (+)-체와 좌회전성의 (−)-체가 같은 양씩 이루어져 양쪽 혼합물인 **라세미 혼합물**(Racemic Compound)이기 때문이다.

예를 들면 acetophenone을 수소화붕소나트륨으로 환원하면 그림 4-18에 나타내는 바와 같이 환원제를 acetophenone의 양쪽으로부터 같은 비율로 공격하여 거울모양이성질체 2차 알코올을 같은 양씩 생성하며, 광학비활성인 라세미체로 된다.

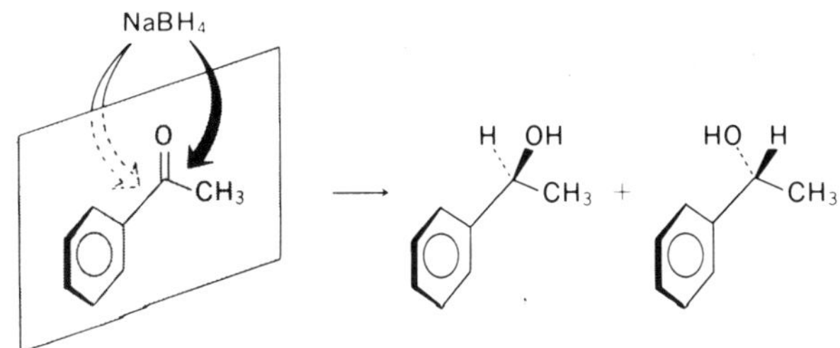

그림 4-18 수소화붕소 나트륨의 아세트페논에 의한 환원

광학이성질체중 한쪽의 거울모양 이성질체만을 합성하는 부제합성 (asymmetric synthesis)도 여러가지 시도되고 있으나 라세미체중에서 한쪽의 물질만을 분리하는 방법은 오래전부터 많이 연구되어 왔다. 이러한 분리방법을 **광학분할** (optical resolution) 또는 **라세미분할** (rasemic resolution)이라고 한다. 광학분할에는 다음과 같은 방법이 있다.

(1) 기계적 분리법

1848년에 파스퇴르(L. Pasteur)는 포도산(*dl*-주석산)의 나트륨·암모늄염의 수용액으로부터 27℃ 이하에서 결정(結晶)시킬 때 좌우반면상(左右半面像)의 두 가지 결정 ($C_4H_4O_6Na(NH_4)\cdot 4H_2O$)이 생성되는 것을 발견하였다. 이것을 외관상으로 각각 기계적으로 분리하여 (+)-체와 (−)-체의 거울모양이성체 (鏡像異性體)를 얻었다.

(2) 결정종모(結晶種母)를 가하는 접종법

한쪽 거울모양이성질체의 결정이 있는 경우 이것을 라세미체의 포화용액중에 재결정의 씨앗(種)으로 접종(seeding)하는 방법이다. 이로 인하여 결정종모와 같은 광회전도를 갖는 거울모양이성질체가 석출된다. 또한 주석산나트륨·암모늄염의 수용액에 (−)-아스파라긴산의 결정을 가하면 (+)-주석산나트륨·암모늄염이 석출되는 경우도 있다.

이와 같이 상이한 광회전성의 결정 씨앗을 넣어도 그 자극에 의하여 한쪽만의 거울모양이성질체를 얻을 수 있다.

(3) diastereomer의 생성에 의한 분할법

1) (±)-카르복시산의 분할 : 예를 들면 A라고 하는 카르복시산의 라세미체 (+)-A 산이 있다고 하자. 이 용액에 (−)-B 염기라고 하는 광학활성아민을 가하면 산과 염기의 반응에 의하여 염이 생성된다. 이 염에는

서로 diastereomer(부분입체이성질체)의 관계가 있는 (+)-A-(−)-B와 (−)-A-(−)-B의 두가지 광학이성체가 생성되기 때문이다. 용매에 대한 이 두가지의 염의 용해도와 흡착성의 차이를 이용하여 재결정이나 크로마토그라피 등의 방법에 의하여 두가지의 염을 분리할 수 있다. 그리고 분리된 염을 산으로 처리하여 (+)-A 산과 (−)-A 산을 각각 별도로 얻는다.

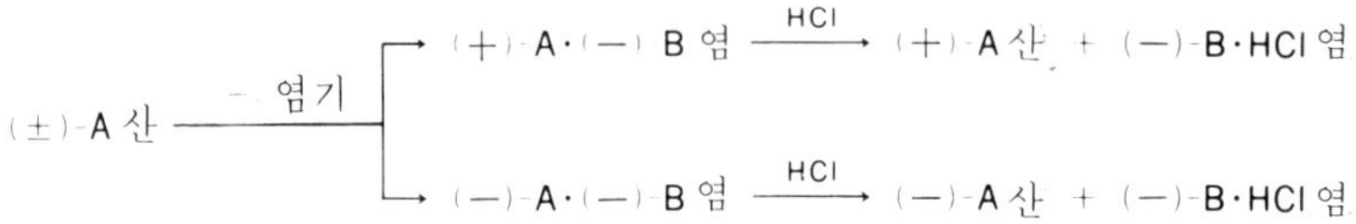

(±)-A 산 —(−) 염기→ (+)-A·(−)-B 염 —HCl→ (+)-A 산 + (−)-B·HCl 염

(±)-A 산 —(−) 염기→ (−)-A·(−)-B 염 —HCl→ (−)-A 산 + (−)-B·HCl 염

이와 같이 카르복시산의 분할에 사용되는 아민류에는 strychnine, brucine 등의 광학활성인 천연산의 알칼로이드나 페네틸아민, 멘틸아민 등이 있다.

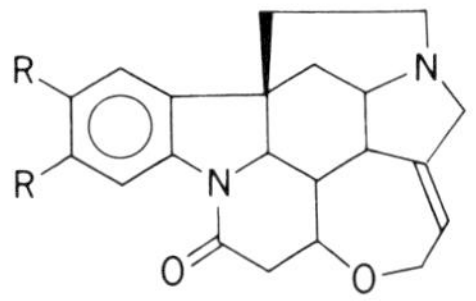

R =1, (−)-strychnicine
R = OCH_3, (−)brucine

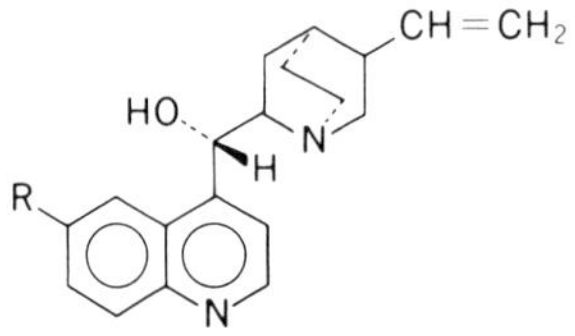

R = H, (+)-cinchonine
R = OCH_3, (+)-quinicine

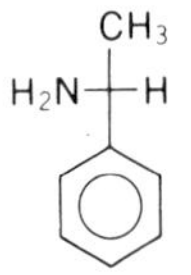

(−)-d-phenethylamine

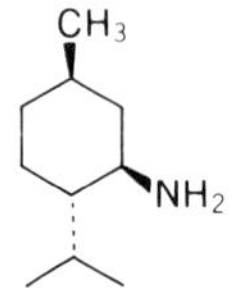

(−)-menthamine

2) (±)-아민의 분할 : 광학활성의 산을 사용하여 diastereomer 염을 형성하고 앞에 설명한 방법에 의하여 분리한 후에 염기성의 조건하에서 산을 분리하고 광학활성의 아민을 얻는다.

아민의 분할제로서 tartaric, malic acid 외에 장뇌에서 얻은 camphoric acid 이나 글루타민산을 탈수고리화(脫水環化)한 2-pyrrolidone-5-carboxylic acid 등도 사용된다.

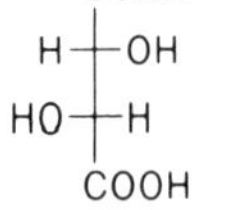

(+)-tartaric acid

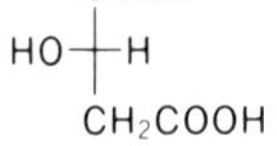

(−)-malic acid

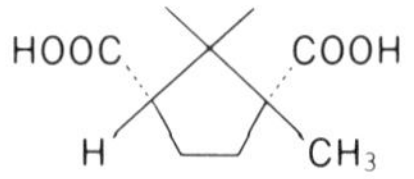

camphoric acid

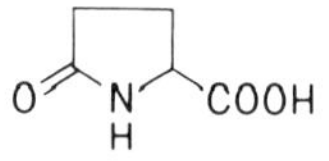

2-pyrrolidone-5-carboxylic acid

3) 중성화합물의 분할 : 중성의 라세미화합물의 분할은 산이나 아민보다 약간 복잡해진다. 예를들면 알코올을 분할하는 경우 먼저 무수푸탈산이나 무수숙신산과 반응시켜 모노에스테르카르복시산이 되게 한다. 이 에스

테르카르복시산을 앞에서 설명한 카르복시산으로 간주하고 앞에서와 같은 방법으로 염기와 반응시켜 diastereomer 염으로 한다. 그것을 광학분할하여 얻은 에스테르카르복시산을 가수분해하여 광학활성 알코올을 분리할 수 있게 된다.(그림 4-19)

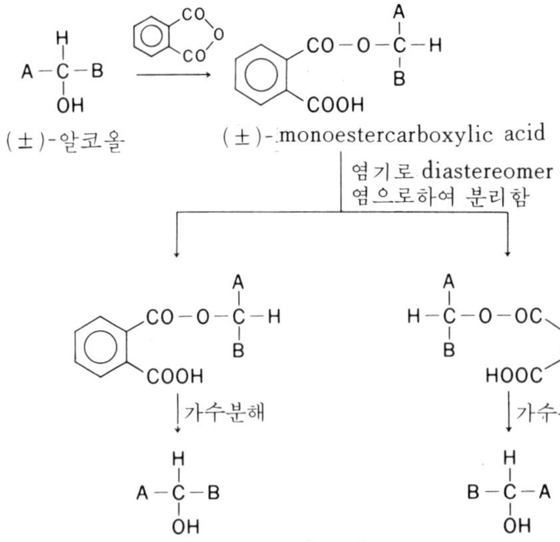

(±)-알코올 → (±)-monoestercarboxylic acid

염기로 diastereomer 염으로하여 분리함

가수분해 가수분해

그림 4-19 알코올의 라세미 분할

알데히드나 케톤 등의 카르보닐화합물은 멘틸히드라진과 같은 광학활성의 히드라진이나 세미카바지드 등과 반응시켜 diastereomer 의 히드라진이나 세미카바존으로 유도하고 재결정에 의하여 분할한다. 또한 카르보닐기를 알코올로 환원하면서 앞에 설명한 바와 같이 분할하며 얻어진 광학활성알코올을 산화시켜 활성카르보닐화합물을 얻을 수도 있다.

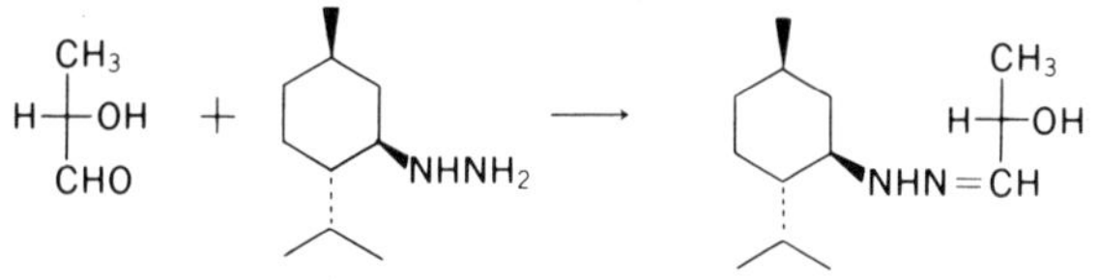

menthyl hydrazine
(광학활성 menthyl hydrazine)

(4) 생물체를 이용하는 광학분할

식물이나 미생물 등의 생물체가 생성하는 화합물(대사 산물)은 거의가 한쪽만의 거울상이성질체(광학활성체)이다. 이것은 효소의 기질특이성에 의한 것이며, 이러한 성질을 이용하여 미생물이나 생물체외 (*in vitro*, "시험관 내에서"의 뜻)의 효소계를 사용하여 라세미체의 아미노산이나 테르펜류의 광학분할이 이루어진다.

4-2 지 질

일상생활에서 우리는 빵에 버터를 바르고 사라다에는 드레싱을 하며, 커피에는 크림을 가하여 맛을 본다. 이러한 것들은 모두 지질(lipid)이 풍부한 식품이다.

지질은 동식물 체로부터 얻어지는 화합물이며, 생체내에서는 대단히 중요한 작용을 한다. 지질에는 지방(fat)·밀랍(wax)·지방유(fatty oil) 또는 기름(oil)·스테로이드(steroid) 등의 화합물이 포함된다. 일반적으로 지질분자는 탄화수소부분이 큰 비율을 차지하고 기타 원자(헤테로 원자)의 비율은 작다. 따라서 물에는 용해되지 않고 핵산·벤젠·클로로포름 등의 유기용매에는 잘 용해된다.

(1) 유지(油脂) : 유지는 동식물계에 널리 분포되어 있으며, 식물에서는 종자중에 특히 함유량이 많고, 대두유·유채유·참깨기름 등으로 얻어진다.

유지는 긴 사슬의 지방산(fatty acid)과 글리세린과의 에스테르로서 **트리글리세리드**(triglyceride) 라고 한다(triacylglycerol). 상온에서 액체인 것을 **기름**(oil)이라 하고, 고체인 것을 **지방**(fat)이라고 하는데 팜씨기름과 융점이 25~30℃의 유지는 계절이나 지방의 기온차이에 따라 상태가 변하여 기름과 지방과의 구별이 곤란한 것도 있다.

$$
\begin{array}{l} CH_2OH \\ | \\ CHOH \\ | \\ CH_2OH \\ \text{글리세린} \end{array}
\; + \; \begin{array}{c} 3R-COOH \\ \text{지방산} \end{array}
\; \longrightarrow \;
\begin{array}{l} CH_2O-\overset{\displaystyle O}{\overset{\|}{C}}-R \\ | \\ CHO-\overset{\displaystyle O}{\overset{\|}{C}}-R \\ | \\ CH_2O-\overset{\displaystyle O}{\overset{\|}{C}}-R \end{array}
\; + \; 3H_2O
$$

유지 (glyceride)

지방산은 포화알킬기에 카르복실기가 결합한 **포화지방산**(saturated fatty acid)과 2중결합이나 3중결합을 가진 **불포화지방산**(unsaturated fatty acid)으로 대별된다. 자연계에 존재하는 지방산은 탄소수가 짝수의 사슬모양 화합물이 거의 대부분이며, 그 중에서도 C_{18}의 카르복시산이 많다.

포화지방산의 글리세리드는 실내온도에서 고체의 경우가 많고 불포화지방산의 글리세리드는 액체의 것이 많다.

포화지방산은 동물유지에 많이 존재하고, 이를 다량 섭취하면 동맥경화

증이나 심장병의 원인이 되기도 한다. 그러나 불포화지방산에는 이러한 병의 원인이 될 염려가 없고, 오히려 혈액중의 콜레스테롤의 저하를 촉구하며, 심장병이 되는 원인을 감소시키는 효과가 있다고 한다. 따라서 불포화 정도가 큰 면실유(綿實油)나 베니바나유, 기타 식물유가 최근에 식품으로서 많이 이용되고 있다.

예를 들면 동물지방의 우지(牛脂, 햇드유)는 포화지방산의 팔미트산을 32%, 스테아르산을 25% 포함하고, 돼지기름(래드유)은 각각 30%, 18%씩 포함하지만 식물성의 면실유와 베니바나유는 팔미트산(각각 21%와 6%)과, 스테아르산(각각 2%와 3%)의 함유율이 낮고, 불포화지방산의 올레산(2.5%와 13%) 또는 리놀레산(51%와 77%)의 함유율이 현저하게 높다. 그러나 어유에는 불포화지방산이 많이 함유되어 있다. 예를 들면 정어리 기름에는 불포화지방산이 전체의 72~85%를 차지한다.

2중결합을 2개 가진 리놀산은 4종의 기하이성체가 있으나, Δ9-시스, Δ12-시스 이성체가 가장 많다. 자연계에 존재하는 불포화지방산은 대분분이 시스형이다.

불포화글리세리드에 요오드를 반응시키면 요오드의 첨가물이 생성된다. 이 때에 글리세리드의 요오드 소비량에서 유지중의 불포화정도가 측정된다. 이 양을 **요오드가**(iodine number)라고 한다. 지방 100 g 에 대하여 부가된 요오드의 g수로 그 값을 나타낸다. 포화지방산은 2중결합이나 3중결합이 없어서 요오드가는 0이고, 올레산은 90이며, 리놀레산은 181이고, 리놀렌산은 274이다.

동물성 식품의 요오드가는 버터가 25~40이고 우지(牛脂)에서는 45~70으로 낮으나, 식물성 식품에서는 옥수수유가 115~130이고 대두유가 125~140으로 높다. 또한 고래기름은 110~150이고 어유는 120~180의 높은 값을 나타낸다. 불포화정도가 높은 글리세리드는 공기중의 산소에 의하여 산화되어 점차로 중합화하여 경화된다. 이와 같은 글리세리드를 **건성유**(drying oil)라고 하며, 일반적으로 요오드가가 130이상의 유지에서 볼 수 있는 것으로 페인트에 사용된다.

자연계에 존재하는 지방산은 표 4-3에서도 밝혀진 바와 같이 그 탄소수가 짝수이다.

식물은 광합성에 의하여 이산화탄소와 물에서 글루코오스를 만들어낸다고 하는 것은 앞에서 기술한 바와 같다.

글루코오스가 생체내에서 분해하여 glyceraldehyde, pyruvic acid를 거쳐 아세트산이 되며, 보효소 A[補酵素 A. CoenzymeA(CoA-SH)]가 결합한 Acetyl CoA로 된다(그림 4-20).

표 4-3 지방산의 종류

구 조	탄소명	관 용 명	소 재
포화지방산			
$CH_3(CH_2)_{12}COOH$	14	myristic acid	야자유
$CH_3(CH_2)_{14}COOH$	16	palmitic acid	종려유, 동물유
$CH_3(CH_2)_{16}COOH$	18	stearic acid	동물유
$CH_3(CH_2)_{18}COOH$	20	archidic acid	낙화생유
불포화지방산			
$CH_3(CH_2)_5CH=CH(CH_2)_7COOH$	16	palmitoleic acid (⊿9)	동・식물유
$CH_3(CH_2)_7CH=CH(CH_2)_7COOH$	18	oleic acid (⊿9)	동・식물유
$CH_3(CH_2)_4CH=CHCH_2CH=CH(CH_2)_7COOH$	18	linoleic acid (⊿9, 12)	식물유
$CH_3CH_2CH=CHCH_2CH=CHCH_2CH=CH(CH_2)_7COOH$	18	linolenic acid (⊿9, 12, 15)	아 마 인 유
$CH_3(CH_2)_4CH=CHCH_2CH=CHCH_2CH=CHCH_2CH=CH(CH_2)_3COOH$	20	arachidonic acid (⊿ 5, 8, 11, 14)	뇌・신경조직

※ ⊿9는 2중결합이 카르복시기로 부터 9번탄소에 있음

$$CH_3\overset{O}{\overset{\|}{C}}-OH + H-S-CoA \longrightarrow CH_3\overset{O}{\overset{\|}{C}}-S-CoA$$

acetic acid coenzyme - A Acetyl - CoA

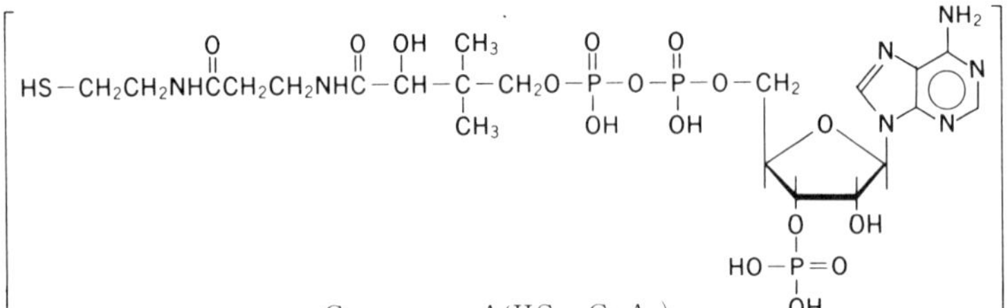

$$HS-CH_2CH_2NH\overset{O}{\overset{\|}{C}}CH_2CH_2NH\overset{O}{\overset{\|}{C}}-\overset{OH}{\overset{|}{C}H}-\underset{CH_3}{\underset{|}{\overset{CH_3}{\overset{|}{C}}}}-CH_2O-\underset{OH}{\underset{|}{\overset{O}{\overset{\|}{P}}}}-O-\underset{OH}{\underset{|}{\overset{O}{\overset{\|}{P}}}}-O-CH_2$$

Coenzyme A(HS - CoA)

그림 4-20 보효소 A의 구조

Acetyl CoA(C_2 단위)는 biotin의 작용에 의하여 이산화탄소와 결합하여 말로닐 CoA로 된다. 아세틸 CoA에 malonyl CoA가 탈탄산하면서 Claisen 축합을 하여 acetoacetyl CoA를 생성한다. 여기에서 C_4 단위로 되며, 다시 NADPH(還元型, nicotinamide adenine dinucleotide phosphate)에 의하여 환원된 후에 탈수하여 2중결합을 형성한다. 여기에 $FMNH_2$(還元型, flavin mononucleotide)로 수소를 첨가시켜 C_4의 포화지방산이 된다. 이 C_4의 지방산에 또 말로닐 CoA가 작용하여 재차 반응을 반복하면 C_6

의 지방산이 얻어진다.

이와 같이 하여 순차적으로 C_8, C_{10}……로 짝수의 탄소수를 갖는 지방산이 이루어진다(그림 4-21).

$$CH_3\overset{O}{\overset{\|}{C}}-S-CoA \xrightarrow{CO_2} \underset{COOH}{\underset{|}{CH_2}}-\overset{O}{\overset{\|}{C}}-S-CoA$$

malonyl - CoA

$$CH_3\overset{O}{\overset{\|}{C}}-S-CoA + \underset{COOH}{\underset{|}{CH_2}}-\overset{O}{\overset{\|}{C}}-S-CoA \xrightarrow[CO_2]{} CH_3-\overset{O}{\overset{\|}{C}}-CH_2-\overset{O}{\overset{\|}{C}}-S-CoA$$

acetoacetyl - CoA

$$\xrightarrow{NADPH\ \ NADP} CH_3-\overset{OH}{\overset{|}{C}}H-CH_2-\overset{O}{\overset{\|}{C}}-S-CoA \xrightarrow{-H_2O} CH_3CH=CH-\overset{O}{\overset{\|}{C}}-S-CoA$$

$$\xrightarrow{FMNH_2} CH_3CH_2CH_2-\overset{O}{\overset{\|}{C}}-S-CoA \longrightarrow\!\!\longrightarrow CH_3(CH_2)_4-\overset{O}{\overset{\|}{C}}-S-CoA$$

그림 4-21 지방산의 생합성

유지는 비누제조의 원료가 된다. 3-5-6절에 기술한 바와 같이 유지를 염기성으로 가수분해하면 글리세린과 지방산염을 생성한다. 이 염이 비누이며 수산화나트륨을 사용하는 경우는 지방산 나트륨염이 생성된다. 이것이 세제로 가장 널리 사용되고 있는 비누이다. 또 용해성이 좋은 칼륨비누(칼륨염)도 있다.

$$\begin{matrix} CH_2OR \\ | \\ CHOR \\ | \\ CH_2OR \end{matrix} + 3\,NaOH \longrightarrow \begin{matrix} CH_2OH \\ | \\ CHOH \\ | \\ CH_2OH \end{matrix} + 3\,RCOO^-Na^+$$

glyceride　　　glycerine　　　지방산나트륨 (비누)

비누의 세척작용은 긴사슬의 지방산나트륨염이 2개의 성질을 가지고 있는 것에 기인된다. 즉 비극성의 긴사슬 알킬부분은 친유성이 있고, 염의 부분인 sod. carboxylate은 극성이 크고 친수성으로 된다.

$$\underbrace{CH_3CH_2CH_2CH_2CH_2CH_2CH_2CH_2CH_2CH_2CH_2CH_2CH_2CH_2CH_2CH_2CH_2}_{\text{친유성 (lipophillic) 부분 (비극성)}}\underbrace{C{\scriptstyle\genfrac{}{}{0pt}{}{\nearrow O}{\searrow O^-Na^+}}}_{\text{친수성 (hydrophillic) 부분 (극　성)}}$$

세척이나 세탁의 경우 더럽혀진 부분의 기름방울(油滴)은 비누의 친유성부분에서 용해되고, 또 친수성부분은 이것을 물속에서 용해하는 작용이 있다. 따라서 그림 4-22에서와 같이 헝겊 등의 표면으로부터 더럽혀진 기름방울을 분리하여 물에 용해시키게 된다.

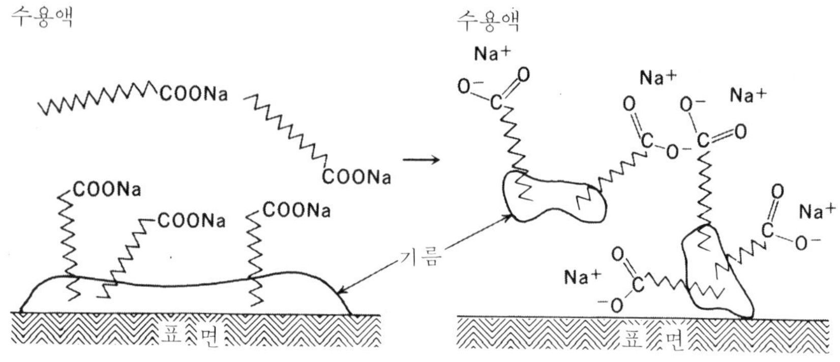

그림 4-22　비누에 의한 세척기구

비누와 같이 분자중에 2가지 성질을 가진 화합물이 합성되었다. 이것이 합성세제 (synthetic detergent)로서 알킬벤젠술폰산나트륨이나 알킬황산나트륨 등이 그 대표적인 것이다 (그림 4-23). 이러한 분자도 친유성부분과 친수성부분을 가지고 있어 세척효과가 높다.

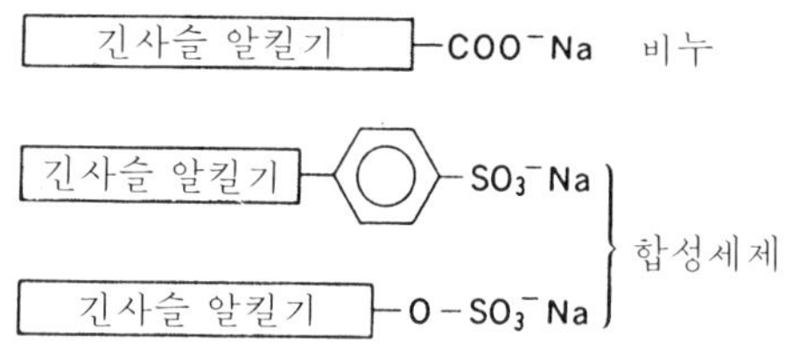

그림 4-23　비누와 합성세제의 구조모식도

또한 비누는 불용성의 칼슘염이나 마그네슘염이 동시에 생성되는 결점이 있으나 합성세제의 이러한 염은 수용성으로서 비누보다도 세척효과가 높다. 그러나 합성세제의 친유성부분에 사용된 가지가 있는 알킬기는 미생물 등에 의하여 분해되지 않아 합성세제를 함유하는 생활폐수 등이 하수도에서 흘러내려 하천이나 연못을 현저하게 오염시켜 오늘날에는 커다란 사회적 환경문제로 되어 있다.

(2) **밀랍** : 긴 사슬의 지방산이 긴 사슬의 알코올(글리세린이 아닌 1가의 알코올)과 에스테르결합을 한 화합물이 밀랍 (wax)이다.

브라질산의 종려나무잎으로부터 얻어지는 카나우바 밀랍 (carnauba wax)은 긴 사슬 에스테르의 혼합물로서 마루나 자동차의 고급 wax로 많이 이용되고 있다. 식물밀랍은 생체에서는 잎 등의 표면으로부터 수분의 증발을 방지하는 작용을 한다.

$CH_3(CH_2)_{26}COO(CH_2)_{29}CH_3$, $CH_3(CH_2)_{30}COO(CH_2)_{31}CH_3$, $CH_3(CH_2)_{32}COO(CH_2)_{33}CH_3$

카나우바왁스 (carnauba wax)

동물에서 얻는 밀랍에는 **고래밀랍**(whale oil이라고 하며, 실제로는 wax임)이 있으며, 주성분은 팔미트산세틸이다. 또 벌꿀집의 왁수도 **밀랍**(bees wax)이라고 하는데 팔미트산미리실이 주요 성분이다.

$CH_3(CH_2)_{14}COO(CH_2)_{15}CH_3$ cetyl palmitate

$CH_3(CH_2)_{14}COO(CH_2)_{29}CH_3$ myricyl palmitate

(3) **인지질**(燐脂質) : 지금까지 기술한 지질을 **단순지질**(simple lipid)이라 하며, 그밖에 글리세린의 수산기와 인산이 에스테르결합한 글리세리드를 **인지질**(phospholipid)이라고 한다.

인산의 원자단이 콜린과 결합한 것을 **레시틴**(lecithin)이라고 하며, 대두나 계란의 노란자에 함유되어 있다. 레시틴은 물에 녹지 않으나 대단히 좋은 **유화제**(乳化劑)이다.

또한, 에탄올아민과 결합한 것을 **세파린**(cephalin)이라고 하며, 뇌세포중에 많이 있는데 혈액응고작용을 한다. 기타의 지질로서 단당류를 포함한 당지질(glycolipid)이나 토코페롤, 스테로이드 등이 있다.

$$\begin{array}{l} CH_2OCOR \\ | \\ CHOCOR \\ | \quad\quad\ \ O \\ | \quad\quad\ \ \| \\ CH_2O-P-OCH_2CH_2\overset{+}{N}(CH_3)_3 \\ \quad\quad\quad\ | \\ \quad\quad\quad O^- \end{array}$$

lecithin

$$\begin{array}{l} CH_2OCOR \\ | \\ CHOCOR \\ | \quad\quad\ \ O \\ | \quad\quad\ \ \| \\ CH_2O-P-OCH_2CH_2\overset{+}{N}H_3 \\ \quad\quad\quad\ | \\ \quad\quad\quad O^- \end{array}$$

cephalin

4-3 아미노산과 단백질

단백질(protein)은 동식물세포의 원형질의 주요성분이며 우리 인체의 피부·근육·힘줄 및 혈액 등 중요한 조직의 구성성분이다. 또한 생체내 반응을 촉매하는 효소(enzyme)도 단백질이며 유전자로 알려져 있는 핵산(DNA)과 함께 생명현상을 관장하는 생화학적으로 대단히 중요한 역할을 하는 화합물이다. 단백질은 최초에 물더(G.J. Mulder)에 의하여 명명되었으며, 희랍어의 "제 1 의 것"이라던가 "중요한"이라는 의미의 *proteios*라는 어구에서 유래되었다. 또한 영양학적으로도 없어서는 안되는 필수적인 영양소이다. 질소의 함유량은 평균 16%이며 질소 1 g 이 단백질 6.25 g 에 상당한다.

단백질은 가수분해되면 약 20 종류의 α-아미노산(α-amino acid)을 생성한다. 따라서 단백질은 α-아미노산이 중합된 고분자 유기화합물이다.

(1) **아미노산** : 카르복시산의 α 탄소원자에 아미노기를 가진 α-아미노카르복시산을 **아미노산**(amino acid)이라고 한다.

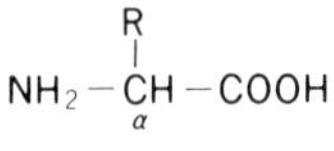

$$\begin{array}{c} R \\ | \\ NH_2-\underset{\alpha}{CH}-COOH \end{array}$$

α-아미노산

자연계에 존재하는 α-아미노산은 거의 모두 L-α-아미노산이며 광학활성이다(글리신 제외). 하등 동식물에서는 D-α-아미노산이 발견되고 있으나 일반적으로 자연계의 α-아미노산은 L계열인것으로 생각해도 좋다.

$$\begin{array}{c} COOH \\ | \\ H_2N-C-H \\ | \\ CH_3 \end{array} \qquad \begin{array}{c} CHO \\ | \\ HO-C-H \\ | \\ CH_2OH \end{array}$$

L-alanine　　L-(−)-glyceraldehyde

자연계의 단백질을 구성하는 α-아미노산은 모두 표 4-4에 소개한다. 아미노산은 대개 관용명으로 부르며 일반적으로 기호(표 4−4)로 표시한다.

proline은 α-아미노기가 고리모양구조를 형성하고 있어서 정확하게는 이미노산(imino acid)이다. 바린이나 로이신 등 8종의 아미노산은 인체내에서 합성하지 못하거나 소량 밖에 합성하지 못하는데 이러한 아미노산을 **필수 아미노산**(essential amino acid)이라고 하며, 영양학적으로도 중요한 요소이다.

α-아미노산은 그 치환기 (R)의 성질에 따라 분류하면 다음 4개형태로 나누어진다. 즉 (1), R기가 중성이고 무극성의 것, (2) 중성이기는 하지만 수산기나 티올기와 같은 극성기를 가진 것, (3) R기가 다시 카르복실기를 갖는 산성아미노산, (4) 아미노기를 갖는 염기성아미노산이다.

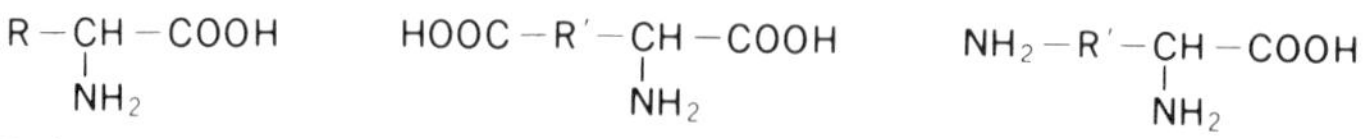

$$\begin{array}{c} R-CH-COOH \\ | \\ NH_2 \end{array} \qquad \begin{array}{c} HOOC-R'-CH-COOH \\ | \\ NH_2 \end{array} \qquad \begin{array}{c} NH_2-R'-CH-COOH \\ | \\ NH_2 \end{array}$$

중성 아미노산　　산성 아미노산　　염기성아미노산

중성아미노산은 동일분자내에 산성의 카르복실기와 염기성의 아미노기를 각기 갖기 때문에 양쪽 원자단의 사이에서 수소이온을 주고 받으며 다음에 나타내는 것과 같은 정·부(+·−)의 양 전하를 가진 **양쪽성이온**(zwitter ion, amphoteric ion), 또는 **쌍극이온**(dipolar ion)의 형태로 존재한다.

아미노산은 낮은 pH의 산성용액 중에서는 아미노기나 카르복실기가 모두 프로톤화되어 양(+)이온으로 존재하고, pH가 높은 염기성용액 중에서는 음(−)이온으로 존재한다. 그리고 pH =4 부터 pH =8 까지의 사이에서는 양성 이온의 상태로 되어 있다. 용액 중에서 양쪽성 이온(Amphoteric ion)의 농도가 최대로 되는 pH 값을 그 아미노산의 **등전점**(等電点, isoelectric point)이라고 하며 전하가 0이 되고 아미노산은 어느쪽 전극으로도 이동할 수 없으며 pI라는 기호로 나타낸다. 다시 말하면 각각의 아미노산 분자가 모두 중성인 양쪽성(兩性)이온으로 존재하는 pH의 값이고 아미노산별로 고유의 값이다(표 4-4).

표 4-4 단백질을 구성하는 아미노산

아미노산	구 조 식	등전점	아미노산	구 조 식	등전점
중성			**염기성**		
(무극성)			lysine * (Lys)	$CH_2(CH_2)_3CHCOOH$ NH_2 NH_2	9.74
alanine (Ala)	$CH_3CHCOOH$ NH_2	6.90	arginine (Arg)	NH_2 $NH=CNH(CH_2)_3CHCOOH$ NH_2	10.76
valine * (Val)	$(CH_3)_2CHCOOH$ NH_2	5.96	histidine (His)	H N N $-CH_2CHCOOH$ NH_2	7.47
leucine * (Leu)	$(CH_3)_2CHCH_2CHCOOH$ NH_2	5.98			
isoleucine * (Ile)	$CH_3CH_2CH-CHCOOH$ CH_3 NH_2	5.94	**산성**		
methionine (Met)	$CH_3SCH_2CH_2CHCOOH$ NH_2	5.74	aspartic acid (Asp)	$HOOCCH_2CHCOOH$ NH_2	2.77
tryptophan (Trp)	N H $CH_2CHCOOH$ NH_2	5.89	glutamic acid (Glu)	$HOOCCH_2CH_2CHCOOH$ NH_2	3.22
phenylalanine (Phe)	$-CH_2CHCOOH$ NH_2	5.48			
proline (Pro)	$-COOH$ N H	6.30			
hydroxyproline (Hpro)	HO− −COOH N H	5.74			
(극성)					
glycine (Gly)	$CH_2CHCOOH$ NH_2	5.97			
serine (Ser)	$CH_2CHCOOH$ OH NH_2	5.68			
threonine * (Thr)	$CH_3CH-CHCOOH$ OH NH_2	5.64			
tyrosine (Tyr)	HO− $-CH_2CHCOOH$ NH_2	5.66			
cysteine (Cys)	$HSCH_2CHCOOH$ NH_2	5.07			

*는 필수아미노산

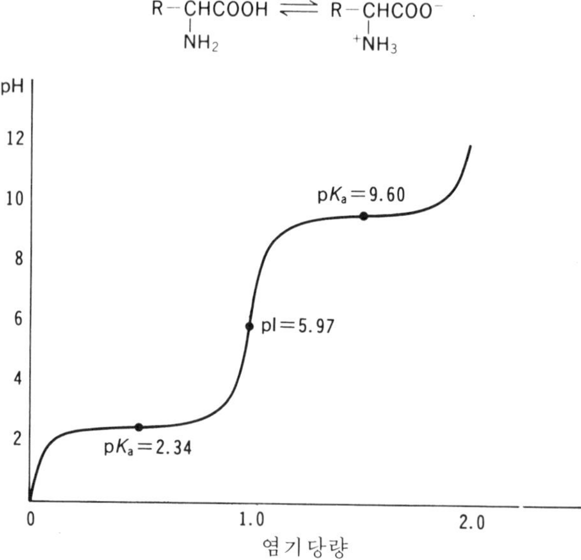

그림 4-24　glycine의 적정곡선(pI는 등전점)

그림 4-24는 글리신의 적정곡선(滴定曲線)을 한 예로서 나타낸 것이다. 등전점(pI)은 카르복실기와 아미노기의 *pKa*값의 평균이다. 등전점에서는 아미노산은 완전히 전리(電離)된 구조를 가지며, pI값보다 작은 pH값에서는 양이온의 형태를 취하고, pI값보다 큰 pH값에서는 음이온의 형태를 나타낸다(그림 4-25).

$$R-CH(COOH)-{}^{+}NH_3 \rightleftharpoons R-CH(COO^-)-{}^{+}NH_3 \rightleftharpoons R-CH(COO^-)-NH_2$$

양이온	양쪽성이온	음이온
pH<pI	pH = pI	pI<pH
산성	등전점	염기성

그림 4-25　pH에 의한 아미노산의 이온형

(2) 아미노산의 합성 : 아미노산의 생성은 생물체로부터 얻는 방법과 화학적으로 합성하는 방법이 있다. 전자의 방법에서는 L-글루타민산의 제조에서 보는 바와 같이 미생물을 사용한 발효법에 의하여 아미노산이 생산되고 있다. 또한 단백질을 가수분해하면 여러가지 아미노산의 혼합물이 얻어진다.

화학적 합성법에는 일반적으로 2종의 방법이 있다. 그 하나는 슈트레커법(Strecker method)이라고 하며 알데히드에 암모니아의 존재조건하에서 시안화수소를 첨가시키는 방법으로 α-아미노니트릴이 생성된다. 이것을 산가수분해하여 니트릴기를 카르복실기로 바꾸어 α-아미노산을 합성한다.

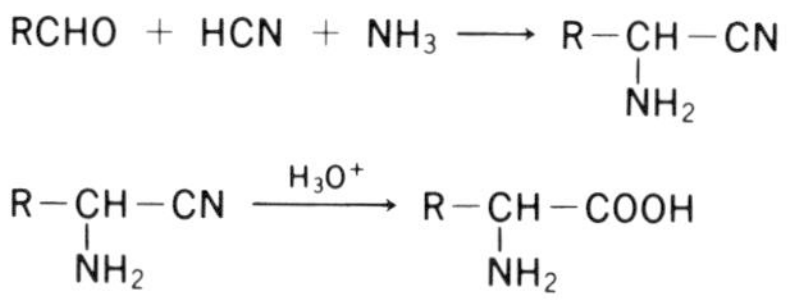

$$RCHO + HCN + NH_3 \longrightarrow R-\underset{\displaystyle NH_2}{\underset{|}{CH}}-CN$$

$$R-\underset{\displaystyle NH_2}{\underset{|}{CH}}-CN \xrightarrow{H_3O^+} R-\underset{\displaystyle NH_2}{\underset{|}{CH}}-COOH$$

두번째 방법은 카르복시산을 브롬화하여 d-브로모카르복시산을 합성하고, 암모니아로 처리하여 브롬원자를 아미노기로 치환하는 방법이다.

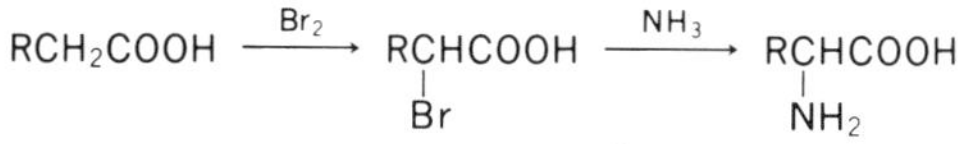

$$RCH_2COOH \xrightarrow{Br_2} R\underset{\displaystyle Br}{\underset{|}{C}}HCOOH \xrightarrow{NH_3} R\underset{\displaystyle NH_2}{\underset{|}{C}}HCOOH$$

합성된 아미노산은 라세미화합물이며, 앞의 4-1-4에서 기술된 방법으로 광학분할한다.

(3) **펩티드** : 아미노산의 카르복실기와 다른 아미노산의 아미노기에서 형성된 아미드를 **펩티드**(peptide)라고 하며, 이 −CO−NH−결합을 **펩티드결합**(peptide linkage)이라고 한다. 1분자의 펩티드중에 함유되는 아미노산의 잔기(殘基; residue)의 수에 따라 디펩티드(dipeptide; 2잔기), 트리펩티드(tripeptide; 3잔기)……, 폴리펩티드(polypeptide)라고 명칭이 붙여진다. 단백질은 분자량 10,000 이상의 폴리펩티드이다.

펩티드사슬의 양쪽 끝에는 펩티드결합을 하지 않은 아미노기와 카르복실기가 1개씩 남는다. 이 유리된 아미노기를 가진 아미노산은 **N말단아미노산잔기**(N-terminal amino acid residue)라고 하며, 일반적으로 구조식을 기록할 때는 펩티드사슬의 좌측 끝에 기록한다. 또 한쪽의 유리카르복실기를 **C 말단아미노산잔기**(C-terminal amino acid residue)라고 하며, 펩티드 사슬의 우측 끝에 기록한다(그림 4-26).

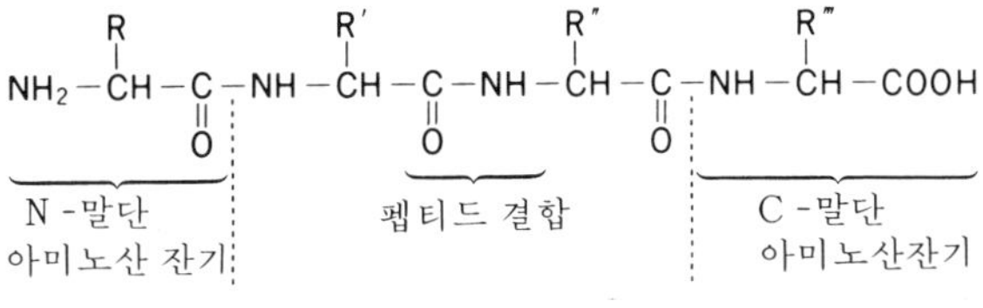

$$NH_2-\overset{\displaystyle R}{\overset{|}{CH}}-\underset{\displaystyle O}{\underset{\|}{C}}-NH-\overset{\displaystyle R'}{\overset{|}{CH}}-\underset{\displaystyle O}{\underset{\|}{C}}-NH-\overset{\displaystyle R''}{\overset{|}{CH}}-\underset{\displaystyle O}{\underset{\|}{C}}-NH-\overset{\displaystyle R'''}{\overset{|}{CH}}-COOH$$

N-말단 아미노산 잔기 / 펩티드 결합 / C-말단 아미노산잔기

그림 4-26 펩티드 사슬과 N 말단, C 말단

펩티드의 명명법은 N 말단아미노산으로부터 순차적으로 우측을 향하여 아미노산 명칭을 이어간다. 이때 개개의 아미노산명칭의 어미 "인(-ine)"

을 "일(-yl)"로 바꾸어 순차적으로 이어가며, 마지막 C 말단아미노산 명칭 "인(-ine)"으로 끝나도록 붙인다. 아미노산의 기호를 이어감으로써 펩티드결합을 표시할 수 있다(그림 4-27).

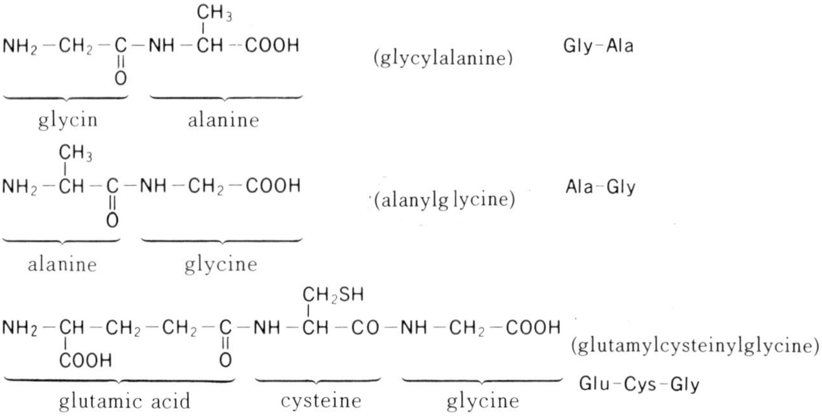

$NH_2-CH_2-C(=O)-NH-CH(CH_3)-COOH$ (glycylalanine) Gly-Ala

glycin alanine

$NH_2-CH(CH_3)-C(=O)-NH-CH_2-COOH$ (alanylg lycine) Ala-Gly

alanine glycine

$NH_2-CH(COOH)-CH_2-CH_2-C(=O)-NH-CH(CH_2SH)-CO-NH-CH_2-COOH$ (glutamylcysteinylglycine) Glu-Cys-Gly

glutamic acid cysteine glycine

그림 4-27 펩티드의 명명

위의 예에서 트리펩티드는 **글루타티온**(Glutathione)이라고 하며, 거의 동식물세포중에 존재하고 보조효소(補助酵素)로 생체내의 산화환원반응이 이루어지는 곳에서 작용한다. 글루타민산과 같이 α-카르복실기는 아니고 γ-카복실기가 펩티드결합하고 있다. 옥시토신(oxytocin)은 고리모양 노나펩티드로서 뇌하수체 후엽 호르몬이며 자궁의 수축 및 유즙의 분비를 자극하는 작용을 한다(그림 4-28).

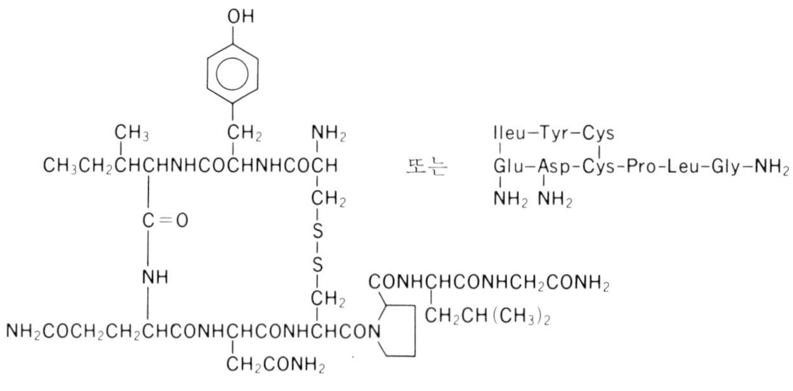

그림 4-28 oxytocin의 구조

고분자의 폴리펩티드인 단백질의 예로 인슐린(insulin)을 들 수 있다(그림 4-29). 인슐린은 1955년에 영국의 생화학자 생거(F. Sanger)에 의하여

51개의 아미노산으로 이루어진 완전한 구조가 결정되었으며, 이 업적으로 인하여 1958년에 노벨화학상을 수상하였다.

```
                        NH2 S─────────────────S                    NH2          NH2          NH2
                         |  |                 |                     |            |            |
Gly-Ileu-Val-Glu-Glu-Cys-Cys-Ala-Ser-Val-Cys-Ser-Leu-Tyr-Glu-Leu-Glu-Asp-Tyr-Cys-Asp
                              |                                                   |
                              S                                                   S
                              |                                                   |
           NH2 NH2            S                                                   S
            |   |             |                                                   |
Phe-Val-Asp-Glu-His-Leu-Cys-Gly-Ser-His-Leu-Val-Glu-Ala-Leu-Tyr-Leu-Val-Cys-Gly
                                                                                   |
                                     Ala-Lys-Pro-Thr-Tyr-Phe-Phe-Gly-Arg-Glu
```

그림 4-29 소 인슐린의 구조

(4) **단백질의 구조** : 고분자의 펩티드인 단백질의 구조해석, 즉 단백질을 구성하는 아미노산의 배열상태를 결정하는 일은 매우 어렵다. 단백질의 아미노산이 배열되는 것을 **단백질의 1 차구조**(primary structure)라고 한다. 아미노산의 배열 순서에 따라 개개의 단백질이 갖는 성질이 다르고 그 생리작용이 변한다. 긴 펩티드사슬이 입체적으로 어떠한 형태를 취하고 있는가 또는 공간적으로 어떠한 배열을 하고 그 위치를 차지하고 있는가 하는 배치를 **단백질의 2 차구조**(secondary structure) 라고 한다. 이 입체적 구조는 펩티드결합에 관여하고 있는 원자가 동일평면을 취하는 것과 카르보닐산소원자 및 티올의 수소원자와의 사이에 생기는 수소원자에 의하여

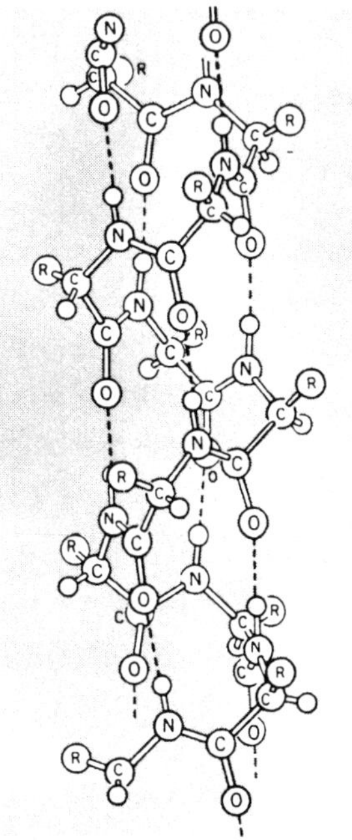

그림 4-30 단백질의 3차 구조

안정한 상태로 된다.

대체로 단백질은 α-helix라 하는 우선회 나선상을 하고 있고, 나선의 1회전(helix)마다 평균 3.6개의 아미노산잔기가 포함되고 있다(그림 4-30). 이 2차 구조는 거의 X선 해석에 의하여 결정되어 왔다.

단백질의 helix 단위가 여러개 모여 형성되는 입체구조를 **단백질의 3차구조**(tertiary structure)라고 한다. helix가 실과 같이 배열되어 섬유를 형성하고 있는 것을 **섬유상단백질**(fibrous protein)이라고 한다.

동물의 구조단백질로서 모발의 α-케라틴(keratin)이나 결합조직의 콜라겐 등이 알려져 있으며, 물에 용해되지 않는다. 또한, helix가 접혀져 전체가 공모양으로 된것을 **구상단백질**(球狀蛋白質, globular protein)이라고 한다.

분자내에 수소결합이 많고 식육·우유·계란 등에 많이 포함되어 있으며, 헤모글로빈이나 인슈린·계란알부민 등으로 불려지는 단백질이다. 이러한 것은 물이나 산·염기의 수용액에 용해된다.

3차구조의 구상단백질이 모여서 방상(房狀)의 집합단백질을 형성하고 있는 것을 **단백질의 4차구조**(quaternary structure)라고 한다.

단백질을 가열하거나, 강산 또는 강염기 등의 시약을 가하면 불가역적인 변화를 받아 응고되거나 침전된다. 이것을 **변성**(denaturation)이라고 한다. 예를 들면 계란흰자위에 열을 가하면 백색으로 응고되는데 이것은 계란알부민이 변성되기 때문이다. 구상단백질 구조가 파괴되면 이러한 상태로 된다.

생체내에서 중요한 작용을 하고 있는 효소도 단백질이며, 변성에 의하여 그 생리활성을 잃게 되므로 결국 모든 부분의 활성을 잃게 된다.

4-4 핵 산

생체내에서 중요한 작용을 하는 고분자화합물에는 탄수화물, 단백질 외에 핵산(nucleic acid)이 있다. 핵산은 모든 생물의 세포중에 존재하고 생명현상의 본질에 관여하는 화합물이다. 즉 유전현상과 관계되고 있으며, 생물체의 고유한 유전정보의 유지·전달 및 특수한 단백질의 합성을 관장한다.

(1) 핵산의 구조 : 핵산은 뉴클레오티드(nucleotide)라고 부르는 염기·당·인산으로 되는 분자단위(그림 4-31)가 중합된 사슬모양분자의 폴리뉴클레오티드로서, DNA(deoxyribonucleic acid)와 RNA(ribonucleic acid,

리보핵산)의 2종이 있다. RNA의 당은 D-ribose이고, DNA의 당은 두번째 탄소의 수산기가 이탈된 2-deoxy-D-ribose이다.

DNA는 거대한 분자로서 세포핵에 많이 존재하며 염색체에 포함되고 있으면서 유전정보를 갖고 있다. RNA는 세포질에 많이 존재하고 있고, DNA의 유전정보를 전사(轉寫, replication)하여 뽑아내고 그것을 전달하여 단백질을 합성시킨다.

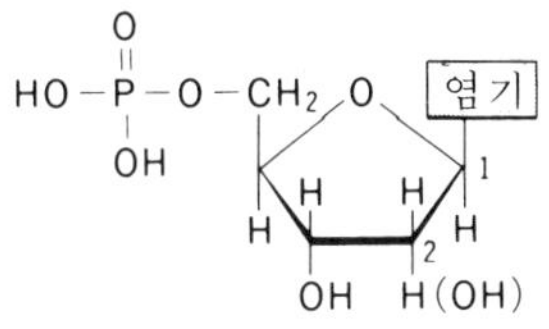

그림 4-31 nucleotide (DNA에서는 2위의 탄소에 H가 붙고 RNA에서는 OH가 붙는다.)

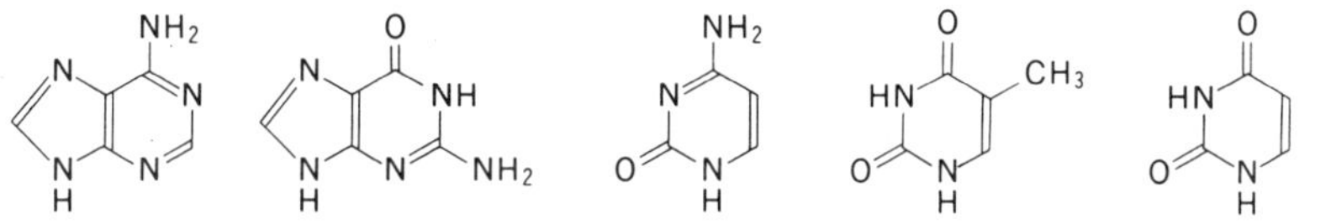

adenine(A) guanine cytosine thymine(T) uracil (U)

그림 4-32 핵산염기

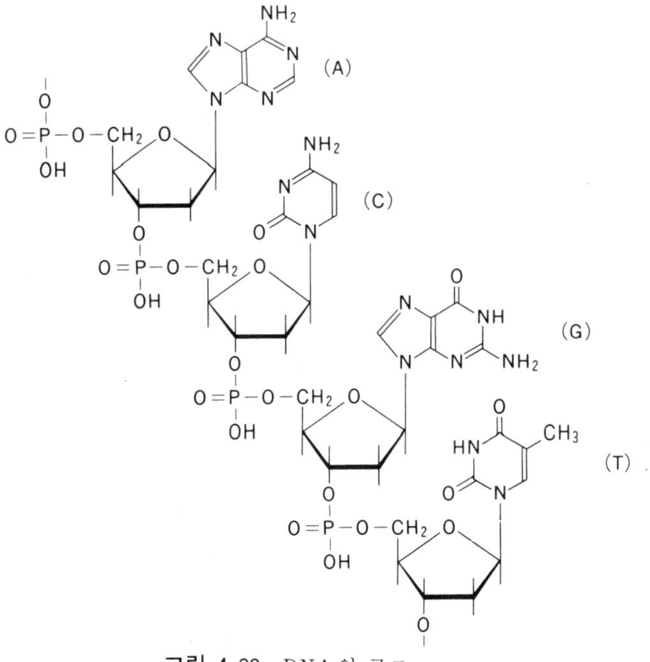

그림 4-33 DNA의 구조

염기성분과 당의 환원기가 결합된 뉴클레오티드를 구성하는 염기(핵산염기)는 purine 및 pyrimidine 유도체이며, DNA 에서는 adenine (A)· guanine (G) · cytosine(C) 및 thymine (T)의 4종으로 되고 또한 RNA 에서는 adenine(A) · guanine(G) · cytosine(C) 및 thymine 대신에 uracil(U)의 4종으로 된다(그림 4-32). 뉴클레오티드가 중합하여 형성된 DNA 의 구조는 그림 4-33에 나타내는 바와 같다.

1953년에 웟슨(J.D. Watson)과 크릭(F.H. Crick)의 DNA 의 입체구조는 폴리뉴클레오티드가 우선회 나선상으로 2개가 합해져 있는데 이른바 2중 나선구조를 가지고 있음을 밝혔다. 즉 1개의 폴리데옥시뉴클레오티드사슬의 염기가 또 하나의 사슬인 염기와의 사이에서 수소결합을 함으로써 2개의 사슬이 나선상의 구조를 형성하는 2차구조를 가지고 있다(그림 4-34).

이 수소결합은 아데닌과 티민, 구아닌과 시토신과의 사이에서만이 형성되므로 폴리뉴클레오티드사슬은 각각 역방향이 된다(그림 4-35).

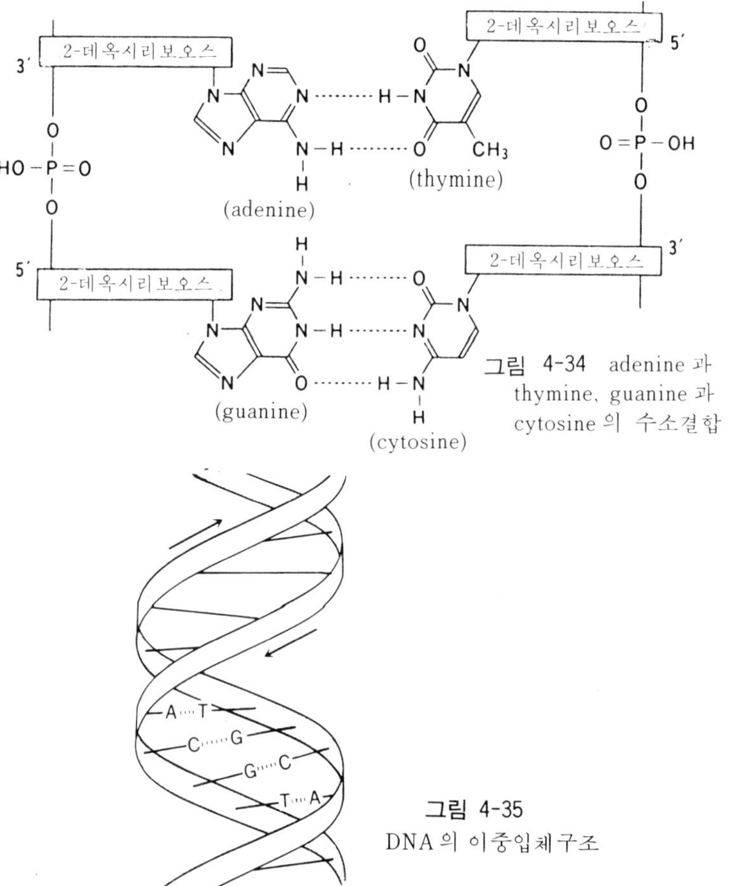

그림 4-34 adenine 과 thymine, guanine 과 cytosine 의 수소결합

그림 4-35 DNA 의 이중입체구조

4-5 비 타 민

비타민은 전술한 탄수화물·지질(脂質)·단백질 등의 주영양소와는 다르며, 섭취량은 미량이다. 그러나 영양학상으로 없어서는 안되는 특수한 생리작용을 나타내는 유기화합물의 총칭이다. 동물의 체내에서는 합성되지 않으며, 동물의 정상적인 영양대사를 원활하게 하고, 발육을 촉진하는 중요한 영양소이다. 비타민은 화학구조와는 관계 없이 생리작용에 따라 분류되고 있다. 그 용해성에 의하여 **지용성 비타민**과 **수용성 비타민**으로 대별된다.

4-5-1 지용성 비타민

(1) **비타민 A**(retinol) : 동물의 간장이나 간유 등에 많이 함유되어 있는 비타민으로 비타민 A_1 및 A_2가 알려지고 있다. 2중결합이 모두 트란스형인 A_1 외에 시스형의 2중결합을 갖는 A_1의 이성체가 존재한다. 카로티노이드(Carotinoid)에는 동물체내에서 비타민 A로 전환하여 생리작용을 나타내는 것이 있다.

비타민 A가 결핍되면 야맹증, 각막건조증, 각질연화증, 성장저해 등을 일으킨다.

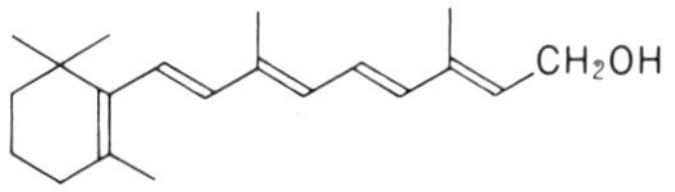

비타민 A_1

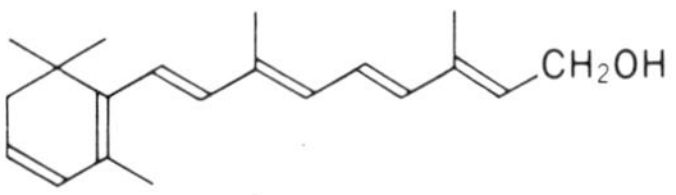

비타민 A_2

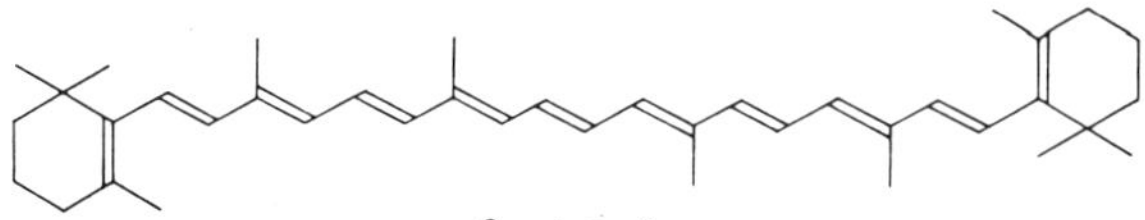

β-카로틴

(2) **비타민 D**(carciferol) : 비타민 A와 같이 간유나 계란노른자에 존재하는 비타민으로 provitamin D라고 불려지는 스테로이드로부터 자외선 조사로 체내에서 생성된다. 항구루병 작용이 있다.

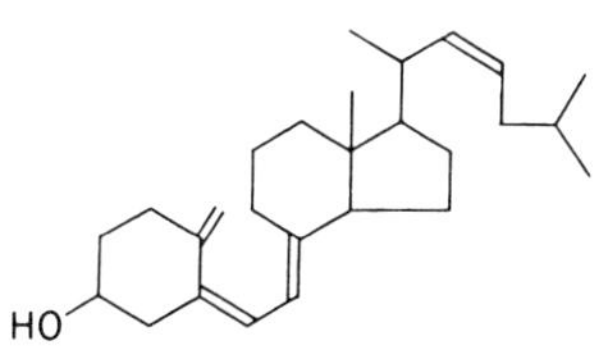

비타민 D_2

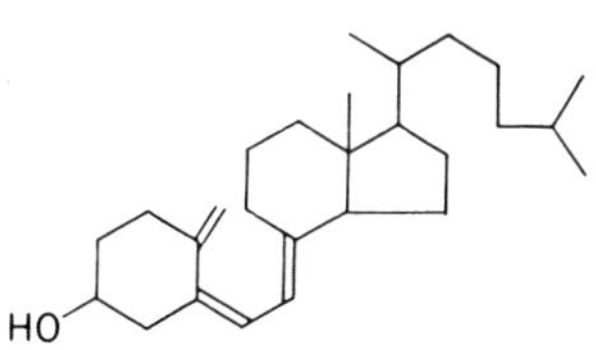

비타민 D_3

(3) **비타민 E** (tocopherol) : 소맥의 배아유에서 발견된 비타민 E는 크로만의 유도체로 **α-토코페롤**이라고 명명되었다. 크로만의 방향환상의 치환기가 조금씩 다른 토코페롤류도 비타민으로서의 활성을 갖는다. 토코페롤류에는 항산화작용 (antioxidant) 도 있다.

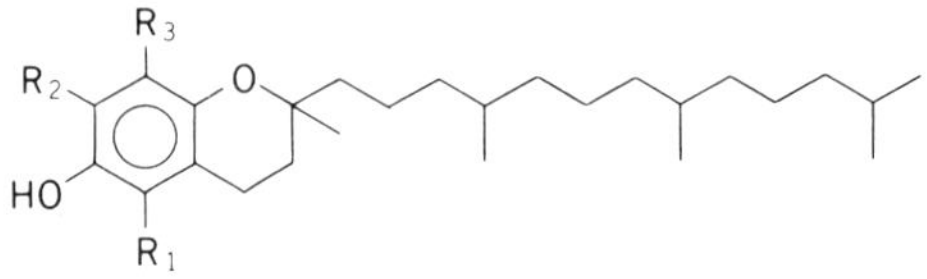

	R_1	R_2	R_3	
α-토코페롤	CH_3	CH_3	CH_3	소맥맥아
β-토코페롤	CH_3	H	CH_3	소맥맥아
γ-토코페롤	H	CH_3	CH_3	옥수수유
δ-토코페롤	H	H	CH_3	대두유

그림 4-36 토코페롤 류의 구조

(4) **비타민 K** : 1,4-naphthoquinone 골격을 갖는 비타민으로 양배추나 목초의 알팔파 등 녹색 잎중에 존재하는 비타민 K_1과 미생물로부터 순수 분리된 K_2가 있다.

긴 가지사슬을 갖지 않은 2- methyl-1,4-naphthoqunone은 합성된 비타민 K_3로서 비타민 K 중에서 활성이 가장 강하다. 혈액 응고효소인 트론빈의 전구체(前驅體)인 프로트론빈의 생성을 정상적으로 유지하는 작용이 있다.

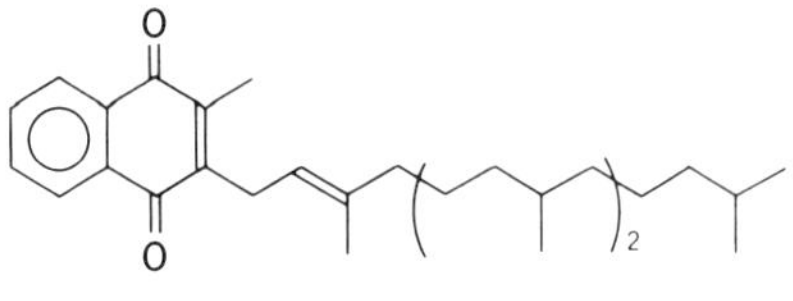

비타민 K_1 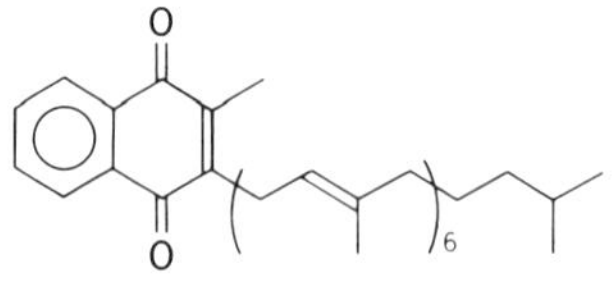　　비타민 K_2

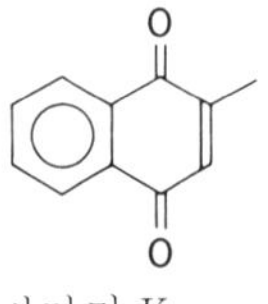

비타민 K_3

4-5-2 수용성 비타민

(1) **비타민 B_1** (thiamine) : 스스기우메따로우와 펀크(C. Funk)에 의하여 발견된 항각기 인자로, 1936년에 윌리엄스 (R.R.Williams)에 의하여

구조가 결정되고 합성도 되었다. 쌀겨·배아·효모 등에 많이 함유되어 탄수화물의 대사에 밀접한 관여를 하고 있다.

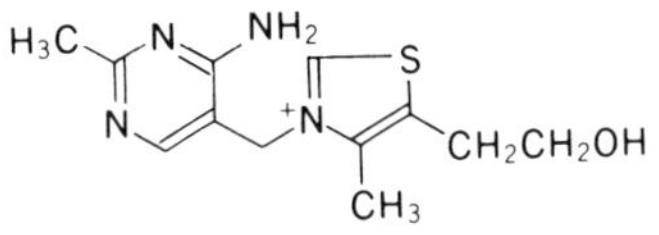

티아민

(2) **비타민 B_2**(rivoflavin) : 이 비타민은 플라빈모노뉴클레오티드(flavin-mononucleotide; FMN), 플라빈아데닌디뉴클레오티드(flavinadenine dinucleotide; FAD)의 형태로 널리 생물의 체내에 분포되어 있고, 가역적산화환원(可逆的 酸化還元)계의 반응에 있어 생체내의 수소전달의 작용에 극히 중요한 역할을 하고 있다.

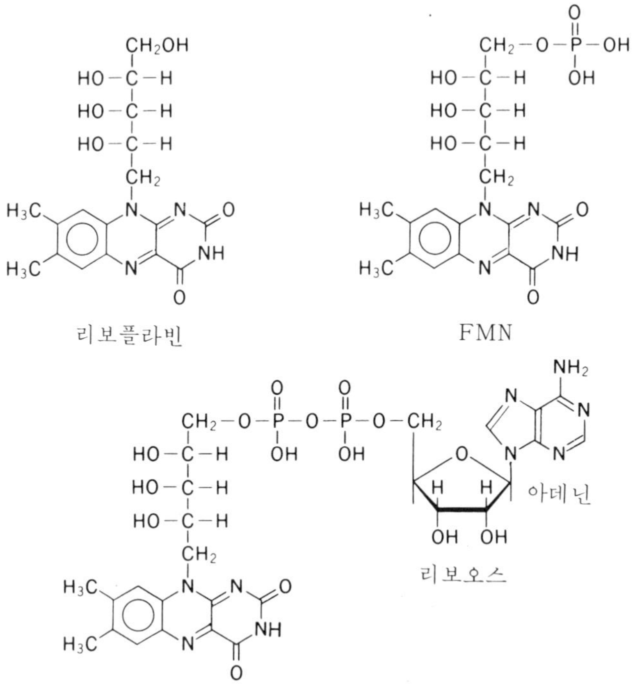

리보플라빈

FMN

아데닌

리보오스

FAD

그림 4-37 리보플라빈과 뉴클레오티드 구조

(3) **니코틴산**(nicotinic acid) : 나이아신(niacin)이라고도 부르는 비타민으로 항펠라그라(피부병)의 인자이다. 니코틴아미드도 같은 작용을 가지며, 효모·간장·육류·곡류 등에 함유되고 있다.

COOH CONH₂

nicotinic acid nicotinamide

(4) **비타민 C** (아스콜빈산, ascorbic acid) : L-아스콜빈산은 항괴혈병 작용을 가진 비타민으로서, 감귤류나 녹차·녹엽야채류 등에 많이 포함되어 있다. 결합형의 아스콜빈겐도 순무·인삼·어육·조개류 등에서 볼 수 있다. 산화방지제로서 유효하다.

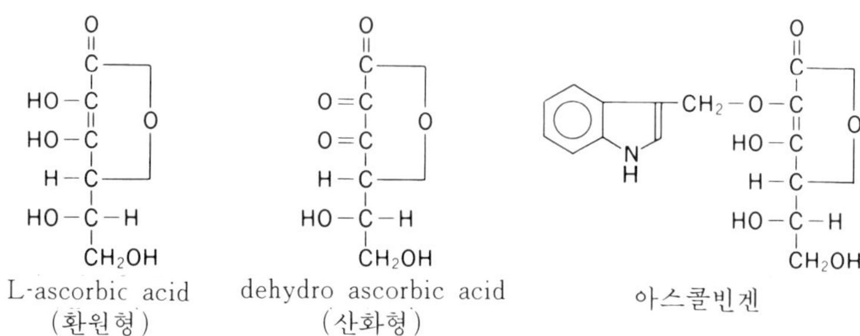

L-ascorbic acid (환원형) dehydro ascorbic acid (산화형) 아스콜빈겐

그림 4-38 ascorbic acid의 구조

4-6 천연물의 생합성

4-6-1 서 론

수세기에 걸쳐 중합체와는 다른 수천종의 유기화합물들이 천연적인 원천으로부터 다소 순수한 형태로 분리되었다. 천연물(natural products)이라고 일반적으로 블리우는 이들 화합물의 대부분은 의약품으로 사용되어 왔는데 이는 버드나무 잎으로부터 추출된 살리실레이트(salicylates) 또는 그 이전의 초본(草本) 의약품으로까지 거슬러 올라갈 수 있다.

그와 같은 민간약으로부터 수많은 유용한 약물이 생산되었다. 예를들면 인도의 의사들은 **인도사목**(Rauwolfia serpentina)이란 식물의 잎을 씹으면 다행증(多幸症, euphora)의 상태를 일으킨다는 것을 수년간 알았다. 최근의 연구에 의해서도 인도사목(印度蛇木)의 잎에는 정신안정제(tranquilizer)로서 현재 시판되고 있는 정신병의 치료에 널리 사용되는 화합물인 reserpine이 함유되어 있다는 것이 밝혀졌다.

다른 천연물들은 기분을 좋게 하거나 환각증상을 일으키는 효과때문에 사용되어 왔는데, 알코올, 아편 및 mescaline이 그 예이다. 또 다른 천연물들은 쥐를 죽이는데 흔히 사용되는 strychnine 또는 소크라테스를 독살

하는데 고대 히랍인들이 사용한 독당근(毒唐根, hemlock) 미생물인 coniine 과 같은 맹독성 물질이다.

이들 천연물에 대해서 한가지 사실을 강조해 둘 필요가 있다. 즉 이들 천연물이 상품으로서의 중요성을 갖기 위해서는 천연물이 일반적으로 식물이나 동물에 의해서 상당히 다량으로 생산되어야만 한다. 이들 천연물은 일시적으로 존재하는 대사중간체들이 아니라 대사경로의 최종 생성물들이다.

왜 생체는 일부러 페니실린 (penicillin) 이나 몰핀 (morphine) 과 같은 복잡한 분자를 합성하는가? 이상한 일이지만 대부분의 천연물들은 그들이 분리된 식물이나 동물 체내에서의 생리적 작용이 전혀 알려지지 않았다. 몇가지는 보호역할을 할지도 모른다 —— 예를들면 페니실린은 이를 생산하는 곰팡이의 세균감염을 예방할지도 모른다.——그러나 몇가지 다른 항생물질들은 그들은 생산하는 바로 그 생체들에 대해서 해독을 끼친다.

다른 항생물질들은 한 때는 간선 대사고속도로 (main metabolic highways) 이었을지도 모르는 막다른 골목인 주된 생명과정의 단순한 갈림길인 것처럼 보인다. 이것이 바로 많은 추측을 불러 일으킨 주체이다. 천연물은 그 경제적 및 의약적 중요성으로 인해서 상당한 양의 화학적 및 생화학적 연구의 대상이 되었다.

4-6-2 천연물의 분류

천연물은 엄청난 범위의 유기구조를 가지고 있지만 그 궁극적인 용도에 따라 또는 화학구조상의 유사성 때문에 여러가지 부류로 분류할 수 있다. **알칼로이드** (alkaloids) 는 질소를 함유하고 있는 식물생성물이다. 이들의 대부분은 염기성이므로 산으로 추출할 수 있다. strychnine, morphine 및 quinine 은 이 효능이 강력한 부류의 천연물의 대표적인 구성원이다.

스테로이드 (steroids) 는 네고리 탄소뼈대를 가지고 있는 화합물들의 한 부류이다. 스테로이드는 일반적으로 식물과 동물의 조직의 에테르 유출물, 중에 지방과 기타의 지질과 함께 들어있다. 이 추출물을 비누화할 때 유지 (fats and oils) 는 가수분해되지만 스테로이드는 비비누화성 (unsaponifiable) 이므로 에테르 중에 녹아 있다.

콜레스테롤 (cholesterol) 은 동물계에 가장 많이 있는 스테로이드이다. 즉 코르티손 (cortisone) 을 포함하는 대부분의 중요한 호르몬과 비타민 D 역시 스테로이드이다. **테르펜** (terpenes) 은 서로 특수한 구조관계를 가지고 있는 식물 생성물이다. 캄파 (camphor) 와 멘톨 (menthol) 은 이 부류의 화합물들에 속한다.

다른 한편으로는 **항생물질**(antibiotics)은 그 용도를 기초로 하여 분류된다. 여러가지 정의가 사용되지만 가장 보편적으로 인정되고 있는 정의는 항생물질을 한 미생물에 의해서 생산되는 화합물로서 다른 미생물에 대해서 독성인 것이라고 기술한다. 이것은 완전히 생물학적인 정의이므로 화합물들의 화학적 성질에 대해서는 아무것도 암시하지 않는다.

사실상 항생물질은 화학적으로 서로 관계가 있는 물질들의 정의가 분명한 부류를 이루고 있는 것이 아니라 매우 다양한 구조를 가지고 있다. 수많은 다른 천연물들 역시 어떤 전형적인 부류에 속하는 것이 아니다.

우리들은 이 장에서 형을 달하는 천연물들의 구조식을 단순히 나열하기보다는 오히려 천연물이 생성되는 생합성적 경로〔생체내 합성 (biogenesis)〕나 생체계의 일차적 뼈대를 이루고 있는 지질, 아미노산 및 탄수화물과 천연물과의 관계를 기초로 하여 천연물의 부류간의 상호관계를 설명하고자 한다.

4-6-3 아세테이트로부터의 지방산의 생합성

지방산은 대사적으로 β-산화후의 잇달은 2-탄소토막의 제거에 의해서 분해된다는 것을 알았다. 지방산은 본질적으로 그 역과정에 의해서 쌓아 올려진다.

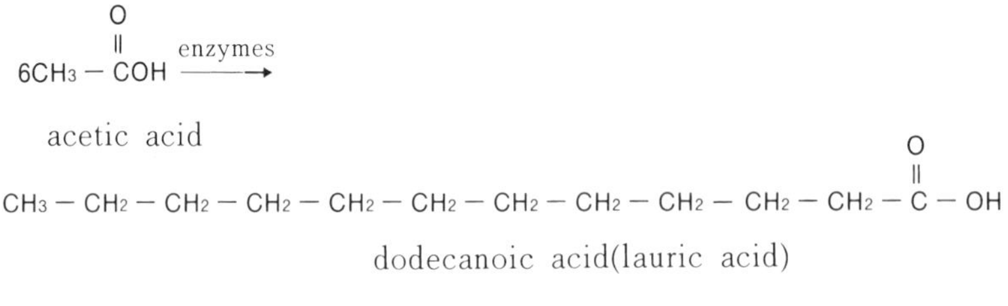

$$6CH_3-\overset{\overset{\displaystyle O}{\|}}{C}OH \xrightarrow{\text{enzymes}}$$

acetic acid

$$CH_3-CH_2-CH_2-CH_2-CH_2-CH_2-CH_2-CH_2-CH_2-CH_2-CH_2-\overset{\overset{\displaystyle O}{\|}}{C}-OH$$

dodecanoic acid(lauric acid)

그림 4-39 동위원소로 표지한 아세테이트에 대한 실험에 의해서 지방산은 이기질로부터 직접 합성될 수 있다는 것이 밝혀졌다.

카르복시기 ^{14}C를 가지고서 동위원소로 표지한 아세트산 나트륨을 다양한 생체계에 먹인 결과 짝수의 탄소원자를 가진 지방산이 생산되었다. 이 동위원소는 높은 효율로 융합되어 카르복시기와 다른 홀수 탄소원자들(C－3, C－5 등등)에 분포되었다.

그렇지만 이 생합성은 분해대사(catabolism)와 아주 똑같은 단계로 진행하지 않는다. 한가지 중요한 차이점은 분해대사의 마지막 단계인 생합성 경로의 바로 첫 단계에 놓여 있다. 분해대사의 경로에 있어서의 이 단계는 β-케토 에스테르 유도체의 아세틸 보조효소 A로의 분해를 필연적으로 수반한다. 이 단계는 이론적으로는 가역적이지만 평행이 분해쪽으로 너무 치우쳐 있기 때문에 바로 이 반응을 지방산을 합성하는데 이용할 수는 없다. 이 불리한 평형을 이겨내기 위해서는 계에 에너지를 공급해 주어야한다.

catabolism

$$\sim\sim CH_2-\overset{O}{\overset{\|}{C}}-CH_2-\overset{O}{\overset{\|}{C}}-SCoA \underset{\text{enzyme}}{\overset{\text{CoASH}}{\rightleftarrows}} \sim\sim CH_2-\overset{O}{\overset{\|}{C}}-SCoA+CH_3\overset{O}{\overset{\|}{C}}SCoA+\text{energy}$$

biosynthesis(anabolism)

$$\underset{\text{acetyl coenzyme A}}{\overset{H}{\overset{|}{C}}H_2-\overset{O}{\overset{\|}{C}}-SCoA}+CO_2+\boxed{ATP}\xrightarrow{\text{enzyme}}\underset{\text{malonyl coenzyme A}}{\overset{\overset{O}{\|}}{\overset{COH}{|}}CH_2-\overset{O}{\overset{\|}{C}}-SCoA}+\boxed{ADP+H_2PO_4}$$

acetyl coenzyme A —(HS-ACP (acyl carrier protein), enzyme)↓; malonyl coenzyme A —(HS-ACP, enzyme)↓

$$\overset{H}{\overset{|}{C}}H_2-\overset{O}{\overset{\|}{C}}-SACP \qquad \overset{\overset{O}{\|}}{\overset{COH}{|}}CH_2-\overset{O}{\overset{\|}{C}}-S\text{-}ACP$$

$$\sim\sim CH_2\overset{O}{\overset{\|}{C}}-SACP+\overset{\overset{\overset{O}{\|}}{OH-C}}{|}CH_2-\overset{O}{\overset{\|}{C}}-SACP \underset{}{\overset{\text{enzyme}}{\rightleftarrows}} \sim\sim CH_2-\overset{O}{\overset{\|}{C}}-CH_2-\overset{O}{\overset{\|}{C}}-SACP+CO_2$$

그림 4-40 지방산 대사의 마지막 단계는 에너지를 방출한다. 그 역 반응인 지방산 생합성을 성취하기 위해서는 이 에너지가 말로닐 보조효소 A의 생성을 돕는 ATP에 의해서 공급되어야 한다.

생체계에 있어서의 중요한 에너지원은 ATP(adenosine triphosphate)이다. 탄수화물의 대사에서 방출된 에너지를 언젠가는 이용하기 위해서 이 에너지가 어떤 형태로 이 분자내에 저장되는데 그 중 한가지의 용도는 지방산의 생합성에서의 이용이다. 이 과정이 아세틸 보조효소 A는 이산화탄소 및 ATP와 반응함으로써 말로닐 보조효소 A가 생성된다(그림 4-40).

이 과정이 일어나는 동안에 ATP는 ADP와 인산으로 변환된다. 아세틸 보조효소 A와 말로닐 보조효소 A는 둘 다 전달효소란 효소의 촉매작용하에 ACP(아실 운반 단백질, acyl carrier protein)과 반응함으로써 아세틸 ACP와 말로닐 ACP가 각각 생성된다. 그 다음 또 다른 효소인 β-케토아실-ACP 합성효소가 아세틸 ACP와 말로닐 ACP와의 반응을 촉매함으로써 β-케토아실 ACP와 **이산화탄소**가 생기는데 이 이산화탄소의 방출은 반응에 대해서 강력한 추진력을 주게 된다.

지방산의 생합성에 있어서의 후속 단계는 본질상 그 분해대사의 역 단계이다. 따라서 β-케토산은 β-히드록시산으로 환원되며, 물이 제거됨으로써 생기는 이중결합이 환원된다. 그 다음 또 하나의 말로닐 ACP 분자에 대한 단계가 되풀이 된다. 축합, 환원 및 제거의 정확한 서열이 반드시 동일한 것도 아니며 또한 많은 단계들이 완전히 규명되지도 않았다. 예를 들면 케톤의 환원이 일어나기 전에 두가지 또는 그 이상의 축합이 일어날 수도 있다. 나중에 알게 되겠지만 이것은 아세테이트로부터 생기는 수많은 다른 생성물들의 합성에 중요하다.

동물에서 불포화 지방산을 함유하고 있는 지질을 생성하는데 이용할 수 있는 경로들중에서 가장 간단한 경로는 포화 지방산의 사슬의 직접적인 산화(탈수소반응)에 의한 이중결합의 도입을 필연적으로 수반한다. 이와 유사한 실험실적 반응은 없다. 보다 고등한 동물에서 이렇게 하여도 도입된 이중결합은 항상 사슬의 메틸말단으로부터 적어도 여섯번째의 탄소원자에 있게 된다는 것은 흥미로운 일이다.

이같은 사실은 아마도 연루된 효소들중의 한가지의 구조상 요건을 반영하는 것이라고 생각된다. 올레산과 팔미트올레산 (palmitoleic acid) 부류의 불포화산은 이렇게 하여 생선된다(그림 4-41).

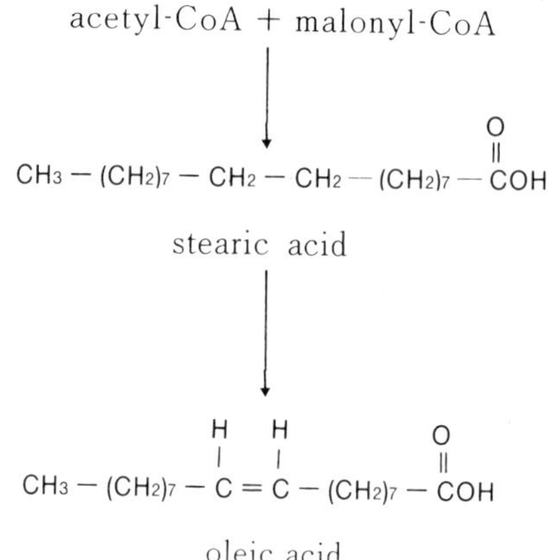

그림 4-41 아세테이트 단위와 말로네이트 단위로부터 유도된 스테아르산과 같은 포화지방산은 동물체내에서 올레산과 같은 불포화산으로 직접 탈수소 될 수 있다. 그러나 리놀레산과 리놀렌산은 동물의 먹이에서 유래되는 것이 틀림없다.

이중결합이 사슬의 메틸말단으로 부터 여섯번째 이하의 탄소에 있는 리놀렌산과 같은 불포화산은 식물에서 생합성된다. 이들 불포화산은 동물조직내에서는 합성 될 수 없으므로 동물이 먹이를 통해서 이를 섭취해야 한다. 그러나 올레산, 리놀레산 및 리놀렌산과 같은 불포화산은 모두 동물에 의해서 추가적인 이중결합이 카르복시기에 더욱 가까이 도입되는 다불포화산 (polyunsaturated acids) 으로 더욱 탈수소될 수 있다. 이들 후자의 산들은 세포막에서 중요한 역할을 한다.

4-6-4 아세테이트로부터 유도된 기타의 천연물들

만약 어떤 곰팡이를 표지를 한 아세트산 에스테르의 존재하에서 생장을 시키면 지방산 뿐만 아니라 다수의 생성물들이 방사능을 갖는다는 것이 밝혀졌다. 예를들면 6-메틸살리실산이 높은 수준의 방사능을 갖는다. 분해연구에 의해서 표지가 아세틸 보조효소 A (또는 이와 동등한 말로닐 보조효소 A)가 트리케토 티오에스테르 (triketo thioester) 로 축합하는 아래에 나타낸 생합성 도표와 일치하는 방식으로 분포된다는 것이 밝혀졌다.

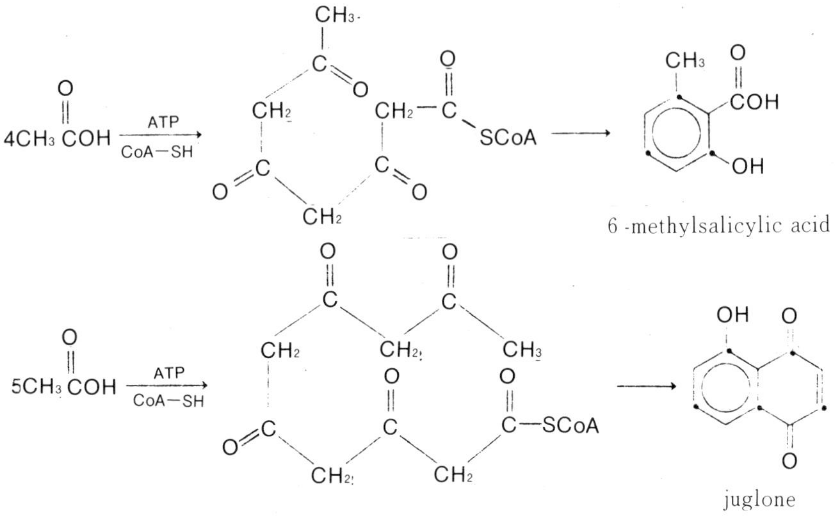

$$4CH_3COOH \xrightarrow[CoA-SH]{ATP} CH_3COCH_2COCH_2COCH_2COSCoA \longrightarrow$$

6-methylsalicylic acid

$$5CH_3COOH \xrightarrow[CoA-SH]{ATP} CH_3COCH_2COCH_2COCH_2COCH_2COSCoA \longrightarrow$$

juglone

그림 4-42 살리실산 유도체 및 juglone 을 포함하는 수많은 페놀성 천연물은 아세테이트 단위로부터 고리화반응에 의해서 유도된다.

그와 같은 분자는 쉽게 고리화한다. 잇달은 환원, 물의 제거 및 엔올화 반응 (enolization) 으로 관측된 생성물에 이르게 되는데 이들 후자의 반응들의 정확한 서열은 아직 밝혀지지 않았다. 수많은 다른 천연물은 유사하지만 더욱 복잡한 **고리화반응** (cyclizations) 에 의해서 생긴다. 퀴논의 일종인 juglone 은 다섯분자의 아세테이트로부터 생성된다.

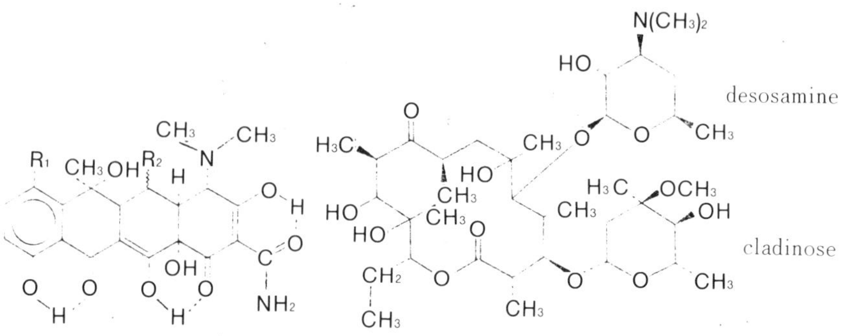

desosamine

cladinose

tetracyclines erythromycin

그림 4-43 Tetracycline($R_1 = R_2 = H$), Aureomycim ($R_1 = Cl$, $R_2 = H$) 및 Terramycin($R_1 = H$, $R_2 = OH$)은 주로 아세테이트로부터 생성되는 널리 사용되는 광역 항생물질(broad spectrum antibiotics)의 예이다.

아세테이트는 또한 더욱 복잡한 지방족 헤테로고리 천연물과 방향족-지방족 천연물의 전구물질이다. 테트라사이크린(tetracyclines)은 후자의 부류의 예이다(그림 4-43).

이들 항생물질은 다수의 세균에 대해서 활성이다. 어미 화합물 뿐만 아니라 aureomycin과 terramycin도 역시 테트라사이크린 항생물질이다. 이들 항생물질의 기본뼈대는 아세테이트 단위로부터 생성된다. erythromycin은 모든 구성원이 큰 락톤 고리를 가지고 있는 군(群)인 **마크로라이드 항생물질**(macrolide antibiotics)이라는 중요한 부류의 대표적인 예이다.

magnamycin과 nystatin은 다른 마크로라이드 항생물질이다. erygthromycin은 아세테이트 단위들이라기 보다는 오히려 프로피온에이트 단위들의 결합에 의해서 생성되는 것으로 생각되므로 생합성의 견지에서 특히 흥미롭다. 이는 분자내에 다수의 $C-CH_3$ 단위가 존재하는 이유를 밝혀준다.

4-6-5 테 르 펜

세 개의 아세테이트 단위가 비선형 방식으로 생합성적으로 결합되면 중요한 생합성 중간체인 **메발론산**(mevalonic acid)이 생성될 수 있다(그림 4-44).

이 화합물을 생성하기 위해서는 세째번 아세테이트가 본질적으로는 알돌 또는 Claisen 축합반응이라고 말할 수 있는 반응을 일으켜 아세토아세테이트의 케톤기에서 축합이 되고 잇따른 환원에 의해서 결국 메발론산이 된다.

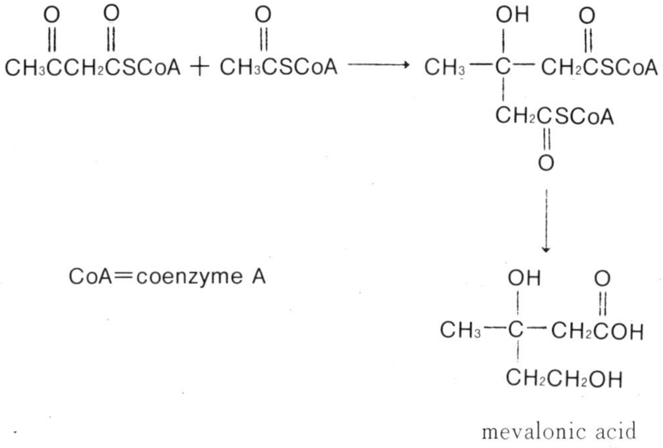

$$CH_3\overset{O}{\overset{\|}{C}}CH_2\overset{O}{\overset{\|}{C}}SCoA + CH_3\overset{O}{\overset{\|}{C}}SCoA \longrightarrow CH_3-\overset{OH}{\overset{|}{\underset{CH_2\underset{\underset{O}{\|}}{C}SCoA}{\underset{|}{C}}}}-CH_2\overset{O}{\overset{\|}{C}}SCoA$$

$$\downarrow$$

CoA=coenzyme A

$$CH_3-\overset{OH}{\overset{|}{\underset{CH_2CH_2OH}{\underset{|}{C}}}}-CH_2\overset{O}{\overset{\|}{C}}OH$$

mevalonic acid

그림 4-44 테르펜과 스테로이드의 생체내 전구물질인 메발론산은 세개의 아세테이트 단위로부터 생성된다.

유기학자들은 천연적으로 존재하는 대부분의 물질들은 다섯-탄소 단위인 이소프렌의 적절한 결합에 의해서 생성되는 것으로 생각할 수 있으리라고 오랫동안 믿어왔다. 이소프렌과 가장 분명한 관계를 갖는 화합물들은 테르펜이라고 알려져 있으며 식물에 널리 존재한다. 그림 4-45에 따른 대표적인 테르펜류의 구조를 그들의 이소프렌과의 관계와 함께 나타내었다.

테르펜류는 2개의 이소프렌 단위로부터 정식으로 유도될 수 있으면 모노테르펜 (monoterpenes), 4개의 이소프렌 단위로 부터 정식으로 유도될 수 있으면 디테르펜 (diterpenes) 등으로 분류된다.

이질풀속 (geranium) 과 잘 알려진 캄파 (camphor) 에서 얻어지는 geraniol 은 모노테르펜 (C_{10}) 이며, 셀러리 (celery) 의 기름으로 얻어지는 β-selinene 은 세스퀴테르펜 [sesquiterpene (C_{15}, sesqui = $1\frac{1}{2}$)] 이다. 비타민 A와 아비에트산 (abietic acid) 은 디테르펜 (C_{20}) 이다. 그림 4-48에서 우리들이 보게 될 lanosterol 은 트리테르펜 (C_{30}) 이다.

생체계에서 테레펜은 이소프렌 그 자체로부터 조립되는 것이 아니라 밀접한 관계가 있는 다섯-탄소 토막들로부터 조립되는 것으로 현재 알려져 있다. 이들 토막들은 연달아 탈수, 탈카르복시 반응 및 인산과의 에스테르화 반응에 의해서 유도된다. 생합성의 아세테이트 경로와 테레펜 경로를 서로 관련시키는 것은 메발론산(아세테이트로부터 유도된)의 피로인산 이소펜테닐 (isopentenyl pyrophosphate) 으로의 이 변환이다.

C_5피로인산 에스테르 (pyrophosphates) 가 테르펜으로 변화하는 과정은

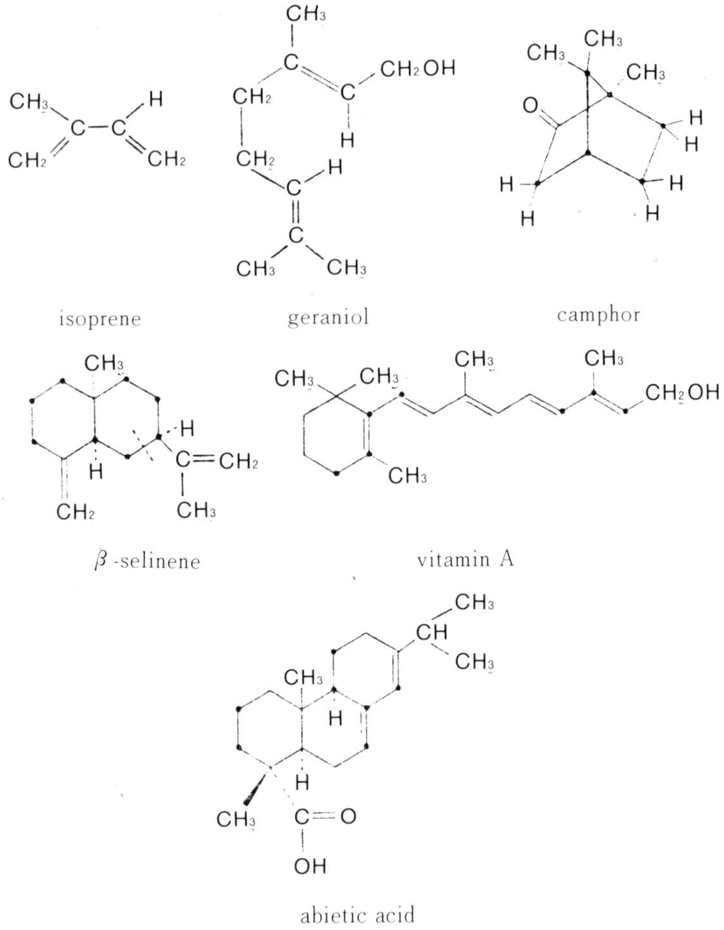

그림 4-45 테르펜은 이소프렌의 뼈대를 가진 다섯-탄소 단위로부터 생합성적으로 생성된다. 번갈기 이소프렌 단위 (alternate isoprene units)를 색깔로 나타내었다.

공업적으로 이소부틸렌을 중합하여 부틸고무 (butyl rubber)를 제조하는데 이용되는 과정과 메카니즘적으로 유사하리라고 생각된다.

따라서 이중결합에 인접된 피로인산기를 잃음으로써 생기는 카르보양이온이 피로인산 이소펜텔닐에 첨가되면 결국 Markovnikov의 법칙에 따라 그림에 나타낸 안정된 3차 카르보양이온이 된다. 이 카르보양이온이 양성자를 잃은 뒤에는 피로인산 게라니올 (geraniol pyrophosphate)이 생기게 된다.

이 과정이 되풀이 됨으로써 세스퀴테르펜의 일종인 피로인산 파르네솔 (farnesol pyrophosphate)이 되며 세째번 첨가반응으로 결국 디테르펜이 된다. 이들 반응은 물론 효소에 의해서 촉매되지만 유사한 반응이 비효소촉매계 (nonenzymatic systems)에서 일어난다. 천연고무는 비록 연루된 효소들이 오로지 cis 이중결합만을 생성하게 되지만 이 과정의 연장화(延長化)에 의해서 생성된다.

두 개의 피로인산 파르네솔이 그들 피로인산 말단을 통해서 환원적으로 머리를 맞대고서 서로 결합됨으로써 상어의 肝油와 사람의 肝과 머릿가죽에 존재하는 중요한 트리테르펜인 스쿠알렌 (squalene)이 생성된다. 그림 4-47에는 파르네솔의 분자구조식을 곧 밝혀지게 될 효과를 나타낼 수 있도록 좀 달리썼다.

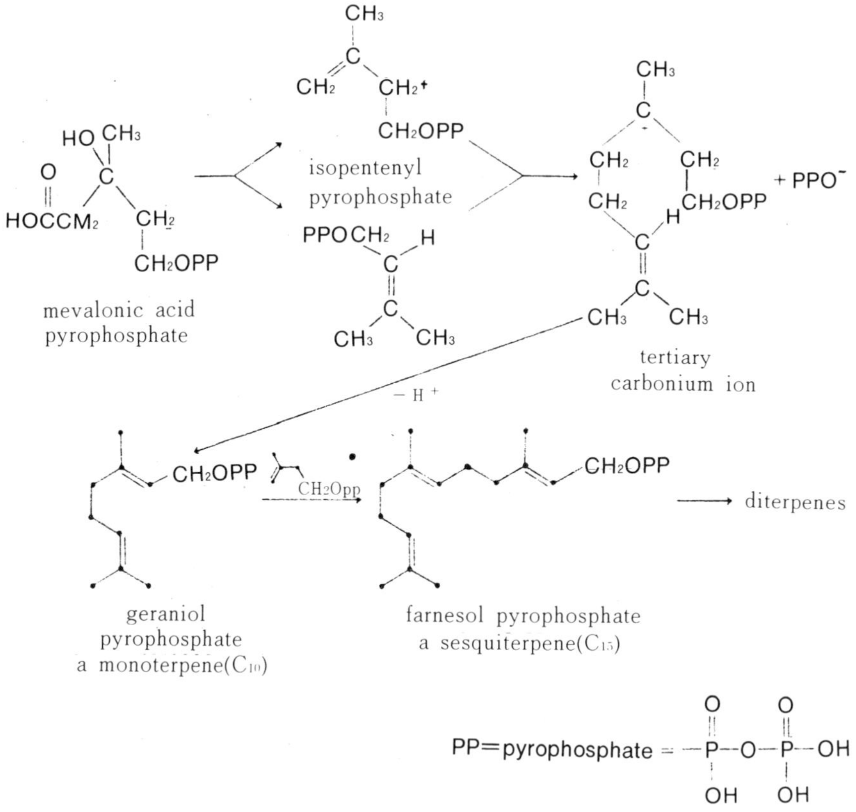

그림 4-46 C_5인 이소펜테닐 (isopentenyl) 토막들이 단계적으로 첨가되면 결국 테레펜뼈대가 조립된다. 위에 나타낸 화합물들에 있어서의 이중결합들은 trans 이다. cis 이성질체를 생성하는 효소를 사용하는 유사한 단계들에 있어서는 결국 천연고무가 생기게 된다.

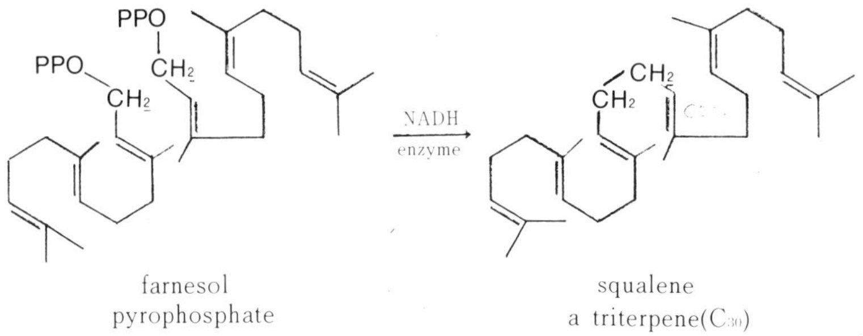

farnesol pyrophosphate
squalene a triterpene(C_{30})

그림 4-47 트리테르펜인 스쿠알렌은 두 피로인산 파르네솔분자의 환원성 이합체화반응 (dimerization)에 의해서 생성된다.

대부분이 알려진 트리테르펜은 예상했던 대로 선형 중합반응에 의해서라기보다는 오히려 이렇게 하여 생성되는 것으로 생각된다. 스쿠알렌은 그림 4-48에 나타낸 바와 같이 고리화반응에 의해서 라노스테롤 (lanosterol)과 같은 네고리 트리테르펜으로 더욱 변화되며 궁극적으로는 스테로이드로 변환된다.

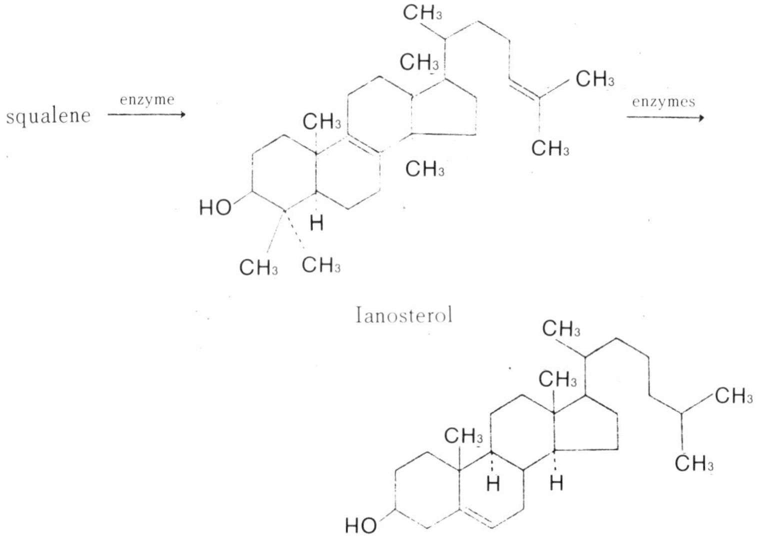

squalene → lanosterol → cholesterol

그림 4-48 스쿠알렌은 라노스테롤(트리테르펜의 일종)과 콜레스테롤의 선구물질이다. 스쿠알렌으로부터 라노스테롤이 생성되는데 있어서는 네고리 고리계 (tetracyclic ring system)는 색깔로 나타낸 결합들이 형성되는 결과로서 생기게 되며 색깔로 나타낸 두개의 메틸기는 그 위치를 각각 한 탄소씩 바꾸었다.

4-6-6 스테로이드

대부분의 스테로이드(steroids)는 체내에서 중요한 역할을 하며 아세테이트로 부터 스쿠알렌을 경유하여 생성되는 콜레스테롤(cholesterol)은 스테로이드 합성에 있어서의 전구물질로서 쓰인다.

콜레스테롤은 장을 통해서 쉽게 흡수되므로 음식물로 섭취되는 어떤 콜레스테롤이라도 체내의 비축콜레스테롤에 추가된다. 그러나 이것이 체내의 콜레스테롤의 유일한 원천은 아니다. 우리들은 지방과 스쿠알렌간의 대사적관계를 알고 있기 때문에 지방섭취량과 콜레스테롤의 혈중농도간의 관계를 생각하기란 쉬운 일이다.

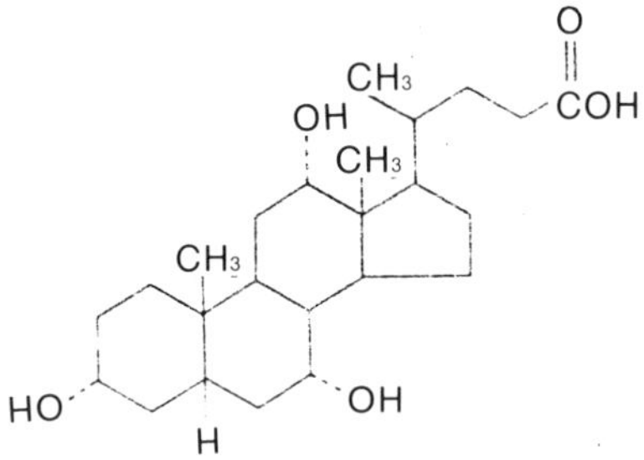

cholic acid

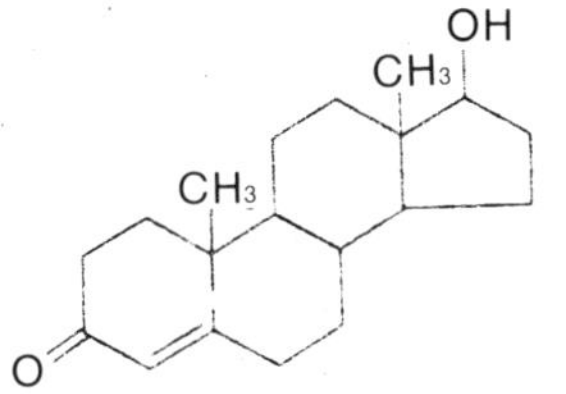

testosterone

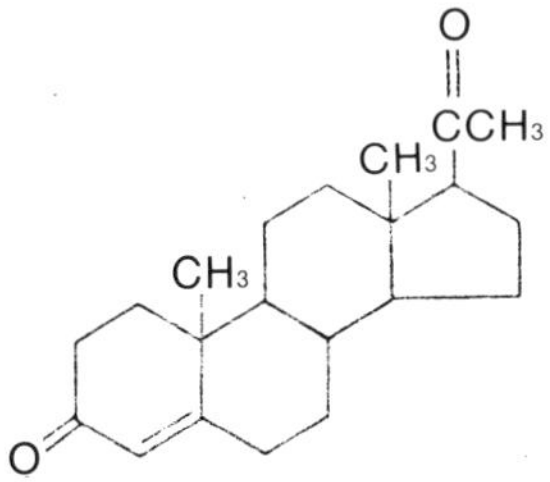

progesterone

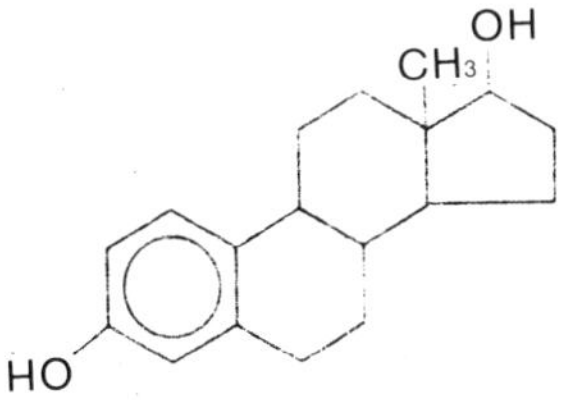

estradiol

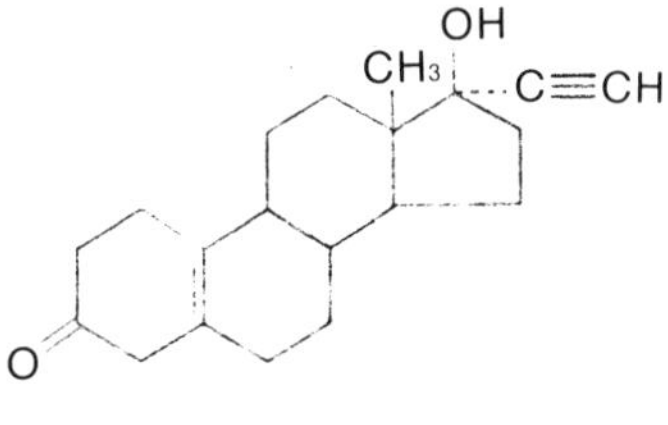

norethynodrel

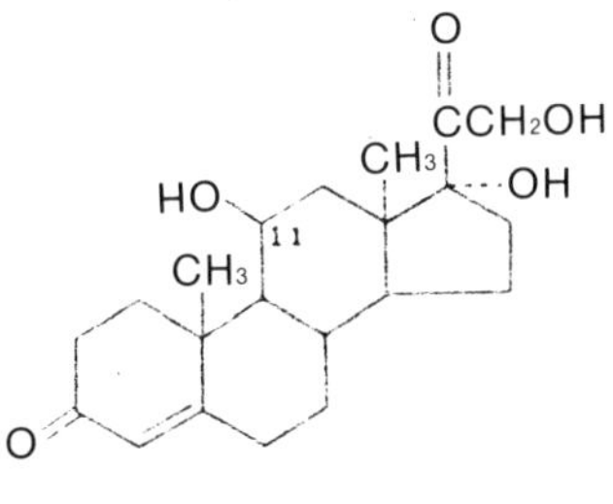

cortisol
(hydrocortisone)

그림 4-49 담즙산, 남성과 여성 호르몬 및 코르티코스테로이드(corticosteroid) 부류의 대표적인 예

너무 많은 양의 콜레스테롤이 그 계에 존재할 때에는 그것이 용액으로부터 침전하기 시작한다. 결정성 콜레스테롤이 담낭에서 담석으로 침전하는 한편 정맥과 동맥내에 침전된 콜레스테롤은 혈류를 압축함으로서 고혈압과 이와 관련된 의학적 증상을 일으키는 원인이 된다.

인체는 콜레스테롤을 연달아 다수의 다른 스테로이드로 변환시킨다. 담즙산〔예를들면 콜산(cholic acid)〕은 장으로 분비되며 에멀젼화제로서 작용하여 지방이 장벽을 통과하는 것을 도움으로써 결국 지방의 혈류 속으로의 흡수를 돕는다(그림 4-49).

다른 스테로이드는 호르몬으로서 작용한다. 프로게스테론(progesterone)은 배난을 억제함으로써 임신을 유지하는데 중요한 여성 성호르몬인 황체호르몬의 일종이다. Enovid란 상품명으로서 시판되고 있는 노르에티노드렐(norethynodrel)과 같은 관련된 합성화합물들은 임신을 예방하는데 유효하다. 에스테라디올(estradiol)은 에스트로겐(estrogen)이라고 불리우는 여성 호르몬의 두번째 형의 한가지 예이다.

남성 호르몬인 테스토스테론(testosterone)과 같은 안드로겐(androgens)은 수염, 굵은 목소리, 씩씩함과 같은 남성의 2차 성 특징의 발달을 촉진시킨다. 그 이외의 호르몬의 계열인 코르티코스테로이드(corticosteroids)는 부신피질에서 생산되며 인체의 대단히 많은 기능을 조절하는 중요한 역할을 한다.

이들 호르몬중에서 부신의 주된 호르몬인 코르티솔(cortisol)은 코르티손(cortisone)과 밀접한 관계가 있다. 후자의 화합물은 피부병과 관절염을 치료하는데 있어서의 그 의약적 용도로 인해서 알려져 있다. 코르티손은 단지 C-11에 히드록시기 대신에 케토기를 가지고 있다는 점에서 코르티솔(히드로코르티손)과 다르다.

4-6-7 탄수화물로부터 유도된 천연물

천연적으로 존재하는 화합물들의 두번째 큰 군은 탄화수소 전구물들로부터 생성된 천연물들이다. 이들 천연물들 중의 몇가지는 비교적 간단한 화합물들로서 이들의 당과의 관계는 분명하다. 즉 아스코르브산(비타민 C)은 에리트로마이신중의 당이 그렇듯이 이 군에 속한다(그림 4-50).

다른 천연물들은 매우 복잡하여 그들의 탄수화물 기원이 더욱 불분명하다.

아스코르브산은 수많은 동물들의 간과 몇가지 식물에서 D-글루코오스로부터 생성되는 것으로 밝혀졌다. 이 변환에 있어서의 첫 단계는 D-글루코오스의 C-6에 있는 1차 히드록시기의 카르복시기로의 산화와 이의

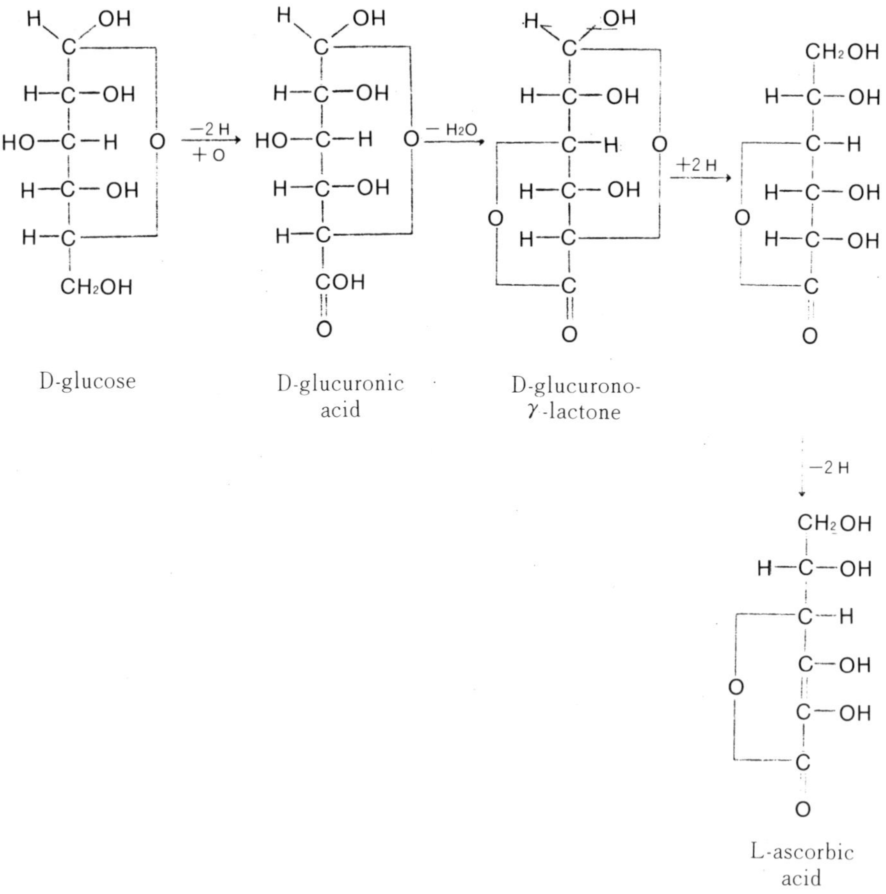

그림 4-50 D-글루코오스의 L-아스코르브산으로의 생체내 변화

락톤의 일종인 D-글루클로노-γ-락톤으로의 고리화이다. 그 다음 알데히드기가 알코올로 환원된다.

두 개의 수소원자를 잃는 산화에 의해서 합성이 완료된다. 글루코오스의 C−1(붉은 색으로 나타낸 탄소원자)이 아스코르브산의 C−6가 되었다는 사실에 주목하여라.

이 화합물의 구조식을 꼭대기에 주요한 작용기(C = O)가 오도록 쓸 때 아스코르브산의 아랫쪽 히드록시는 왼쪽에 있게 되므로 그와 같은 아스코르브산을 L-아스코르브산이라고 명명한다(그림 4-50).

천연적으로 존재하는 분명히 헥소오스와 관련된 화합물들의 또 하나의 군은 1,2,3,4,5,6-헥사히드록시시클로헥산 인 이노시톨(inositols)이다. 이 구조의 여러가지 이성질체들중에서 미오-이노시톨(myo-inositol)이 자연에 가장 널리 분포되어 있다.

미오-이노시톨은 몇가지 식물에서 D-글루코오스로부터 D-글루코오스의 여섯-탄소 사슬은 본래 그대로 남아 있고 C-1은 미오-이노시톨의 붉은 색으로 나타낸 탄소가 되는 일련의 단계들에 의해서 생성된다는 것이 밝혀졌다(그림 4-51).

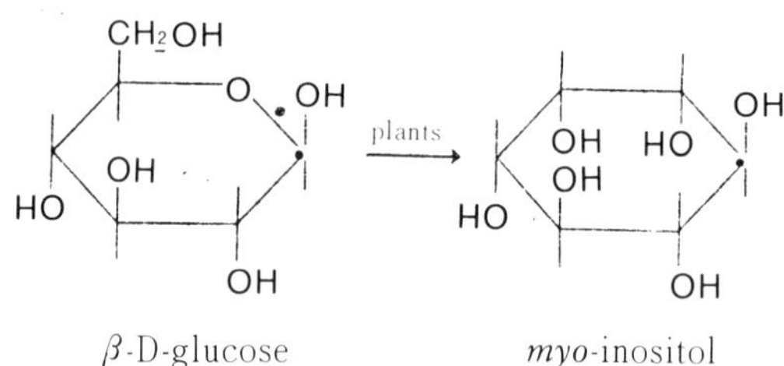

그림 4-51 D-글루코오스는 탄소사슬의 파괴없이 미오-이노시톨로 변환 될 수 있다.

그 중간체는 글루코오스-6-인산과 인산 미오-이노시톨(myo-inositol phosphate)란 것이 알려졌다.

점차적으로 더 많은 수의 탄수화물-기원의 의학적으로 중요한 항생물질들이 사용되고 있다. 이들 항생물질들 중에서 가장 잘 알려진 것이 streptomycin, neomycin, gentamicin 및 kanamycin이다.

스트렙토마이신의 모든 세가지 부분은 D-글루코오스로부터 생합성된다. 아미노 헥소오스와 갈래-사슬 당은 둘 다 글루코오스로부터 직접적으로 유래하는 반면에 시클로헥산 유도체인 스트렙토마이신은 글루코오스로부터 미오-이노시톨을 경유하여 유도된다.

4-6-8 시키미산

탄수화물은 방향족 아미노산을 포함하는 천연적으로 존재하는 대부분의 방향족 화합물들의 중요한 원천이기도 하다. 이 변화에 있어서의 중요한 중간체는 고리 화합물인 **시키미산**(shikimic acid)이다(그림 4-52).

이 산은 7개의 탄소원자를 가지고 있으며 글루코오스의 두개의 별개의 대사성물인 엔올 인산 피루브산(pyruvic acid enol phosphate)〔포스포엔올피루브산(phosphoenolpyruvic acid)〕과 넷-탄소 당인 에리트로오스의 4-인산으로 부터의 알돌 축합반응과 고리화반응에 의해서 생성된다. 물이 제거되고 케톤기가 환원되면 이 변환이 완료된다.

그 방향족 고리가 시키미산으로부터 유도되는 수많은 천연물들 중의 몇가지를 그림 4-53에 나타내었다.

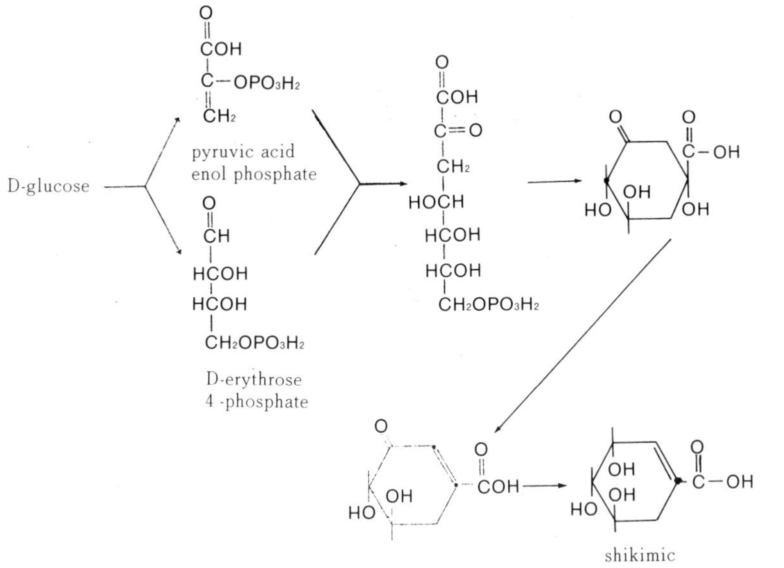

pyruvic acid enol phosphate

D-glucose

D-erythrose 4-phosphate

shikimic

그림 4-52 탄수화물로부터의 방향족 아미노산의 생합성에 있서서는 시키미산이 중요한 역할을 한다. 그 3-탄소 및 4-탄소 전구물질은 글루코오스로부터 별개의 대사경로에 의해서 생성된다.

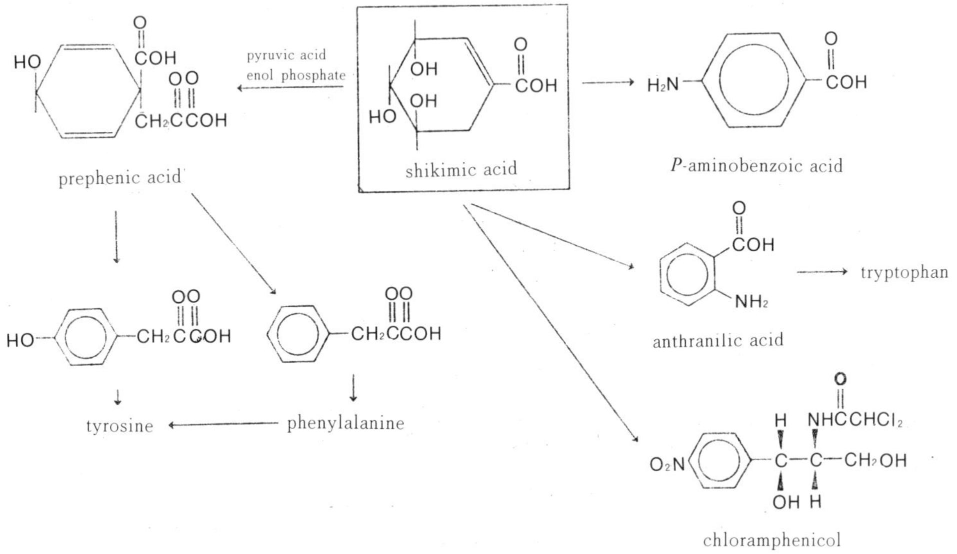

prephenic acid

pyruvic acid enol phosphate

shikimic acid

P-aminobenzoic acid

anthranilic acid

tryptophan

tyrosine

phenylalanine

chloramphenicol

그림 4-53 글루코오스로부터 시키미산을 경유하여 유도되는 수 많은 천연물들중의 몇가지

이들 천연물들에는 방향족 아미노산류와 항생물질인 클로람페니콜(chloramphenicol)이 포함되어 있다. 흔히 다른 천연물에 결합되어 존재하는 치환된 벤조산류도 역시 시키미산에 그들의 기원을 가질 수 있다.

4-6-9 아미노산으로부터 유도된 천연물들

대부분의 천연물이 지방산과 탄수화물 대사경로로 부터 생기는 것과 마찬가지로 천연물의 다른 큰 부류들은 생합성적으로 아미노산 및 단백질과 밀접한 관계가 있다. 우리들은 이미 페니실린 G와 악티노마이신은 그들의 아미노산 전구물질들과 명백한 관계를 가지고 있다는 것을 알았다. 그러나 천연적으로 존재하는 수많은 다른 물질들 특히 알칼로이드는 언뜻 보아서는 그들의 아미노산 전구물질들을 거의 드러내지 않는다. 니코틴(nicotine)이 그 한가지 대표적인 예이다(그림 4-54).

이 알칼로이드는 피리딘(pyridine)과 피롤리딘(pyrrolidine)을 둘 다 가지고 있으며 담배속에 존재한다. 이는 식물에서 피리딘 고리를 생성시키는 트립토판과 그림에 표시된 단계들에 의해서 피롤리딘으로 변환되는 글루탐산 이 두가지 아미노산에서 시작하여 복잡한 일련의 반응에 의해서 합성한다.

수많은 다른 알칼로이드류는 적어도 부분적으로는 아미노산으로부터 유도된다. 비록 이들 화합물이 식물에서 합성되는 정확한 세부는 완전히 밝혀지지 않았지만 그림 4-55와 4-56에서 실례를 들어 요약한 도표는 아마도 실제적으로 일어나는 도표에 가까울 것이다. 이 방법은 새로운 알칼로이드류의 구조를 예측하는데 극히 유용하였다.

이 방법은 두 가지 알려진 아미노산의 반응 즉 이산화탄소를 잃음으로써 아미노산이 아민으로 변화되는 반응과 산화를 거쳐 암모니아를 잃음으로써 아미노산이 알데히드로 분해되는 반응으로 이용한다. 그 결과로서 생기는 알데히드와 아민은 흔히 효소 없이도 자발적으로 결합함으로써 알칼로이드 또는 알칼로이드 전구물질이 생성된다.

예를 들면 트립토판으로 부터 유도된 트립타민(tryptamine)과 알라닌으로 부터 유도된 아세트알데히드간에 물을 잃으면 결국 하르만(harmane)의 알칼로이드 고리계가 생기게 된다(그림 4-55).

알칼로이드류간의 구조의 굉장한 다양성의 대부분은 이같이 근본적으로 간단한 형의 축합반응이 얻어난 후 잇따른 반응들에 의해서 생긴다. 만약, 우리들이 디히드록시페닐알라닌으로 부터 유도된 알데히드와 아민으로부터 출발한다면 한 몰의 물을 잃음으로써 일어나는 고리화반응으로 직접 norlaudanosoline이란 알칼로이드에 이르게 된다.

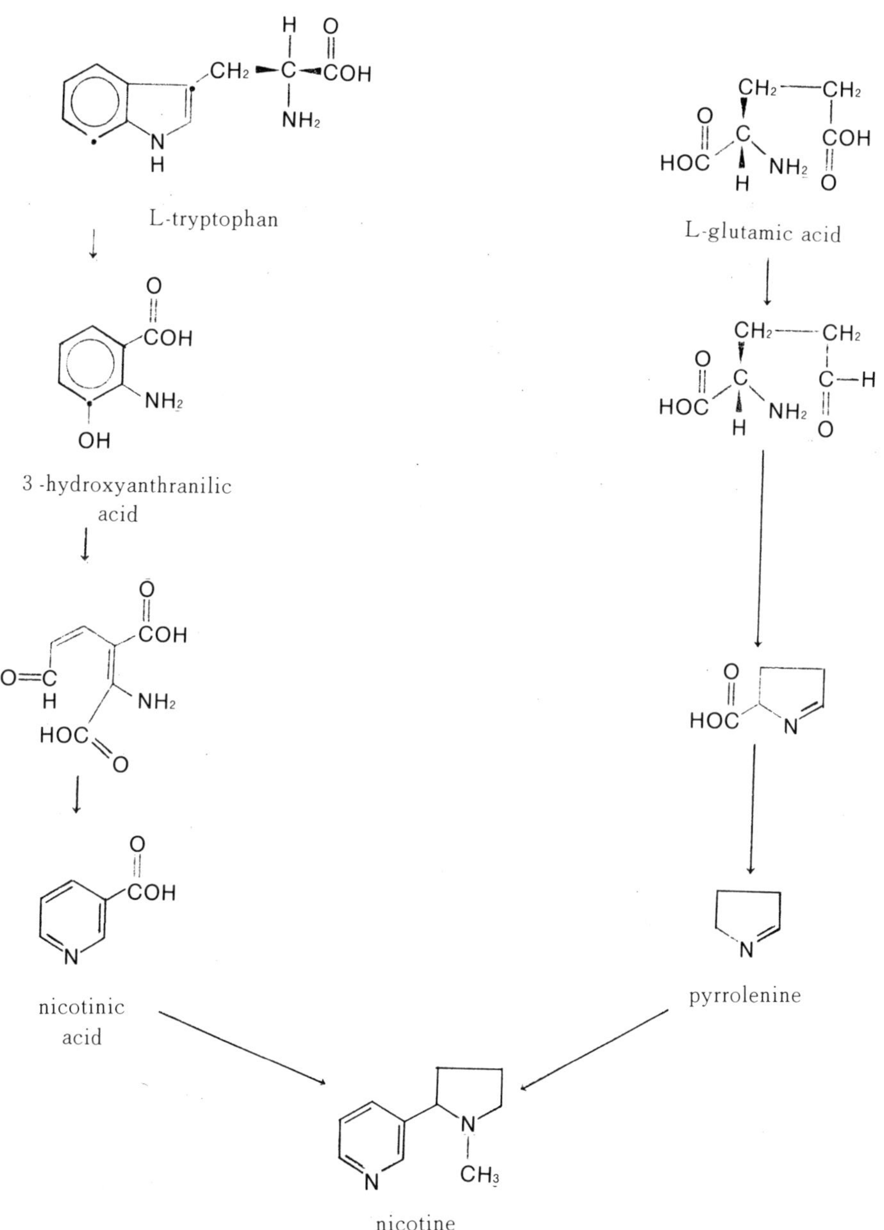

그림 4-54 니코틴은 식물에서 트립토판과 글루탐산으로부터 합성될 수 있다.

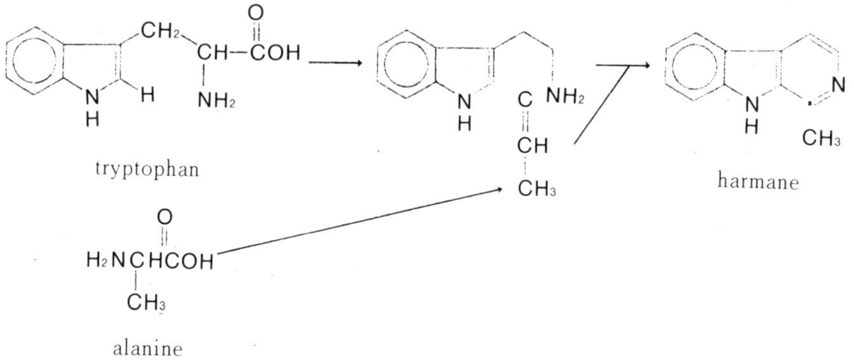

tryptophan

harmane

alanine

그림 4-55 하르만(harmane)과 같은 수 많은 알칼로이드류는 아미노산과 관련이 있는 아민과 알데히드간의 축합반응에 의해서 생성되는 것으로 보인다.

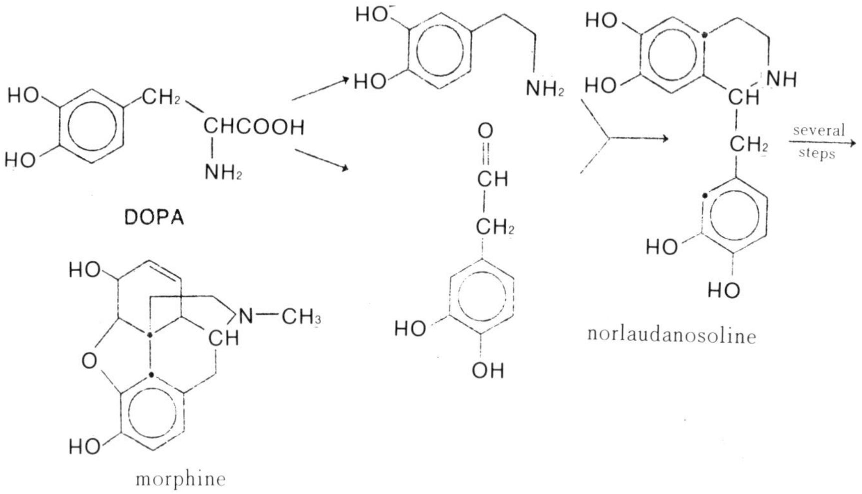

DOPA

norlaudanosoline

morphine

그림 4-56 몰핀(morphine)은 디히드록시페닐알리닌(DOPA)과 관련된 아민과 알데히드로 부터 생성되는 알칼로이드류에 속한다. 굵은 점으로 표시한 원자들은 독자들로 하여금 관련된 고리화 반응을 마음속에 떠오르게 하는데 당연히 도움이 될 것이다.

추가적인 탄소원자들의 융합을 수반하지 않는 고리닫힘(ring closure)은 여러가지 다른 방법으로 일어날 수 있다. 이들 방법중의 한가지는 몰핀에 이르게 된다(그림 4-56). 다른 방법들 덜 알려진 알칼로이드류에 이르게 된다.

알칼로이드류간의 구조에 있어서의 외견상의 상당한 차이에도 불구하고 수 많은 알칼로이드류는 유사한 생합성경로에 의해서 생기는 것으로 생각된다.

알칼로이드에 대한 문헌은 역사책과 문학책에 널리 퍼져있다. 특별한 역사적 의의가 있는 한가지 알칼로이드는 **코니인** (coniine) 인데 왜냐하면 기원전 399 년 Socrates 를 죽음에 이르게 한 것이 바로 이 화합물이기 때문이다. 그림 4-57 에 나타낸 특이한 두고리 고리구조를 가지고 있는 **코카인** (cocaine) 은 셜록 홈즈 (Sherlock Holmes) 가 마음의 긴장을 풀어주는 효과가 있다는 것을 발견한 마약의 일종이다.

동인도의 어떤 나무의 껍질로부터 추출된 **키니네** (quinine) 는 말라리아의 치료에 사용된다.

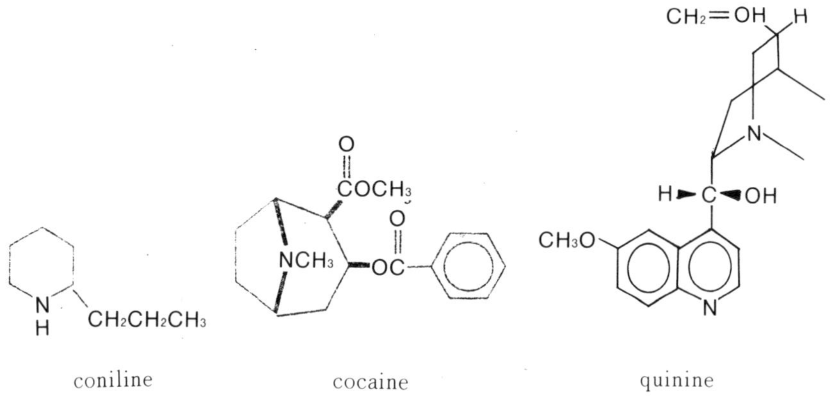

coniline cocaine quinine

그림 4-57 역사적으로나 문학적으로나 또는 의약적으로 중요한 세가지 알칼로이드

연습문제 4

1. 다음 화합물에 대하여 피셔투영식을 써라.
   (a) α-D-글루코오스 (b) β-L-갈락토오스
   (c) 글루코피라노오스

2. 다음 화합물을 하워드 투영식으로 써라.
   (a) α-D-아라비노오스 (b) 아밀로오스
   (c) 아밀로펙틴 (d) α-D-말토오스(麥芽糖)

3. 다음 화합물의 피라노오스환을 의자형(chair Form)으로 쓰고 각 수산기의 에쿼트리알(eg.) 및 액시알(Ax)배치를 올바르게 나타내라.
   (a) β-D-글루코피라노오스 (b) α-D-메틸만노피라노시드

4. D-글루코오스와 다음 시약과의 반응 생성물의 구조식을 써라.
   (a) $NaBH_4$ (b) NH_2OH (c) HCN
   (d) 페닐히드라진 (e) 무수초산과 피리딘 (f) HNO_3

5. 다음 화합물의 요오드가를 계산하라.
   (a) 리놀산 (b) 트리오레인
   (c) 티로신 (d) 글루타민산
   (e) 세린 (f) 로이신
   (g) 메티오닌 (h) 글리실아라닌
   (i) 알기닐페닐아리닌 (j) 리실트레오닌
   (k) 로이실바릴티로신 (l) 프로릴아라닐세린

7. 다음 용어를 설명하라.
   (a) α-아미노산 (b) 산성아미노산
   (c) 필수아미노산 (d) 등전점
   (e) N 단말 C 말단잔기 (f) 단백질 1차구조, 2차구조, 3차구조

8. 다음 반응을 완성하라.
   (a) $CH_3CH_2COOH \longrightarrow CH_3CH(NH_2)COOH$
   (b) $C_6H_5CH_2CHO \longrightarrow C_6H_5CH_2CH(NH_2)COOH$

9. 다음 화합물을 이소렌단위로 나누라.

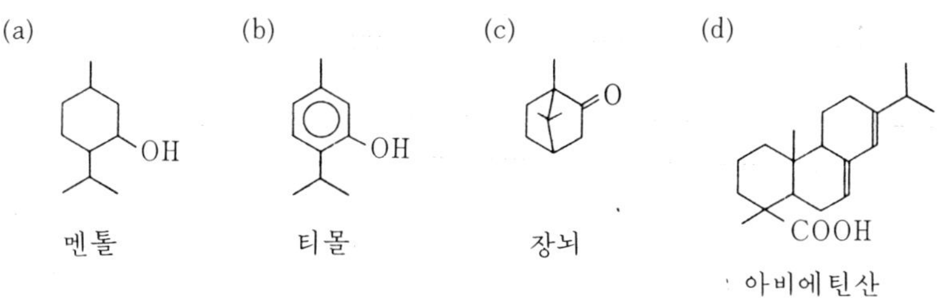

(a) 멘톨 (b) 티몰 (c) 장뇌 (d) 아비에틴산

(e) 스테비올 (f) β-카로틴

10. 다음 화합물의 비대칭 탄소원자의 배치를 R. S 표시법으로 나타내라.

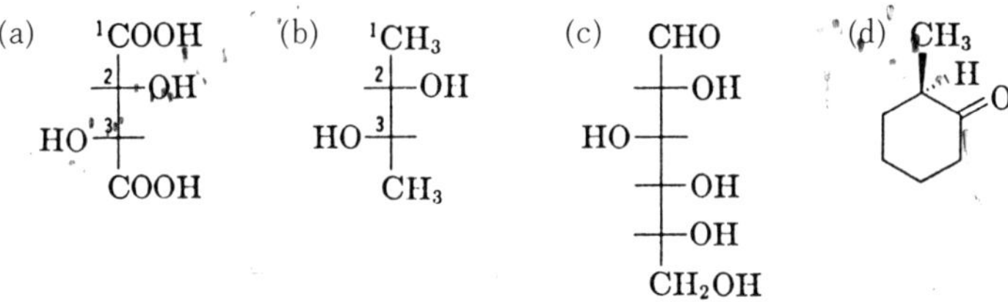

11. 다음 화합물의 구조식을 써라.

(a) 3(S)-메틸헥산

(b) 3(R)-클로로-1-펜텐

(c) 3(R)-히드록시시클로헥센

(d) 2(S)-시아노-5-(R)-히드록시헵타-3-온

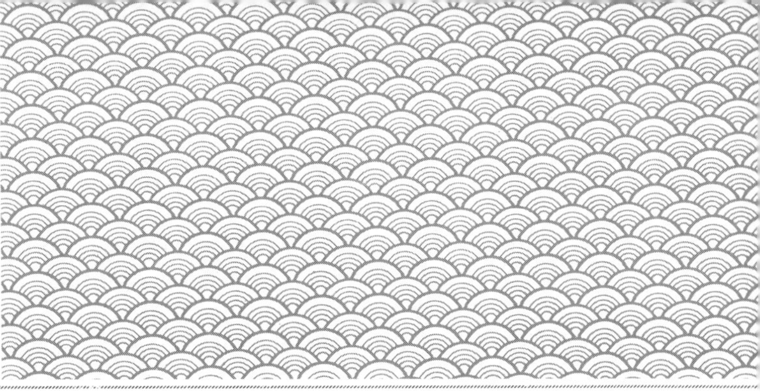

5. 分光學과 그 構造

5-1 서론(緖論)

5-2 이론(理論)

5-3 적외선분광학

5-4 可視 및 紫外線分光法

5-5 核磁氣共鳴分光法 (NMR)

5-6 質量分光法

5.

分光學과 그 構造

5-1 서　　론(緖論)

유기화학의 초기단계에서는 새로운 화합물의 구조를 결정하는 것이 상당히 힘든 일이었다. 그러나 1940년대 이래로 여러 가지 형태의 분광기술이 점차로 많이 이용됨에 따라 이러한 문제들이 매우 간편하게 되었다. 자동기기들이 개발되어 단추를 누르는 것보다도 쉽게 분자의 여러 가지 분광학적성질을 기록하고 결정할 수 있게 되었다. 적절히 해독한다면 이들 스펙트럼은 많은 구조적 정보를 제공하여 준다.

분광학적방법은 많은 이점들을 가지고 있다. 일반적으로 어떤 물질을 아주 적은 시료로도 측정 가능하며 필요에 따라서는 회수할 수도 있다.

분광학적 방법은 매우 빨라서 보통 몇 분 정도만으로 가능하다. 그리고 종래의 실험실적 방법보다는 스펙트럼으로 상세한 구조적 정보를 얻을 수 있다.

간단히 이론적으로 고찰을 한 다음 화합물의 구조를 결정하는 가장 많이 사용되는 분광학적방법 4가지를 설명하고자 한다.

5-2 이　　론(理論)

식 $E = h\nu$ 는 빛에너지 E(또는 그 외의 복사선)와 그의 진동수 ν (frequency ν)사이의 관계를 나타낸다.

이 식은 빛의 진동수와 에너지 사이의 직접적인 관계를 나타내고 있다.

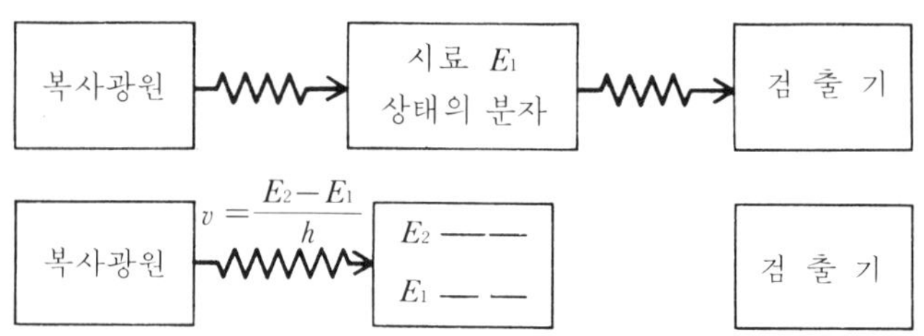

그림 5-1 진동수가 분자의 두 에너지상태의 차와 일치할 때를 제외하고는 복사선은 변화되지 않고 시료를 통과한다.

진동수가 클수록 에너지가 크다. 에너지와 진동수 사이의 비례상수는 **Planck 상수** h로 알려져 있다. 빛의 진동수와 그의 파장은 반비례하기 때문에 이 방정식은 $E = hc/\lambda$로 쓰여질 수 있다. 여기서 λ는 빛의 파장 (wavelength) c는 빛의 속도이다. 이 식에서 빛의 파장이 짧을수록 에너지가 크다는 것을 알 수 있다.

분자들은 여러 가지 에너지 수준에서 존재할 수 있다. 예로서 어떠한 분자 내에 있는 결합들은 신축하거나 굽히기도 하며 분자의 한쪽 부분은 다른 부분에 대하여 회전하기도 한다. (예 ; 에탄의 형태)

이들 여러 가지 분자운동들은 양자화되어 있다. 즉, 어떤 특정한 결합들은 일정한 진동수에서만 신축하거나 굽혀진다. 또는, 진동수와 에너지가 비례하므로 일정한 에너지준위에서만 여러 분광기의 이론적인 근거는 매우 간단하다.

E_1이라는 에너지준위에 있는 어떤 분자에 복사선을 가할 때 복사선은 분자를 투과하여 검출기로 간다. 그 분자가 복사선을 흡수하지 않는 한 검출되는 복사선의 양은 광원으로부터 방출되어지는 복사선의 양과 같을 것이다. 분자의 에너지가 E_1에서 E_2로 전위하면 이에 해당하는 진동수에서 복사선이 분자에 흡수되어 검출기에는 나타나지 않을 것이다(또는 감소될 것이다). 이러한 개념을 그림 5-1에 체계적으로 나타내었다.

물론 어떤 전리들은 다른 것들보다 많은 에너지를 필요로 한다. 그래서 이들 전위를 측정하는데 적당한 진동수의 복사선을 사용해야만 한다.

예제 파장 15×10^{-6} m의 광선이 진동수 0.2×10^{14}hz의 광선과 일치한다는 것을 증명하여라(표 5-1에서 적외선에 대한 데이타를 보라).

[풀이] 진동수와 파장은 서로 역비례한다.

$$= c/\lambda$$

여기서 c는 빛의 속도(3×10^{8}m/sec)이므로

$\nu \times 3\times10^{8}$ m / sec / 15×10^{-6} m $= 0.2\times10^{14}$(cycle/sec 또는 Hz)이다.

표 5-1 분광법의 종류와 전자기스펙트럼

분광법 종류	복사광원	스펙트럼의 영역			전이형태
		진동수 (hertz)	파장 (meters)	에너지 (kcal/mol)	
적외선	적외선	$0.2 \sim 1.2 \times 10^{14}$	$15.0 \sim 2.5 \times 10^{-6}$	$2 \sim 12$	분자진동
가시 및 자외선 (전자)	가시 및 자외선	$0.375 \sim 1.5 \times 10^{15}$	$8 \sim 2 \times 10^{-7}$	$37 \sim 150$	전자상태
핵자기공명	라디오파	60×10^{6} (기기의 자기력에 의존)	5	6×10^{-6}	핵스핀

5-3 적외선분광학

표 5-1에서 볼 수 있는 것과 같이 적외선은 파장이 $2.5-15.0 \times 10^{-6}$ m인 영역을 갖고 있다. 이 스펙트럼범위에서 파장을 표시하는 편리한 단위는 **마이크론**(μ)이다. 1μ은 10^{-6} m이다. 그러므로 통상의 적외선분광법의 범위는 $2.5 \sim 15.0\mu$이다. 그러나 적외선스펙트럼을 논의할 때엔 진동수단위 즉, **파장수** $E(\bar{\nu})$를 사용하는 것이 보통이다. 파동수는 cm당 파동의 수로서 정의되고, cm로 표시되는 파장의 역수이다.

$$\nu = 1 / \lambda \text{(cm)}$$

예제 파장이 2.5μ인 적외선에 해당하는 진동수, 즉 파동수는 얼마인가?

[풀이] $2.5\mu = 2.5 \times 10^{-6}\ \text{m} = 2.5 \times 10^{-4}\ \text{cm}$

그러므로 $\bar{\nu} = 1 / 2.5 \times 10^{-4}\ \text{cm}$

$= 4000\text{cm}^{-4}$ (cm의 역수)

이다.

[문제 1] 적외선영역의 한쪽 한계선인 15μ를 파동수로 나타내라.

적외선진동수의 범위는 약 2~12 kcal/mol의 에너지에 해당한다. 이러한 에너지의 양은 공유결합이 한 진동상태에서 다른 진동상태로 들뜨기에 충분한 것이다. 결합의 진동에는 두 가지 기본적인 형태가 있는데 신축과 굽힘이다.

서로 다른 신축 및 굽힘진동은 각각 다른 양의 에너지를 필요로 하고 따라서 다른 적외선진동수에 해당한다. 특히 다른 종류 원자 사이의 결합은 다른 진동수로 진동할 것이다. 결론적으로 적외선분광기는 분자 내에 어떤 종류의 결합이 들어 있는지 결정하는데 특히 유용하다.

예제 두 가지 다른 결합신축(하나는 $3000cm^{-1}$에서, 또 하나는 $1500cm^{-1}$에서 일어나는)에 필요한 에너지들 사이의 관계를 설명하여라.

[풀이] 에너지와 진동수는 직접적으로 비례한다($E = h\nu$). 그러므로 $3000cm^{-1}$에서 일어나는 결합신축에너지는 $1500cm^{-1}$에서 일어나는 결합신축에너지의 2배를 필요로 한다.

[문제 2] C − H의 신축진동은 약 $2850 \sim 3000^{-1}$에서 일어난다. 그리고 ≡ C − H 신축진동은 약 $3200 \sim 3350\,cm^{-1}$에서 일어난다. 어느 C − H 결합이 강한가. 즉, 어느 것이 더 많은 에너지를 필요로 하는가?

한 화합물의 적외선스펙트럼은 짧은 시간 안에 쉽게 얻어질 수 있다. 그 화합물의 적은 시료를 적외선복사광선이 있는 기기안에 넣는다. 그 분광기는 주어진 진동수에서 시료를 투과한 복사선의 양을 자동적으로 주사(走査)하고 투과되는 복사선의 백분율을 챠트에 자동적으로 기록하게 된다.

그림 5-2는 전형적인 적외선스펙트럼인데, 진동수는 파동수로 표시되어 있다. 어떤 결합의 신축진동은 그 분자구조의 나머지 부분에는 상관없이 보통 일정한 범위 안에서 일어난다. 예를 들면 화합물이 알데히드, 케톤, 산, 에스테르 또 그 밖의 무엇이든 관계없이 모든 탄소-산소 이중결합(C = O)은 $1650 \sim 1780cm^{-1}$의 같은 진동수범위에서 신축한다.

분자 내에 C = O 기가 있을 때 적외선스펙트럼은 카르보닐기영역 부근(정확한 위치는 분자구조에 따라 다르다)에서 강한 띠를 보여 줄 것이다.

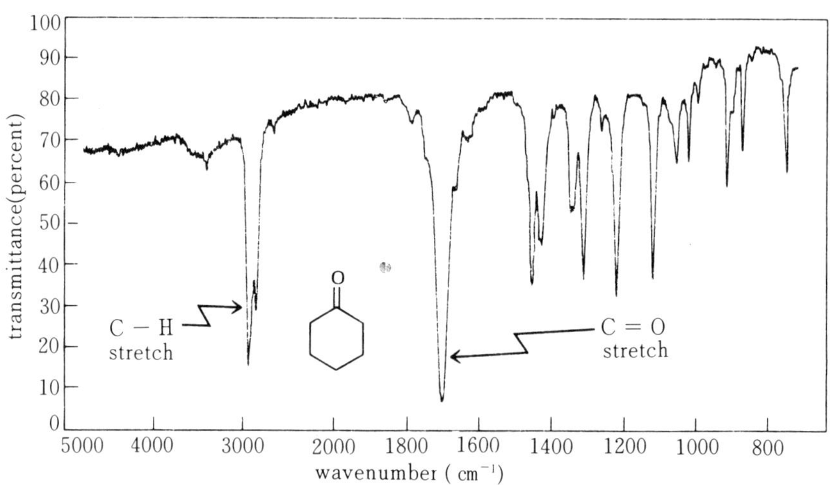

그림 5-2 전형적인 케톤, 시클로헥산온의 적외선스펙트럼. $3000cm^{-1}$ 부근의 띠는 C − H 신축에 의한 것이고 $1700cm^{-1}$ 부근의 띠는 C = O 신축에 의한 것이다.

표 5-2 작용기의 적외선 신축운동

결합형태	작 용 기	화합물의 종류	진동수범위 (cm^{-1})
수 소 와 의 단 일 결 합	C − H	알 칸	2850～3000
	= C − H	알켄과 방향족화합물	3030～3140
	O − H	알코올과 페놀	3500～3700
			3200～3500(수소결합)
		카르복실산	2500～3000
	N − H	아 민	3200～3600
	S − H	티 올	2550～2600
이 중 결 합	C = C	알 켄	1600～1680
	C = N	아민, 옥심 등	1500～1650
	C = O	알데히드, 케톤, 에스테르산 등	1650～1780
삼 중 결 합	C ≡ C	알 킨	2100～2260
	C ≡ N	니트릴	2200～2400

표 5-2에 보편적인 작용기의 신축진동을 나타내었다. 어떤 결합의 신축진동수는 몇 가지 요인에 의존된다. 진동수는 원자의 질량에 의존한다. 무거운 원자와 가벼운 원자 사이의 결합에서는 무거운 2개 원자 사이의 결합보다 언제나 높은 진동수에서 진동한다 ($\bar{\nu}_{C\text{-}H} = 3000cm^{-1}$, $\bar{\nu}_{C\text{-}C} = 1200cm^{-1}$).

결합에너지와 결합의 다중성도 진동수에 영향을 준다. 예로서 같은 종류의 원자들 사이의 이중결합은 단일결합보다 높은 진동수에서 진동한다.

[문제 3] 적외선분광법을 이용하여 구조이성질체 벤질알코올과 메틸페닐에테르를 서로 어떻게 빨리 구분할 수 있는가?

그림 5-2를 다시 살펴보면 $3000cm^{-1}$ 영역에서 C−H 신축진동과 $1700cm^{-1}$부근에서 C=O 결합에 대한 강한 띠를 확실히 볼 수 있다. 그러나 700～$1500cm^{-1}$에 있는 복잡한 띠는 무엇을 의미하는 것일까?

적외선스펙트럼에서 이 낮은 진동수영역을 **지문영역** (fingerprint region)이라 부른다. 이 영역의 띠들은 원자들의 굽힘운동과 신축운동이 결합해서 생긴 것으로 각 화합물에 대해 독특하다. 예를 들면 여러 가지 다른 케톤도 **작용기영역** (functional group region) $1600cm^{-1}$～$4000cm^{-1}$에서 시클로헥산온의 스펙트럼과 비슷한 스펙트럼을 갖을 것으로 예상할 수 있다. 이들 케톤은 C−H 신축과 C=O 신축에 대한 띠를 보일 것이다.

그러나 이들의 스펙트럼들은 복합된 원자들의 운동이 나타나는 지문영역에서는 언제나 다르다. 시클로헥산온(그림 5-2)과 시클로펜타논(그림 5-3)의 적외선스펙트럼을 비교하여 보자. 작용기영역에서는 2개의 스펙

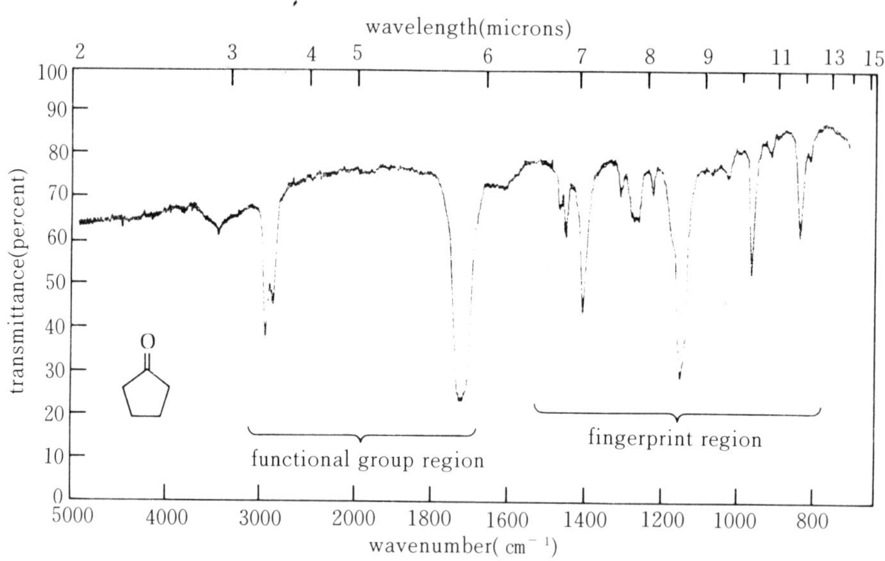

그림 5-3 시클로 펜타논의 적외선 스펙트럼

트럼이 동일하나 지문영역에서는 아주 다르며 쉽게 구별할 수 있다.

요약하면 적외선스펙트럼에서 작용기영역을 이용하면 분자 내에 존재하는 결합의 종류들을 말할 수 있으며 지문영역을 이용하면 두 물질이 동일한지 다른지를 말할 수 있다.

5-4 可視 및 紫外線分光法

스펙트럼의 가시영역(즉 사람의 눈으로 볼 수 있는)은 파장 $400 \sim 800 \times 10^{-9}$ m의 광선에 해당한다. 자외선영역은 짧은 파장인 $200 \sim 400 \times 10^{-9}$ m 이다(대조적으로 적외선영역은 이미 언급한 바와 같이 아주 긴 파장, 약 2500×10^{-9}에서 시작된다). 보통 이들 파장은 **나노메타**($1\text{nm} = 10^{-9}\text{m}$)로 표시한다.

과거에는 가시 및 자외선스펙트럼들을 nm와 동일한 millimicron($m\mu$)이나 Angstrom 단위($10\,Å = 1\text{nm}$)로 나타내었다. 표 5-3에 이들 단위를 요약하였다.

자외선이 가지는 에너지는 약 75~150 kcal/mol에 해당하고 가시광선의 에너지는 37~75 kcal/mol이다. 이들 에너지는 적외선분광법에서 관여하는 에너지(2~12 kcal/mol)보다 매우 크다.

[문제 4] 200 nm 또는 400 nm의 uv 파장 중 어느 것이 75 kcal/mol에 해당하는가? 어느 것이 150 kcal/mol에 해당하는가?

가시 및 자외선스펙트럼에서의 전이는 **전자전이** (electronic transition)이다. 전자전이는 전자가 채워진 분자궤도함수에서 에너지준위가 높고 비어있는 궤도함수로 도약 (jump) 하는 것에 해당한다. 가시광선 및 자외선은 이러한 전이를 일으킬 수 있는 충분한 에너지를 가지고 있다.

[주] 이들 에너지는 결합을 절단시키기에 충분하다. 자외선이 Cl−Cl 결합 또는 Br−Br 결합을 전달함으로써 알칸의 할로겐화반응을 촉진화할 수 있음을 보았다.

표 5-3 가시 및 자외선스펙트럼에 대한 단위

가시광선 (vis) 400∼800 nm (or mμ) 4000∼8000 Å
자외선 (uv) 200∼400 nm (or mμ) 2000∼4000 Å

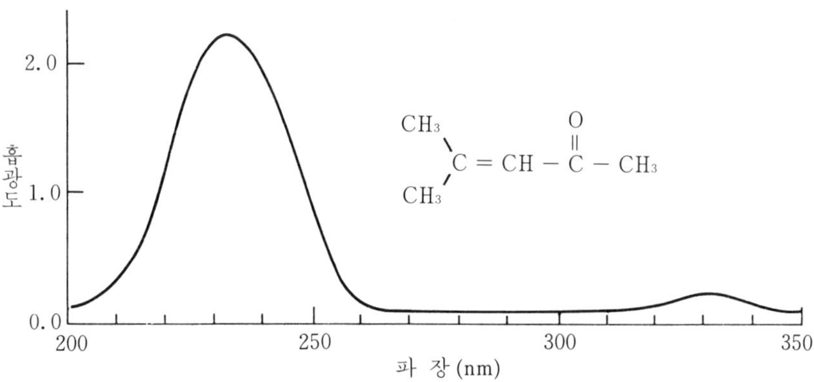

그림 5-4 4- methyl -3- penten -2- one 의 흡수스펙트럼

그림 5-4는 전형적인 자외선흡수스펙트럼을 보여준다. 적외선스펙트럼과는 다르게 가시 및 적외선스펙트럼은 피이크들이 아주 넓고 피이크의 수가 적다. 피이크들은 최대흡수가 일어나는 파장으로 나타낸다. 그림 5-4에서 나타낸 짝지은 불포화케톤의 스펙트럼은 $\lambda = 232$ nm에서 센 최대흡수를 갖고 $\lambda = 330$ nm에서 훨씬 약한 최대흡수를 갖는다.

흡수띠의 강도는 정량적으로 나타낼 수 있다. 띠의 강도는 특정 분자구조와 광선의 경로에서 광선을 흡수하는 분자의 수에 의존한다. 시료에 들어가는 입사광선과 투과광선의 세기비는 대수인 흡광도는 다음 식으로 주어진다.

$$A = \varepsilon \, cl \qquad \text{(Beer의 법칙)}$$

여기서 ε 은 **몰흡광도**(때로는 몰흡광계수), c는 용액의 농도 [mol/l], 그리고 l는 광선이 통과하는 시료의 길이 [cm] 이다. 어떤 화합물의 스펙트럼에서 어느 피이크에 대한 ε 값은 그 특정한 분자구조의 특성으로 고유한 값을 갖는다. 예로서 그림 5-4에 나타낸 불포화케톤의 스펙트럼에서 각 피이크에 대한 ε 값은 λ_{max} =232 nm (ε =12,600)과 λ_{max} =330 nm (ε =78)이다.

예제 어떤 시료의 농도를 2 배로 하면 A 와 ε 에 각각 효과를 나타나겠는가?

[풀이] 흡광도 A는 농도에 비례하기 때문에 흡광도는 2배가 될 것이다. 그러나 흡광계수 ε는 분자구조의 함수이며 농도에 관계없이 일정하다.

[문제 5] 1cm 흡수 셀에 넣은 $(CH_3)C_2 = CH - \overset{\overset{\large O}{\|}}{C} - CH_3$ (그림 5-4) 용액이 λ =232 nm 피이크에서 흡광도 A =2를 나타낸다. 책에 주어진 ε 값을 이용하여 용액의 농도를 계산하라.

가시 및 자외선스펙트럼은 짝지은 이중결합구조를 찾아내는데 가장 많이 사용된다. 일반적으로 이중결합을 갖지 않는 분자나 1개의 이중결합만 가지는 분자들은 200~800 nm의 영역에서 빛을 흡수하지 않으나 짝지은 계는 이 영역에서 흡수한다. 그리고 짝지은 계가 많으면 많을수록 보다 긴 파장에서 최대흡수를 갖는다. 예로서,

$CH_2 = CH - CH = CH_2$
λ_{max} = 220nm
(ε =20,900)

$CH_2 = CH - CH = CH - CH = CH_2$
λ_{max} = 257nm
(ε =35,000)

$CH_2 = CH - CH = CH - CH = CH - CH = CH_2$
λ_{max} = 287nm (ε =52,000)

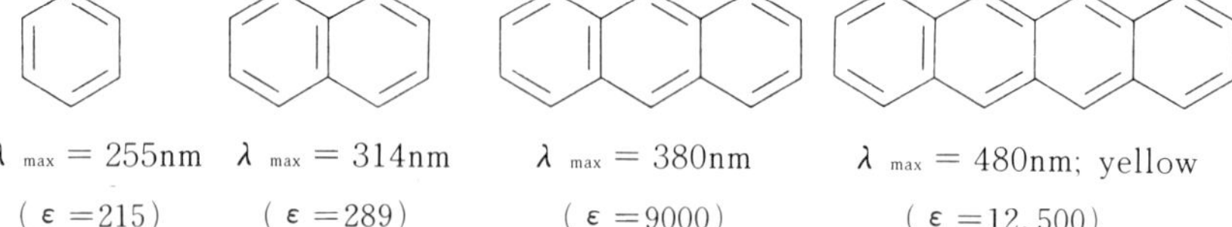

λ_{max} = 255nm (ε =215)　λ_{max} = 314nm (ε =289)　λ_{max} = 380nm (ε =9000)　λ_{max} = 480nm; yellow (ε =12,500)

[문제 6] 다음 방향족화합물 중 어느 것이 긴 파장에서 흡수가 일어날 것이라고 기대하는가?

CH_2

5-5 核磁氣共鳴分光法(NMR)

유기화합물의 구조를 결정하는데 가장 큰 영향을 준 분광기는 **NMR 분광기**(NMR, spectrc copy)이다. 시판기기의 사용은 1950년대의 후반부터였고 그후로 NMR 분광기는 유기화학자들의 필요불가결한 기기가 되어 왔다. 간단하게 이론을 살펴보고 그 후에 NMR 스펙트럼에서 어떤 정보를 수집할 수 있는지 알아보자.

5-5-1 이 론(理論)

어떤 핵들은 마치 회전하고 있는 것처럼 행동한다. 핵이 전하를 갖고 있으므로 회전하는 전하는 자장을 형성하며 이 핵은 실제적으로 작은 자석과 같이 행동한다. 이와 같이 행동하고 또 자세히 연구해야 할 가장 중요한 핵은 ^{1}H (보통수소)이다. 또 많은 유기화합물에 존재하는 ^{12}C와 ^{16}O는 스핀을 갖지 않으며 NMR 스펙트럼들을 내지 않는다.

그러나 이들의 동위원소(^{13}C ^{17}O)는 유기화합물들 중에 존재하는 다른 핵들(^{15}N ^{31}P ^{19}F)처럼 스핀을 가지며 NMR 스펙트럼을 낸다. 이런 종류의 NMR 분광법은 무두가 그들 나름대로 유용하다. ^{13}C NMR은 특히 유기화학자들에게 유용하며 이에 대하여 간략하게 설명하려 한다.

스핀을 가진 핵이 매우 강력한 자석의 두 극 사이에 있게 되면 이 핵은 자기장방향과 같은 쪽이나 반대쪽으로 정렬하게 된다. 자기장과 같은 쪽으로 정렬된 핵은 자기장에 반대쪽으로 정렬된 핵보다 약간 낮은 에너지를 갖는다(그림 5-5).

라디오주파수 범위(표 5-1)에 있는 에너지를 가해 핵을 들뜨게 하여 낮은 에너지 스핀상태에서 높은 에너지상태로 증가시킬 수 있다(스핀이 "튕긴"(flip) 다고도 함).

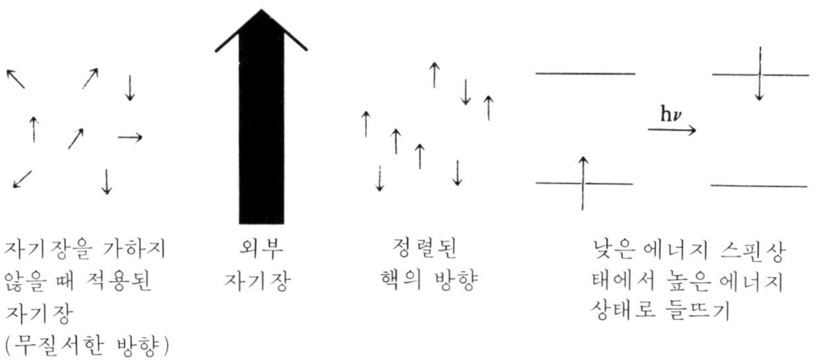

그림 5-5 외부자기장의 핵의 방향과 낮은 에너지 스핀상태에서 높은 에너지 상태로 들뜨기

두 스핀 상태의 에너지의 차는 외부자기장의 강도에 의존되며 자기장이 강하면 강할수록 에너지의 차는 커진다. 이 책에 나타낸 스펙트럼은 14,092 gauss 의 자기강도를 갖는 기기에 의하여 얻어진 것이다.(지구의 자기장은 약 0.5 gauss 이다.)

이러한 자기장의 세기에서 에너지의 차는 진동수로 60×10^6Hz (또는 60 MHz)에 해당한다. 이 진동수는 라디오주파수(rf) 범위로 약 5 m 의 파장에 해당한다. 이 기기에서 스핀상태 사이의 에너지 차는 단지 0.000006 kcal/mol 이다. 그럼에도 불구하고 현대기술은 이렇게 작은 변화도 측정할 수 있다.

만약 자기장의 강도가 2배가 되면 두 개의 스핀상태들 사이의 에너지 차이도 2배가 될 것이다. 이렇게 하여 더욱 고성능 기기를 만들게 된다. 이러한 이유로 해서 더욱 강력한 자기를 갖는 NMR 을 만들려는 노력이 계속되어 왔다.

5-5-2 NMR 스펙트럼측정

양성자 NMR 스펙트럼은 보통 다음과 같은 방법으로 얻어진다. 연구하려는 화합물의 시료를 양성자를 포함하지 않은 불활성 용매에 녹인다. 이러한 용매는 예컨대 CCl_4와 수소가 중수소로 치환된 용매인 $CDCl_3$ (중수소클로로포름)와 CD_3COCD_3 (육중수소아세톤) 등이다. 그리고 소량의 표준화합물을 가한다.

얇은 유리관에 들어 있는 이 용액을 강력한 자석의 양쪽 극 사이에 있는 라디오주파수(rf) 코일 중심에 갖다 놓는다. 핵은 자기장과 같은 방향 또는 반대방향으로 배열된다. rf 코일로 핵에 공급하는 에너지량을 계속해서 증가시킨다. 이 에너지가 두 스핀상태 사이의 에너지 차와 같아지면 이 에너지는 핵에 흡수될 것이다. 이 때 이 핵은 공급된 진동수와 공오상태에 있다고 한다. 그래서 **핵자기공명** (nuclear magnetic resonance) 이라는 말이 유래되었다.

시료에 의하여 흡수된 에너지를 rf 코일의 진동수에 대하여 도시하면 NMR 스펙트럼이 된다. 실제에 있어서는 일정한 rf 진동수를 공급하고 외부자기장의 세기를 약간씩 변화시키는 것이 매우 쉬운 일이다. 그리고 공급된 rf 진동수에 해당하는 자기장의 세기를 정확하게 측정하게 한다. 이 책에 주어진 스펙트럼들은 60 MHz 의 rf 주파수에서 이러한 방법으로 얻어진 것이다. **외부자기장**의 세기는 스펙트럼의 왼쪽으로부터 오른쪽으로 감에 따라 증가한다.

5-5-3 화학적 이동과 피이크 면적

지금까지 설명한 바에 따라 분자 중의 모든 양성자들이 같은 공명진동수에서 그들의 스핀을 "튕길"(flip) 것이라고 생각할 수 있다. 만약 이것이 사실이라면 NMR 스펙트럼으로부터 구조적 정보를 별로 얻지 못할 것이다. 왜냐하면 다른 종류의 양성자를 함유한 화합물들이 모두 같은 스펙트럼을 줄 것이기 때문이다. 다행히도 사실은 그렇지가 않다.

양성자가 흡수하는 복사진동수는 그 양성자 근처의 분자 내 환경에 달려 있다. 이것은 여러 가지 양성자핵을 둘러싸고 있는 전자들이 외부자기장으로부터 그들을 막아주기 때문이다. 막아주는 양은 여러 가지 전자(비결합전자, π 전자, σ 전자)의 농도에 의존된다. 고정된 rf 주파수에서 어떤 특정한 양성자가 많이 가리워지면 가리워질수록 공명(共鳴)을 하는데 보다 큰 외부자기장이 필요하게 된다.

몇 가지 스펙트럼을 조사해보자. 그림 5-6은 p-크실렌의 양성자 NMR 스펙트럼이다. 이 스펙트럼은 매우 단순하며 단지 두 개의 피이크로만 되어 있는 것에 유의하여라. 피이크의 위치는 표준화합물인 **테트라메틸실란** (TMS; $(CH_3)_4Si$) 으로부터 δ (델타) 라는 단위로 측정된다.

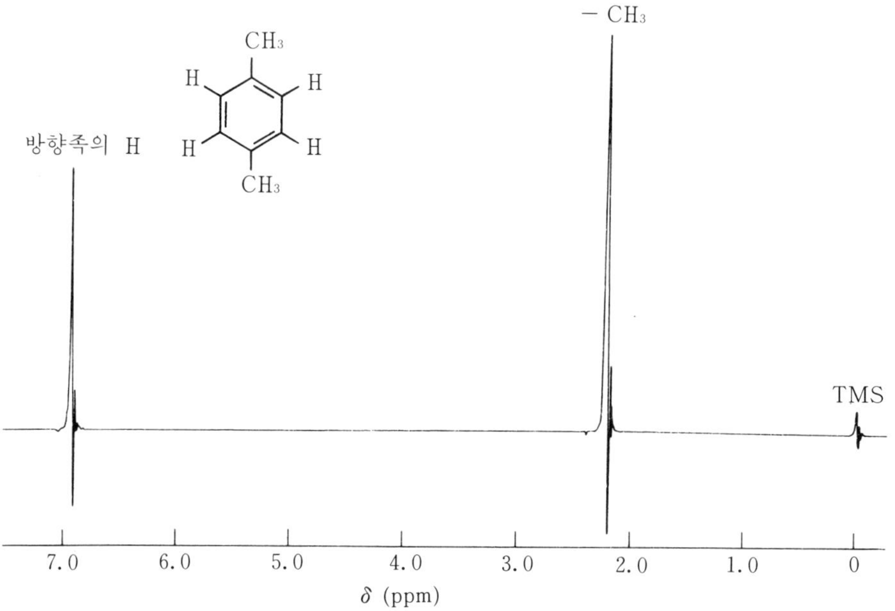

그림 5-6 p-크실렌의 NMR 스펙트럼

표준물질로 TMS를 선택한 이유는

(1) 이 화합물의 12개의 양성자가 모두 화학적으로 대등하여 이것은 단지 한 개의 예리한 신호를 나타내며 기준점으로의 구실을 해주기 때문이다.

(2) TMS의 양성자는 유기화합물에 들어있는 대부분의 양성자들보다 가장 높은 자기장에서 나타내므로 TMS 피이크를 확인하기가 쉽기 때문이다.

(3) TMS는 불활성이므로 대개의 유기화합물과 반응하지 않는다. 그리고 낮은 비점을 갖고 있어 측정 후에 쉽게 제거할 수 있기 때문이다.

대개의 유기화합물은 TMS로부터 낮은 자장에서 피이크를 가지며 $+\delta$값을 나타낸다. 1.00의 δ값은 TMS 피이크로부터 100만분의 1의 낮은 자장 위치에서 피이크가 나타남을 의미한다. 만약 스펙트럼이 60 MHz (6×10^6Hz)에서 측정되면 1 ppm은 TMS로부터 60 Hz (60 MHz)의 백만분의 1 낮은 자장쪽에서 나타난다. (만약 스펙트럼을 100 MHz에서 측정하면 1 ppm은 TMS로부터 100 Hz 낮은 자장쪽에서 나타난다).

어떤 양성자의 **화학적이동**(chemical shift)은 TMS를 기준점으로 한 δ 값이다. 이것을 화학적 이동이라 부르는 것은 이것이 양성자의 화학적 환경에 의존되기 때문이다.

p-크실렌의 스펙트럼에서 δ 2.20에서 1개의 피이크와 δ 6.95에서 다른 1개의 피이크를 볼 수 있다. 이들 피이크들은 분자 내에서 두 가지 다른 양성자, 즉 메틸양성자와 방향족양성자에 의해서 생긴다는 것이 그럴듯하다. 여기서 어떻게 어느 것이 어느 것인지 구별할 수 있을까? 한 가지 방법은 각 피이크 아래의 면적을 적분하는 것이다.

피이크면적(peak area)은 특정한 피이크에 대한 양성자의 수에 정비례한다. 이리하여 *p*-크실렌의 스펙트럼에 있어서 δ 2.20과 δ 6.95에서 피이크의 면적비가 3 : 2(혹은 6 : 4)임을 알 수 있다.

이러한 면적으로 δ 2.20피이크는 6개의 메틸양성자에 해당하고 δ 6.95 피이크는 4개의 방향족양성자에 해당한다고 생각할 수 있다.

예제 다음 화합물의 NMR 스펙트럼에서 얼마나 많은 피이크를 기대하는가? 만약 1개의 이상의 피이크를 기대한다면 그들의 면적비는 얼마인가?

a. $(CH_3)_4C$ (CH₃ 네 개가 중심 C에 결합)

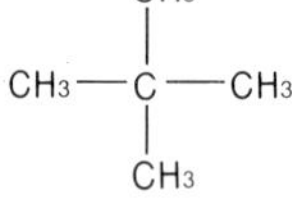

b. CO_2CH_3 두 개가 벤젠 고리의 파라 위치에 결합

c. $BrCH_2$—C(CH_3)(CH_3)—CH_2Br

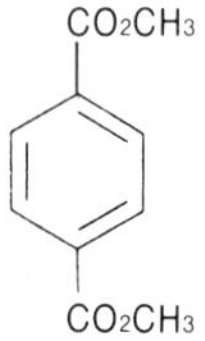

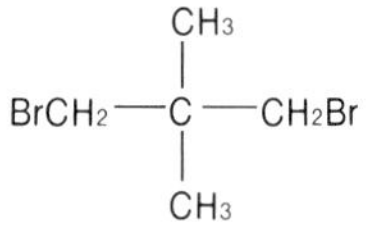

[풀이] a. 12개의 양성자가 모두 동일하며 1개의 피이크로 나타난다.
b. 4개의 방향족양성자는 동일하고 에스테르작용기에 있는 6개의 메틸양성자들이 동일하다. 스펙트럼에는 면적비가 4 : 6(2 : 3)인 2개의 피이크가 있을 것이다.
c. CH_3-C 와 CH_2-Br 의 두 종류의 양성자가 있다. 면적비 6 : 4 (혹은 3 : 2)인 두 개의 피이크가 있을 것이다.

[문제 7] 다음 화합물들 중 어느 것이 NMR 스펙트럼에서 단지 한 개의 피이크를 보일 것인가?

a. CH_3OCH_3 b. $CH_3CH_2OCH_2CH_3$ c. 

[문제 8] 다음 화합물들의 각각은 그들의 NMR 스펙트럼에서 한 개 이상의 피이크를 나타낸다. 그들의 면적비는 얼마인가?

a. CH_3OH b. $CH_3\overset{O}{\overset{\|}{C}}OCH_3$ c. $CH_3CH_2\overset{O}{\overset{\|}{C}}CH_2CH_3$

피이크를 배당하는 보다 일반적인 방법은 이 피이크의 화학적 이동을 표준화합물에 있는 비슷한 양성자피이크의 화학적 이동과 비교하는 것이다. 예로서 벤젠은 그 자신 6개의 동등한 양성자를 가지며 그 NMR 스펙트럼은 δ 7.24에서 1개의 피이크를 나타낸다.

다른 방향족화합물들도 이 영역에서 1개의 피이크를 보여준다. 그러므로 방향족고리에 있는 대개의 양성자는 대강 δ 7의 화학적 이동을 가질 것이라는 결론을 내릴 수 있다.

표 5-4 전형적인 양성자의 화학적 이동(테트라메틸실란에 대하여)

양성자의 종류	δ (ppm)	양성자의 종류	δ (ppm)
$C-CH_3$	0.85−0.95	$-CH_2-F$	4.3−4.4
$C-CH_2-C$	1.20−1.35	$-CH_2-Br$	3.2−3.3
$C-\overset{C}{\overset{\mid}{C}}H-C$	1.40−1.65	$CH_2=C$	4.6−5.0
$CH_2-C=C$	1.6−1.9	$-CH=C$	5.2−5.7
CH_3-Ar	2.2−2.5	$Ar-H$	6.6−8.0
$CH_3-\underset{\mid}{C}-O$	2.1−2.6	$-C\equiv C-H$	2.4−2.7
$CH_3-N\langle$	2.1−3.0	$-\overset{O}{\overset{\|}{C}}-H$	9.5−9.7
CH_3-O-	3.5−3.8	$-\overset{O}{\overset{\|}{C}}-OH$	10−13
$-CH_2-Cl$	3.4−3.5	$R-OH$	0.5−5.5
$-CHCl_2$	5.8−5.9	$Ar-OH$	4−8

구조를 알고 있는 비교적 간단한 화합물들이 NMR 스펙트럼을 많이 측정함으로써 여러가지 화학적 환경에 있는 양성자의 화학적 이동을 측정하였다. 5-4는 몇 가지 종류의 양성자에 대하여 기대되는 화학적 이동을 보여준다.

예제 표 5-4를 이용하여 다음 화합물의 기대되는 NMR 스펙트럼을 기술하여라.

a. $CH_3\overset{\overset{\displaystyle O}{\|}}{C}-OCH_3$　　b. $CHCl_2-\underset{\underset{\displaystyle CH_3}{|}}{\overset{\overset{\displaystyle CH_3}{|}}{C}}-CH_2Cl$

[풀이] a. 스펙트럼은 δ 2.3 ($CH_3\overset{\overset{\displaystyle O}{\|}}{C}-$의 양성자)와 δ 3.6 ($-OCH_3$의 양성자)에서 같은 면적의 2개의 피이크로 나타날 것이다.

b. 스펙트럼은 면적비 6 : 2 : 1로 δ 0.9 (2개의 메틸기), δ 3.5 (CH_2-Cl의 양성자), δ 5.8 ($-CHCl_2$의 양성자)에 3개의 피이크로 나타날 것이다.

[문제 9] 다음 화합물의 기대되는 NMR 스펙트럼을 기술하라.

a. $CH_3-\overset{\overset{\displaystyle O}{\|}}{C}OH$　　b. $(CH_3)_2C=CH_2$

[문제 10] 어떤 에스테르가 $(CH_3)_2C\overset{\overset{\displaystyle O}{\|}}{C}OCH_2$이거나 $CH_3\overset{\overset{\displaystyle O}{\|}}{C}-OC(CH_3)_3$일 것이라고 생각된다. 이것의 NMR 스펙트럼은 δ 0.9와 δ 3.6에서 두 개의 피이크(면적비 3 : 1)를 포함하고 있다. 이것은 어느 화합물인가? 만약 이것이 다른 에스테르였다면 기대되는 스펙트럼을 기술하라.

많은 화합물들은 양성자의 종류에 따라 한 개의 피이크(單一線이라 함)가 아니고 더 많고 복잡한 스펙트럼을 보여준다. 어떤 종류의 스펙트럼을 몇 가지 고찰하여 어떤 구조적 지식을 더 얻을 수 있는지 알아 보자.

5-5-4 스핀-스핀 갈라짐

그림 5-7은 디에틸에테르의 NMR 스펙트럼을 보여준다. 표 5-4에 주어진 지식으로 디에틸에테르 ($CH_3CH_2OCH_2CH_3$)의 NMR 스펙트럼은 2개의 선으로 구성되는데 1개는 δ 0.9부근에 있는 6개의 CH_3의 양성자이고 1개는 δ 3.5부근에 있는 산소원자와 연결되어 있는 4개의 CH_2 양성자이며 이들의 면적비는 6 : 4이다.

그림 5-7에서 전체면적비가 기대한 것과 같이 흡수된 것을 볼 수 있다.

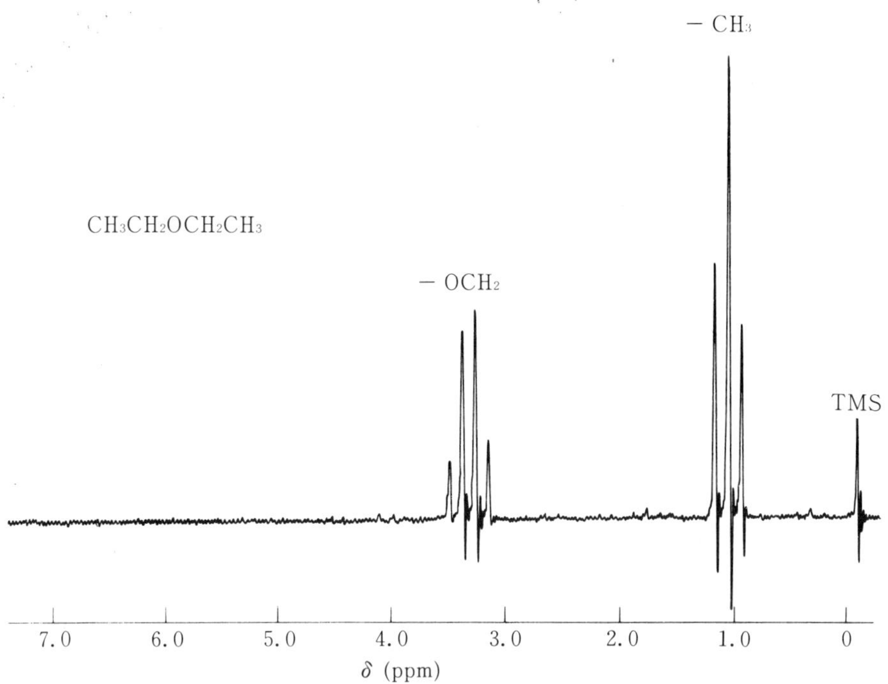

그림 5-7 디에틸에테르의 NMR스펙트럼에서 스핀-스핀 갈라짐을 보이고 있다.

그러나 단일선은 볼 수 없다. 그 대신에 메틸기의 신호(signal)는 3개의 피이크로 갈라진 면적비 1 : 2 : 1의 **삼중선**(triplet)이고 CH_2(메틸렌기)의 신호는 4개의 피이크로 갈라진 면적비 1 : 3 : 3 : 1의 **사중선**(quartet)이다. 이것은 **스핀-스핀 갈라짐**(spin spin splitting)이라 불리우며 분자구조에 대한 많은 지식을 제공해 준다.

분자내의 각 양성자가 조그만 자석과 같이 작용함을 알고 있다.

NMR스펙트럼을 찍을 때 각각의 양성자는 매우 큰 외부자기장을 느낄뿐만 아니라 이 양성자 이웃에 있는 양성자 때문에 생기는 작은 자기장까지도 느낀다. 1개의 신호를 살펴볼 때 옆의 탄소에 있는 양성자는 거의 같은 가능성(두 상태의 에너지 차는 매우 작기 때문에 거의 같다)으로 높은 에너지 스핀상태에 있거나 낮은 에너지 스핀상태에 있을 수 있다.

그래서 살피고 있는 양성자의 자기장은 이것에 이웃한 양성자의 작은 자기장에 의하여 영향을 받게 된다. ***n*+1 법칙**(rule)에 의하여 갈라짐의 형태를 예측할 수 있다. 한 개의 양성자 또는 동일한 양성자들의 한조가 화학적 이동이 다른 n개의 이웃 양성자를 갖으면 NMR신호는 $n+1$개의 피이크로 갈라진다.

디에틸에테르의 경우에 각 CH_3의 양성자들은 두 개의 이웃 양성자

(CH_2 기)를 갖는다. 그러므로 CH_3 신호는 2+1=3피이크로 갈라진다. 동시에 각 CH_2의 양성자는 3개의 이웃 양성자(CH_3 기)를 갖는다.

CH_2의 신호는 3+1=4피이크로 갈라진다. 이 법칙이 적용되는 이유와 갈라진 피이크가 일정한 면적비를 갖는 이유를 알아보자.

양성자 H_a가 동등하지 않은 한 양성자 H_b와 이웃해 있을 때 H_a신호를 살펴보면 H_b가 높은 에너지 스핀상태에 있거나 낮은 에너지 스핀상태에 있을 것이다.

2개의 이 상태는 거의 같은 가능성이 있으므로 H_a신호는 2개의 같은 피이크(이중선)로 갈라질 것이다.

양성자 H_a가 2개의 같지 않는 양성자 H_b와 이웃해 있을 때 H_a의 신호는 2개의 양성자 H_b에 대하여 3개의 가능한 배향방법이 있다.

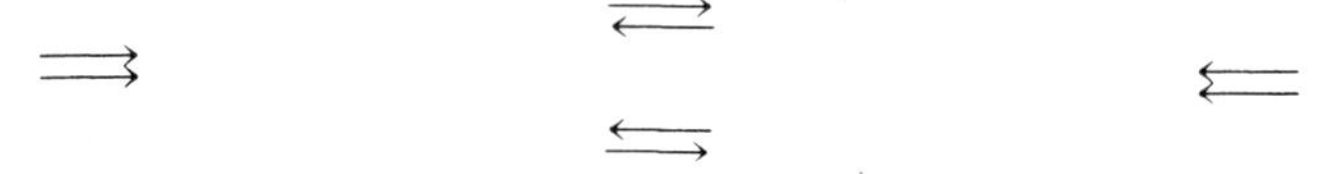

둘다 자기장과 반대방향	하나는 자기장과 같은 방향 하나는 자기장과 반대 반향	둘다 자기장과 같은 방향

2개 양성자가 모두 낮은 에너지 상태에 있거나 2개 모두 높은 에너지상태에 있는 2개의 배열방법이 있고 하나씩 다른 에너지상태로 있을 수 있다. 따라서 H_a신호는 면적비 1 : 2 : 1인 삼중선이 될 것이다.

예제 3개의 같지 않은 이웃 양성자 H_b를 갖는 H_a의 신호가 1 : 3 : 3 : 1인 사중선인 이유를 설명하라.

[풀이] 3개의 H_b 양성자의 스핀상태의 가능성은 다음과 같다.

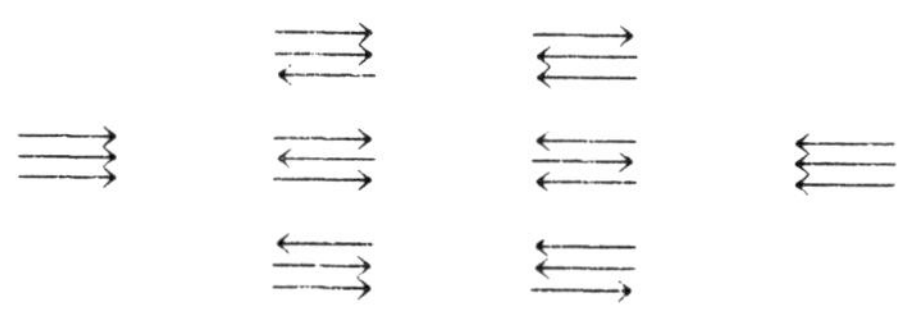

그래서 H_a 신호는 4개의 피이크를 나타내고 면적비는 1 : 3 : 3 : 1이다.

[문제 11] CH_3CHCl_2의 NMR 스펙트럼을 예측하여라. 2가지 양성자에 대하여 개략적인 화학적 이동과 갈라짐의 양상을 기술하라.

서로의 신호를 갈라지게 하고 있는 양성자들을 서로 짝지어 있다고 한다. 짝짓는 정도 또는 신호가 갈리진 헤르쯔(Hz)의 수를 **짝지음상수**

표 5-5 몇 가지 전형적인 짝지움상수

기	J(Hz)	기	J(Hz)
$-\underset{H}{\overset{\vert}{C}}-\underset{H}{\overset{\vert}{C}}-$	6 − 8	H–(벤젠고리)–H	ortho 6 − 10 meta 1 − 3 para 0 − 1
$-\underset{\vert}{\overset{\vert}{C}}-\underset{\vert}{\overset{\vert}{C}}-\underset{\vert}{\overset{\vert}{C}}-$	0 − 1	$(H)(H)C=C(R_1)(R_2)$	0 − 3
$(H)(R_2)C=C(R_2)(H)$	12 − 18	$(H)(R_1)C=C(H)(R_2)$	6 − 12

(coupling constant, J로 표시)라 부른다. 스핀-스핀 갈라짐이 거리에 따라 급격히 떨어지는 것에 주의하라.

바로 인접한 탄소의 양성자는 약간의 갈라짐(J =6~8 Hz)을 보이는 반면 조금 더 떨어져 있는 양성자는 서로의 존재(J =0~1 Hz)를 거의 느끼지 못한다.

표 5-5에서 볼 수 있듯이 짝지음상수들은 때때로 시스-트란스 이성체를 구별하는데 쓰이거나 벤젠고리 위의 치환기들의 위치를 구별하는데 쓸 수 있다. 화학적으로 같은 양성자들은 서로 갈라지지 않는다. $BrCH_2CH_2Br$은 NMR 스펙트럼에서 4개의 모든 양성자에 대해 단지 하나의 예리한 단일선을 나타낸다.

양성자들이 이웃탄소에 연결되어 있지만 이 양성자들의 화학적 이동이 모두 같기 때문에 서로 갈라지지 않는다. 또한 같은 이유 때문에 1개의 탄소원자에 연결된 동일한 양성자는 일반적으로 서로 갈라지지 않는다.

[문제 12] 다음 화합물의 NMR 스펙트럼을 기술하라.

a. $BrCH_2CH_2Cl$ b. $ClCH_2CH_2Cl$

NMR 스펙트럼은 매우 복잡할 때가 있다. 이웃 양성자들이 거의 같고, 화학적 이동이 거의 같지만 동일하지 않을 때 이러한 복잡성이 생긴다. 페놀이 그 한 예이다(그림 5-8).

히드록시기의 양성자(δ 5.85)와 방향족환의 양성자(δ 6.6~7.4)는 쉽게 구별할 수 있으나 방향족양성자에 대하여 나타난 복잡한 **다중선**(multiplet)의 갈라짐은 단순한 $n+1$ 법칙으로 분석할 수 없다. 그러나 이러한 스펙트럼은 특별히 고안된 컴퓨터 프로그램에 의하여 완전히 분석할 수 있다.

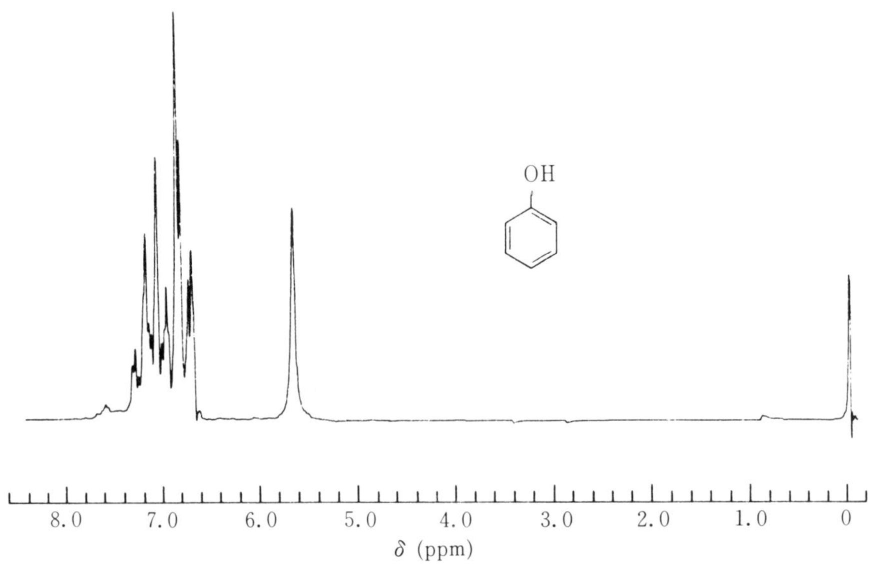

그림 5-8 페놀의 양성자 NMR 스펙트럼 방향족양성자영역(δ6.6~7.4)의 복잡성을 주의하라.

요약해서 양성자 NMR 분광법은 다음 종류의 구조적 지식을 제공해 준다.

(1) 신호의 수와 화학적 이동은 분자 내의 화학적으로 다른 양성자의 종류를 확인하는데 이용된다.

(2) 피이크의 면적은 각 종류의 양성자가 얼마나 존재하는지를 알려준다.

(3) 스핀-스핀 갈라짐의 형태는 특정한 양성자가 이웃에 몇 개의 양성자를 가지는지에 대한 지식을 제공한다.

5-5-5 ^{13}C NMR 분광법

양성자 NMR 분광법이 분자 내의 양성자 배열에 관한 지식을 제공하는 것과 같이 ^{13}NMR 분광법은 탄소골격에 관한 정보를 제공해 준다. 일반적인 탄소 동위원소 ^{12}C 는 핵 스핀을 갖지 않으나 ^{13}C 동위원소는 핵 스핀을 갖는다. ^{13}C 는 자연계에 존재하는 탄소원자 중 단지 1.1% 밖에 되지 않는다. 또한 ^{13}C 의 높은 스핀상태와 낮은 스핀상태 사이의 에너지 차는 매우 작다.

이들 두 가지 이유 때문에 ^{13}C NMR 분광기는 표준 양성자 NMR 분광기보다 아주 우수한 감도를 지녀야만 된다. 이러한 기기들이 설계되었으며 이 기기들을 사용하는 것은 최근에는 매우 일반적인 일이 되었다. ^{13}C 스펙트럼은 몇 가지 면에서 양성자스펙트럼과 다르다.

^{13}C 의 화학적 이동은 양성자에 대해서 보다는 넓은 범위에 걸쳐서 일어난다. 이들은 같은 표준화합물인 TMS에 대해서 측정되며 TMS에 있는 메틸의 탄소들은 모두 대등하여 1개의 예리한 신호로 나타난다.

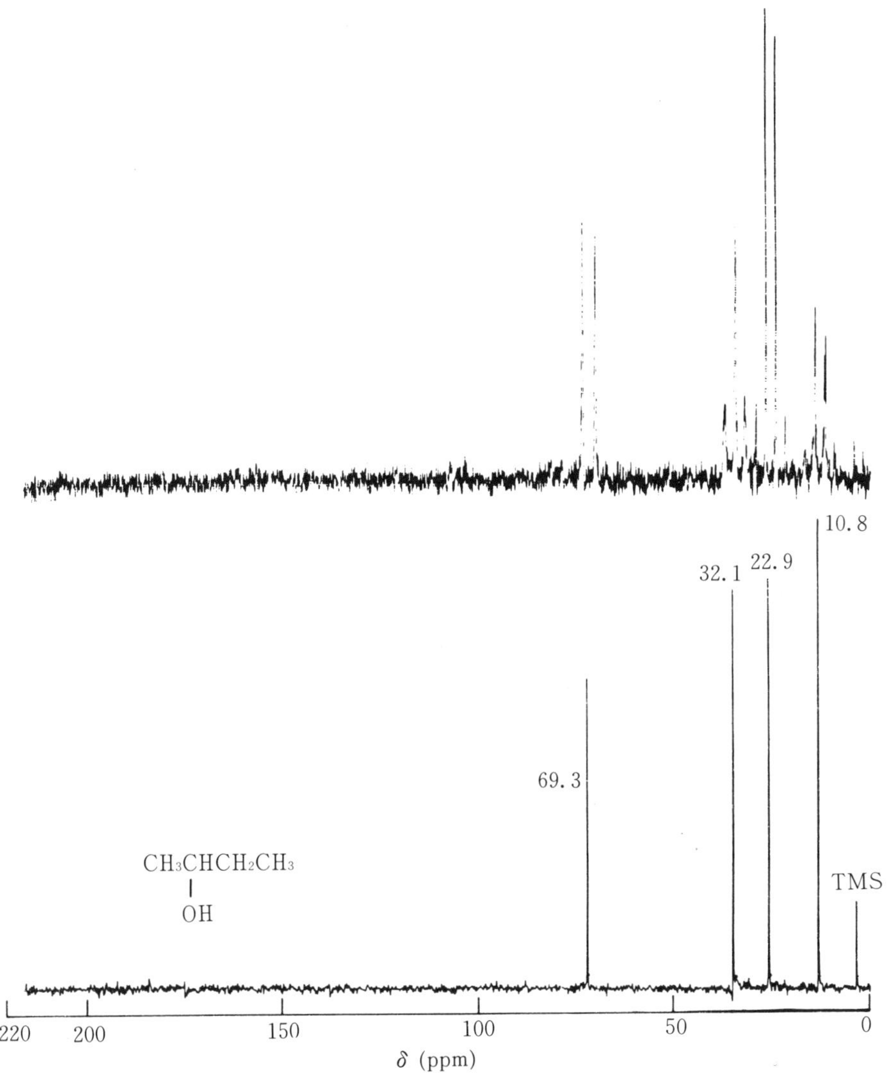

그림 5-9 2-부탄올의 ^{13}C - ^{1}H 짝지음이 없는 것(아래)과 짝지음이 있는 것(위)의 ^{13}C NMR 스펙트럼 δ-값은 아래의 스펙트럼에 나타내었다.

^{13}C에 대한 화학적 이동은 δ단위로 나타내며 일반적 범위는 TMS로부터 약 0~200 ppm (양성자에 대하여 관측되는 1~10 ppm의 작은 범위 대신에) 낮은 자장쪽에 나타난다. 화학적 이동의 넓은 범위는 ^{1}H 스펙트럼과 비교해 볼 때 ^{13}C 스펙트럼을 단순하게 만든다.

^{13}C는 양이 적기 때문에 피이크의 면적으로 특정한 피이크에 해당하는 탄소원자수를 정확히 측정하기는 어렵다. 그러므로 면적비는 통상적으로 유용하지 않다.

자연계에 ^{13}C의 양이 적기 때문에 같은 분자 내에서 인접한 2개의 ^{13}C를 발견할 기회가 매우 적다. 그러므로 ^{13}C - ^{13}C 스핀-스핀 갈라짐은 일반적으로 보이지 않는다. 이러한 특징이 ^{13}C 스펙트럼을 단순화시킨다. 그러나 ^{13}C - ^{1}H, 스핀-스핀 갈라짐은 일어날 수 있다.

스펙트럼은 필요에 따라 이 갈라짐을 나타낼 수 있도록 또는 나타내지 않도록 그려질 수 있다. 그림 5-9는 ^{13}C - ^{1}H 갈라짐을 나타냈을 때와 나타내지 않았을 때에 측정한 2-부탄올의 ^{13}C 스펙트럼을 나타낸 것이다.

양성자의 갈라짐이 없는 스펙트럼에는 탄소원자 각각의 종류에 따라 4개의 예리한 단일선이 나타난다. 히드록시기를 갖고 있는 탄소는 가장 낮은 자기장(δ 69.3)에 2개가 있고 메틸기탄소는 δ 10.8과 δ 22.9로 잘 분리되어 나타난다.

^{13}C - ^{1}H 갈라짐이 있는 스펙트럼에서는 $n+1$ 법칙이 적용된다. 두 개의 메틸신호들은 사중선(3개의 수소, 그러므로 $n+1=4$)이고 메틸렌탄소는 삼중선이며 CH 탄소는 이중선이다.

예제 CH_3CH_2OH에 대한 ^{13}C 스펙트럼을 설명하여라.

[풀이] ^{1}H 짝지움 없는 스펙트럼은 2개의 선(실제로는 δ 18.2와 δ 57.8에서 나타난다)으로 나타난다. ^{1}H 갈라짐을 가진 스펙트럼은 δ 18.2에서는 사중선이고 δ 57.8에서는 삼중선이다.

[문제 3] $CH_3CH_2CH_2OH$에 대한 ^{13}C 스펙트럼의 중요한 특징을 기술하라.

^{1}H NMR과 ^{13}C NMR 분광법을 같이 사용하면 유기구조를 결정하는데 매우 유용한 방법이 된다.

5-6 質量分光法

질량스펙트럼은 다른 형태의 스펙트럼과 같지 않아 한 에너지상태로부터 다른 에너지상태로 분자의 들뜸에 의존하지 않는다.

질량스펙트럼은 쉽게 얻어지며 구조결정에 일상적으로 사용된다. 질량분광기는 분자들은 이온으로 변환시키며 질량 대 하전의 비(m/e)에 따라 분류한다. 그리고 존재하는 각 이온의 상대적 양을 측정한다. 스펙트럼을 찍으려는 물질의 적은 시료를 고성능진공실에 넣어서 기화시킨 뒤 고에너지전자들로 충돌시킨다. 이 충돌전자들이 분자 M으로부터 전자를 쫓아내어 양전하를 가진 **분자이온** M^+(때로는 어미이온이라 한다)를 생성한다.

$$M + e^- \rightarrow \underset{\text{분자이온}}{M^+} + 2e^-$$

예로서 메탄올은 다음과 같이 분자이온을 형성한다.

$$e^- + CH_3\ddot{\underset{..}{O}}H \rightarrow \underset{\text{메탄올분자이온}(m/e=32)}{[CH_3OH]^+} + 2e^-$$

이들 어미이온들의 다발은 강한 자석의 양극들 사이를 통과한다. 그리고 이 자석들에 의하여 다발의 진로가 구부러지게 된다. 굴절되는 정도는 이온의 질량에 의존된다.

M^+은 실질적으로 분자 M(튀어나온 전자의 질량은 그 분자의 나머지 질량과 비교할 때 매우 작다)과 같은 질량을 가지므로 질량분광기는 분자량을 측정하는데 사용된다. 고성능 질량분광기는 어미이온의 질량을 소수점이하 네째자리까지 아주 정확하게 측정할 수 있다. 이러한 정확도로 분자식을 유도하게 한다.

예로서 일산화탄소, 질소 그리고 에틸렌 모두가 대략의 분자량 28을 가지고 있다. 그러나 정확한 분자량은 조금씩 다르고 고성능 기기에 의하여만 구별되어질 수 있다.

CO	N_2	$CH_2=CH_2$
$^{12}C = 12.0000$	$^{14}N = 14.0031$	$2\times\ ^{12}C = 24.0000$
$^{16}O = 15.9949$	$^{14}N = 14.0031$	$4\times\ ^{1}H = 4.0312$
$M^+ = 27.9949$	$M^+ = 28.0062$	$M^+ = 28.0312$

만약 충돌하는 전자가 충분한 에너지를 가졌다면 그들은 어미이온뿐만 아니라 소위 **딸이온**(daughter ion)이라 부르는 토막이온들도 생성한다. 즉, 본래의 이온은 더 작은 토막으로 깨어지고 그들의 어떤 것은 이온화되며 그 기기에 의하여 m/e 비율로 분류된다.

예로써 메탄올의 질량스펙트럼에서 두드러진 피이크는 $m/e=31$에 있

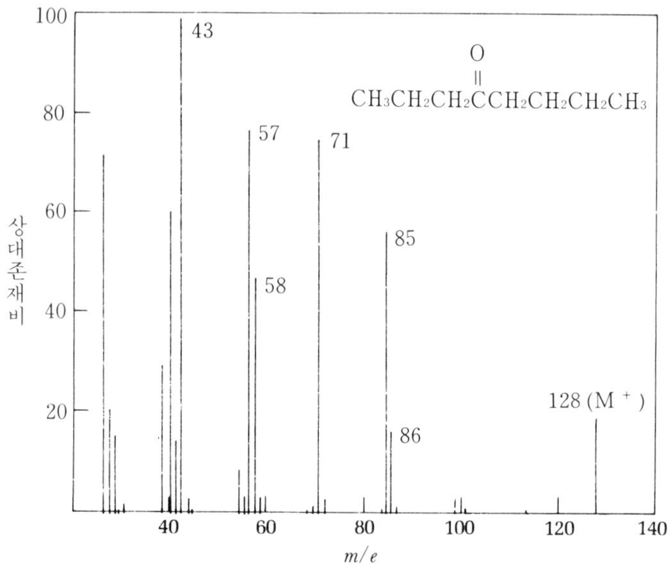

그림 5-10 4-옥탄온의 질량스펙트럼

는 $M^+ -1$ 피이크이다. 이 피이크는 분자이온으로부터 수소원자를 잃어버림으로써 생성된다.

이 딸이온은 양성자가 첨가된 포름알데히드로서 안정한 카르보양이온이라는 것을 알 수 있다.

$$\mathrm{H-\overset{H}{\underset{H}{C}}-\overset{+}{\ddot{O}}-H} \longrightarrow \mathrm{H-\underset{H}{C}=\overset{+}{O}-H+H\cdot}$$

m/e = 32　　　　m/e = 31

그러므로 질량스펙트럼은 *m/e* 비가 변화함에 따라 다른 신호를 갖는다. 실제로는 대부분 이온이 단일하전을 가지므로 이들의 질량을 쉽게 얻을 수 있다.

그림 5-10은 질량분광기의 컴퓨터로부터 인쇄되어진 스펙트럼을 나타낸다. 이것은 전형적 케톤인 4-옥탄온의 질량스펙트럼이다. *m/e* =128에서의 피이크를 주의하여 보자. 이것은 스펙트럼에서 가장 큰 질량피이크이고 케톤의 분자량과 같다. 이외에 여러 개의 크게 나타난 딸이온의 피이크들이 있다.

예로써 *m/e* =85와 *m/e* =71에서의 피이크들은 질량이 각각 $C_4H_9CO^+$와 $C_3H_7CO^+$에 해당한다. 이것은 카르보닐기 바로 옆의 탄소-탄소결합이 쉽게 끊어져서 어미이온이 토막난 것 같아 보인다. 이온이 쪼개지는 방법은 이온구조에 따라 다르고 이 쪼개지는 모양을 해석하면 분자구조에 대한 중요한 지식을 얻을 수 있다.

예제 그림 5-10에서 가장 강한 피이크(기본 피이크라 부른다)가 $M/e=43$ 에서 일어난다. 어떻게 그것이 생겼는지 설명하라.

[풀이] 이 피이크는 $C_3H_7^+$에 대한 m/e에 해당하며 딸이온 $C_3H_7CO^+$가 일산화탄소를 잃고 $C_3H_7^+$을 생성한 것 같다. 이 설명은 $C_4H_9CO^+$가 비슷한 경로로 생성하는 $m/e=57$ ($C_4H_9^+$)의 강한 피이크를 이 스펙트럼이 또 가지고 있으므로 더욱 타당해 보인다. 이온들의 다음 "계통표"에서 이 결론들을 요약할 수 있다.

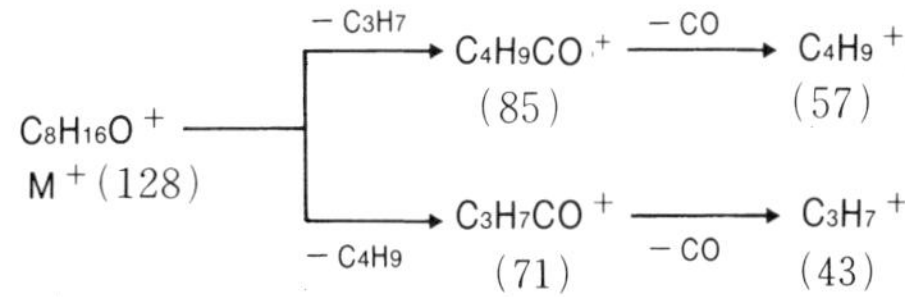

이 장에서 서술한 분광법의 4가지 형태는 모두 일반적으로 연구실에서 사용하는 것이다. 기기가 근대화되었으므로 각 종류의 스펙트럼은 시료를 만드는 시간을 포함하여 수분에서 1시간 내로 얻을 수 있다.

스펙트럼의 해독은 더 많은 시간이 걸릴지도 모르지만 경험을 가진 연구가들은 비교적 짧은 시간 안에 복잡한 분자의 구조까지도 유도해낼 수 있다.

연습문제 5

1. 다음 화합물의 혼합물을 분리하는 방법을 기술하라.
   (a) 시클로헥산논, 바니린(4-히드록시-3-메톡시벤즈알데히드), 아닐린, 계피산
   (b) 트루이딘, 안식향산아미드
   (c) 부틸알데히드, 페놀, 3-펜타논

2. 화합물 A는 분자식 $C_{10}H_{18}$로서, Br_2 용액 · $KMnO_4$ 용액을 탈색시킨다. A를 오존산화하면 화합물 B ($C_6H_{10}O$)와 화합물 C (C_4H_8O)가 생성된다. B는 트렌스시약 · 베네딕트시약에 음성이며, C는 양성이다. B · C 모두 $NaHSO_3$, HCN, 2.4－디니트로페닐히드라진 등과 반응한다. B를 $Na_2Cr_2O_7$ / H_2SO_4로 강하게 산화하면 아디핀산이 된다.
   (a) A, B, C의 화학구조를 각각 나타내라.
   (b) A, B, C의 적외흡수 스펙트럼에 있어서의 특성 흡수값을 예상하라.
   (c) B, C의 $NaHSO_3$, HCN, 2, 4-디니트로페닐히드라진 유도체의 구조식을 써라.
   (d) C의 ^{1}H-NMR의 스펙트럼을 예상하라.

3. 다음 조합의 화합물을 구별하는 각종 스펙트럼의 차이를 기술하라.

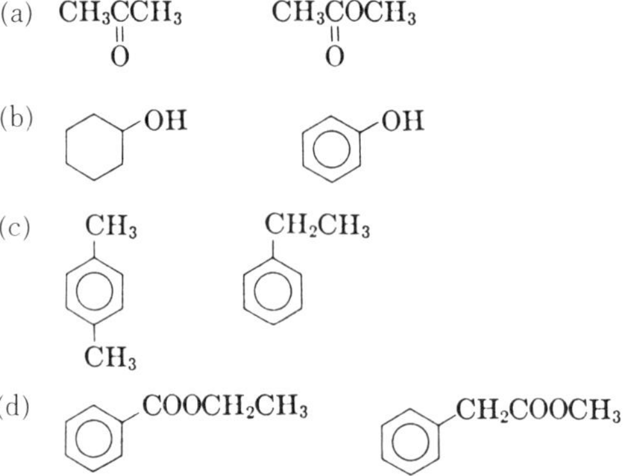

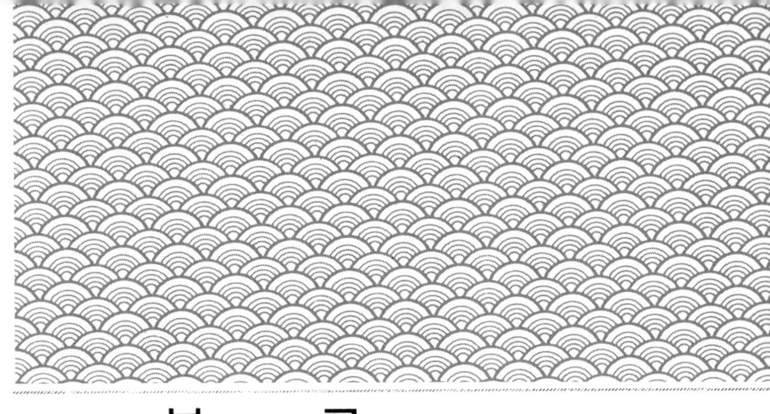

부 록

Ⅰ 국제원자량표

Ⅱ 이온과 기의 이름

Ⅲ 유기화합물 명명법 개요

Ⅳ 생화합물 명명법

부록 I 국제원자량표($^{12}C = 12$) (원자번호순)

원자 번호	국명	영명	기호	원자량	원자 번호	국명	영명	기호	원자량
1	수소	Hydrogen	H	1.00797	53	요오드	Iodine	I	126.904
2	헬륨	Helium	He	4.0026	54	크세논	Xenon	Xe	131.30
3	리튬	Lithium	Li	6.939	55	세슘	Cesium	Cs	132.905
4	베릴륨	Berylium	Be	9.0122	56	바륨	Barium	Ba	137.34
5	붕소	Boron	B	10.811	57	란탄	Lanthanum	La	138.91
6	탄소	Carbon	C	12.01115	58	세륨	Cerium	Ce	140.12
7	질소	Nitrogen	N	14.0067	59	프라세오디뮴	Praseodymium	Pr	140.907
8	산소	Oxygen	O	15.9994	60	네오디뮴	Neodymium	Nd	144.24
9	플루오르	Fluorine	F	18.9984	61	프로메튬	Promethium	Pm	(147)
10	네온	Neon	Ne	20.183	62	사마륨	Samarium	Sm	150.35
11	나트륨	Sodium	Na	22.9898	63	유로퓸	Europium	Eu	151.96
12	마그네슘	Magnesium	Mg	24.312	64	가돌리늄	Gadolinium	Gd	157.25
13	알루미늄	Aluminium	Al	26.9815	65	테르븀	Terbium	Tb	158.924
14	규소	Silicon	Si	28.086	66	디스프로슘	Dysprosium	Dy	162.50
15	인	Phosphorus	P	30.9738	67	홀뮴	Holmium	Ho	164.930
16	황	Sulfur	S	32.064	68	에르븀	Erbium	Er	167.26
17	염소	Chlorine	Cl	35.453	69	툴륨	Thulium	Tm	168.934
18	아르곤	Argon	Ar	39.948	70	이테르븀	Ytterbium	Yb	173.04
19	칼륨	Potassium	K	39.102	71	루테튬	Lutetium	Lu	174.97
20	칼슘	Calcium	Ca	40.08	72	하프늄	Hafnium	Hf	178.49
21	스칸듐	Scandium	Sc	44.956	73	탄탈	Tantalum	Ta	180.948
22	티탄	Titanium	Ti	47.90	74	텅스텐	Tungsten	W	183.85
23	바나듐	Vanadium	V	50.942	75	레늄	Rhenium	Re	186.2
24	크롬	Chromium	Cr	51.996	76	오스뮴	Osmium	Os	190.2
25	망간	Manganese	Mn	54.938	77	이리듐	Iridium	Ir	192.2
26	철	Iron	Fe	55.874	78	백금	Platinum	Pt	195.09
27	코발트	Cobalt	Co	58.933	79	금	Gold	Au	196.967
28	니켈	Nickel	Ni	58.71	80	수은	Mercury	Hg	200.59
29	구리	Copper	Cu	63.54	81		Thallium	Tl	204.37
30	아연	Zinc	Zn	65.37	82	납	Lead	Pb	207.19
31	갈륨	Gallium	Ga	69.72	83		Bismuth	Bi	208.980
32	게르마늄	Germanium	Ge	72.59	84	폴로늄	Polonium	Po	(210)
33	비소	Arsenic	As	74.922	85	아스타틴	Astatin	At	(210)
34	셀렌	Selenium	Se	78.96	86	라돈	Radon	Rn	(222)
35	브롬	Bromine	Br	79.909	87	프랑슘	Francium	Fr	(223)
36	크립톤	Krypton	Kr	83.80	88	라듐	Radium	Ra	(226)
37	루비듐	Rubidium	Rb	85.47	89	악티늄	Actinium	Ac	(227)
38	스트론튬	Strontium	Sr	87.62	90	토륨	Thorium	Th	232.038
39	이트륨	Yttrium	Y	88.905	91	프로트악티늄	Protactinium	Ra	(231)
40	지르코늄	Zirconium	Zr	91.22	92	우라늄	Uranium	U	238.04
41	니오브	Niobium	Nb	92.906	93	넵투늄	Neptunium	Np	(237)
42	몰리브덴	Molybdenum	Mo	95.94	94	플루토늄	Plutonium	Pu	(242)
43	테크네튬	Technetium	Tc	(99)	95	아메리슘	Americium	Am	(243)
44	루테늄	Ruthenium	Ru	101.07	96	퀴륨	Curium	Cm	(247)
45	로듐	Rhodium	Rh	102.9[illegible]	97	버그륨	Berkelium	Bk	(247)
46	팔라듐	Paladium	Pd	106.44[illegible]	98	칼리포르늄	Californium	Cf	(251)
47	은	Silver	Ag	107.870	99	아인시타이늄	Eunsteinium	Es	(254)
48	카드뮴	Cadmium	Cd	112.40	100	페르뮴	Fermium	Fm	(253)
49	인듐	Indium	In	114.82	101	멘델레븀	Mendelefium	Md	(256)
50	주석	Tin	Sn	118.69	102	노벨륨	Nobelium	No	(254)
51	안티몬	Antimony	Sb	121.75	103	로렌슘	Lowrencium	Lo(Lw)	(257)
52	텔루르	Tellurium	Te	127.60					

a. 괄호 속의 값은 가장 안전하고 잘 알려진 동위원소의 질량수

b. 원소명은 1968. 10. 대한화학회에서 제정된 것

c. 이들 원소의 원자량은 자연계에서의 동위원소 조성의 변동때문에 변한다. 실측된 변동범위는 H ± 0.00001, C ± 0.00005, Si ± 0.001, B ± 0.003, O ± 0.0001, S ± 0.003

d. 이들 원소의 원자량에는 다음과 같은 실험오차가 있는 것으로 믿어진다.
Cl ± 0.001, Fe ± 0.003, Ag ± 0.003, Cr ± 0.001, Br ± 0.002

e. 그 밖의 원소에 대하여 마지막 숫자의 신뢰도는 ± 0.5이다.

부록 Ⅱ 이온과 기의 이름

(무기화학에서는 치환식 명이 거의 사용되지 않으나, 유기명명법과 무기명명법의 차이를 보이기 위해 유기화학의 이름들을 실었다.)

원자 혹은 원자단	중성원자, 분자 혹은 기로서	양이온 혹은 양이온 기로서	음이온으로서	리간드로서	유기화합물에서 치환기에 대한 접두사로서
H	(mono) hydrogen (일) 수소	hydrogen 수소	hydride 수소화	hydrido 히드리도	
F	(mono) fluorine (일) 플루오르	fluorine 플루오르	fluoride 플루오르화	fluoro 플루오로	fluoro 플루오로
OF	oxygen(mono)fluoride (일) 플루오르화 산소				fluoroxy, F—O— 플루오로옥시
Cl	(mono) chlorine (일) 염소	chlorine 염소	chloride 염화	chloro 클로로	chloro 클로로
ClO		chlorosyl 클로로실	hypochlorite 하이포아염소산	hypochlorito 하이포클로리토	chlorosyl, O=Cl - 클로로실
ClO_2	chlorine dioxide 이산화 염소	chloryl 클로릴	chlorite 아염소산	chlorito 클로리토	chloryl 클로릴
ClO_3		perchloryl 퍼클로릴	chlorate 염소산	chlorato 클로라토	perchloryl 퍼클로릴
ClO_4			perchlorate 과염소산	perchlorate 퍼클로라토	

원자혹은 원자단	중성 원자, 분자 혹은 기로서	양이온 혹은 양이온 기로서	음이온으로서	리간드로서	유기화합물에서 치환기에 대한 접두사로서
ClS		chlorosulfanyl 클로로술파닐			chlorothio, Cl—S— 클로로티오
ClF_2	chlorine difluoride 이플루오르화 염소		difluorochlorate(I) 디플루오로 염소(I)산		difluorochloro 디플루오로클로로
Br	(mono) bromine (일) 브롬	bromine 브롬	bromide 브롬화	bromo 브로모	bromo 브로모
I	(mono) iodine (일) 요오드	iodine 요오드	iodide 요오드화	iodo 요오도	iodo 요오도
IO		iodosyl 요오도실	hypoiodite 하이포아요오드산		iodosyl 요오드실
IO_2		iodyl 요오딜			iodyl 요오딜
ICl_2			dichloroiodate(I) 디클로로 요오드(I)산		dichloroiodo 디클로로요오도
O	(mono) oxygen (일) 산소		oxide 산화	oxo 옥소	oxo, O= 옥소 ; oxy, —O— 옥시 ; oxido —O^- 옥시도
O_2	dioxygen 이산소	dioxygen (1+), O_2^{+} 이산소	peroxide, O_2^{2-} 과산화 : hyper- oxide, O_2^-, 초과산화	peroxo 퍼옥소 : dioxygen 이산소	dioxy, —O—O— 디옥시
O_3	trioxygen (ozone)		ozonide		trioxy, —O—O—O—

원자 혹은 원자단	중성 원자, 분자 혹은 기로서	양이온 혹은 양이온 기로서	음이온으로서	리간드로서	화합물에서 치환기에 대한 접두사로서
	삼산소 (오존)		오존화		트리옥시
H_2O	water			aqua	oxonio , H_2O^+ —
	물			아쿠아	옥소니오
H_3O		oxonium			
		옥소늄			
HO	hydroxyl		hydroxide	hydroxo	hydroxy
	히드록실		수산화	히드록소	히드록시
H_2O	perhydroxyl		hydrogenperoxide	hydrogenperoxo	hydroperoxy
	퍼히드록실		과산화수소	히드로겐퍼옥소	히드로퍼옥시
S	(mono) sulfur		sulfide	thio 티오 ;	thio , —S— 티오 ;
	(일) 황		황화	sulfido 술퍼도	sulfido, —S⁻술퍼도 ;
					thioxo, S= 티옥소
HS	sulfhydryl		hydrogensulfide	mercapto	mercapto
	술포히드릴		황화수소	메르캅토	메르캅토
S_2	disulfur	disulfur (1+)	disulfide	disulfito	dithio , —S—S—
	이황	이황 (1+)	이황화	디술퍼토	디티오
SO	sulfur monoxide	sulfinyl (thionyl)			sulfinyl
	일산화 황	술피닐 (티오닐)			술피닐
SO_2	sulfur dioxide	sulfonyl (sulfuryl)	sulfoxylate	sulfur dioxide	sulfonyl
	이산화 황	술포닐 (술푸릴)	술폭실산	이산화 황	술포닐

원자혹은 원자단	중성 원자, 분자 혹은 기로서	양이온 혹은 양이온 기로서	음이온으로서	리간드로서	유기화합물에서 치환기에 대한 접두사로서
SO_3	sulfur trioxide 삼산화 황		sulfite 아황산	sulfito 술피토	sulfonato, $—SO_3^-$ 술포나토
HSO_3			hydrogensulfite 아황산수소	hydrogensulfito 히드로겐술피토	sulfo, $(HO)O_2S—$ 술포
H_2S	dihydrogen sulfide 황화 이수소				sulfonio, $H_2S^+—$ 술포니오
H_3S		sulfonium 술포늄			
S_2O_3			thiosulfate 티오황산	thiosulfato 티오술파토	
SO_4			sulfate 황산	sulfato 술파토	sulfonyldioxy, $—O—SO_2—O—$ 술포닐디옥시
Se	(mono)selenium (일)셀렌		selenide 셀렌화	seleno 셀레노	seleno, —Se—셀레노: selenoxo, Se=셀레녹소
SeO		seleninyl 셀레니닐	selenoxide 셀레녹시화		seleninyl 셀레니닐
SeO_2	selenium dioxide 이산화 셀렌	selenoyl 셀레노일			selenonyl 셀레노닐
SeO_3	selenium trioxide 삼산화 셀렌		selenite 아셀렌산	selenito 셀레니토	

원자 혹은 원자단	중성 원자, 분자 혹은 기로서	양이온 혹은 양이온 기로서	음이온 으로서	리간드로서	유기화합물에서 치환기에 대한 접두사로서
SeO_4			selenate	selenato	
			셀렌산	셀레나토	
Te	(mono)tellurium		telluride	telluro	telluro
	(일)텔루르		텔루르화	텔루로	텔루로
CrO_2	chromium dioxide	chromyl			
	이산화 크롬	크로밀			
UO_2	uranium dioxide	uranyl			
	이산화 우라늄	우라닐			
N	(mono)nitrogen		nitride	nitrido	nitrilo, N≡
	(일) 질소		질소화	니트리도	니트릴로
N_2	dinitrogen	dinitrogen(1+), N_2^+		dinitrogen	azo, -N=N- 아조;
	이질소	이질소(1+)		이질소	azino, =N-N= 아지노
					diazo, $=N_2$ 디아조;
					diazonio, $-N_2^+$
					디아조니오
N_3			azide	azido	azido
			아지드화	아지도	아지도
NH	aminylene	aminylene	imide	imido	imino
	아미닐렌	아미닐렌	이미드화	이미도	이미노
NH_2	aminyl	aminyl	amide	amido	amino
	아미닐	아미닐	아미드화	아미도	아미노

원자 혹은 원자단	중성 원자, 분자 혹은 기로서	양이온 혹은 양이온 기로서	음이온으로서	리간드로서	유기화합물에서 치환기에 대한 접두사로서
NH_3	ammonia 암모니아			ammine 암민	ammonio, H_3N^+ — 암모니오
NH_4		ammonium 암모늄			
NH_2O			hydroxylamide 히드록실아미드화	hydroxylamide - *O* 히드록실아미도 - *O* hydroxylamido —*N* 히드록실 아미도— *N*	aminooxy, H_2NO— 아미노옥시 hydroxyamino, HONH— 히드록시 아미노
N_2H_3	hydrazyl 히드라질	hydrazyl 히드라질	hydrazide 히드라지드화	hydrazido 히드라지도	hydrazino 히드라지노
N_2H_4	hydrazine 히드라진			hydrazine 히드라진	
N_2H_5		hydrazinium(1+) 히드라진윰(1+)		hydrazinium(1+) 히드라진윰(1+)	
N_2H_6		hydrazinium (2+) 히드라진윰 (2+)			
NO	nitrogen oxide 산화 질소	nitrosyl 니트로실		nitrosyl 니트로실	nitroso 니트로소

원자 혹은 원자단	중성 원자, 분자 혹은 기로서	양이온 혹은 양이온 기로서	음이온 으로서	리드간드로서	유기화합물에서 치환기에 대한 접두사로서
N_2O	dinitrogen oxide 산화 이질소			dinitrogen oxide 산화 이질소	azoxy 아족시
NO_2	nitrogen dioxide 이산화 질소	nitryl 니트릴	nitrite 아질산	nitro (nitrito-*N*) 니트로 (니트리토—*N*) nitrito—*O* 니트리토—*O*	nitro, —NO_2 니트로 nitrosooxy, —*O*—*N*=*O* 니트로소옥시
NS		thionitrosyl 티오니트로실			
NO_3		nitrate 질산	nitrato 니트라토		
N_2O_2		hyponitrite 하이포아질산	hyponitrito 하이포니트리토		
P	(mono) phosphorus (일) 인		phosphide 인화	phosphido 포스피도	phosphinetriyl 포스핀트리일
H_2P			dihydrogenphos-phide 인화디수소	dihydrogenphosp-hido 디히드로겐 포스피도	phosphino 포스피노
PH_3	phosphine 포스핀			phosphine 포스핀	phosphonio, H_3P^+ 포스포니오

원자 혹은 원자단	중성 원자, 분자 혹은 기로서	양이온 혹은 양이온 기로서	음이온으로	리간드로서	유기화합물에서 치환기에 대한 접두사로서
PH_4		phosphonium 포스포늄			
PO		phosphoryl 포스포릴			phosphoroso, OP— 포스포로소; phosphoryl, OP$\equiv$ 포스포릴$\equiv$
PS		thiophosphoryl 티오포스포릴			thiophosphoryl 티오포스포릴
PH_2O_2			phosphinate 포스핀산	phosphinato 포스피나토	
PHO_3			phosphonate 포스폰산	phosphonato 포스포나토	
PO_4			phosphate 인산	phosphato 포스파토	
$P_2H_2O_5$			diphosphonate 디포스폰산	diphosphonato 디포스포나토	
P_2O_7			diphosphate 디인산	diphosphato 디포스파토	
AsO_4			arsenate 비산	arsenato 아르세나토	

원자 혹은 원자단	중성 원자, 분자 혹은 기로서	양이온 혹은 양이온 기로서	음이온으로서	리드간드로서	유기화합물에서 치환기에 대한 접두사로서
CO	carbon monoxide	carbonyl		carbonyl	carbonyl
	일산화 탄소	카르보닐		카르보닐	카르보닐
CS		thiocarbonyl		thiocarbonyl	thiocarbonyl
		티오카르보닐		티오카르보닐	티오카르보닐
HO_2C	carboxyl			carboxyl	carboxy
	카르복실			카르복실	카르복시
CO_2	carbon dioxide			carbon dioxide	carboxylato
	이산화 탄소			이산화 탄소	카르복실라토
CS_2	carbon disulfide			carbon disulfide	dithiocarboxylato
	이황화 탄소			이황화 탄소	디티오카르복실라토
ClCO	chloroformyl			chloroformyl	chloroformyl
	클로로포르밀			클로로포르밀	클로로 포르밀
H_2NCO	carbamoyl			carbamoyl	carbamoyl
	카르바모일			카르바모일	카르바모일
H_2NCO_3			carbamate	carbamato	carbamoyloxy
			카르밥산	카르바마토	카르바모일옥시
CH_3O	methoxyl		methoxide	methoxo	methoxy
	메톡실		메톡시화	메톡소	메톡시
			methanolate	methanolato	
			메탄올산	메탄올라토	

원자 혹은 원자단	중성 원자 분사 혹은 기로서	양이온 혹은 양이온 기로서	음이온으로서	리간드로서	유기화합물에서 치환기에 대한 접두사로서
C_2H_5O	ethoxyl 에톡실		ethoxide 에톡시화 ethanolate 에탄올산	ethoxo 에톡소 ethanolato 에탄올라토	ethoxy 에톡시
CH_3S	methylsulfanyl 메틸술파닐		methanethiolate 메탄티올산	methylthio 메틸티오 methanethiolato 메탄티올라토	methylthio 메틸티오
C_2H_5S	ethylsulfanyl 에틸술파닐		ethanethiolate 에탄티올산	ethylthio 에틸티오 ethanethiolato 에탄티올라토	ethylthio 에틸티오
CN		cyanogen 시아노겐	cyanide 시안화	cyano 시아노	cyano, —CN 시아노 ; isocyano , —NC 이소시아노
OCN			cyanate 시안산	cyanato 시아나토 isocyanato 이소시아나토	cyanato , —OCN 시아나토 ; isocyanato, —NCO 이소시아나토
ONC			fulminate 풀민산	fulminato 풀미나토	

원자 혹은 원자단	중성 원자, 분자 혹은 기로서	양이온 혹은 양이온 기로서	음이온으로서	리간드로서	유기화합물에서 치환기에 대한 접두사로서
SCN		thiocyanogen	thiocyanate	thiocyanto	thiocyanato, — SCN
		티오시아노겐	티오시안산	티오시아나토	티오시아나토
				isothiocyanato	isothiocyanato, —NCS
				이소티오시아나토	이소티오시아나토
SeCN			selenocyanate	selenocyanato	selenocyanato, —SeCN
			셀레노시안산	셀레노시아나토	셀레노시아나토
				isoselenocyanato	isoselenocyanato, —NCSe
				이소셀레노시아나토	이소셀레노시아나토
CO_3			carbonate	carbonato	carbonyldioxy, —O—CO—O—
			탄산	카르보나토	카르보닐디옥시
HCO_3			hydrogencarbonate	hydrogencarbonato	
			탄산수소	히드로겐카르보나토	
CH_3CO_2		acetoxyl	acetate	acetato	acetoxy
		아세톡실	아세트산	아세타토	아세톡시
CH_3CO	acetyl	acetyl		acetyl	acetyl
	아세틸	아세틸		아세틸	아세틸
C_2O_4			oxalate	oxalato	
			옥살산	옥살라토	

부록 Ⅲ 유기화합물 명명법 개요

1. 일반원칙

(1) 원칙적으로 IUPAC system을 따르기로 하지만, 현재 널리 쓰고 있는 관용명들은 그대로 쓰기로 한다.

(2) IUPAC 명을 우리 글로 옮길 때에는 원칙적으로 로마자 발음을 따르기로 한다.

(3) 산의 염 및 에스테르는 해당 산 이름 다음에 양이온 또는 탄화수소기의 이름을 적어서 명명한다.

보기		
$CH_3CO_2CH_5$	초산에틸	ethyl acetate
CH_3ONO_2	질산메틸	methyl nitrate

(4) Halide, cyanide, sulfide 및 alkoxide와 같이 -ide로 표시되는 화합물의 이름은 **—화—**로 표시하기로 한다.

보기		
CH_3CL	염화메틸	methylene dibromide
(*Chloride는 염화, Chloro는 클로로로 표시한다.)		
CH_2Br_2	이브롬화메틸렌	methylene dibromide
CH_3SCH_3	황화디메틸	dimethyl sulfide
C_2H_5CN	시안화에틸	ethyl cyanide
$CH_3CH_2CH_2ONa$	프로폭시화나트륨	sodium propoxide

(5) 수의 사용

같은 원자 혹은 원자단의 수를 표시하는 데에는 **—화**로 표기되는 원자 혹은 원자단[Ⅲ-1-(4)]에 대해서는 일, 이, 삼, ……과 같이 우리말로 표시하고, 기타에 대하여는 모노, 디, 트리……와 같이 쓴다. 치환기의 위치 또는 작용기의 위치는 1, 2, 3, …… 의 아라비아 숫자로 표시한다(α, β, γ, …… 및 *o, m, p*는 그대로 적는다). 작용기 또는 불포화 결합의 위치를 표시하는 방법은 IUPAC system을 따른다.

(6) 기본화합물의 이름

Aliphatic	지방족	Aromatic	방향족
Heterocyclic	탄화수소	Cyclo	시클로
Hydrocarbon	탄화수소	Alkanes(paraffins)	알칸(파라핀)
Alkenes(olefins)	알켄(올레핀)	Alkynes(Acetylenes)	알킨(아세틸렌)

Alcohol	알코올 (〈알코올〉은 에탄올의 관용명으로 허용한다.)	Ether	에테르
Halide	할로겐화물	Chloride	염화물
Sulfide	황화물	Carbonyl compounds	카르보닐화합물
Aldehyde	알데히드	Ketone	케톤
Carboxylic acid	카르복시산	Acid anhydride	산무수물
Acid amide	산아미드	Acid imide	산이미드
Acid halide	산할로겐화물	Amine	아민
Imine	이민	Nitrile	니트릴
Isonitrile	이소니트릴	Sulfonic acid	술폰산
Sulfonamide	술폰산아미드	Phenol	페놀
Quinone	퀴논	Carbohydrate	탄수화물
Protein	단백질	Fat	지방

(7) 중요한 원자단(기)

$-F$	플루오로	fluoro	$-CN$	시아노	cyano
$-Br$	브로모	bromo	$>NH$	이미노	imino
$-NH_2$	아미노	amino	$-I$	요오드	iodo
$-NO$	니트로소	nitroso	$-N=N$	아조	azo
$-COOH$	카르복시	carboxy			
$-Cl$	클로로	chloro	$-\overset{\overset{\large O}{\|\|}}{C}-$	카르보닐	carbonyl
$-OH$	화드록시	hydroxy			
$-NO_2$	니트로	nitro	$-CHO$	프로밀	formyl

2. 각개 화합물의 명명

(1) 탄화수소

ane **안** 메탄, 에탄　　ene **엔** 에텐, 프로펜　　yne **인** 에틴, 프로핀

다음의 관용명을 허용한다.

에틸렌, 프로필렌, 부틸렌, 이소부틸렌, 아밀렌, 아세틸렌

normal은 n-로 적되 노르말로 읽는다. iso-는 이소로 적되 i-로도 표시할 수 있다.

n-부탄　　이소펜탄 또는 i-펜탄

방향족 탄화수소는 관용명을 쓴다.

Benzene	벤젠	Anthracene	알트라센
Naphtalene	나프탈렌	Xylene	크실렌
Toluene	톨루엔	Styrene	스티렌

(2) 탄화수소기

포화탄화수소기는 어미의 **안**을 **일**로 고친다.

메탄——메틸　　에탄——에틸

불포화탄화수소기는 탄화수소 이름의 끝에 **일**을 붙인다.

에텐일　　부텐일

다음의 관용어를 허용한다.

amyl	아밀($C_5H_{11}-$)
ethylene	에틸렌($-CH_2-CH_2-$)
allyl	알릴($CH_2=CH-CH_2-$)
methylene	메틸렌($CH_2<$)
ethylidene	에틸리덴($CH_3-CH<$)
methylidene	메틸리덴($-\overset{\vert}{C}H-$)
vinyl	비닐($CH_2=CH-$)

Primary 일차, Secondary 이차, Tertiary 삼차와 같이 호칭한다.

보기		
n-C_4H_9	n-부틸	n-butyl
t-C_4H_9	삼차부틸	t-butyl
sec-C_4H_9	이차부틸	sec-butyl
i-C_4H_9	이소부틸 또는 i-부틸	iso-butyl or i-butyl

방향족 탄화수소기의 이름에 대해서는 관용명을 허용한다.

phenyl	페닐	m-xylene	m-크실렌
o-xylene	o-크실렌	tolyl	톨릴
naphthyl	나프틸	p-xylene	p-크실렌
benzyl	벤질		

(3) 알 코 올

탄화수소의 이름에 **올**을 어미로 붙인다.

보기 메탄올　methanol　에탄올　ethanol　2-프로판올　2- propanol

3-부텐-1-올　3- butene -1- ol ($CH_2=CH-CH_2CH_2OH$)

1,2-에탄디올　1,2- ethanediol ($HOCH_2-CH_2OH$)

관용명으로는 탄화수소기의 이름에 **알코올**이란 말을 붙여서 쓰는 것을 허용한다.

보기 ethyl alcohol 에틸알코올 iso-propylalcohol 이소프로필알코올
amyl alcohol 아밀알코올 tertiary butyl alcohol 삼차부틸알코올
allyl alcohol 알릴알코올 cetyl alcohol 세틸알코올
lauryl alcohol 라울릴알코올 myristyl alcohol 미리스틸알코올

Polyhydroxy alcohol의 관용명으로는 다음과 같은 것을 허용한다.

ethylene glycol 에틸렌글리콜 trimethylene glycol 트리메틸렌글리콜
sorbitol 소르비톨 (일반으로 $HO-(CH_2)_n-OH$ 형식의 화합물을 폴리메틸렌글리콜로 부른다.)
glycerol 글리세롤
mannitol 만니톨

(4) 에 테 르

관용명을 허용한다.

보기 $C_2H_5OC_2H_5$ 디에틸에테르 diethyl ether

(5) 아 민

질소 원자에 결합되어 있는 탄화수소기의 이름을 열거하고 어미에 **아민**을 붙인다.

보기 CH_3NH_2 메틸아민 methylamine

CH_3, C_2H_5 > NH 메틸에틸아민 methylethylamine

$(CH_3)_2NH$ 디메틸아민 dimethylamine

방향족 아민에 대해서는 관용명을 허용한다.

보기 aniline 아닐린 toluidine 톨루이딘 methylaniline 메틸아닐린

다음의 관용명을 허용한다.

NH_2OH 히드록실아민 hydroxylamine
$HOCH_2CH_2NH_2$ 에탄올아민 ethanolamine
NH_2NH_2 히드라진 hydrazine

(6) 알데히드

탄화수소 이름 끝에 **알**이란 어미를 붙인다.

보기 HCHO 메탄알 methanal
CH_3CH_2CHO 프로판알 propanal

관용명으로는 산의 이름에서 끝의 산 대신에 **알데히드**란 말을 붙인다.

보기 HCHO 포름알데히드 formaldehyde

n-C_3H_6CHO n-부틸알데히드 n-butylaldehyde

CH_3CHO 아세트알데히드 acetaldehyde

다음의 관용명을 허용한다.

acrylaldehyde 아크릴알데히드(아크롤레인)

crotonaldehyde 크로톤알데히드

방향족 알데히드의 이름에 대해서는 관용명을 허용한다.

보기 benzaldehyde 벤즈알데히드 salicylaldehyde 살리실알데히드

(7) 케 톤

탄화수소 이름의 어미에 **온**을 붙인다.

보기 propanone 프로판온 2-pentanone 2-펜탄온 ($CH_3COCH_2CH_2CH_3$)

관용명은 $-\underset{\underset{O}{\|}}{C}-$에 결합되어 있는 두 개의 탄화수소의 이름을 열거하고 끝에 **케톤**을 붙인다.

보기 dimethylketone 디메틸케톤

methylvinyl ketone 메틸비닐케톤

methyl-n-propyl ketone 메틸-n-프로필케톤

단, 다음의 관용명을 허용한다.

아세톤 방향족 케톤류(아세토페논, 벤조페논 등)

(8) 카르복시산

탄화수소 이름 끝에 **산**을 붙인다.

보기 HCOOH 메탄산 methanoic acid

$CH_3CH_2CH_2CH_2COOH$ 펜탄산 pentanoic acid

관용명은 영어명의 어미 ic를 떼어낸 나머지 부분을 로마자 음대로 적고 여기에 **산**을 붙인다.

보기

Formic acid	포름산	Oleic acid	올레산
Butyric acid	부티르산	Fumaric acid	프마르산
Stearic acid	스테아르산	Benzoic acid	벤조산
Malic acid	말산	Anthranylic acid	안트라닐산
Succinic acid	숙신산	Acetic acid	에세트산
Citric acid	시트르산	Valeric acid	발레르산
Lactic acid	락트산	Palmitic acid	팔미트산

Oxalic acid	옥살산	Tartaric acid	타르타르산
Glutaric acid	글루타르산	Malonic acid	말론산
Acrylic acid	아크릴산	Adipic acid	아디프산
Linoleic	리놀레산	Crotonic acid	크로톤산
Glutamic acid	글루탐산	Maleic acid	말레산
Salicylic acid	살리실산	Aspartic acid	아스파르트산
Propionic acid	프로피온산	Gallic acid	갈산

기타의 아미노산은 관용명을 허용한다.

보기 alanine 알라닌 glycine 글리신 tryptophan 트리토판

다음의 두 가지 우리말 관용명을 허용한다.

Acetic acid 초산 Lactic acid 젖산

(9) 페 놀

관용명을 허용한다.

phenol	페놀	hydroquinone	히드로퀴논
phloroglucinol	플로로글루시놀	resorcinol	레조르시놀
cresol	크레졸	catechol	카테콜

(10) 탄수화물

Sugar 당, Monosaccharide 단당류, Disaccharide 이당류, Trisaccharide 삼당류, Oligosaccharide 소당류, Polysaccharide 다당류.

각 당의 이름은 어미를 **오스**로 통일한다.

Ketose	케토오스	Pentose	펜토오스
Fructose	프럭토오스	Maltose	말토오스
Mannose	만노오스	Aldose	알도오스
Hexose	헥소오스	Tetrose	테트로오스
Glucose	글루코오스	Sucrose	슈크로오스
Galactose	갈락토오스	Lactose	락토오스

관용명이 허용되는 것

Sucrose	설탕	Lactose	젖당
Maltose	엿당	Fructose	과당
Glucose	포도당		

기타

Cellulose	셀룰로오스	Glycogen	글리코겐
Maple sugar	단풍설탕	Starch	녹말
Dextrin	덱스트린	Beet sugar	무우설탕
Cane sugar	수수설탕		

부록 Ⅳ 생화합물 명명법

1. 일반원칙

(1) IUPAC-IUB 체계에 따른다.

(2) 대한화학회가 정한 유기화합물 명명 원칙에 따른다.

(3) 수사의 사용은 대한화학회가 정한 유기화합물과 무기화합물들에 대한 원칙을 따른다.

보기	
monosaccharide	모노사카리드
monopeptide	모노펩티드
dinucleotide	디뉴클레오티드
adenosine-5′-monophosphate	아데노신-5′-일인산
adenosine-3′, 5′-diphosphate	아데노신-3′, 5′-이인산
adenosine-5′-triphosphate	아데노신-5′-삼인산
fructose-1, 6-diphosphate	프룩토오스-1,6-이인산
nicotinamide adenine dinucleotide	니코틴아미드 아데닌 디뉴클레오티드
dioxygenation	이산소화반응
oligopeptide	올리고펩티드
cellulose polysulfate	셀룰로오스 다황산
polysaccharide	폴리사카리드
polypeptide	폴리펩티드

(4) 염 형식으로 명명된 유기산, 인산, 또는 황산들은 자유 유기산으로서 명명하거나 "염"을 붙혀 명명할 수 있다.

보기	
malate	말산, 말산염
glutamate	글루탐산, 글루탐산염
glucose-6-phosphate	글루코오스-6-인산, 글루코오스-6-인산염

(5) 당류 및 뉴클레오시드류의 인산에스테르들의 명명은 먼저 알코올 부분 그 다음에 인산기의 위치를 나타내는 숫자, 이어서 인산기의 순서로 배열되도록 한다. 단 영어에서 인산기가 접두사로 붙여졌을 경우에는 발음 나는 대로 적는다.

보기	
nucleoside-5′-phosphate	뉴클레오시드-5′-인산
glucose-6-phosphate	글루코오스-6-인산

glucose-1,6-diphosphate	글루코오스-1,6-이인산
1,3-diphospho-glycerate	1,3-디포스포글리세르산

(6) 복합물질들은 그 성분 물질들의 이름을 밝히도록 명명한다.

보기 nucleoprotein 핵산단백질
lipoprotein 지방단백질
glycolipid 당지방질

(7) 아실 유도체로서 명명된 에스테르 또는 티오에스테르들은 영어 명명에서 적힌 순서대로 이름을 붙인다.

보기 acetyl-CoA 아세틸-CoA
O-acetyl-serine O-아세틸세린
alanyl-tRNA 알라닐-tRNA

(8) 집합적인 명치에는 어미에 "류"를 붙인다.

보기 sugars 당류
bases 염기류
purines 푸린류
vitamins 비타민류
terpenoids 테르펜류, 테프페노이드
steroids 스테롤류, 스테로이드

(9) 핵산의 이름은 생물학적 기능을 나타내도록 다음과 같이 명명한다.

보기 ribonucleic acid 리보핵산
deoxyribonucleic acid 데옥시리보핵산
messenger RNA 전령 RNA
nuclear RNA 핵 RNA
mitochondrial DNA 미토콘트리아 DNA
transfer RNA 전달 RNA

(10) 그밖의 관용명들은 원칙적으로 로마자의 한글화 표기법에 따라서 적는다.

보기 aldose 알도오스 sucrose 슈크로오스
ketose 케토오스 alanine 알라닌
glucose 글루코오스 cysteine 시스테인

cytochrome	시토크롬	adenosine	아데노신
linoleic acid	리놀레산	adenylic acid	아데닐산
phosphatidyl	포스파티딜	uracil	우라실
ethanolamine	에탄올아민	uridine	우리딘
isoprene	이소프렌	nucleoside	뉴클레오시드
cartotene	카로텐	nucleotide	뉴클레오티드
adenine	아데닌		

(11) 효소명은 IUPAC-IUB의 CBN이 권장하는 추천명을 사용하기를 권장하며, 효소반응의 본질 또는 기질의 본질이 나타나도록 명명한다. 어미가 "in"으로 끝나거나 기질 또는 효소반응의 본질이 명확히 나타나 있지 아니한 효소명들은 독일어식 발음에 따라서 발음나는대로 적는다.

보기

alcohol dehydrogenase	알코올탈수소효소
nicotinamide methyltransferase	니코틴아미드 메틸기전달 효소
esterase	에스테르가수분해효소
pyruvate decarboxylase	피루브산 탈카르복시기 효소
carbonate dehydratase	탄산 탈수효소
alanine racemase	알라닌라세미화효소
glucose phosphate isomerase	글루코오스인산 이성질화 효소
glutamine synthetase	글루타민합성효소
aldolase	알돌라아제
catalase	카탈라아제
peroxidase	퍼옥시다아제
amylase	아밀라아제
kinase	키나아제
lysozyme	리소짐
pepsin	펩신
chymotrypsin	키모트립신

2. 효소 명명 세칙

(1) 산화환원효소류(oxidoreductases)

① 〔주개 탈수소반응〕을 촉매하는 효소들은 "탈수소효소"라고 부른다.

보기

alcohol dehydrogenase	알코올 탈수소효소
malate dehydrogenase	말산 탈수소효소

② 〔받개 환원반응〕을 촉매하는 효소들은 "환원효소"라고 부른다.

보기 acetoacetyl-CoA reductase 아세토아세틸-CoA 환원효소

③ 〔받개 환원-이성질화반응〕을 촉매하는 효소들은 "화원이성질화효소"라고 부른다.

보기 ketol-acid reductoisomerase 케톨-산 환원이성질화효소

④ 〔받개〕가 산소분자일 경우에는 "산화효소"라고 부른다.

보기 malate oxidase 말산 산화효소

glucose oxidase 글루코오스산화효소

⑤ 효소가 촉매하는 반응을 〔주개-받개 전달반응〕형으로 나타낼 때는 "――전달효소"라고 부른다.

보기 glutathione-homocystine transhydrogenase 글루타티온-호모시스틴 수소 전달효소

⑥ 〔받개 산소화반응〕을 촉매하는 효소는 "산소화효소"라고 부른다.

보기 tryptophan 2-monoosygenase 트립토판 2-일산소화효소

catechol 1,2-dioxygenase 카테콜 1,2-이산소화효소

⑦ 〔받개 수소화반응〕을 촉매하는 효소는 "수소화효소"라고 부른다.

보기 cytochrome c_3 hydrogenase 시토크롬 c_3 수소화효소

⑧ 그밖의 것들

보기 desaturase 불포화효소

dismutase 자체산화환원효소

hydroxylase 히드록시화효소

(2) **전달효소류** (transferases)

① 〔주개 받개 원자단-전달〕 또는 〔받개 원자단-전달반응〕을 촉매하는 효소들로서 "(원자단)transferase" 또는 "trans-(원자단전달반응)-ase"로 명명된 것은 "(원자단)전달효소"라고 부른다.

보기 glycine methyltransferase 글리신 메틸기전달효소

glutamate formiminotransferase 글루탐산 포름이미노기전달효소

aspartate carbamoyltransferase 아스파르트산 카르바모일기 전달효소

② 전달되는 글리코실기의 받개가 인산일 경우에는 "가인산 분해효소"라고 명명한다.

보기 phosphorylase 가인산분해효소
maltose phosphorylase 말토오스 가인산분해효소

③ 전달되는 글리코실기의 받개가 당일 경우에는 그 당의 "생성효소"라고 명명한다.

보기 glycogen synthase 글리코겐 생성효소
sucrose synthase 수크로오스 생성효소

④ kinase의 기질이 약자로 표기되어 있을 경우에 기질의 이름이 완전히 나타나도록 명명한다.

보기 glucokinase 글루코오스키나아제
glucuronokinase 글루쿠론산 키나아제

⑤ 인산기의 분자내 자리옮김반응을 촉매하는 효소는 "자리옮김효소"라고 명명한다.

보기 phosphoglucomutase 포스포글루코오스 자리옮김효소
phosphoglceromutase 포스포글리세르산 자리옮김효소

(3) 가수분해효소류 (hydrolases)

① 기질의 어미에 "-ase"를 붙인 효소를 "가수분해효소"라고 부른다.

보기 carboxyesterase 카르복시에스테르 가수분해효소
urease 우레아 가수분해효소

② "받개 de-(원자단)-ase"의 형식으로 명명된 효소들은 가수분해반응을 촉매하더라도 "탈-(원자단)-효소"라고 명명한다.

보기 arginine deiminase 아르기닌 탈이미노기효소
N-acetyl-β-alanine decarboxylase N-아세틸-β-알라닌 탈카르복시기효소

③ 다인산의 산무수물결합의 분해를 촉매하는 효소들의 이름은 이 반응들로 생성되는 오르토인산 또는 피로인산 앞에 "탈—"자를 붙여서 만든다.

보기 adenosine triphosphatase 아데노신 삼인탈오르토 인산효소
ATP pyrophosphatase ATP 탈피로인산효소

다음의 예는 예외로 취급하고 "피로인산가수분해효소"라고 명명한다.

보기 NAD pyrophosphatase NAD 피로인산가수분해효소
inorgonic pyrophosphatase 무기피로인산가수분해효소

(4) 분해효소류 (lyases)

① "받게 de-(원자단)-ase"로 명명된 효소는 "탈-(원자단)-효소"라고 부른다.

보기 valine decarboxylase 발린 탈카르복시효소
citrate dehydratase 시트르산 탈수효소

분해반응의 역반응이 더 중요할 때는 "—화효소"라고 명명한다.

보기 fumarate hydratase 푸마르산 수화효소
phosphoenolpyruvate carboxylase 포스포엔올 피루브산 카르보시화효소

② "기질 lyase"로 명명된 것은 "기질분해효소"라고 명명한다.

보기 mandelonitrilelyase 만델로니트릴분해효소

③ "기질(분자)-lyase"로 명명된 효소들도 ①의 원칙에 따라서 "탈(분자)효소"라고 명명한다.

보기 tyrosine phenollyase 티로신탈페놀효소
histidine ammonia-lyase 히스티딘 탈암모니아효소

④ 다음의 효소들은 예외로 취급한다.

보기 tryptopanase 트립토판분해효소
adenylate cyclase 아데닐산 고리화효소

(5) 이성질화효소류 (isomerases)

이성질화현상의 본질이 나타나도록 명명한다.

보기 alanine racemase 알라닌라세미화효소
UDP glucose 4-epimerase UDP 글루코오스 4-에피머화효소
methylmalonyl-CoA mutase 메틸말로닐-CoA 자리옮김효소

(6) 연결효소류〔ligases, 합성효소류 (synthetases)〕

거의 대부분의 경우 "합성효소"라고 명명한다.

보기 tyrosyl-tRNA synthetase 티로실-tRNA 합성요소

그러나 카르복시화반응으로 C－C 결합이 형성되는 반응을 촉매하는 효소는 "카르복시화효소"라고 명명한다.

보기	urea caboxylase	우레아 카르복시화효소
	acetyl-CoA carboxylase	아세틸-CoA 카르복시화효소

찾 아 보 기

ㄱ

가리워진 형태 62
가수분해 60
가알코올분해 60
가암모니아 분해 161
가열크랙킹 58
가오존 분해반응 149
가지사슬 35
가터만반응 103
갈락토오스 191
개시단계 56
거울모양 이성질체 188
건성유 207
계속단계 56
고래밀랍 211
고리모양알칸 65
고리화반응 229
고유광회전도 189
곤약만난 202
공명혼성체 83
공액디엔 82
공유결합 21
공 중 합 84
광학분할 203
광학이성질체 189
광학활성 189
광회전성 189
교차알돌축합 147
구상단백질 218
구조이성질체 33
Grignard 시약 120
글라우버 90
글루코만난 201
글루코오스 191
글루타티온 216
글리코시드 198
글리콜 77
금속알콕시화물 114
기여구조 92
기하이성질체 72

ㄴ

나노메타 254
나이아신 223
노르에티노드렐 236
니코틴산 아미드 168
니트릴 178
니트릴기 141

ㄷ

다당류 187
단당류 187
단량체 78
단순지질 211
단일결합 22
드 브로이 18
등전점 213
디아조화합물 176
디엔 82
디카르복시산 152
딸이온 269

ㄹ

라디칼 56
라세미분할 23
라세미혼합물 202
락탐 169
락톤 163
레시틴 211
Rosenmund 반응 149
루카스시험법 116

ㅁ

마르코우니코프 반응 75
마이크론 251
Michael 축합반응 166
마크로라이드 항생
물질 230
메발론산 230
메타 93
메타배향성기 101
메탄 29
메틸기 51
멘톨 225
멘틸히드라진 205
모노카르복시산 152
몰핀 225
몰흡광도 256
무기화합물 13
밀랍 210

ㅂ

방위양자수 18
방향족탄화수소 48
배사지층 58
베네딕트 시약 148
베이어테스트 77
변광회전 192
변성 218
보트형형태 67
부대전자 56
부제합성 203
부틸고무 232
분류 59
분자간 수소결합 113
분자내 수소결합 113
불포화지방산 206
뷔르츠 반응 60
브라운 121
Brown 환원제 157
비고리화합물 64
비공액디엔 82
비공유전자쌍 32
비극성 55
비스페닐히드라존 195
비편재화 92
비효소촉매계 233

ㅅ

사염화탄소 29
Saytzeff rule 80
산무수물 160
산촉매가수분해 165
살리실레이트 224
삼중결합 22
샤르딩거 18
세미카바존 205
세미카바지드 205
셀로비오스 198
수소결합 113
수소첨가반응 73
슈크로오스 193
슈트레커법 214
스쿠알렌 233
시클로 65
스핀양자수 18
시스이성체 66
시스트란스 이성질체 72
시스화합물 72
시안기 141
시키미산 238
쌍극이온 212

ㅇ

아가로오스 202
아노머 192
아노머탄소 192
알돌축합 114
아디엔 82
아민의 등급별 반응 175
아밀로펙틴 200
IUPAC 방식 50
아트리엔 82
안드로겐 236
알도오스 187
알칸 49
알켄 49
알코올분해 165
알콕시기 124
알킨 49
알킬기 51
양쪽성이온 212
엇갈린 형태 62
에리트로오스 190
에스테라디올 236
에스테르교환반응 165
에스테르화 반응 117
에스트로겐 236
에테르화 반응 117
에틸기 51
엔올 109
엔올성 음이온 145
연소 58
연쇄반응 56
연쇄사슬 34
연쇄화 31
염기성가수분해 165
오르토 93
오사존 195
옥소늄이온 115
옥시토신 216
옥테트 22
올리고당 200
외부자기장 258
요오드가 207
용해도 55
우회전성 189
원유 59
원자가 전자 17
Williamson 반응 126
위치이성질체 72
유화제 211
은거울 반응 148
의자형 형태 67
이노시톨 237
이민 144
이성질체 49
이성질현상 49
이온결합 21
이중결합 32
이탈반응 133
인도사목 224
인슐린 216
인지질 211
입체배열 189
입체이성체 65

ㅈ

자기양자수 18
자체축합반응 146
작용기기영역 252
잔트마이어 반응 102
장력설 67
적외선스펙트럼 252
전기음성도 23
전사 219
전자각 15
전자전이 255
전화당 199
절대배열 189
접촉수소첨가법 59
정류 59
정장효과 201
제거반응 79
제미날화합물 87
종결단계 57
주양자수 18
중합 84
중합반응 78
중합체 78
지방족고리 64
지방족불포화탄화수소 69
지방족탄화수소 48
지문영역 252
짝지은 디엔 83
짝지음반응 176

ㅊ

천연고무 84
최외각 전자 17
치환기 51
치환기의 배향성 99
친전자성시약 95
친핵성시약 74

ㅋ

카니네 243
카르보양이온 74
카비놀 112
카테나화 31
칸니자로 147
캄파 225
케쿨레 90
케토오스 187
코르티솔 236
코르티코스테로이드 236
코카인 243

콜베반응 61
쿠울롱의 힘 15
크래프츠 95
Claisen 축합반응 166
클로로필 185
키랄중심 탄소 189

ㅌ

탄수화물 185
탈할로겐화반응 81
테르펜 225
테스토스테론 236
테트라메틸실란 259
테트라사이크린 230
테트라엔 82
토막이온 269
톨렌스 시약 148
톱질대 투영식 61
트랜스 이성체 66
트레오스 190
트리엔 82
트리케토 티오에스테르 229
트립타민 240

ㅍ

파라 93
파라핀 55
파러데이 90
파장수 251
펙녹시화물 114
페놀 109
페니실린 225
페엘링시약 148
펠라글라병 168
펩타이드결합 168
편광계 188
평면편광 188
포도당 191
포르밀화 150
포화지방산 206
프락토오스 192
프로게스테론 236
프리델 95
Fries 전위반응 103
Planck 상수 250
피로인산 파르네솔 232
피롤리딘 240

ㅎ

하르만 240
한천 202
할로겐화 알킬 59
함수탄소 185
항구루병 221
항산화작용 222
형태이성질체 62
형태이성질현상 62
혼성궤도 25
혼성산무수물 162
활성메틸 145
활성메틸렌 145
환원당 194
화학적 이동 260
회전이성질체 62
히드록시기 41
Hinsberg 시험 177
항생물질 226
항펠라그라 223
핵자기공명 258
헤테로고리 127
협동반응 81

NEW 유기화학 Fundamentals of Organic Chemistry

2008년 1월 20일 수정 3판 발행
2010년 2월 10일 수정 4판 발행
2012년 9월 10일 수정 5판 발행
2015년 9월 1일 수정 6판 발행

저 자 김민식 / 김만수 / 신판우

발행인 주 병 오

발행처 지구문화사
JIGU PUBLISHING Co

경기도 파주시 회동길 209
파주출판문화정보산업단지
영업부 (031) 955-7566 • 7577
편집부 (031) 955-7731
FAX (031) 955-7730

등록번호 1979 년 7 월 13 일 제 9-57 호

ISBN 978-89-7006-495-6 정가 **13,000** 원